全国高职高专土建立体化系列规划教材

U0371309

建筑工程施工组织实训

主　编　李源清
副主编　鄢维峰　刘文礼
参　编　皮净灵　蒋玉燕　刘天雯

北京大学出版社
PEKING UNIVERSITY PRESS

内容简介

本书依据《建筑施工组织设计规范》(GB/T 50502—2009)、《工程网络计划技术规程》(JGJ/T 121—99)和《施工现场临时建筑物技术规范》(JGJ/T 188—2009)等编写而成；本书是《建筑工程施工组织设计》的配套实训教材。

本书内容主要包括：建筑工程招投标实训、建筑工程施工准备、建筑工程流水施工、网络图技术实训、施工方案的选择、单位工程施工进度计划的编制、施工平面图设计和单位工程施工组织设计等内容。全书内容通俗易懂，深入浅出，并附有案例解析和大量的实训练习题，能使读者通过理论学习和实训后，尽快掌握建筑施工组织的基本理论——流水施工组织和网络计划技术。同时，书中配有某职工宿舍和某住宅楼施工图纸，便于教师采用"能力迁移训练模式"讲授，学生同步进行实操训练。通过实训，学生(读者)能熟练掌握单位工程施工组织设计的编制方法和编写技巧。

本书可作为高职高专建筑工程技术专业、工程监理专业和工程管理专业等土建类专业的实训教学用书，也可作为土建专业岗位培训教材或供土建工程有关技术、管理人员学习参考。

图书在版编目(CIP)数据

建筑工程施工组织实训/李源清主编．—北京：北京大学出版社，2011.6

(全国高职高专土建立体化系列规划教材)

ISBN 978-7-301-18961-0

Ⅰ.①建…　Ⅱ.①李…　Ⅲ.①建筑工程—施工组织—高等职业教育—教材　Ⅳ.①TU7

中国版本图书馆 CIP 数据核字(2011)第 102344 号

书　　名：建筑工程施工组织实训

著作责任者：李源清　主编

策 划 编 辑：赖　青　杨星璐

责 任 编 辑：杨星璐

标 准 书 号：ISBN 978-7-301-18961-0/TU・0152

出　版　者：北京大学出版社

地　　址：北京市海淀区成府路 205 号　100871

网　　址：http://www.pup.cn　http://www.pup6.cn

电　　话：邮购部 62752015　发行部 62750672　编辑部 62750667　出版部 62754962

电 子 邮 箱：pup_6@163.com

印　刷　者：北京鑫海金澳胶印有限公司

发　行　者：北京大学出版社

经　销　者：新华书店

787 毫米×1092 毫米　16 开本　21.5 印张　插页 3　510 千字

2011 年 6 月第 1 版　2018 年 7 月第 7 次印刷

定　　价：40.00 元

北大版·高职高专土建系列规划教材

专家编审指导委员会

前　言

“建筑工程施工组织实训”实践性课程是高等职业教育建筑工程技术专业及工程监理专业等土建施工类与工程管理类专业的一门核心专业实践课。本书是《建筑工程施工组织设计》的配套实训教材。

本书是根据当前高等职业教育向实践技能化、理论职业化和着力培养高素质高技能人才改革的要求，依据国家住房和城乡建设部及质量监督检验检疫总局联合最新发布的《建筑施工组织设计规范》(GB/T 50502—2009)、《施工现场临时建筑物技术规范》(JGJ/T 188—2009)和《工程网络计划技术规程》(JGJ/T 121—99)，并参考了许多国有大型建筑施工企业先进的施工组织和管理方法编写而成的。

本书内容主要包括：建筑工程招投标实训、建筑工程施工准备、建筑工程流水施工、网络图技术实训、施工方案的选择、单位工程施工进度计划的编制、施工平面图设计和单位工程施工组织设计等内容。全书内容通俗易懂，深入浅出，并附有案例解析和大量的实训练习题，能使读者通过理论学习和实训后，尽快掌握建筑施工组织的基本理论——流水施工组织和网络计划技术。同时，书中配有某职工宿舍和某住宅楼施工图纸，便于教师采用“能力迁移训练模式”讲授，学生同步进行实操训练。通过实训，学生(读者)能熟练掌握单位工程施工组织设计的编制方法和编写技巧。

本书由广州城建职业学院李源清教授任主编，广州城建职业学院鄢维峰和广东十六冶建设有限公司刘文礼任副主编，广州城建职业学院皮净灵、蒋玉燕和刘天雯参编。本书共分 8 个项目，编写具体分工如下：项目 1、2、3 由鄢维峰编写；项目 4 由蒋玉燕编写；项目 5、6 由蒋玉燕、皮净灵编写；项目 7、8 由刘文礼编写；附录由皮净灵编写；刘天雯协助绘图。全书由李源清和鄢维峰统稿。

本书在编写过程中，参考了国内高职教育部门同类教材和有关专业论著以及相关单位施工组织设计资料，引用了与此相关的规范和专业文献等资料，在此向审稿者及所列参考书目的作者表示诚挚的谢意！同时，本书在编写过程中也得到了广东十六冶建设有限公司领导的大力支持和帮助，在此表示最诚挚的感谢！

由于时间仓促及编者水平有限，书中不妥之处在所难免，恳请同行和读者批评指正。联系 E-mail：ax0727@163.com。

编者

2011 年 5 月

目　　录

项目 1

建筑工程招投标实训

项目实训目标

通过对建筑工程招投标与合同签订的学习和实训，在老师和本书的指导下，学生能够熟练掌握建筑工程招投标程序案例，独立完成资格预审文件的编制、招标文件的编制、投标文件的编制和施工合同的签订等施工组织及施工管理的前期工作。

实训项目设计

实训项目编号	能力训练项目名称	学时		拟达到的能力目标	相关支撑知识	训练方式手段及步骤	结果
		理论	实践				
1.1	建筑工程招投标程序案例实训	2	2	(1) 具有阅读招投标文件和信息的能力；(2) 具备初步分析招标投标案例适用程序方面的能力	(1) 建设工程招投标基本概念；(2) 建设工程招投标程序；(3) 建设工程招投标法律依据	以 5～10 人为一小组，将全班分为 4 组，对案例进行组内讨论	招投标程序相关案例分析说明书
1.2	资格预审文件的编制实训	2	2	(1) 具备对资格预审文件进行独立编制的能力；(2) 具有阅读有关招标投标方面资格预审文件和信息的能力；(3) 能结合招标文件对投标人进行资格预审的能力	(1) 资格审查的意义；(2) 资格审查的方式；(3) 资格预审的程序、内容和编写	教师结合实训教材讲授，学生收集资料，按给定的资料进行资格预审文件的编制	某工程资格预审文件

续表

实训项目编号	能力训练项目名称	学时		拟达到的能力目标	相关支撑知识	训练方式手段及步骤	结果
		理论	实践				
1.3	招标文件的编制实训	2	2	(1) 具备对招标文件进行独立编制的能力； (2) 具有阅读有关招标文件和信息的能力	(1) 招标文件的组成； (2) 招标文件编制步骤	教师结合实训教材讲授，学生收集资料，按给定的资料进行招标文件的编制	某工程招标文件
1.4	投标文件的编制实训	2	2	(1) 具备对投标文件进行独立编制的能力； (2) 具有阅读有关投标文件和信息的能力	(1) 投标文件的组成； (2) 投标文件编制步骤	教师结合实训教材讲授，学生收集资料，按给定的资料进行投标文件的编制	某工程投标文件

训练 1.1　建筑工程招投标程序案例实训

案例反映实际生活，有助于激发学习者的学习兴趣，将抽象、枯燥的理论知识转化为生动、具体的感性材料，使学习者乐于接受，也易于掌握。

【实训背景】

若学习者从事的是招投标工作，作为招投标工作的直接参与者(建设方或承包商等)对建筑工程招标投标的法定程序及运用应全面掌握。

【实训目标】

1. 能力目标

(1) 具有初步分析招标投标案例适用程序方面的能力。

(2) 具有简单阅读有关招标投标方面的文件和信息的能力。

(3) 具有应用《招标投标法》及其他有关法律解决建筑招投标相关问题的能力。

2. 知识目标

(1) 建筑工程招标投标的基本概念。

(2) 建筑工程施工招标投标程序。

(3) 工程承发包制度及《招标投标法》。

【实训成果】

招投标程序相关案例分析说明书。

【实训内容】

▶▶案例1 建筑施工企业无效投标的案例

【背景】

某年5月，某制衣公司准备投资600万元新建办公兼生产大楼。该公司按规定进行了公开招标，并授权有关技术、经济等方面的专家组成了评标委员会，委托其直接确定中标人。招标公告发出后，共有6家建筑单位参与投标。其中一家建筑工程总公司报价为480万元(包工包料)，在公开开标、评标和确定中标人的程序中，其他5家建筑单位对该建筑工程总公司报送的480万元的标价提出异议，一致认为该报价远远低于成本价，属于以亏本的报价排挤其他竞争对手的不正当竞争行为。评标委员会经过认真评审，确认该建筑工程总公司的投标价格低于成本，违反了《招标投标法》的有关规定，否决其投标，另外确定中标人。

【讨论】

(1) 该建筑工程总公司低于成本价投标是否可取？说明理由。

(2) 区别无效投标、投标无效和废标3个概念。

特别提示

(1) 在本案例中，根据《招标投标法》第33条规定"投标人不得以低于成本的方式投标竞争。"低于成本，是指低于投标人为完成投标项目所需支出的"个别成本"，由于每个投标人的管理水平、技术能力与条件不同，即使完成同样的招标项目，其个别成本也不可能完全相同。管理水平高、技术先进的投标人，生产、经营成本低，有条件以较低报价参加投标竞争，这是其竞争实力强的表现。

(2) 招标的目的，正是为了通过投标人之间的竞争，特别是在投标报价方面的竞争，择优选择中标者。因此，只要投标人的报价不低于自身的个别成本，即使低于行业平均成本，也是完全可以的。

(3)《招标投标法》第41条规定，中标人的投标应当符合下列条件之一。

① 能够最大限度地满足招标文件中规定的各项综合评价标准。

② 能够满足招标文件的实质性要求，并且经评审的投标价格最低，但是投标价格低于成本的除外。据此，《招标投标法》禁止投标人以低于其自身完成投标项目所需成本的报价进行投标竞争。

▶▶案例2 工程施工招标组织现场踏勘程序

【背景】

某项目规定于某日上午9:30在某地点集合后，招标人组织进行现场踏勘，采用了以下组织程序。

(1) 潜在投标人在规定的地点集合。当日上午9:30，招标人通过逐一点名确认潜在投标人是否派人到达集合地点，结果发现有两个潜在投标人还没有到达集合地点。与这两个潜在投标人电话联系后确认他们在10分钟后可以到达集合地点，于是征求已经到场的潜在投标人同意，将出发时间延长15分钟。

(2) 组织潜在投标人前往项目现场。

(3) 组织现场踏勘，招标人按照准备好的介绍内容，带着潜在投标人边走边介绍。有一个潜在投标人在踏勘中发现有两个污水井，询问该污水井及相应管道是否需要保护。招标人明确告诉该投标人需要保护，因其为市政污水干线管路。

其他潜在投标人就各自的疑问也分别进行了询问，招标人逐一进行了澄清和说明，随后结束了现场踏勘。

(4) 招标人针对潜在投标人提出的问题进行了书面澄清，在投标截止时间15日前发给了所有招标文件的收受人。

(5) 现场踏勘结束后3日，有两个潜在投标人提出上次现场踏勘有些内容没看仔细，希望允许其再次进入项目现场踏勘，同时也希望招标人就其关心的一些问题进行介绍。招标人对此表示同意，在规定的时间内，这两个潜在投标人在招标人的组织下再次进行了现场踏勘。

【讨论】

(1) 招标人对现场踏勘的组织程序是否存在问题？说明理由。

(2) 招标人组织现场踏勘的过程中存在哪些不足？说明理由。

(3) 你认为该案例中招标人哪些组织程序做得比较符合要求。

特别提示

(1) 在本案例中，招标人在组织过程中，第(1)、(4)两步存在问题。在第(1)步中，招标人通过逐一点名确认潜在投标人是否派人到场参与现场踏勘活动的做法，违反了《招标投标法》第22条中“招标人不得向他人透露已获取招标文件的潜在投标人的名称、数量等需要保密的信息”的规定。在第(4)步中，招标人组织投标人中的两个潜在投标人再次进行现场踏勘的做法，违反了《工程建设项目施工招标投标办法》第32条中“招标人不得单独或者分别组织任何一个投标人进行现场踏勘”的规定。

(2) 在本案例中，招标人现场踏勘的组织过程存在不足。如在第(3)步中，招标人的准备不充分，没有安排好一个统一的路线，没有将本次招标涉及的现场条件进行一个完整的介绍，比如案例中潜在投标人询问的污水井和污水管道问题等，应属于该类问题。同时为了保证参与现场踏勘活动的潜在投标人了解招标人介绍的信息，招标人应针对参加了现场踏勘的所有潜在投标人进行介绍，以保证招标投标活动的公平性原则。

▶▶案例3 工程施工招标投标活动应公平、公开、公正进行

【背景】

2005年初，某房地产开发公司欲开发新区第3批商品房，同年4月，于某市电视台发出公告，房地产开发公司作为招标人就该工程向社会公开招标，择其最优者签约承建该项目。此公告一发，在当地引起不小反响，先后有20余家建筑单位参与投标。

原告A建筑公司和B建筑公司均在投标人之列。A建筑公司基于市场竞争激烈等因素，经充分核算，在投标书中作出全部工程造价不超过500万元的承诺，并自认为依此数额，该工程利润已不明显。房地产开发公司组织开标后，B建筑公司投标数额为450万

元。两家的投标均高于标底440万元。最后B建筑公司因价格更低而中标，并签订了总价包死的施工合同。

该工程竣工后，房地产开发公司与B建筑公司实际结算的款额为510万元。A建筑公司得知此事后，认为房地产开发公司未依照既定标价履约，实际上侵害了自己的权益，遂向法院起诉要求房地产开发公司赔偿在投标过程中的支出等损失。

【讨论】

(1) 你认为房地产开发公司(招标人)与B建筑公司(投标人)经过招标投标程序而确定的合同总价能否再行变更?

(2) A建筑公司的诉求可否得到支持?说明理由。

特别提示

(1) 首先应分析是否存在有招标人和中标人故意串通损害其他投标人利益的行为，若有，则应对其他投标人作出赔偿。

(2) 本案例争议的焦点实质上是"经过招标投标程序而确定的合同总价能否再行变更"的问题。根据《合同法》第271条"建设工程的招标投标活动，应当依照有关法律的规定公开、公平、公正进行"的原则。本案例中又无招、投标人串通的证据，就只能认定调整合同总价是当事人签约后的意思变更(包括设计变更、现场条件引起措施的变更等)，是一种合同变更行为。

(3) 依法律规定，通过招标投标方式签订的建筑工程合同属于固定总价合同，其特征在于：通过竞争决定的总价不因工程量、设备及原材料价格等因素的变化而改变，当事人投标标价应将一切因素涵盖，是一种高风险的承诺。当事人自行变更总价从实质上剥夺了其他投标人公平竞价的权利并势必纵容招标人与投标人之间的串通行为，因而这种行为是违反公开、公平、公正原则的行为，对其他投标人的权益将造成侵害，所以A建筑公司的主张可予支持。

▶▶案例4　放弃中标资格，是否另有隐情

【背景】

某县于8月18日完成了一项概算为400万元的建设工程评标活动，招标代理机构及时向招标人提交了中标候选人的推荐名单顺序表，其中标顺序为：第一中标人为A公司，投标价378万元；第二中标人为B公司，投标价为397万元；第三中标人为C公司，投标价为404万元等，同时还推荐由A公司中标。对此，招标人于8月20日根据评标报告及其中标推荐表确定了中标单位为A公司，并于8月22日向A公司发出了中标通知书，同时要求其在一个月内前来签订施工合同，另外还一并向其他几个没有中标的投标人通报了招标结果。可谁知，在8月28日，A公司却主动向招标人提出报告，声称其因投标不慎，无利可图，如继续履行该投标事项，将会导致更大的经济损失，因而情愿被没收3万元投标保证金而放弃其中标资格。对此，招标人只得根据招标文件及有关法律规定，在没收了A公司3万元投标保证金的同时，确认了B公司以397万元的成交价中标。

【讨论】

(1) 你认为A公司通过法定招标投标程序而取得合法的中标资格，后又宁愿遭受赔偿

也要主动放弃中标，是否可能会有隐情？试猜想A公司和B公司之间可能会有什么秘密。此种做法将产生什么后果？

(2) 在实际工作中，若A公司已有多个施工合同正在履行，考虑到签订该合同的条款又过于严格，是否可以放弃中标？保证金可否收回？

特别提示

(1) 对任何一个投标人来说，其投标报价总是经过深思熟虑，结合多种因素，进行综合决策后才作出的，一般来说，投标人是不会轻易放弃其中标机会的；而如果投标人一反常态“否定”其报价，特别是放弃其中标资格，那就可能会存在着一些不可告人的“秘密”，必须予以提防，并注意识破各种“放弃中标资格”现象背后所隐含的各种不法行为。

(2) 第一和第二中标人见利忘法，相互通谋作弊，共同坑害招标人，是发生放弃中标资格现象的一大重要因素。在实际工作中，如果在评标结果出来后，当第一中标人的成交价与第二中标人的报价相差较大时，往往就会导致这两个投标人相互串通作弊，共同谋取不法之财。

(3) 少数投标人在中标后不久，发现自己在合同履行方面存在冲突和交叉的现象，无法调剂或组织到足够的生产和技术能力去履行该合同，因而也只得放弃其中标资格。在实际工作中，投标人一般都是一边在履行着一个或几个合同，一边又积极寻找下一个业务合同，以保持其生产设备和技术能力不至于出现“闲置浪费”的情况，这就容易产生一些弊端，如几笔中标业务的履行期间发生了冲突或交叉，虽然有时是以理想的价格中了新标，但在该合同的履行期间，却又难以抽出正在施工中的设备和技术能力，如果贸然签下了合同，在将来无法履行好合同的时候，就会造成很大的经济损失，因而他们也只好选择放弃中标资格。

▶▶案例5　某建设工程招标投标过程解析

【背景】

某建设工程项目，建设单位通过招标选择了一家具有相应资质的造价事务所承担施工招标代理和施工阶段造价控制工作，并在中标通知书发出后第45天，与该事务所签订了委托合同。之后双方又另行签订了一份酬金比中标价低10%的协议。

在工程项目施工公开招标中，有A、B、C、D、E、F、G和H等施工单位报名投标，经事务所资格预审均符合要求，但建设单位以A施工单位是外地企业为由不同意其参加投标，而事务所坚持认为A施工单位有资格参加投标。

评标委员会由5人组成，其中包括当地建设行政管理部门的招投标管理办公室主任1人、建设单位代表1人、政府提供的专家组中抽取的技术和经济专家3人。

评标时发现，B施工单位投标报价明显低于其他投标单位报价且未能合理说明理由；D施工单位投标报价大写金额小于小写金额；F施工单位投标文件提供的检验标准和方法不符合招标文件的要求；H施工单位投标文件中某分项工程的报价有个别漏项；其他施工单位的投标文件均符合招标文件要求。

建设单位最终确定G施工单位中标，并按照《建设工程施工合同(示范文本)》与该施工单位签订了施工合同。

【讨论】

(1) 指出建设单位在选择造价事务所招标和委托合同签订过程中的不妥之处，并说明理由。

(2) 在施工招标资格预审中，造价事务所认为A施工单位有资格参加投标是否正确？说明理由。

(3) 指出施工招标评标委员会组成的不妥之处，说明理由，并写出正确组成。

(4) 判别B、D、F、H 4家施工单位的投标是否为有效投标，说明理由。

特别提示

(1) 在中标通知书发出后第45天签订委托合同不妥，依照《招标投标法》的要求，应于30天内签订合同。

(2) 在签订委托合同后双方又另行签订了一份酬金比中标价低10%的协议不妥。依照《招标投标法》的规定"招标人和中标人不得再行订立背离合同实质性内容的其他协议"。

(3) 造价事务所认为A施工单位有资格参加投标是正确的。以所处地区作为确定投标资格的依据是一种歧视性的依据，这是招标投标法明确禁止的。

(4) 评标委员会组成不妥，不应包括当地建设行政管理部门的招投标管理办公室主任。正确组成应为：评标委员会由招标人或其委托的招标代理机构熟悉相关业务的代表以及有关技术、经济等方面的专家组成，成员人数为5人以上单数，其中技术和经济等方面的专家不得少于成员总数的2/3。

(5) B、F两家施工单位的投标不是有效投标。D单位的情况可以认定为低于成本投标，F单位的情况可以认定为明显不符合技术规格和技术标准的要求，属重大偏差。D、H两家单位的投标是有效投标，他们的情况不属于重大偏差。

实训小结

招投标是在市场经济条件下进行大宗货物的买卖，工程建设项目的发包与承包，以及服务项目的采购与提供时，所采取的一种交易方式。招标和投标是一种商品交易行为，是交易过程的两个方面。

实训考核

考核评定方式	评定内容	分值	得分
自评	阅读有关招标投标方面的文件和信息的能力	10	
	建筑工程施工招标投标程序	20	
	应用《招标投标法》及其他有关法律解决建筑招投标相关问题	20	
课堂交流(互评)	积极参与讨论	10	
	观点鲜明正确性、表达流畅度	10	
	资料收集的符合度	5	

续表

考核评定方式	评定内容	分值	得分
教师评定	成果质量	10	
	考勤及表现	5	
	《招标投标法》掌握程度	10	

实训练习

收集相关招投标案例并进行分析，对典型招投标程序案例在实训课堂上与其他同学一起分享，老师点评。

训练1.2　资格预审文件的编制实训

【实训背景】

若学习者从事的是招投标工作，作为招标人(业主)或招标代理人应掌握招标过程中资格预审文件的编制方法。

【实训任务】

学生根据老师的指导和收集的资料自行编制资格预审文件。

【实训目标】

1. 能力目标

(1) 具有对资格预审文件进行独立编制的能力。

(2) 具有阅读有关招标投标方面资格预审文件和信息的能力。

(3) 具有结合招标文件对投标人进行资格预审的能力。

2. 知识目标

(1) 资格审查的意义。

(2) 资格审查的方式。

(3) 资格预审的程序、内容和编写。

【实训成果】

资格预审文件，按《标准施工招标资格预审文件(2007年版)》

【实训内容】

1. 制作资格预审文件封面

资格预审文件封面示例如图1.1所示。

________（项目名称）________标段施工招标 资格预审文件 招标人：________（盖单位章） ____年__月__日

图 1.1 资格预审文件封面示例

2. 编写资格预审文件目录

资格预审文件通常由以下 5 部分组成，示例如图 1.2 所示。

(1) 资格预审公告(邀请书)；

(2) 资格预审申请人须知；

(3) 资格审查办法；

(4) 资格预审申请文件格式；

(5) 项目建设概况(工程概况和合同段简介)。

目　录

图 1.2 资格预审文件编写目录示例

3. 编写资格预审文件正文

1) 资格预审公告

招标人按照《标准资格预审文件》第一章“资格预审公告”的格式(示例如图 1.3 所示)发布资格预审公告后，应将实际发布的资格预审公告编入出售的资格预审文件中，作为资格预审邀请。资格预审公告应同时注明发布所在的所有媒介名称。

第一章　资格预审公告

______（项目名称）______标段施工招标

资格预审公告（代招标公告）

1. 招标条件

本招标项目______（项目名称）已由______（项目审批、核准或备案机关名称）以______（批文名称及编号）批准建设，项目业主为______，建设资金来自______（资金来源），项目出资比例为______，招标人为______。项目已具备招标条件，现进行公开招标，特邀请有兴趣的潜在投标人(以下简称申请人)提出资格预审申请。

2. 项目概况与招标范围

________（说明本次招标项目的建设地点、规模、计划工期、招标范围和标段划分等）。

3. 申请人资格要求

3.1 本次资格预审要求申请人具备______资质，______业绩，并在人员、设备和资金等方面具备相应的施工能力。

3.2 本次资格预审______（接受或不接受）联合体资格预审申请。联合体申请资格预审的，应满足下列要求：______。

3.3 各申请人可就上述标段中的______（具体数量）个标段提出资格预审申请。

4. 资格预审方法

本次资格预审采用______（合格制/有限数量制）。

5. 资格预审文件的获取

5.1 请申请人于____年___月___日至____年___月___日(法定公休日、法定节假日除外)，每日上午____时至____时，下午____时至____时(北京时间,下同)，在____（详细地址）持单位介绍信购买资格预审文件。

5.2 资格预审文件每套售价____元，售后不退。

5.3 邮购资格预审文件的，需另加手续费(含邮费)____元。招标人在收到单位介绍信和邮购款(含手续费)后____日内寄送。

6. 资格预审申请文件的递交

6.1 递交资格预审申请文件截止时间(申请截止时间,下同)为____年___月___日____时____分，地点为________。

6.2 逾期送达或者未送达指定地点的资格预审申请文件，招标人不予受理。

7. 发布公告的媒介

本次资格预审公告同时在________（发布公告的媒介名称）上发布。

8. 联系方式

招 标 人：__________	招标代理机构：__________
地　　址：__________	地　　址：__________
邮　　编：__________	邮　　编：__________
联 系 人：__________	联 系 人：__________
电　　话：__________	电　　话：__________
传　　真：__________	传　　真：__________
电子邮件：__________	电子邮件：__________
网　　址：__________	网　　址：__________
开户银行：__________	开户银行：__________
账　　号：__________	账　　号：__________

____年___月___日

图 1.3　资格预审文件公告格式示例

2）申请人须知

申请人须知前应附上“申请人须知前附表”，示例见表1－1。

表1－1 申请人须知前附表示例

条款号	条款名称	编列内容
1.1.2	招标人	名称：________ 地址：________ 联系人：________ 电话：________
1.1.3	招标代理机构	名称：________ 地址：________ 联系人：________ 电话：________
1.1.4	项目名称	
1.1.5	建设地点	
1.2.1	资金来源	
1.2.2	出资比例	
1.2.3	资金落实情况	
1.3.1	招标范围	
1.3.2	计划工期	
1.3.3	质量要求	
1.4.1	申请人资质条件、能力和信誉	资质条件：________ 财务要求：________ 业绩要求：________ 信誉要求：________ 项目经理(建造师，下同)资格：____ 其他要求：________
1.4.2	是否接受联合体资格预审申请	□不接受□接受，应满足下列要求：
2.2.1	申请人要求澄清资格预审文件的截止时间	
2.2.2	招标人澄清资格预审文件的截止时间	
2.2.3	申请人确认收到资格预审文件澄清的时间	
2.3.1	招标人修改资格预审文件的截止时间	
2.3.2	申请人确认收到资格预审文件修改的时间	
3.1.1	申请人需要补充的其他材料	
3.2.4	近年财务状况的年份要求	____年
3.2.5	近年完成类似项目的年份要求	____年

续表

条款号	条款名称	编列内容
3.2.7	近年发生的诉讼及仲裁情况的年份要求	____年
3.3.1	签字或盖章要求	
3.3.2	资格预审申请文件副本份数	____份
3.3.3	资格预审申请文件的装订要求	
4.1.2	封套上写明	招标人的地址：__________ 招标人全称：__________ ____（项目名称）____标段施工招标资格预审申请文件在____年__月__日时____分前不得开启。
4.2.1	申请截止时间	____年__月__日____时____分
4.2.2	递交资格预审申请文件的地点	
4.2.3	是否退还资格预审申请文件	
5.1.2	审查委员会人数	
5.2	资格审查方法	
6.1	资格预审结果的通知时间	
6.3	资格预审结果的确认时间	
9	需要补充的其他内容	
……	……	

说明：以上条款号为参考，实际应根据编写目录逐一对各条款进行编号及详细说明。

3）资格审查办法

《标准资格预审文件》中的“资格审查办法”分别规定了“合格制”和“有限数量制”两种资格审查方法，供招标人根据招标项目的具体特点和实际需要选择使用。如无特殊情况，鼓励招标人采用合格制。资格审查办法前附表见表1－2。

表1－2 资格审查办法前附表

条款号		审查因素	审查标准
2.1	初步审查标准	审查人名称	与营业执照、资质证书、安全生产许可证一致
		申请函签字盖章	有法定代表人或其委托代理人签字或加盖单位章
		申请文件格式	符合第四章“资格预审申请文件格式”的要求
		联合体申请人	提交联合体协议书，并明确联合体牵头人(如有)
		……	……

续表

条款号		审查因素	审查标准
2.2	详细审查标准	营业执照	具备有效的营业执照
		安全生产许可证	具备有效的安全生产许可证
		资质等级	符合第二章“申请人须知”第1.4.1项规定
		财务状况	符合第二章“申请人须知”第1.4.1项规定
		类似项目业绩	符合第二章“申请人须知”第1.4.1项规定
		信誉	符合第二章“申请人须知”第1.4.1项规定
		项目经理资格	符合第二章“申请人须知”第1.4.1项规定
		其他要求	符合第二章“申请人须知”第1.4.1项规定
		联合体申请人	符合第二章“申请人须知”第1.4.2项规定
		……	……

资格审查条款的编写示例如图1.4所示。

1. 审查方法

本次资格预审采用合格制。凡符合本章第2.1款和第2.2款规定审查标准的申请人均通过资格预审。

2. 审查标准

2.1 初步审查标准

初步审查标准：见资格审查办法前附表。

2.2 详细审查标准

详细审查标准：见资格审查办法前附表。

3. 审查程序

3.1 初步审查

3.1.1 审查委员会依据本章第2.1款规定的标准，对资格预审申请文件进行初步审查。只要有一项因素不符合审查标准，就不能通过资格预审。

3.1.2 审查委员会可以要求申请人提交第二章“申请人须知”第3.2.3项至第3.2.7项规定的有关证明和证件的原件，以便检验。

3.2 详细审查

3.2.1 审查委员会依据本章第2.2款规定的标准，对通过初步审查的资格预审申请文件进行详细审查。有一项因素不符合审查标准，就不能通过资格预审。

3.2.2 通过资格预审的申请人除应满足本章第2.1款、第2.2款规定的审查标准外，还不得存在下列任何一种情形。

(1) 不按审查委员会要求澄清或说明的。

(2) 有第二章“申请人须知”第1.4.3项规定的任何一种情形的。

(3) 在资格预审过程中弄虚作假、行贿或有其他违法违规行为的。

图1.4 资格审查条款的编写示例

3.3 资格预审申请文件的澄清

在审查过程中，审查委员会可以书面形式，要求申请人对所提交的资格预审申请文件中不明确的内容进行必要的澄清或说明。申请人的澄清或说明应采用书面形式，并不得改变资格预审申请文件的实质性内容。申请人的澄清和说明内容属于资格预审申请文件的组成部分。招标人和审查委员会不接受申请人主动提出的澄清或说明。

4. 审查结果

4.1 提交审查报告

审查委员会按照本章第 3 条规定的程序完成对资格预审申请文件的审查后，确定通过资格预审的申请人名单，并向招标人提交书面审查报告。

4.2 重新进行资格预审或招标

通过资格预审申请人的数量不足 3 个的，招标人重新组织资格预审或不再组织资格预审而直接招标。

图 1.4 资格审查条款的编写示例(续)

特别提示

资格审查办法前附表应按试行规定要求列明全部审查因素和审查标准，并在本章(前附表及正文)标明申请人不满足其要求即不能通过资格预审的全部条款。

4) 资格预审申请文件格式

(1) 资格预审申请文件封面示例如图 1.5 所示。

________(项目名称) ________标段施工招标

资格预审申请文件

申请人：________(盖单位章)

法定代表人或其委托代理人：________(签字)

____年__月__日

图 1.5 资格预审申请文件封面示例

(2) 目录编写示例如图 1.6 所示。

目　录

一、资格预审申请函
二、法定代表人身份证明
三、授权委托书
四、联合体协议书
五、申请人基本情况表
六、近年财务状况表
七、近年完成的类似项目情况表
八、正在施工的和新承接的项目情况表
九、近年发生的诉讼及仲裁情况
十、其他材料

图 1.6 资格预审申请目录编写示例

(3) 资格预审申请函编写示例如图 1.7 所示。

一、资格预审申请函

________(招标人名称):

1. 按照资格预审文件的要求，我方(申请人)递交的资格预审申请文件及有关资料，用于你方(招标人)审查我方参加______(项目名称)______标段施工招标的投标资格。

2. 我方的资格预审申请文件包含第二章“申请人须知”第 3.1.1 项规定的全部内容。

3. 我方接受你方的授权代表进行调查，以审核我方提交的文件和资料，并通过我方的客户，澄清资格预审申请文件中有关财务和技术方面的情况。

4. 你方授权代表可通过________(联系人及联系方式)得到进一步的资料。

5. 我方在此声明，所递交的资格预审申请文件及有关资料内容完整、真实和准确，且不存在第二章“申请人须知”第 1.4.3 项规定的任何一种情形。

申请人：____________(盖单位章)

法定代表人或其委托代理人：____________(签字)

电　　话：____________

传　　真：____________

申请人地址：____________

邮政编码：____________

____年__月__日

图 1.7　资格预审申请函编写示例

(4) 法定代表人身份证明书示例如图 1.8 所示。

二、法定代表人身份证明

申请人名称：____________

地址：____________

单位性质：____________

成立时间：____年__月__日

经营期限：____________

姓名：____性别：____年龄：____职务：____

系________(申请人名称)的法定代表人。为完成________工程________标段的资格预审工作，签署上述工程的资格预审申请文件，并对提供的相关资料的真实性负责。

特此证明。

申请人：________(盖单位章)

____年__月__日

图 1.8　法定代表人身份证明书示例

(5) 授权委托书示例如图 1.9 所示。

三、授权委托书

本人______(姓名)系______(申请人名称)的法定代表人，现委托______(姓名)为我方代理人。代理人根据授权，以我方名义签署、澄清、递交、撤回、修改______(项目名称)______标段施工招标资格预审申请文件，其法律后果由我方承担。

委托期限：____________。

代理人无转委托权。

附：法定代表人身份证明。

申请人：__________(盖单位章)
法定代表人：______(签字)
身份证号码：________________
委托代理人：______(签字)
身份证号码：________________
____年__月__日

图 1.9 授权委托书示例

(6) 联合体协议书示例如图 1.10 所示。

四、联合体协议书

________(所有成员单位名称)自愿组成________(联合体名称)联合体，共同参加________(项目名称)________标段施工招标资格预审和投标。现就联合体投标事宜订立如下协议。

1. ________(某成员单位名称)为________(联合体名称)牵头人。

2. 联合体牵头人合法代表联合体各成员负责本标段施工招标项目资格预审申请文件、投标文件编制和合同谈判活动，代表联合体提交和接收相关的资料、信息及指示，处理与之有关的一切事务，并负责合同实施阶段的主办、组织和协调工作。

3. 联合体将严格按照资格预审文件和招标文件的各项要求，递交资格预审申请文件和投标文件，履行合同，并对外承担连带责任。

4. 联合体各成员单位内部的职责分工如下：________________。

5. 本协议书自签署之日起生效，合同履行完毕后自动失效。

6. 本协议书一式____份，联合体成员和招标人各执一份。

注：本协议书由委托代理人签字的，应附法定代表人签字的授权委托书。

牵头人名称：________(盖单位章)
法定代表人或其委托代理人：______(签字)
成员一名称：________ (盖单位章)
法定代表人或其委托代理人：______(签字)
成员二名称：________(盖单位章)
法定代表人或其委托代理人：______(签字)
……

____年__月__日

图 1.10 联合体协议书示例

(7) 申请人基本情况表示例如图 1.11 所示。

<table>
<tr><td colspan="7">五、申请人基本情况表</td></tr>
<tr><td>申请人名称</td><td colspan="6"></td></tr>
<tr><td>注册地址</td><td colspan="4"></td><td>邮政编码</td><td></td></tr>
<tr><td rowspan="2">联系方式</td><td>联系人</td><td colspan="3"></td><td>电话</td><td></td></tr>
<tr><td>传真</td><td colspan="3"></td><td>网址</td><td></td></tr>
<tr><td>组织结构</td><td colspan="6"></td></tr>
<tr><td>法定代表人</td><td>姓名</td><td></td><td>技术职称</td><td></td><td>电话</td><td></td></tr>
<tr><td>技术负责人</td><td>姓名</td><td></td><td>技术职称</td><td></td><td>电话</td><td></td></tr>
<tr><td>成立时间</td><td colspan="2"></td><td colspan="4">员工总人数：</td></tr>
<tr><td>企业资质等级</td><td colspan="2"></td><td rowspan="5">其中</td><td colspan="2">项目经理</td><td></td></tr>
<tr><td>营业执照号</td><td colspan="2"></td><td colspan="2">高级职称人员</td><td></td></tr>
<tr><td>注册资金</td><td colspan="2"></td><td colspan="2">中级职称人员</td><td></td></tr>
<tr><td>开户银行</td><td colspan="2"></td><td colspan="2">初级职称</td><td></td></tr>
<tr><td>账号</td><td colspan="2"></td><td colspan="2">技工</td><td></td></tr>
<tr><td>经营范围</td><td colspan="6"></td></tr>
<tr><td>备注</td><td colspan="6"></td></tr>
</table>

图 1.11　申请人基本情况表示例

(8) 申请人财务状况表形式见表 1－3。

表 1－3　申请人财务状况表

序号	项　　目	____年	____年	____年
1	固定资产			
2	流动资产			
3	存货			
4	长期负债			
5	流动负债			
6	净资产			
7	主营业收入			
8	利润总额			
9	净利润			
10	现金及现金等价物净增加额			

注：提供最近 3 年财务会计报表中的资产负债表、损益表和现金流量表(附审计报告或其他证明材料)。

(9) 近年完成类似项目情况表形式见表 1－4。

表 1-4 近年完成类似项目情况表

建设规模	业主	项目名称、所在地	监理单位、总监理工程师	合同金额与签字日期	主要工作内容	开、竣工日期	质量评定情况	安全情况

注：(1)已完业绩需提供合同等完工证明资料，合同需提供签字页和承包范围。
(2)项目名称、所在地及主要工作内容一栏，详细描述项目名称和承包范围。

(10) 正在施工的和新承接的项目情况表形式见表 1-5。

表 1-5 正在施工的和新承接的项目情况表

建设规模	业主	项目名称、所在地	监理单位、总监理工程师	合同金额与签字日期	主要工作内容	开、竣工日期	进度完成情况

注：(1) 需提供合同签字页和承包范围。
(2) 项目名称、所在地及内容一栏，详细描述项目名称和承包范围。

(11) 今年发生的诉讼及仲裁情况。

(12) 其他材料。

5) 项目建设概况(如图 1.12 所示)

五、项目建设概况

一、项目说明

……

二、建设条件

……

三、建设要求

……

四、其他需要说明的情况

……

图 1.12 项目建设概况编写示例

实训小结

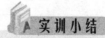

资格预审是指对于大型或复杂的土建工程或成套设备，在正式组织招标之前，对供应商的资格和能力进行的预先审查。它是招投标程序的一个重要环节，是招标工作的起始；既是贯彻建设工程必须由相应资质队伍承包的政策的体现，也是保护业主和广大消费者利益的举措；是避免未达到相应技术与施工能力的队伍乱接工程和防止出现豆腐渣工程质量事故的有效途径。

特别提示

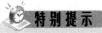

国家对施工招标资格预审文件的内容和格式均有特殊规定，通过本实训活动，学生将对《中华人民共和国标准施工招标资格预审文件(2007年版)》内容和格式获得进一步了解，并且能够提高编制资格预审文件的能力。

实训考核

考核评定方式	评定内容	分值	得分
自评	编制招标公告的能力	10	
	编制资格预审文件的能力	20	
	应用《标准施工招标资格预审文件》及相关资料编制业主方招标文件的能力	10	
课堂交流（互评）	积极参与讨论	5	
	观点鲜明正确性、表达流畅度	5	
	资料收集的符合度	5	
教师评定	成果质量	30	
	考勤及表现	5	
	《中华人民共和国标准施工招标资格预审文件(2007年版)》掌握程度	10	

训练1.3 招标文件的编制实训

【实训背景】

若学习者从事的是招投标工作，作为招标人(业主)或招标代理人应掌握招标过程中招标文件的编写方法。

【实训目标】

1. 能力目标

(1) 具备对招标文件进行独立编制的能力。

(2) 具有阅读有关招标文件和信息的能力。

2. 知识目标

(1) 招标文件的组成。

(2) 招标文件编制步骤。

【实训成果】

(某工程)招标文件，按《房屋建筑和市政基础设施工程施工招标文件范本》。

【实训内容】

招标文件是作为建筑产品需求者的建设单位(招标人)向潜在的生产供给者(承包商)详细阐明其购买意图的一系列文件，也是投标人对招标人的意图作出响应、编制投标书的客观依据。

招标文件由招标人或其委托的招标代理机构编制，主要内容如图 1.13 所示。

按建设部制订的《房屋建筑和市政基础设施工程施工招标文件范本》规定公开招标的招标文件应包括下列内容。 第一章 投标须知及投标须知前附表 第二章 合同条款 第三章 合同文件格式 第四章 工程建设标准 第五章 图纸 第六章 工程量清单(如有时) 第七章 投标文件投标函部分格式 第八章 投标文件商务部分格式 第九章 投标文件技术部分格式 第十章 资格审查申请书格式

图 1.13　招标文件编制的主要内容

1. 制作招标文件封面

封面格式包括下列内容：项目名称、标段名称(如有)、“招标文件”这 4 个字、招标人名称和单位印章、时间，如图 1.14 所示。

________(项目名称)________标段施工招标 招标文件 招标人：________（盖单位章） ____年__月__日

图 1.14　招标文件封面格式

2. 投标须知

由投标须知前附表和正文两部分组成。

(1) 投标须知前附表是以表格形式表现投标须知内容的简要概览，用以帮助投标人了解招标人要求其在投标过程中必须履行的手续和应遵守的规则，同时，也是了解投标须知详细内容的索引，示例见表 1-6。

表 1-6 投标须知前附表示例

项目	条款号	内容	说明与要求
1	1.1	工程名称	
2	1.1	建设地点	
3	1.1	建设规模	
4	1.1	承包方式	
5	1.1	质量标准	
6	2.1	招标范围	
7	2.2	工期要求	____年__月__日计划开工， ____年__月__日计划竣工， 施工总工期：______日历天
8	3.1	资金来源	
9	4.1	投标人资质等级要求	
10	4.2	资格审查方式	
……	……	……	……

(2) 投标须知正文编写目录如图 1.15 所示。

(一) 总则	(三) 投标文件的编制
1. 工程说明	10. 投标文件的语言及度量衡单位
1.1……	10.1……
2. 招标范围及工期	11. 投标文件的组成
2.1……	11.1……
3. 资金来源	12. 投标文件格式
3.1……	12.1……
4. 合格投标人	13. 投标报价
4.1……	13.1……
5. 踏勘现场	14. 工程量清单和投标预算书
5.1……	14.1……
6. 投标费用	15. 投标货币
6.1……	15.1……
(二) 招标文件	16. 投标有效期
7. 招标文件的组成	16.1……
7.1……	17. 投标保证金
8. 招标文件的澄清	17.1……
8.1……	18. 投标文件的份数和签署
9. 招标文件的修改	18.1……
9.1……	

图 1.15 投标须知正文编写目录

（四）投标文件的提交 19. 投标文件的装订、密封和标记 19.1…… 20. 投标文件的提交 20.1…… 21. 投标文件提交的截止时间 21.1…… 22. 迟交的投标文件 22.1…… 23. 投标文件的补充、修改和撤回 23.1…… （五）开标 24. 开标 24.1…… 25. 投标文件的有效性 25.1…… （六）评标 26. 评标委员会与评标 26.1…… 27. 评标过程的保密 27.1…… 28. 投标文件的澄清 28.1……	29. 投标文件的初步评审 29.1…… 30. 投标文件的评审、比较和否决 30.1…… （七）合同的授予 31. 合同授予标准 31.1…… 32. 招标人拒绝投标的权力 32.1…… 33. 中标通知书 33.1…… 34. 合同协议书的签订 34.1…… 35. 履约担保 35.1…… 36. 中标单位需按X价服[2006]12号及X市价发[2006]58号文件规定缴纳建设工程交易综合服务费，凭缴费发票到交易中心领取中标通知书。 37. 纪律与监督 37.1…… 38. 本招标文件由招标人负责解释。

图 1.15　投标须知正文编写目录(续)

3. 合同文件

工程施工合同使用建设部于1999年12月印发的《建设工程施工合同(示范文本)》(GF－1999－0201)，即1991年3月印发的《建设工程施工合同》(GF－91－0201)的修订版本。由协议书、通用条款和专用条款3部分和承包人承揽工程项目一览表、发包人供应材料设备一览表及房屋建筑工程质量保修书3个附件组成，协议书和通用条款如图1.16、图1.17所示。

专用条款是根据每一工程的具体情况，将通用条款予以具体化，使用时，针对工程实际，一个工程一议，一个条款一议，一个事项一议，按通用条款的顺序一一列明。履行合同，实际上就是履行专用条款的规定。

合同3个附件见“训练2.2 建筑工程施工合同的签订实训”。

第一部分　协议书

发包人（全称）：________

承包人（全称）：________

依照《中华人民共和国合同法》、《中华人民共和国建筑法》及其他有关法律、行政法规，遵循平等、自愿、公平和诚实信用的原则，双方就本建设工程施工事项协商一致，订立本合同。

一、工程概况

工程名称：________

工程地点：________

工程内容：________

群体工程应附承包人承览工程项目一览表（附件1）

工程立项批准文号：________

资金来源：________

二、工程承包范围

承包范围：________

三、合同工期

开工日期：________

竣工日期：________

合同工期总日历天数：____天

四、质量标准

工程质量标准：________

五、合同价款

金额（大写）：________元（人民币）

￥：________元

六、组成合同的文件

组成本合同的文件包括如下内容。

1. 本合同协议书
2. 中标通知书
3. 投标书及其附件
4. 本合同专用条款
5. 本合同通用条款
6. 标准、规范及有关技术文件
7. 图纸
8. 工程量清单
9. 工程报价单或预算书

双方有关工程的洽商、变更等书面协议或文件视为本合同的组成部分。

七、本协议书中有关词语含义与本合同第二部分（通用条款）中分别赋予它们的定义相同。

八、承包人向发包人承诺按照合同约定进行施工、竣工并在质量保修期内承担工程质量保修责任。

九、发包人向承包人承诺按照合同约定的期限和方式支付合同价款及其他应当支付的款项。

十、合同生效

合同订立时间：____年__月__日

合同订立地点：____

本合同双方约定____后生效。

发包人：（公章）____　　　　承包人：（公章）____

图1.16　协议书

住所：____	住所：____
法定代表人：____	法定代表人：____
委托代理人：____	委托代理人：____
电话：____	电话：____
传真：____	传真：____
开户银行：____	开户银行：____
账号：____	账号：____
邮政编码：____	邮政编码：____

图 1.16 协议书(续)

第二部分 通用条款

一、词语定义及合同文件

1. 词语定义
2. 合同文件及解释顺序
3. 语言文字和使用法律、标准及规范
4. 图纸

二、双方一般权利和义务

5. 工程师
6. 工程师的委派和指令
7. 项目经理
8. 发包人工作
9. 承包人工作

三、施工组织设计和工期

10. 进度计划
11. 开工及延期开工
12. 暂停施工
13. 工期延误
14. 工程竣工

四、质量与检验

15. 工程质量
16. 检查和返工
17. 隐蔽工程和中间验收
18. 重新检验
19. 工程试车

五、安全施工

20. 安全施工与检查
21. 安全防护
22. 事故处理

六、合同价款与支付

23. 合同价款及调整
24. 工程预付款
25. 工程量的确认
26. 工程款（进度款）支付

七、材料设备供应

27. 发包人供应材料设备
28. 承包人采购材料设备

八、工程变更

29. 工程设计变更
30. 其他变更
31. 确定变更价款

九、竣工验收与结算

32. 竣工验收
33. 竣工结算
34. 质量保证

十、违约、索赔和争议

35. 违约
36. 索赔
37. 争议

十一、其他

38. 工程分包
39. 不可抗力
40. 保险
41. 担保
42. 专利技术及特殊工艺
43. 文物和地下障碍物
44. 合同解除
45. 合同生效与终止
46. 合同份数
47. 补充条款双方根据有关法律、行政法规规定，结合工程实际，经协商一致后，可对本通用条款的内容具体化、补充或修改，在专用条款内约定

图 1.17 通用条款

4. 图纸、工程量清单

(1) 全套施工图纸一套(略)。

(2) 工程量清单一份(略)。

5. 投标文件商务标部分格式

投标文件商务标部分封面及投标文件法定代表人身份证明格式如图 1.18、图 1.19 所示。

________(项目名称)________标段 施工招标 投标文件 投标人名称：________ 投标文件内容：投标文件商务标部分 投标人：________(盖章) 法定代表人：________(盖章) 日期：____年__月__日

图 1.18　投标文件商务标部分封面示例

法定代表人身份证明 单位名称：________ 单位性质：________ 地址：________ 成立时间：________ 经营期限：________ 姓名：______性别：______ 年龄：______职务：______ 系________(投标人单位名称)的法定代表人。 特此证明。 投标人：________(盖章) 日期：____年__月__日

图 1.19　投标文件法定代表人身份证明

6. 投标文件技术标部分格式

投标文件技术部分的封面如图 1.20 所示，拟投入的主要施工机械设备如图 1.21 所示，劳动力计划如图 1.22 所示。

_______（项目名称）_______标段
施工招标

投标文件

投标人名称：_______
投标文件内容：投标文件技术标部分
投标人：_______（盖章）
法定代表人：_______（盖章）
日期：___年__月__日

图 1.20 投标文件技术标部分封面示例

拟投入的主要施工机械设备表

序号	机械或设备名称	规格型号	数量	国别产地	制造年份	额定功率/kW	生产能力	用于施工部位	备注

图 1.21 拟投入的主要施工机械设备表格式

劳动力计划表

工种	按施工阶段投入劳动力情况						

注：(1) 投标人应按所列格式提交包括分包人在内的估计劳动力计划表
(2) 本计划表是以每班 8 小时工作制为基础编制的

图 1.22 劳动力计划表

实训小结

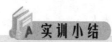

招标文件是供应商准备投标文件和参加投标的依据，同时也是评标的重要依据，因为评标是按照招标文件规定的评标标准和方法进行的。此外，招标文件是签订合同所遵循的依据，招标文件的大部分内容要列入合同之中。因此，准备招标文件是非常关键的环节，它直接影响到采购的质量和进度。

特别提示

国家对施工招标文件的内容和格式均有特殊规定，通过本实训活动，学生能够进一步提高对招标文件内容和格式的基本认识，提高编制招标文件的能力。

实训考核

考核评定方式	评定内容	分值	得分
自评	编制施工招标文件的步骤和内容	10	
	应用《房屋建筑和市政基础设施工程施工招标文件范本》及《建设工程施工合同(示范文本)》(GF—1999—0201)编制业主方招标文件的能力	30	
课堂交流（互评）	积极参与讨论	5	
	观点鲜明正确性、表达流畅度	5	
	资料收集的符合度	5	
教师评定	成果质量	30	
	考勤及表现	5	
	《房屋建筑和市政基础设施工程施工招标文件范本》及《建设工程施工合同(示范文本)》(GF—1999—0201)掌握程度	10	

训练1.4　投标文件的编制实训

【实训背景】

若学习者从事的是招投标工作，作为投标工作的直接参与者(承包商)应会编制建筑工程投标文件。

【实训任务】

(1) 按招标资格预审文件的要求填写投标资格预审文件。

(2) 学生按4～6人分为一组，收集相关资料，分别完成本组所代表施工单位的投标文件编制。

【实训目标】

1. 能力目标

(1) 具备对投标文件进行独立编制的能力。

(2) 具有阅读有关投标文件和信息的能力。

2. 知识目标

(1) 投标文件的组成。

(2) 投标文件编制步骤。

【实训地点】

校内招投标模式实训室(或一体化教室)

【实训内容】

投标文件也称为"标书"，即按投标须知要求，投标单位必须按规定格式提交给招标单位的全部文件。国内工程投标文件由投标函、商务部分和技术部分组成。若采用资格后审的方式，还应包括资格审查文件。

1. 投标函

投标函的主要内容有：①法定代表人的身份证明；②投标文件签署授权委托书；③投标函正文；④投标函附录；⑤投标担保银行保函或投标担保书；⑥招标文件要求投标人提交的其他投标资料。

除第⑤项的担保银行保函具体格式由担保银行提供，第⑥项在需要时由招标人以书面提出外，其余各项的标准格式如图 1.23～图 1.27 所示。

________工程施工招标

投标文件

项目编号：________
项目名称：________
投标文件内容：投标文件投标函部分
投标人：________（盖章）
法定代表人：________
或其委托代理人：________（签字或盖章）
日期：____年__月__日

图 1.23 投标文件封面

法定代表人身份证明书

单位名称：____
成立时间：____年__月__日
单位性质：________
地 址：________
经营期限：________
姓名：______性别：______年龄：______职务：______
系__________（投标人单位名称）的法定代表人。
特此证明。

投标人：________（盖章）
日期：____年__月__日

图 1.24 法定代表人身份证明书

投标文件签署授权委托书

本授权委托书声明：我______(姓名)系______(投标人名称)的法定代表人，现授权委托______(单位名称)的______(姓名)为我公司签署本工程投标文件的法定代表人的授权委托代理人，我承认代理人全权代表我所签署本工程的投标文件的内容。

代理人无转委托权，特此委托。

代理人：______(签字)性别：____年龄：______

身份证号码：__________________职务：______

投标人：______(盖章)

法定代表人：______(签字或盖章)

授权委托日期：____年__月__日

图 1.25　投标文件签署授权委托书

投标函

致：______(招标人名称)

1. 根据你方招标工程项目编号为______的______工程招标文件，遵照《中华人民共和国招标投标法》等有关规定，经踏勘项目现场和研究上述招标文件的投标须知、合同条款、规范、图纸、工程建设标准和工程量清单及其他有关文件后，我方愿以______(币种，金额，单位)______(小写)的投标报价并按上述图纸、合同条款、工程建设标准和工程量清单的条件要求承包上述工程的施工、竣工，并承担任何质量缺陷保修责任。

2. 我方已详细审核全部招标文件，包括修改文件(有时)，及有关附件。

3. 我方承认投标函附录是我方投标函的组成部分。

4. 一旦我方中标，我方保证按合同协议书中规定的工期______日历天内完成并移交全部工程。

5. 如果我方中标，我方将按照规定提交上述总价____%的银行担保函或上述总价____%的由具有担保资格和能力的担保机构出具的履约担保书作为履约担保。

6. 我方同意所提交的投标文件在“投标申请人投标须知”第15条规定的投标有效期内有效，在此期间如果中标，我方将受此约束。

7. 除非另外达成协议并生效，你方的中标通知书和本投标文件将成为约束双方的合同文件的组成部分。

8. 我方与本投标函一起，提交______(币种，金额，单位)作为投标担保。

投标人：________(盖章)

单位地址：________

法定代表人或其委托代理人：______(签字或盖章)

邮政编码：__________电话：__________传真：__________

开户银行名称：________________

开户银行账号：________________

开户银行地址：____________

开户银行电话：____________

日期：____年__月__日

图 1.26　投标函

投标函附录

序号	项目内容	合同条款号	约定内容	备注
1	履约保证金 银行保函金额 履约担保书金额		合同价款的(　)% 合同价款的(　)% 合同价款的(　)%	
2	施工准备时间		签订合同协议后(　)天	
3	误期违约金额		(　)元/天	
4	误期赔偿费限额			
5	提前工期奖		(　)元/天	
6	施工总工期		(　)日历天	
7	质量标准			
8	工期质量违约金最高限额		(　)天	
9	预付款金额		合同价款的(　)%	
10	预付款保函金额		合同价款的(　)%	
11	进度款付款时间		月付款凭证后(　)天	
12	竣工结算款付款时间		签发竣工结算付款凭证后(　)天	
13	保修期		依据保修书约定的期限	

图 1.27　投标函附录

2. 商务部分

商务部分包括的主要内容，采用综合单价形式的为：①投标报价说明；②投标报价汇总表；③主要材料清单报价表；④设备清单报价表；⑤工程量清单报价表；⑥措施项目报价表；⑦其他项目报价表；⑧工程量清单项目价格计算表；⑨投标报价需要的其他资料(需要时由招标人用文字或表格提出，或投标人在投标报价时提出)。其格式如图 1.28～图 1.36 所示。

____________工程施工招标

投标文件

项目编号：________
项目名称：________
投标文件内容：投标文件商务部分
投标人：________（盖章）
法定代表人：________
或其委托代理人：________（签字或盖章）
日期：____年__月__日

图 1.28　投标文件商务部分封面

投标报价说明

1. 本报价依据本工程投标须知和合同文件的有关条款进行编制。
2. 工程量清单报价表中所填入的综合单价和合价均包括人工费、材料费、机械费、管理费、利润、税金以及采用固定价格的工程所测算的风险金等全部费用。
3. 措施项目报价表中所填入的措施项目报价，包括为完成本工程项目施工必须采取的措施所发生的费用。
4. 其他项目报价表中所填入的其他项目报价，包括工程量清单报价表和措施项目报价表以外的，为完成本工程项目施工必须发生的其他费用。
5. 本工程量清单报价表中的每一单项均应填写单价和合价，对没有填写单价和合价的项目费用，视为已包括在工程量清单的其他单价或合价之中。
6. 本报价的币种为______。
7. 投标人应将投标报价需要说明的事项，以文字形式记录下来与投标报价表一并报送。

图 1.29 投标报价说明

投标报价汇总表

工程项目名称：____________工程

序号	表号	工程项目名称	合计/单位	备注
一		土建工程分部工程量清单项目		
1				
2				
3				
4				
……				
二		安装工程分部工程量清单项目		
1				
2				
……				
三		措施项目		
……				
四		其他项目		
五		设备费用		
六		总计		

投标总报价：______（币种，金额，单位）

投标人：______（盖章）

法定代表人或委托代理人：______（签字或盖章）

日期：____年__月__日

图 1.30 投标报价汇总表

主要材料清单报价表

工程项目名称：________工程　　　　共___页　第___页

序号	材料名称及规格	计量单位	数量	报价/单位		备注
				单位	合价	
1						
2						
3						
……						

投标人：______(盖章)

法定代表人或委托代理人：______(签字或盖章)

日期：____年__月__日

图 1.31　主要材料清单报价表

设备清单报价表

工程项目名称：________工程　　　　共__页　第__页

序号	设备名称	规格型号	单位	数量	单价/单位				合价/单位				备注
					出厂价	运杂费	税金	单价	出厂价	运杂费	税金	单价	
1													
2													
3													
……													

小计：____(币种，金额，单位)(其中设备出厂价：____运杂费：____税金：____)

设备报价：(含运杂费、税金)____合计：____(币种，金额，单位)

投标人：________(盖章)

法定代表人或委托代理人：______(签字或盖章)

日期：____年__月__日

图 1.32　设备清单报价表

采用工料单价形式的，其主要内容为：①投标报价说明；②投标报价汇总表；③主要材料清单报价表；④设备清单报价表；⑤分部工程工料价格计算表；⑥分部工程费用计算表；⑦投标报价需要的其他资料。除②、③、④项与采用综合单价形式的相同，第⑦项无固定格式外，其余各项格式可参考相关资料。

工程量清单报价表

工程项目名称：________工程　　　　　　共__页　第__页

序号	编号	项目名称	计量单位	工程量	综合单价/单位	合价/单位	备注
1							
2							
……							

合计：______（币种，金额，单位）

投标人：______（盖章）

法定代表人或委托代理人：______（签字或盖章）

日期：____年__月__日

图 1.33　工程量清单报价表

措施项目报价表

工程项目名称：________工程　　　　　　共__页　第__页

序号	项目名称	金额
1		
2		
……		

合计：______（币种，金额，单位）

投标人：______（盖章）

法定代表人或委托代理人：______（签字或盖章）

日期：____年__月__日

图 1.34　措施项目报价表

其他项目报价表

工程项目名称：________工程　　　　　　共__页　第__页

序号	项目名称	金额
1		
2		
……		

合计：______（币种，金额，单位）

投标人：______（盖章）

法定代表人或委托代理人：______（签字或盖章）

日期：____年__月__日

图 1.35　其他项目报价表

工程量清单项目价格计算表

______分部______工程　　　　　　　　　　　　　　共__页　第__页

序号	编号	项目名称	计量单位	工程量	工料单价				工料合价				费用			合价	单价	备注
					单价	其中			合价	其中			管理费	利润	税金			
						人工费	材料费	机械费		人工费	材料费	机械费						
1	2	3	4	5	6	7	8	9	10	11	12	13	14	15	16	17	18	19
1	（清单项目编号）																	
2	（清单项目编号）																	

合价合计：__________

投标人：______（盖章）

法定代表人或委托代理人：______（签字或盖章）

日期：____年__月__日

图 1.36　工程量清单项目价格计算表

3. 技术部分

投标文件技术部分主要包括：①施工组织设计；②项目管理机构配备情况；③拟分包项目情况表，封面要求如图 1.37 所示。

______工程施工招标

投标文件

项目编号：______
项目名称：______
投标文件内容：投标文件技术部分
投标人：______（盖章）
法定代表人：______
或其委托代理人：______（签字或盖章）
日期：____年__月__日

图 1.37 投标文件技术部分封面

投标人应编制施工组织设计，包括投标须知规定的施工组织设计基本内容。编制的具体要求是：编制时应采用文字并结合图表形式说明各分部分项工程的施工方法；拟投入的主要施工机械设备情况和劳动力计划等；结合招标工程特点提出切实可行的工程质量、安全生产、文明施工、工程进度和技术组织措施，同时应针对关键工序、复杂环节重点提出相应的技术措施，如采取冬雨季施工技术措施、减少扰民噪声、降低环境污染技术措施、地下管线及其他地上地下设施的保护加固措施等。

施工组织设计除采用文字表述外，还应附下列图表。

(1) 拟投入的主要施工机械设备表。

(2) 劳动力计划表。

(3) 计划开、竣工日期和施工进度网络图。

(4) 施工总平面图。

(5) 施工用地表。

具体格式可参照《建筑施工组织设计规范》(GB/T 50502—2009)及本书后续实训内容编写。

实训小结

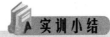

投标文件是建筑公司在通过了工程项目的资格预审以后，对自己在本项目中准备投入的人力、物力和财力等方面的情况进行描述的文件，还有自己对本项目的施工、工程量清单、工程造价和工程的保证条例进行说明的文件，然后发包方会通过建筑工程的招标文件对项目承包对象进行选择。这是指具备承担招标项目能力的投标人，按照招标文件要求编制的文件。在投标文件中应当对招标文件提出的实质性要求和条件作出响应，这里所指的实质性要求和条件，一般是指招标文件中有关招标项目的价格、招标项目的计划、招标项目的技术规范方面的要求和条件，合同的主要条款(包括一般条款和特殊条款)。投标文件需要在这些方面作出回答，或称响应，响应的方式是投标人按照招标文件进行填报，不得遗漏或回避招标文件中的问题。这样交易的双方，只应就交易的内容也就是围绕招标项目来编制招标文件和投标文件。

《招标投标法》还对投标文件的送达、签收和保存的程序作出规定，有明确的规则。对于投标文件的补充、修改和撤回也有具体规定，明确了投标人的权利和义务，这些都是适应公平竞争需要而确立的共同规则。从对这些事项的有关规定来看，招标投标需要规范化，应当在规范中体现保护竞争的宗旨。

特别提示

(1) 编制投标文件，必须严格遵守国家的有关标准和规范，符合投标须知规定的各项要求，特别是采用工程量清单计价，分部分项工程量清单中的项目名称、计量单位和计算规则，必须依照《建设工程工程量清单计价规范》(GB 50500—2008)及其附录的有关规定编制，无论是招标单位及其代理机构还是投标单位都不得擅自变动。

(2) 投标文件技术部分，应依照《建筑施工组织设计规范》(GB/T 50502—2009)的要求编写。

实训考核

考核评定方式	评定内容	分值	得分
自评	编制施工投标文件的步骤和内容	10	
	应用《建筑工程工程量清单计价规范》(GB 50500—2008)及《建筑施工组织设计规范》(GB/T 50502—2009)编制投标文件的能力	30	
课堂交流(互评)	积极参与讨论	5	
	观点鲜明正确性、表达流畅度	5	
	资料收集的符合度	5	
教师评定	成果质量	30	
	考勤及表现	5	
	《建筑工程工程量清单计价规范》(GB 50500—2008)及《建筑施工组织设计规范》(GB/T 50502—2009)掌握程度	10	

项目 2

建筑工程施工准备

项目实训目标

通过对建筑工程施工前的施工调查、施工技术准备、施工物资准备、劳动组织准备和施工现场准备等各项准备工作的学习和实训，在老师和本教材的指导下，借助在建或竣工工程资料，学生应该能够独立完成某特定工程图纸会审、编制施工准备工作计划与开工报告等施工管理的前期工作。

实训项目设计

实训项目编号	能力训练项目名称	学时		拟达到的能力目标	相关支撑知识	训练方式手段及步骤	结果
		理论	实践				
2.1	图纸会审	2	2	(1) 具备建筑施工图的初步阅读能力； (2) 具有能参与图纸会审、编写会审纪要的能力	(1) 熟悉参建各单位对图纸工作的组织和会审图纸的要求； (2) 掌握图纸会审的组织和程序； (3) 掌握图纸会审会议纪要的编写	模拟图纸会审程序	图纸会审会议纪要
2.2	编制施工准备工作计划与开工报告	1	1	能编制施工准备工作计划，填写开工报审表和开工报告	(1) 编制施工准备工作计划； (2) 填写开工报审表； 3. 填写开工报告	教师给定表式并进行讲解演示，学生根据任务要求填写相关材料	编制施工准备工作计划与开工报告

训练 2.1 图纸会审

【实训背景】

作为拟建工程的一方主体(建设方、设计方、施工方和监理方)模拟进行图纸会审的过程，编写图纸会审会议纪要。

【实训任务】

5～8 人组成一小组，以组为单位分别扮演建设方、设计方、施工方、监理方对教师选定的某套工程图纸(或本教材后附工程图纸)，可人为设置图纸部分错误后进行图纸会审过程模拟；并以组为单位协作编写完成图纸会审会议纪要。

【实训目标】

1. 能力目标

(1) 具备建筑施工图的初步阅读能力。

(2) 具备能参与图纸会审和编写会审纪要的能力。

2. 知识目标

(1) 熟悉参建各单位对图纸工作的组织和会审图纸的要求。

(2) 掌握图纸会审的组织和程序。

(3) 掌握图纸会审会议纪要的编写。

【实训成果】

图纸会审会议纪要。

【实训内容】

1. 图纸会审工作的一般组织程序

图 2.1 为图纸会审工作的一般组织程序。

2. 对熟悉图纸的基本要求

(1) 先粗后细：就是先看平、立和剖面图，对整个工程的概况有一个轮廓的了解，对总的长宽尺寸、轴线尺寸、标高、层高有一个总体的印象。然后再看细部做法，核对总尺寸与细部尺寸。

(2) 先小后大：首先看小样图再看大样图，核对在平、立和剖面图中标注的细部做法与大样图的做法是否相符；所采用的标准构配件图集编号、类型、型号与设计图纸有无矛盾；索引符号是否存在漏标；大样图是否齐全等。

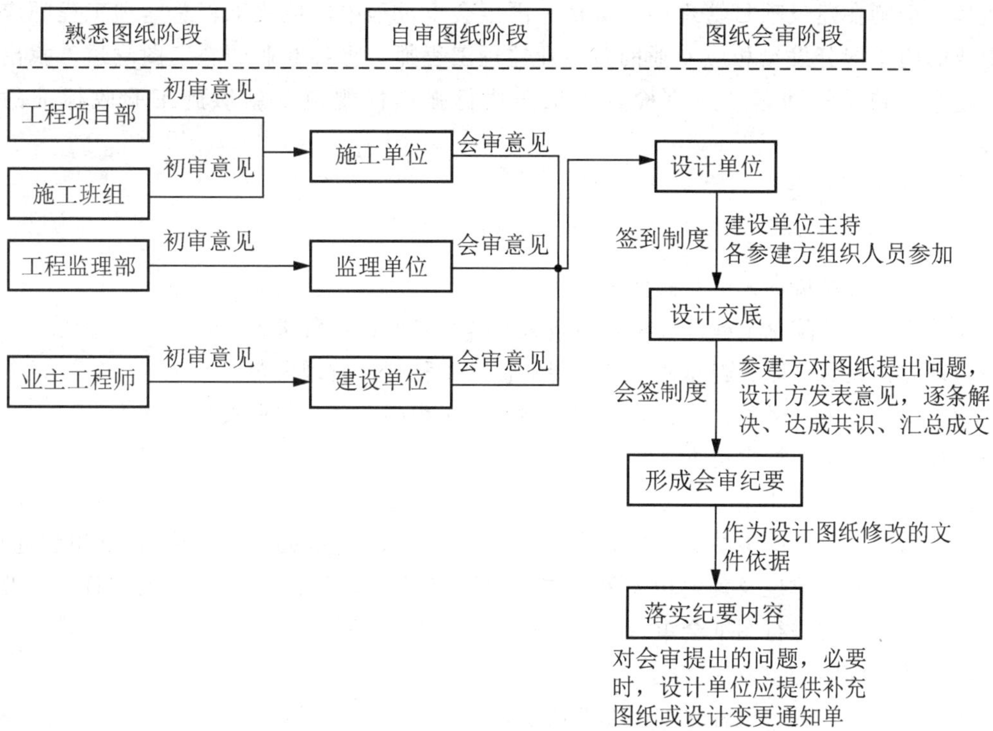

图 2.1　图纸会审工作的一般组织程序

(3) 先建筑后结构：就是先看建筑图后看结构图，并把建筑图与结构图相互对照，核对其轴线尺寸、标高是否相符，有无矛盾，查对有无遗漏尺寸，有无构造不合理之处。

(4) 先一般后特殊：应先看一般的部位和要求，后看特殊的部位和要求。特殊部位一般包括地基处理方法，变形缝的设置，防水处理要求和抗震、防火、保温、隔热、隔音、防尘、特殊装修等技术要求。

(5) 图纸与说明结合：要在看图纸时对照设计总说明和图中的细部说明，核对图纸和说明有无矛盾，规定是否明确，要求是否可行，做法是否合理等。

(6) 土建与安装结合：当看土建图时，应有针对性地看一些安装图，并核对与土建有关的安装图有无矛盾，预埋件、预留洞、槽的位置及尺寸是否一致，了解安装对土建的要求，以便考虑在施工中的协作问题。

(7) 图纸要求与实际情况结合：就是核对图纸有无不切合实际之处，如建筑物相对位置、场地标高和地质情况等是否与设计图纸相符；对一些特殊的施工工艺施工单位能否做到等。

3. 自审图纸阶段的组织工作

施工单位：由拟建工程项目经理部组织有关工程技术人员认真熟悉图纸，了解设计意图与建设单位要求及施工应达到的技术标准，明确工艺流程。

监理单位：图纸会审是一个展示技术力量的平台，监理单位应当利用这个平台，提高监理工程师在建设项目管理中的威信。图纸会审过程中，拟建工程总监理工程师应将各专业的施工图分发给相应专业的各专业监理工程师，将各专业的施工图吃透，找出错误、遗漏、缺项等问题，并应检查施工图执行强制性规范及新版施工验收标准的情况等。

4. 图纸会审阶段

1）图纸会审人员

建设方：现场负责人员及其他技术人员；

设计方：设计院总工程师、项目负责人及各个专业设计负责人；

监理方：项目总监、副总监及各个专业监理工程师、监理员等；

施工单位：项目经理、项目副经理、项目总工程师及各个专业技术负责人；

其他相关单位：技术负责人。

2）图纸会审时间控制

一般情况下设计施工图分发后 3 个工作日内由建设单位(或监理单位)负责组织建设、设计、监理、施工单位及其他相关单位进行设计交底。设计交底后 15 个工作日内由监理负责组织上述单位进行图纸会审。

3）图纸会审会议的一般程序

图纸会审会议的一般程序如图 2.2 所示。

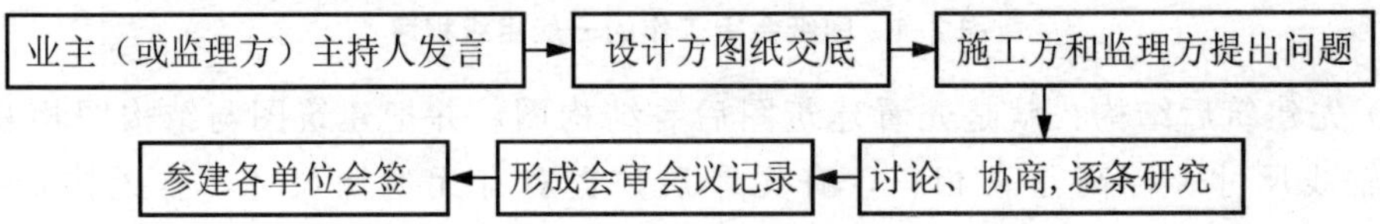

图 2.2　图纸会审会议程序

4）图纸会审注意事项

(1) 图纸会审会议由建设单位(或委托监理单位)主持，主持单位应做好会议记录及参加人员签字工作。

(2) 图纸会审，施工单位、监理单位及其他各个专业的工程技术人员针对自己自审发现的问题或对图纸的优化建议应以文字性汇报材料分发会审人员讨论。

(3) 图纸会审每个单位提出的问题或优化建议在会审会议上必须经过讨论作出明确结论；对需要再次讨论的问题，在会审记录上明确最终答复日期。

(4) 图纸会审记录一般由监理单位负责整理并分发，由各方代表签字盖章认可后各参建单位执行和归档。

(5) 各个参建单位对施工图、工程联系单及图纸会审记录应做好备档工作。

(6) 作废的图纸，设计单位应以书面形式通知，各参建单位自行处理，不得影响施工。

(7) 施工方及设计方应有专人对提出和解答的问题做好记录，以便查核。

特别提示

图纸会审应当以施工单位为主提出问题，监理方形成的纪要中，如果施工单位已经提到的问题，监理方可不再提，但施工单位未提及的问题监理方应当补充。提出问题是为了很好地解决这些问题，解决这些问题是以设计方为主，因为施工图的责任主体方是设计单位，监理方应注意提出问题的方法和方式，应善意地同设计方协商和商量，解决同一个问题的方法及途径多种多样，都能达到目的，因此监理人员的思路应当开阔，并应充分尊重设计方，同设计方搞好关系，对今后监理过程中，各方的配合协调都有益无害。

5. 编写图纸会审会议纪要

图纸会审会议纪要一般由监理单位负责整理并分发，由各方代表签字盖章认可，各参建单位执行和归档。会审纪要作为与施工图纸具有同等法律效力的技术文件使用。《广州地区建筑工程施工技术资料目录》对图纸会审会议纪要的编写格式示例如图2.3所示。

设计图纸会审记录（一）

GD2201004□□

工程名称		建设单位	
施工单位		监理单位	
设计单位		勘察单位	
建筑面积	m^2	工程造价	万元
结构类型、层数		会审地点	
承包范围		会审时间	
图纸编号			
参加会审	单位名称	参加人姓名（签名）	

图2.3 图纸会审记录格式示例

实训小结

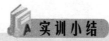

图纸会审是指工程各参建单位(建设单位、监理单位、施工单位)在收到设计院施工图设计文件后，对图纸进行全面细致的熟悉，审查出施工图中存在的问题及不合理情况并提交设计院进行处理的一项重要活动。通过图纸会审可以使各参建单位特别是施工单位熟悉设计图纸、领会设计意图、掌握工程特点及难点，找出需要解决的技术难题并拟定解决方案，从而将因设计缺陷而存在的问题消灭在施工之前。

本训练主要让学生掌握：图纸会审工作的一般组织程序、对熟悉图纸的基本要求、自审图纸阶段的组织工作、图纸会审阶段和编写图纸会审会议纪要等主要工作过程，并力求通过真实的图纸会审程序模拟，掌握这一环节。

实训考核

考核评定方式	评定内容	分值	得分
自评	熟悉图纸会审的组织和程序	20	
	编制图纸会审会议纪要的能力	20	
课堂交流(互评)	积极参与讨论	5	
	观点鲜明正确性、表达流畅度	5	
	资料收集的符合度	5	
教师评定	成果质量	30	
	考勤及表现	5	
	编制图纸会审会议纪要的能力	10	

实训练习

参看附录图纸，模拟组织图纸会审会议，并完成图纸会审会议纪要的编写。

训练 2.2 编制施工准备工作计划与开工报告

【实训背景】

施工单位开工前应编制施工准备工作计划，编写开工报告，并提交监理单位审查。

【实训任务】

根据建筑工程施工准备工作的要求，按规定的表式编制施工准备工作计划和开工报告。

【实训目标】

1. 能力目标

能编制施工准备工作计划，填写开工报审表和开工报告。

2. 知识目标

(1) 编制施工准备工作计划。

(2) 填写开工报审表。

(3) 填写开工报告。

【实训成果】

某工程的施工准备工作计划和开工报告。

【实训内容】

1. 编制施工准备工作计划

施工准备工作涉及的范围广、内容多，应视该工程本身及其具备的条件不同而不同，一般可归纳为 6 个方面：原始资料的收集、施工技术资料的准备、施工现场的准备、生产资料的准备、施工现场人员的准备和冬雨季施工准备。

为了落实各项施工准备工作，做到有步骤、有安排、有组织全面搞好施工准备，必须根据各项施工准备的内容、时间和人员，编制施工准备工作计划，格式示例如图 2.4 所示。

施工准备工作计划表

序号	施工准备工作	简要内容	要求	负责单位	负责人	配合单位	起止时间		备注
							月日	月日	

图 2.4 施工准备工作计划表格式示例

施工准备工作计划是施工组织设计的重要组成部分，应根据施工方案、施工进度计划和资源需要量等进行编制。除了上述表格和形象计划外，还可采用网络计划(后续实训内容)进行编制，以明确各项准备工作之间的关系并找出关键工作，并可以在网络计划上进行施工准备期的调整。

2. 准备开工

施工准备工作计划编制完成后，应进行落实和检查到位情况。因此开工前应建立严格的施工准备工作责任制和施工准备工作检查制度，不断协调和调整施工准备工作计划，把开工前的准备工作落到实处。工程开工还应具备相关开工条件和遵循工程基本建设程序，才能填写开工报审表，其格式示例如图 2.5 所示。

工程开工报审表

表号：

工程名称： 编号：

致________项目监理部：

我方承担的________工程，已完成了开工前的各项准备工作，特申请于____年__月__日开工，请审查。

(1) 项目管理实施规划（施工组织设计）已审批；

(2) 施工图会检已进行；

(3) 各项施工管理制度和相应的作业指导书已制定并审查合格；

(4) 安全文明施工二次策划满足要求；

(5) 施工技术交底已进行；

(6) 施工人力和机械已进场，施工组织已落实到位；

(7) 物资、材料准备能满足连续施工的需要；

(8) 计量器具和仪表经法定单位检验合格；

(9) 特殊工种作业人员能满足施工需要。

承包单位（章）：

项目经理：

日 期：

项目监理部审查意见：

项目监理部（章）：

总监理工程师

日 期

建设管理单位审批意见：

建设管理单位（章）：

项目经理：

日 期：

本表由施工单位填报，建设单位、监理单位、施工单位各存一份

图 2.5 工程开工报审表格式示例

1) 开工条件

(1) 国家计委关于基本建设大中型项目开工条件的规定如下。

① 项目法人已经成立。项目组织管理机构和规章制度健全，项目经理和管理机构成员已经到位，项目经理已经过培训，具备承担项目施工工作的资质条件。

② 项目初步设计及总概算已经批复。若项目总概算批复时间至项目申请开工时间超过两年(含两年)，或自批复至开工时间，动态因素变化大，总投资超出原批概算10%以上的，须重新核定项目总概算。

③ 项目资本金和其他建设资金已经落实，资金来源符合国家有关规定，承诺手续完备，并经审计部门认可。

④ 项目施工组织设计大纲已经编制完成。

⑤ 项目主体工程(或控制性工程)的施工单位已经通过招标确定，施工承包合同已经签订。

⑥ 项目法人与项目设计单位已签订设计图纸交付协议。项目主体工程(或控制性工程)的施工图纸至少可以满足连续3个月施工的需要。

⑦ 项目施工监理单位已经通过招标选定。

⑧ 项目征地、拆迁的施工场地“七通一平”(即供电、供水、道路、通信、燃气、排水、排污和场地平整)工作已经完成，有关外部配套生产条件已签订协议。项目主体工程(或控制性工程)施工准备工作已经做好，具备连续施工的条件。

⑨ 项目建设需要的主要设备和材料已经订货，项目所需建筑材料已落实来源和运输条件，并已备好连续施工3个月的材料用量。需要进行招标采购的设备、材料及其招标组织机构落实，采购计划与工程进度相衔接。

国务院各主管部门负责对本行业中央项目开工条件进行检查，各省(自治区、直辖市)计划部门负责对本地区地方项目开工条件进行检查。凡上报国家计委申请开工的项目，必须附有国务院有关部门或地方计划部门的开工条件检查意见。国家计委将按本规定申请开工的项目进行核查，其中大中型项目批准开工前，国家计委将派人去现场检查落实开工条件。凡未达到开工条件的，不予批准开工。

对于小型项目的开工条件，各地区、各部门可参照本规定制定具体管理办法。

(2) 工程项目开工条件的一般规定如下。

依据《建设工程监理规范》(GB 50319－2000)，工程项目开工前，施工准备工作具备了以下条件时，施工单位应向监理单位报送工程开工报审表及开工报告、证明文件等，由总监理工程师签发，并报送建设单位。

① 施工许可证已获政府主管部门批准。

② 征地拆迁工作能满足工程进度的需要。

③ 施工组织设计已获总监理工程师批准。

④ 施工单位现场管理人员已到位，机具、施工人员已进场，主要工程材料已经落实。

⑤ 进场道路及水、电、通风等已经满足开工要求。

3. 填写开工报告

当施工准备工作的各项内容已经完成，满足开工条件，已经办理了施工许可证，项目经理部应申请开工报告，报上级批准后才能开工。实行监理的工程，还应将开工报告送监理工程师审批，由监理工程师签发开工通知书。开工报审表和开工报告可采用《建设工程监理规范》(GB 50319—2000)中规定的施工阶段工作的基本表式，开工报告格式示例如图2.6所示。

<table>
<tr><td colspan="8">开 工 报 告
表号：
编号：</td></tr>
<tr><td>工程名称</td><td></td><td>建设单位</td><td></td><td>设计单位</td><td></td><td>施工单位</td><td></td></tr>
<tr><td>工程地点</td><td></td><td>结构类型</td><td></td><td>建筑面积</td><td></td><td>层 数</td><td></td></tr>
<tr><td colspan="2">工程批准文号</td><td colspan="2"></td><td rowspan="7">施工准备工作情况</td><td colspan="2">施工许可证办理情况</td><td></td></tr>
<tr><td colspan="2">预算造价</td><td colspan="2"></td><td colspan="2">施工图纸会审情况</td><td></td></tr>
<tr><td colspan="2">计划开工日期</td><td colspan="2">年 月 日</td><td colspan="2">主要物质准备情况</td><td></td></tr>
<tr><td colspan="2">计划竣工日期</td><td colspan="2">年 月 日</td><td colspan="2">施工组织设计编审情况</td><td></td></tr>
<tr><td colspan="2">实际开工日期</td><td colspan="2">年 月 日</td><td colspan="2">七通一平情况</td><td></td></tr>
<tr><td colspan="2">合同工期</td><td colspan="2"></td><td colspan="2">工程预算编审情况</td><td></td></tr>
<tr><td colspan="2">合同编号</td><td colspan="2"></td><td colspan="2">施工队伍进场情况</td><td></td></tr>
<tr><td colspan="2" rowspan="2">审核意见</td><td>建设单位</td><td colspan="2">监理单位</td><td colspan="2">施工企业</td><td>施工单位</td></tr>
<tr><td>负责人 （公章）
年 月 日</td><td colspan="2">负责人 （公章）
年 月 日</td><td colspan="2">负责人 （公章）
年 月 日</td><td>负责人 （公章）
年 月 日</td></tr>
<tr><td colspan="8">本表由施工单位填报，建设单位、监理单位、施工单位各存一份</td></tr>
</table>

图 2.6 开工报告格式示例

特别提示

开工报告属于建筑工程技术资料编制的范畴，各地区各部门都有自己的编制格式和标准，应根据实际工程所处的地域和要求选择合适的表式进行填写。

实训小结

建设项目或单项(位)工程开工的依据包括建设项目开工报告和单项(位)工程开工报告。

(1) 总体开工报告：承包人开工前应按合同规定向监理工程师提交开工报告，主要内容应包括：施工机构的建立、质检体系、安全体系的建立和劳力安排，材料、机械及检测仪器设备进场情况，水电供应，临时设施的修建，施工方案的准备情况等。虽有以上规定，并不妨碍监理工程师根据实际情况及时下达开工令。

(2) 分部工程开工报告：承包人在分部工程开工前 14 天向监理工程师提交开工报告单，其内容包括：施工地段与工程名称；现场负责人名单；施工组织和劳动安排；材料供应、机械进场等情况；材料试验及质量检查手段；水电供应；临时工程的修建；施工方案进度计划以及其他须说明的事项等，经监理工程师审批后，方可开工。

(3) 中间开工报告：长时间因故停工或休假(7 天以上)重新施工前，或重大安全、质量事故处理完后，承包人应向监理工程师提交中间开工报告。

实训考核

考核评定方式	评定内容	分值	得分
自评	熟悉开工准备工作的主要内容	20	
	编制开工准备工作计划和开工报告的能力	20	
课堂交流（互评）	积极参与讨论	5	
	观点鲜明正确性、表达流畅度	5	
	资料收集的符合度（某工程的开工准备和开工报告）	5	
教师评定	成果质量	30	
	考勤及表现	5	
	编制开工准备工作计划和开工报告的能力	10	

实训练习

根据附录图纸和工程概况，编制工程开工准备工作计划和开工报告。

项目3

建筑工程流水施工

项目实训目标

通过本项目内容的学习，学生应理解并掌握流水施工的原理及实质，理解流水施工有关参数的概念及流水施工参数的确定方法，重点掌握流水施工的组织方式，通过实例的学习，掌握流水施工原理及组织方式。

实训项目设计

实训项目编号	能力训练项目名称	学时		拟达到的能力目标	相关支撑知识	训练方式手段及步骤	结果
		理论	实践				
3.1	建筑工程流水施工实训	2	2	(1) 根据施工图纸和施工现场实际条件，能正确划分施工过程，计算流水施工各项参数，能独立组织流水施工；(2) 根据选定的流水施工方式，能独立绘制单位工程横道图和施工进度计划	(1) 了解建筑工程3种施工组织方式；(2) 掌握流水施工的概念、特点及流水施工基本参数及其计算方法；(3) 掌握流水施工的组织方法	能力迁移训练：教师以某职工宿舍JB型施工图为案例进行讲解，学生同步以某住宅楼施工图为任务进行训练	编制某住宅楼主体工程流水施工组织设计及绘制横道图进度计划

训练3.1 建筑工程流水施工实训

【实训背景】

作为施工方接受业主方的委托按合同工期控制对拟建工程进行流水施工的组织设计，并用横道图和网络图予以表示，以利于施工管理。

【实训任务】

以小组为单位对某住宅楼主体工程进行流水施工组织设计及横道图绘制。

【实训目标】

1. 能力目标

(1) 根据施工图纸和施工现场实际条件，能正确划分施工过程，计算流水施工各项参数，能独立组织流水施工。

(2) 根据选定的流水施工方式，能独立绘制单位工程横道图施工进度计划。

2. 知识目标

(1) 了解建筑工程3种施工组织方式。

(2) 掌握流水施工的概念、特点及流水施工基本参数及其计算方法。

(3) 掌握流水施工的组织方法。

【实训成果】

编制某住宅楼主体工程流水施工组织设计及绘制横道图进度计划。

【实训内容】

1. 流水施工

流水施工是指所有的施工过程按一定的时间间隔依次投入施工，各个施工过程陆续开工，陆续竣工，使同一施工过程的施工班组保持连续、均衡，不同施工过程尽可能平行搭接施工的组织方式。

1) 组织施工的方式

(1) 依次施工：是各施工段或各施工过程依次开工、依次完成的一种施工组织方式，即按次序一段段地或一个个施工过程进行施工。

(2) 平行施工：是全部工程任务的各施工段同时开工、同时完成的一种施工组织方式。

(3) 流水施工：是将拟建工程从施工工艺的角度分解成若干个施工过程，并按施工过程成立相应的施工班组，同时将拟建工程从平面或空间角度划分成若干个施工段，让各专业施工班组按照工艺的顺序排列起来，依次在各个施工段上完成各自的施工过程，就像流水一样从一个施工段转移到另一个施工段，连续、均衡地施工。

2）组织流水施工的条件

（1）划分施工过程就是把拟建工程的整个建造过程分解为若干施工过程。划分施工过程的目的，是为了对施工对象的建造过程进行分解，以便于逐一实现局部对象的施工，从而使施工对象整体得以实现。也只有通过这种合理的解剖，才能组织专业化施工和有效协作。

（2）划分施工段是根据组织流水施工的需要，将拟建工程尽可能地划分为劳动量大致相等的若干个施工段(区)，也可称为流水段。建筑工程组织流水施工的关键是将建筑单件产品变成多件产品，以便成批生产。由于建筑产品体形庞大，通过划分施工段(区)就可将单件产品变成“批量”的多件产品，从而形成流水作业的前提。没有“批量”就不可能也没有必要组织任何流水作业。每一个段(区)，就是一个假定“产品”。

（3）每个施工过程组织独立的施工队(组)。在一个流水分部中，每个施工过程尽可能组织独立的施工班组，其形式可以是专业班组，也可以是混合班组，这样可使每个施工班组按施工顺序，依次地、连续地、均衡地从一个施工段转移到另一个施工段进行相同的操作。

（4）主要施工过程必须连续、均衡地施工。主要施工过程是指工作量较大、作业时间较长的施工过程。对于主要施工过程，必须连续、均衡地施工；对于其他次要施工过程，可考虑与相邻的施工过程合并。如不能合并，为缩短工期，可安排间断施工(此时可以采用流水施工与搭接施工相结合的方式)。

（5）不同的施工过程尽可能组织平行搭接施工。不同施工过程之间的关系，关键是工作时间和工作空间上有搭接。在有工作面的条件下，除必要的技术和组织间歇时间外，应尽可能组织平行搭接施工。

2. 流水施工参数

1）工艺参数

（1）施工过程数目：是指一组流水的施工过程个数，以符号 n 表示。施工进度计划的作用不同，施工过程数目也不同；施工方案不同，施工过程数目也不同；劳动量大小不同，施工过程数目也不同。

（2）流水强度是每一个施工过程在单位时间内所完成的工程量。

2）空间参数

（1）工作面是表明施工对象上可能安置多少工人操作或布置施工机械场所的大小的。

（2）施工段是组织流水施工时，将施工对象在平面上划分为若干个劳动量大致相等的施工区段，它的数目以 m 表示。

3）时间参数

（1）流水节拍指一个施工过程在一个施工段上的作业时间，用符号 t_i 表示。

（2）流水步距是两个相邻的施工过程先后进入同一施工段开始施工的时间间隔，用符号 $K_{i,i+1}$ 表示(i 表示前一个施工过程，$i+1$ 表示后一个施工过程)。在施工段不变的情况下，流水步距越大，工期越长；流水步距越小，则工期越短。

(3) 平行搭接时间是指在组织流水施工时，有时为了缩短工期，在工作面允许的条件下，如果前一个专业工作队完成部分施工任务后，能够为后一个专业工作队提供工作面，使后者提前进入下一个施工段，两者在同一个施工段上平行搭接施工，这个搭接的时间称为平行搭接时间，通常以 $C_{i,i+1}$ 表示。

(4) 技术与组织间歇时间是指在组织流水施工中，由于施工过程之间的工艺或组织上的需要，必须要留的时间间隔，用符号 t_i 表示。它包括技术间歇时间和组织间歇时间。技术间歇时间是指在同一施工段的相邻两个施工过程之间必须留有的工艺技术间隔时间。如混凝土浇筑施工完成后，后续施工过程不能立即投入作业，必须有足够的时间间歇。组织间歇时间是指由于施工组织上的需要，同一段相邻两个施工过程在规定流水步距之外所增加的必要的时间间隔。如标高抄平、弹线、基坑验槽和浇筑混凝土前检查预埋件等。

(5) 工期。

3. 流水施工的基本组织形式

1) 流水施工的分级

根据组织流水施工的工程对象的范围大小，流水施工分为以下 4 级。

(1) 细部流水施工指一个专业班组使用同一个生产工具依次连续不断地在各施工段中完成同一施工过程的工作。

(2) 分部工程流水施工指为完成分部工程而组建起来的全部细部流水施工的总和，即若干个专业班组依次连续不断地在各施工段上重复完成各自的工作，随着前一个专业班组完成前一个施工过程之后，接着后一个专业班组来完成下一个施工过程，以此类推，直至所有专业班组都经过各施工段，完成分部工程为止。

(3) 单位工程流水施工指为完成单位工程组织起来的全部专业流水施工的总和，即所有专业班组依次在一个施工对象的各施工段中连续施工，直至完成单位工程为止。

(4) 建筑群流水施工指为完成工业或民用建筑群而组织起来的全部单位工程流水施工的总和。

2) 流水施工的基本组织方式

(1) 等节奏流水施工指同一施工过程在各施工段上的流水节拍固定的一种流水施工方式。

(2) 异节奏流水施工指的是同一个施工过程在各施工段上的流水节拍彼此相等，不同施工过程在同一施工段上的流水节拍彼此不等而互为倍数的流水施工方式，也称为成倍节拍专业流水，主要包括两种：等步距异节拍流水施工和异步距异节拍流水施工。

(3) 无节奏流水施工的组织指同一施工过程在各施工段上的流水节拍不完全相等的一种流水施工方式。

【实训案例解析】

案例 1 某分部工程划分为挖土(A)、垫层(B)、基础(C)和回填土(D)4 个施工过程，每个施工过程分 3 个施工段，各施工过程的流水节拍均为 4 天，试组织等节奏流水施工。

解：(1)确定流水步距。由等节奏流水的特征可知流水步距如下。

$$K=t=4(\text{天})$$

(2) 计算工期。

$$T=(m+n-1)\times t=(4+3-1)\times 4=24(\text{天})$$

(3) 使用横道图绘制流水施工进度计划，如图 3.1 所示。

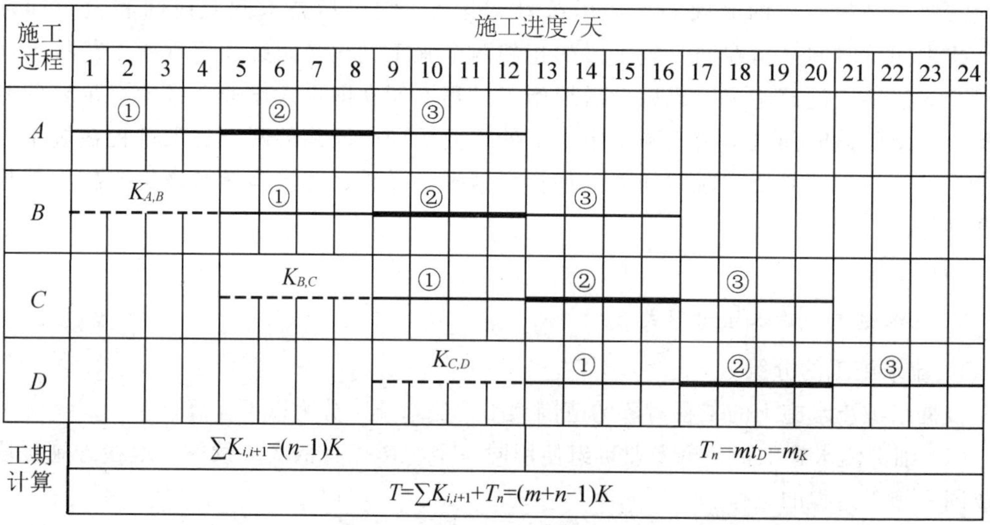

图 3.1 某分部工程无间歇全等节拍流水施工进度计划

案例 2 某工程划分为 A、B、C 和 D 4 个施工过程，分 3 个施工段组织施工，各施工过程的流水节拍分别为 $t_A=3$ 天，$t_B=4$ 天，$t_C=5$ 天，$t_D=3$ 天；施工过程 B 施工完成后有 2 天的技术间歇时间，施工过程 D 与 C 搭接 1 天。试求各施工过程之间的流水步距及该工程的工期，并绘制流水施工进度计划。

解：(1)确定流水步距。

根据上述条件及相关公式，各流水步距计算如下。

因为 $t_A<t_B$，所以 $K_{A,B}=t_A=3$(天)

因为 $t_B<t_C$，所以 $K_{B,C}=t_B=4$(天)

因为 $t_C>t_D$，所以 $K_{C,D}=mt_D-(m-1)t_C=3\times 5-(3-1)\times 3=9$(天)

(2) 流水工期。

$$T=\sum K_{i,i+1}+T_n+Z_{i,i+1}-\sum C_{i,i+1}=(3+4+9)+3\times 3+2-1=26(\text{天})$$

(3) 绘制流水施工进度计划，如图 3.2 所示。

案例 3 某工程有 A、B、C、D 和 E 5 个施工过程，平面上划分成 4 个施工段，每个施工过程在各个施工段上的流水节拍见表 3-1。规定 B 完成后有 2 天的技术间歇时间，D 完成后有 1 天的组织间歇时间，A 与 B 之间有 1 天的平行搭接时间，试编制流水施工方案。

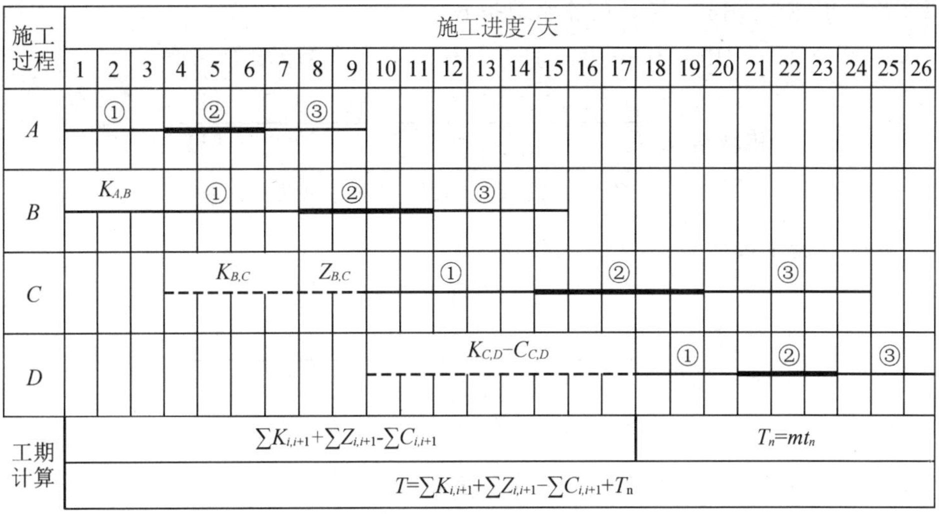

图 3.2 某工程异步距异节拍流水施工进度计划

表 3-1 某工程流水节拍

施工段 / 施工过程	Ⅰ	Ⅱ	Ⅲ	Ⅳ
A	3	2	2	4
B	1	3	5	3
C	2	1	3	5
D	4	2	3	3
E	3	4	2	1

解：根据题设条件可知该工程只能组织无节奏流水施工。

(1) 求流水节拍的累加数列。

施工过程	累加数列结果			
A	3	5	7	11
B	1	4	9	12
C	2	3	6	11
D	4	6	9	12
E	3	7	9	10

(2) 确定流水步距的步骤如下。

第 1 步：求施工过程 A 与 B 的流水节拍 $K_{A,B}$。

A		3	5	7	11	
B	—		1	4	9	12
相减结果		3	4	3	2	−12

(舍弃负数)取最大值得流水步距 $K_{A,B}=4$

第 2 步：求施工过程 B 与 C 的流水节拍 $K_{B,C}$。

B		1	4	9	12
C	—		2	3	6	11
相减结果		1	2	6	6	−11

(舍弃负数)取最大值得流水步距 $K_{B,C}=6$

第 3 步：求施工过程 C 与 D 的流水节拍 $K_{C,D}$。

C	2	3	6	11	
D	—	4	6	9	12
相减结果	2	−1	0	2	−12

(舍弃负数)取最大值得流水步距 $K_{C,D}=2$

第 4 步：求施工过程 D 与 E 的流水节拍 $K_{D,E}$

D	4	6	9	12	
E	—	3	7	9	10
相减结果	4	3	2	3	−10

(舍弃负数)取最大值得流水步距 $K_{D,E}=4$

(3) 确定流水工期。

$$T=\sum K_{i,i+1}+\sum t_n+Z_{i,i+1}-\sum C_{i,i+1}$$
$$=(4+6+2+4)+(3+4+2+1)+2+1-1=28(\text{天})$$

(4) 绘制流水施工进度计划，如图 3.3 所示。

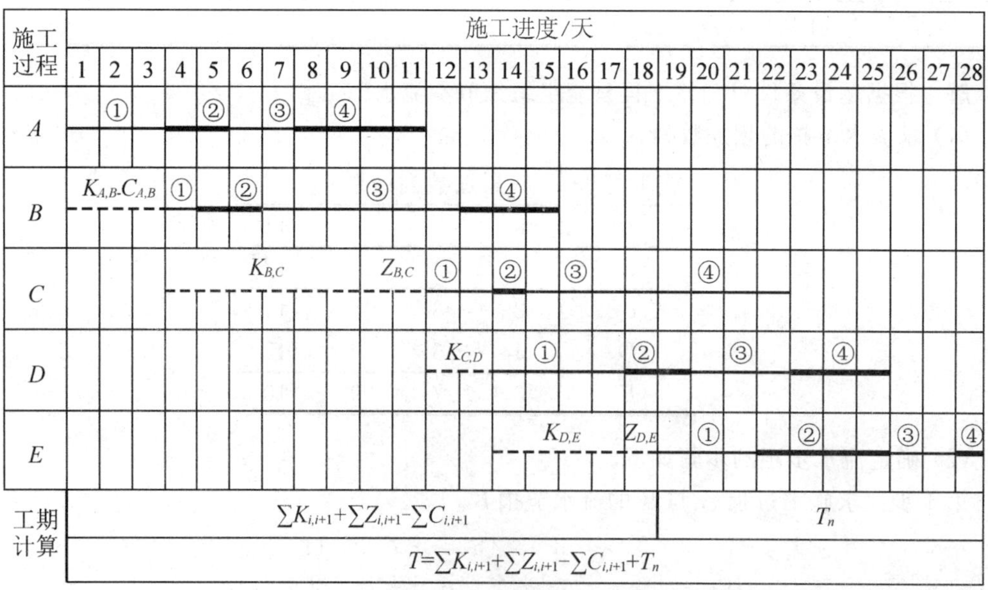

图 3.3　某工程无节奏流水施工进度计划

实训小结

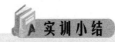

本章主要讲述了流水施工的基本原理。重点阐述了以下3个方面。

(1) 施工组织方式有3种：依次施工、平行施工和流水施工。

(2) 组织流水施工的必要条件有4个：划分工程量(或劳动量)相等或基本相等的若干个流水段；每个施工过程组织独立的施工队；安排主要施工过程的施工班组进行连续、均衡的流水施工；不同的施工班组按施工工艺要求，尽可能组织平行搭接施工。

(3) 流水施工的基本组织方式：等节奏流水施工、异节奏流水施工及无节奏流水施工。

通过本章内容的实训，学生应熟练掌握等节奏流水、异节奏流水和无节奏流水等流水施工组织方式，并且学会在实践中应用。

实训考核

考核评定方式	评定内容	分值	得分
自评	学习态度及表现	5	
	对流水施工基本理论和方法掌握情况	10	
	对横道图绘制方法的掌握情况	10	
学生互评	学习态度及表现	5	
	对流水施工基本理论和方法掌握情况	10	
	对横道图绘制方法的掌握情况	20	
教师评定	学习态度及表现	10	
	成果设计情况	30	

实训练习

一、填空题

1. 常用的施工组织方式有________、________和________三种。

2. 流水施工的实质是充分利用________和________，实现________地生产。

3. 根据流水组织范围划分，流水施工分为________流水、________流水、________流水和群体工程流水等4种类别。

4. 流水施工参数按其性质不同，分为________、________和________三类。

5. 根据节奏规律的不同，流水施工分为________流水和________流水两类。

6. 根据流水节拍的不同特征，流水施工分为________施工、________施工和________施工。

7. 流水施工的工艺参数包括________和________。

8. 流水施工的空间参数包括________、________和________。

9. 流水施工的时间参数包括________、________、间歇时间、搭接时间和________。

10. 确定流水节拍的方法有________、________和________。

二、单选题

1. 下列叙述中，不属于依次施工特点的是(　　)。

A. 工作面不能充分利用　　B. 专业队组不能连续作业

C. 施工工期长　　D. 资源投入量大，现场临时设施增加

2. 下列特点的描述中，不属于成倍节拍流水的是(　　)。

A. 各施工过程的流水节拍同为某一常数的倍数

B. 施工队数多于施工过程数

C. 不同施工过程之间的流水步距均相等

D. 个别施工队不能连续施工

3. 下列特点的描述中，不属于无节奏流水施工的是(　　)。

A. 不同施工过程之间在各段上的节拍可能不等

B. 施工段可能有空闲

C. 每个施工队在每个施工层内都能连续作业

D. 施工队数多于施工过程数

4. 下列属于全等节拍流水和成倍节拍流水共有的特点是(　　)。

A. 所有施工过程在各个施工段上的流水节拍均相等

B. 相邻施工过程的流水步距相等

C. 专业工作队数等于施工过程数

D. 流水步距等于流水节拍

5. 当某项工程参与流水的专业队数为5个时，流水步距的总数为(　　)。

A. 3个　　B. 4个　　C. 5个　　D. 6个

6. 某基础工程由挖基槽、浇垫层、砌砖基和回填土4个施工过程组成，在5个施工段组织全等节拍流水施工，流水节拍为3d，要求砖基础砌筑2d后才能进行回填土，该工程的流水工期为(　　)。

A. 24d　　B. 26d　　C. 28d　　D. 30d

7. 某工程 A、B、C 各施工过程的流水节拍分别为 $t_A=2d$，$t_B=4d$，$t_C=6d$，若组织成倍流水，则 C 施工过程有(　　)个施工队参与施工。

A. 1　　B. 2　　C. 3　　D. 4

8. A 在各段上的流水节拍分别为3d，2d和4d，B 的节拍分别为3d，3d和2d，C 的节拍分别为1d，2d和4d，则能保证各队连续作业时的最短流水工期为(　　)。

A. 15d　　B. 20d　　C. 25d　　D. 30d

三、多选题

1. 流水施工按节奏分类，包括(　　)。

A. 有节奏流水　　B. 无节奏流水

C. 变节奏流水　　D. 综合流水　　E. 细部流水

2. 组织流水施工时，划分施工段的主要目的是(　　)。

A. 可增加更多的专业队

B. 保证各专业队有自己的工作面

C. 保证流水的实现

D. 缩短施工工艺与组织间歇时间

E. 充分利用工作面，避免窝工，有利于缩短工期

3. 划分施工段时应考虑的主要问题有(　　)。

A. 各段工程量大致相等　　B. 分段大小应满足生产作业要求

C. 段数越多越好　　D. 有利于结构的完整性

E. 能组织等节奏流水

4. 下列不属于等节奏流水施工基本特征的是(　　)。

A. 流水节拍不等但流水步距相等

B. 流水节拍相等但流水步距不等

C. 流水步距相等且大于流水节拍

D. 流水步距相等且小于流水节拍

E. 流水步距相等且等于流水节拍

5. 无节奏流水施工的特征是(　　)。

A. 相邻施工过程的流水步距不尽相等

B. 各施工过程在各施工段的流水节拍不尽相等

C. 各施工过程在各施工段的流水节拍全相等

D. 专业施工队数等于施工过程数

E. 专业施工队数不等于施工过程数

四、名词解释

1. 流水施工
2. 工艺参数
3. 空间参数
4. 时间参数
5. 流水强度
6. 工作面
7. 施工段
8. 施工层
9. 流水节拍
10. 流水步距

五、问答题

1. 组织流水施工的步骤是什么?
2. 流水施工的技术经济效果体现在哪些方面?
3. 如何确定施工段?

六、计算题

1. 某基础工程分4段流水施工，其每段的施工过程及所需劳动量为：挖土160工日，打灰土垫层70工日，砌砖基础200工日，回填土60工日。若每个施工过程的班组人数不

得超过52人，砌砖基础后需间歇4d后再回填土。试组织全等节拍流水施工并绘制流水进度计划。

2. 某装饰工程为两层，采取自上而下的流向组织流水施工，每层划分5个施工段，施工过程为砌筑隔墙、室内抹灰、安装门窗和喷刷涂料(各施工过程的工程量及产量定额见表3-2)。若限定流水节拍不得少于2d，油工最多只有11人，抹灰后需间歇3d方准许安门窗。试组织全等节拍流水施工并绘制流水进度计划。

表3-2 各施工过程的工程量及产量定额细目

序　号	施工过程	工程量	产量定额	序　号	施工过程	工程量	产量定额
1	砌筑隔墙	$200m^3$	$1m^3$/工日	3	安装门窗	$1500m^2$	$6m^2$/工日
2	室内抹灰	$7500m^3$	$15m^3$/工日	4	喷刷涂料	$6000m^2$	$20m^2$/工日

3. 某工程项目有甲、乙和丙3个施工过程。根据工艺要求，各施工过程的流水节拍分别为：甲4d，乙2d，丙6d，若该工程为两层，层间间歇为2d，要求乙施工后需间隔2d丙方可施工，试组织成倍节拍流水施工并绘制流水进度表。

4. 某单层建筑分为4个施工段，有3个专业队进行流水施工，它们在各段上的流水节拍(d)见表3-3。要求甲队施工后须间歇至少1d乙队才能施工。试按分别流水法组织施工并绘制流水施工进度表，要求保证各队连续作业。

表3-3 各作业队在各段上的流水节拍

施工过程＼施工段	第1段	第2段	第3段	第4段
甲队	2	3	3	3
乙队	2	3	2	2
丙队	2	2	3	2

5. 某构件预制工程分两层叠浇，其施工过程及流水节拍分别为绑钢筋6d，支模板6d，浇混凝土3d，层间工艺间歇为3d，试组织成倍节拍流水施工并绘制流水施工进度计划。

七、根据某住宅楼工程施工图纸(见附录7)，编制主体工程流水施工组织设计并绘制横道图施工进度计划。

项目4

网络图技术实训

项目实训目标

通过“网络图技术”学习和实训，在老师和本书的指导下，学生能够独立绘制网络图和计算各项时间参数。

实训项目设计

实训项目编号	能力训练项目名称	学时		拟达到的能力目标	相关支撑知识	训练方式手段及步骤	结果
		理论	实践				
4.1	双代号网络图的绘制	2	2	根据施工图纸和各个工作间的逻辑关系，能够正确绘制网络图	(1) 掌握双代号网络图的基本组成要素；(2) 掌握双代号网络图基本要素的表达方法；(3) 掌握双代号网络计划的绘制原则和方法	能力迁移训练；教师以某职工宿舍JB型施工图为案例进行讲解，学生同步以某住宅楼施工图为任务进行训练	某住宅楼工程标准层主体结构施工网络计划
4.2	双代号网络图时间参数的计算	2	2	能计算网络计划的各项参数，确定关键工作和关键线路	(1) 掌握双代号网络图时间参数的计算；(2) 掌握双代号网络图中关键线路的判定方法	能力迁移训练；教师以某职工宿舍JB型施工图为案例进行讲解，学生同步以某住宅楼施工图为任务进行训练	确定某住宅楼工程主体结构施工工期，计算网络图各时间参数和确定关键线路

续表

实训项目编号	能力训练项目名称	学时		拟达到的能力目标	相关支撑知识	训练方式手段及步骤	结果
		理论	实践				
4.3	双代号时标网络图的绘制	1	1	(1) 根据相关工程资料，能够绘制双代号网络时标网络图； (2) 根据双代号时标网络图，能判读时间参数和确定关键线路	(1) 掌握双代号时标网络计划的一般规定； (2) 掌握双代号时标网络计划的绘制方法； (3) 掌握双代号时标网络计划时间参数的判读以及确定关键路线	能力迁移训练；教师以某职工宿舍JB型施工图为案例进行讲解；学生同步以某住宅楼施工图为任务进行训练	绘制某住宅楼主体工程双代号时标网络图并确定关键线路和判读各项时间参数

训练4.1　双代号网络图的绘制

【实训背景】

施工方为了确保合同工期，必须编制工程项目网络图以控制工程进度。

【实训任务】

为某住宅楼工程标准层主体结构绘制施工网络图。

【实训目标】

1. 能力目标

根据施工图纸和各个工作间的逻辑关系，能够正确绘制网络图。

2. 知识目标

(1) 掌握双代号网络图的基本组成要素。

(2) 掌握双代号网络图基本要素的表达方法。

(3) 掌握双代号网络计划的绘制原则和方法。

【实训成果】

某住宅楼工程标准层主体结构施工网络计划。

【实训内容】

1. 网络图基本识图知识回顾

1) 工作

(1) 工作的表示方法：一个工作用一条箭线和两个节点表示，如图4.1所示。

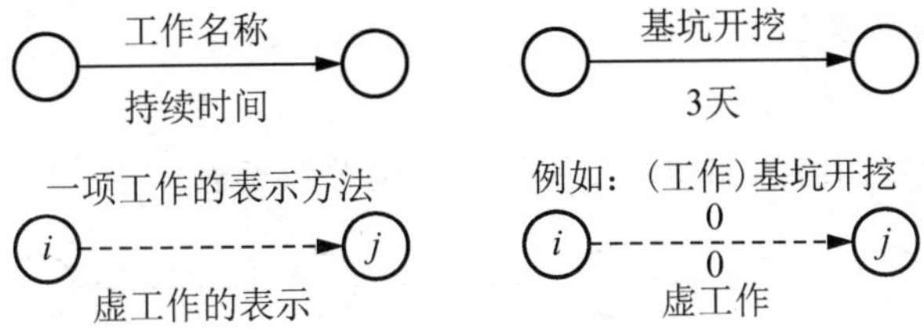

图 4.1 双代号网络图工作的表示方法图例

(2) 工作之间的三种关系：如图 4.2 所示。

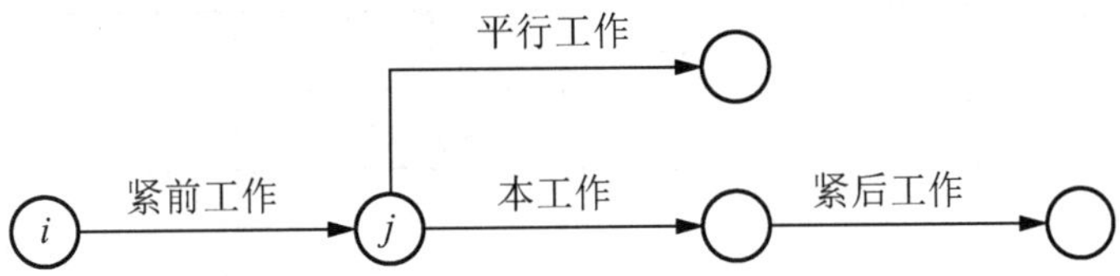

图 4.2 双代号网络图中工作间的 3 种关系

2) 箭线

(1) 内向箭线：对于节点，ⓘ 凡是箭头指向ⓘ 节点的箭线都称为内向箭线。如在图 4.3中，③节点的内向箭线是②→③和①→③。

(2) 外向箭线：对于节点ⓘ，凡是箭头指出去的箭线都称为外向箭线。如在图 4.3 中，③节点的外向箭线是③→④和③→⑤。

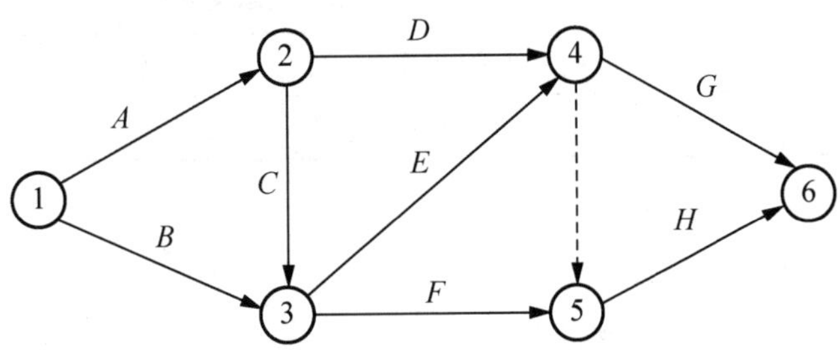

图 4.3 双代号网络图内、外向箭线识别

3) 节点

(1) 开始节点：在一个网络图中，只有外向箭线的节点是开始节点，如图 4.3 中的①节点。

(2) 结束节点：在一个网络图中，只有内向箭线的节点是结束节点，如图 4.3 中的⑥节点。

(3) 中间节点：在一个网络图中，既有内向箭线又有外向箭线的节点是中间节点，如图 4.3 中的②、③、④和⑤节点。

4) 路线

从开始节点到结束节点(沿箭流方向)的通路叫一条线路，如图 4.3 中的①→③→④→⑤→⑥。

2. 双代号网络图的模型

1）依次开始

依次开始的双代号网络图如图 4.4 所示，逻辑关系见表 4－1。

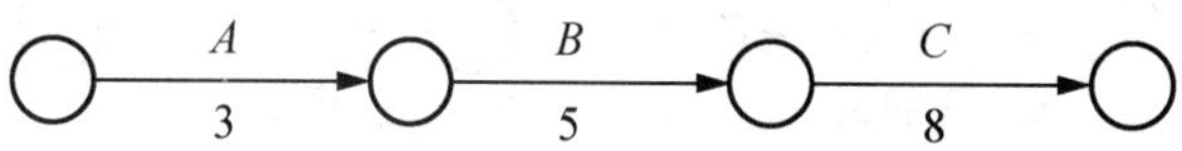

图 4.4　3 个工作依次开始双代号网络图的绘制

表 4－1　3 个工作依次开始的逻辑关系表

工作	A	B	C	工作	A	B	C
紧后工作	B	C	—	紧前工作	—	A	B

2）同时开始

同时开始的双代号网络图如图 4.5 所示，逻辑关系见表 4－2。

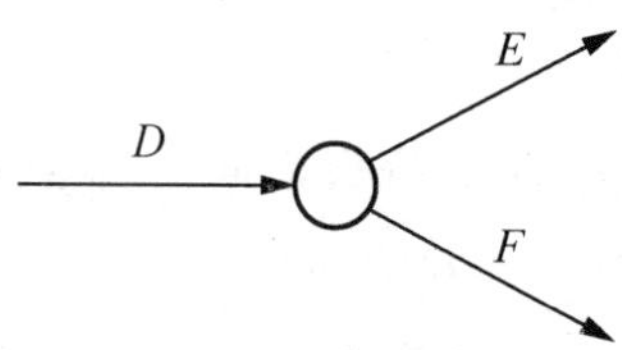

图 4.5　两个工作同时开始双代号网络图的绘制

表 4－2　两个工作同时开始的逻辑关系表

工作	D	工作	E	F
紧后工作	E、F	紧前工作	D	D

3）同时结束

同时结束的双代号网络图如图 4.6 所示，逻辑关系见表 4－3。

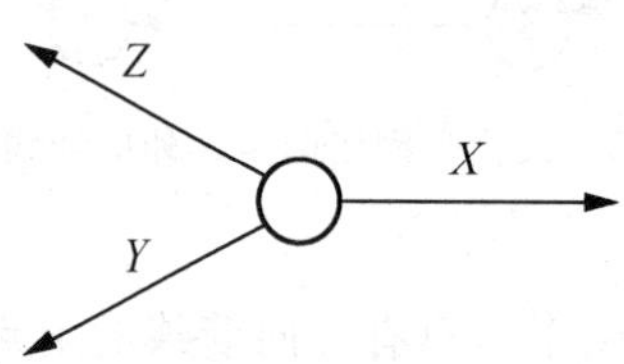

图 4.6　两个工作同时结束双代号网络图的绘制

表 4－3　两个工作同时结束的逻辑关系表

工作	X	工作	Z	Y
紧前工作	Z、Y	紧后工作	X	X

4）约束关系

(1) 全约束关系双代号网络图如图 4.7 所示，逻辑关系见表 4－4。

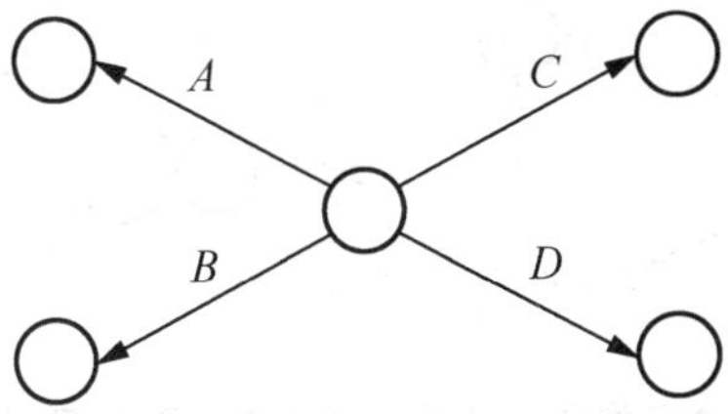

图 4.7 全约束关系双代号网络图的绘制

表 4-4 全约束关系逻辑关系表

工作	A	B	工作	C	D
紧后工作	C、D	C、D	紧前工作	A、B	A、B

(2) 半约束关系双代号网络图如图 4.8 所示，逻辑关系见表 4-5。

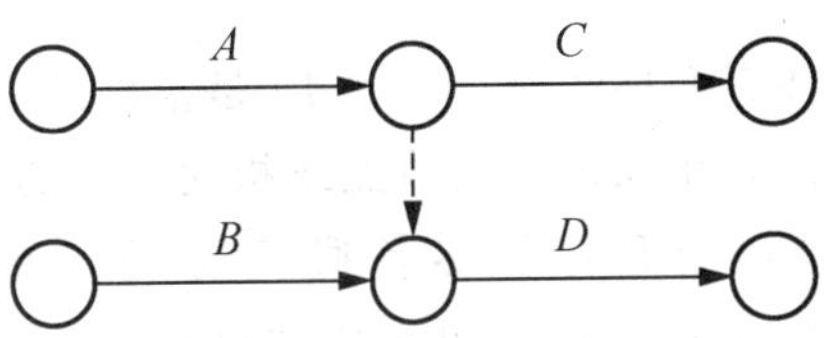

图 4.8 半约束关系双代号网络图的绘制

表 4-5 半约束关系逻辑关系表

工作	A	B	工作	C	D
紧后工作	C、D	D	紧前工作	A	A、B

(3) 三分之一约束关系双代号网络图如图 4.9 所示，逻辑关系见表 4-6。

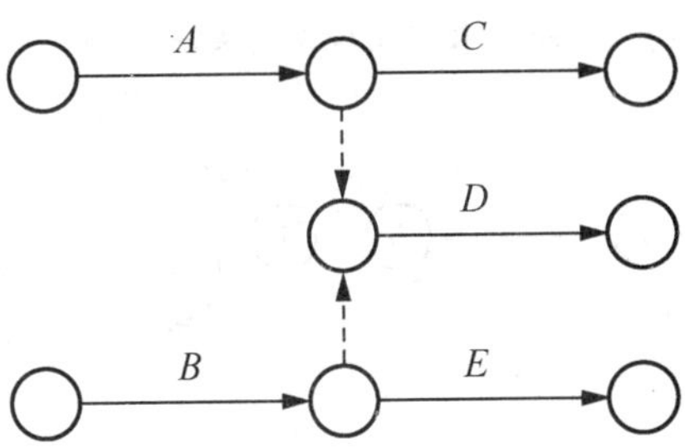

图 4.9 三分之一约束关系双代号网络图的绘制

表 4-6 三分之一约束关系逻辑关系表

工作	A	B	工作	C	E	D
紧后工作	C、D	D、E	紧前工作	A	B	A、B

5) 两个工作同时开始且同时结束

两个工作同时开始且同时结束的双代号网络图如图 4.10 所示。

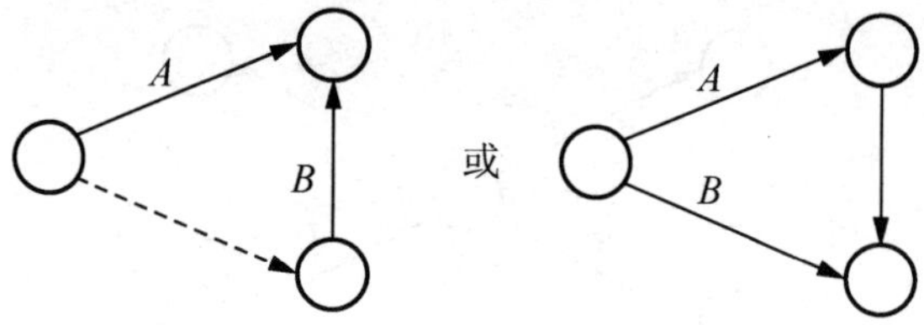

图 4.10 两个工作同时开始且同时结束双代号网络图的绘制

3. 画双代号网络图的基本规则

(1) 一个网络计划图中只允许有一个开始节点和一个结束节点。

(2) 一个网络计划图中不允许单代号、双代号混用。

(3) 节点大小要适中，编号应由小到大，不重号，不漏编，但可以跳跃。

(4) 一对节点之间只能有一条箭线，图 4.11 是错误的；一对节点之间不能出现无箭头杆，图 4.12 是错误的。

(5) 网络计划图中不允许有循环线路，图 4.13 是错误的。

(6) 网络计划图中不允许有相同编号的节点或相同代码的工作。

(7) 网络计划图的布局应合理，要尽量避免箭线交叉，如图 4.14(a)应调整为图 4.14(b)；当箭线的交叉不可避免时，可采用“过桥法”、“断线法”或“指向法”来处理，如图 4.15 所示。

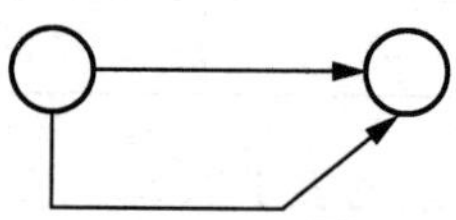

图 4.11 共用两条箭线(错误)

图 4.12 出现无箭头杆(错误)

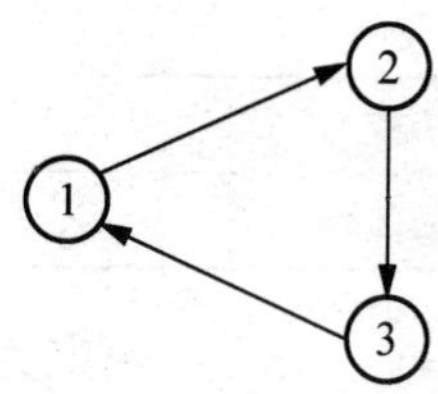

图 4.13 出现循环线路(错误)

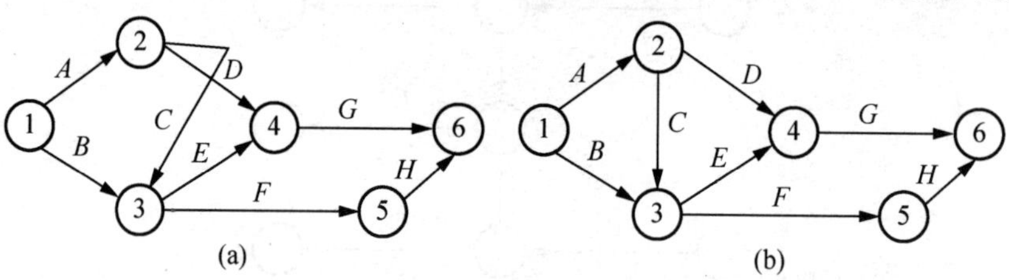

图 4.14 网络图的布局

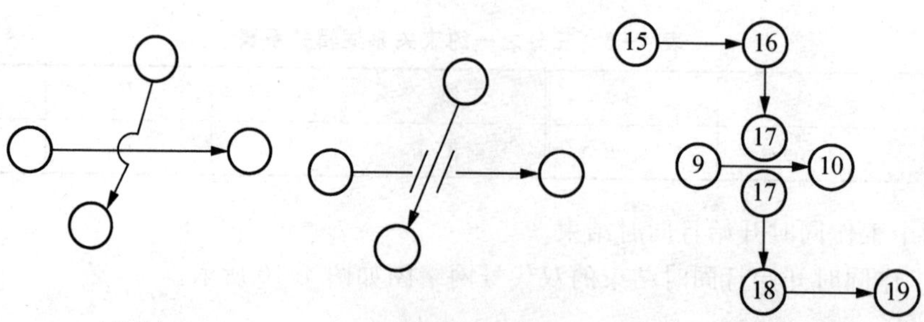

(a)过桥法 (b)断线法 (c)指向法

图 4.15 交叉箭线的处理方法

(8) 绘图口诀：为方便记忆，将以上 1～7 条绘制规则编成口诀如下。

一杆二圈向前进，起始终接逻辑清；

平行工序加虚杆，消灭同号无节枝；

交叉过点搭桥梁，不准闭合多绕圈；

同名同号不许有，初起终结均归一。

此口诀的解释如下。

一杆二圈向前进：一个箭杆两个圆圈代表一项工作，绘制时应由左向右往前画。

起始终接逻辑清：前后工作的连接要符合工艺逻辑关系和组织逻辑关系并应符合绘图规则，不能把两项没有直接关系的工作连接起来。

平行工序加虚杆：两个工作同时开始或同时结束时，应按图 4.8 所示加虚工作。

消灭同号无节枝：两个工作共一个圈号可以，但不能使终点都共号；另外，严禁在箭线上引入或引出箭线，图 4.16 即为错误，正确表示应如图 4.17 所示。

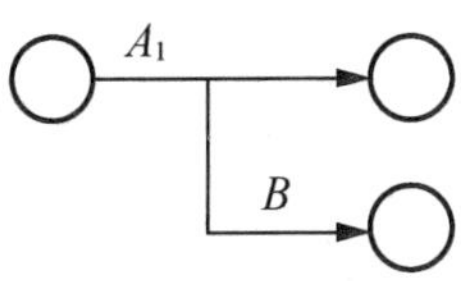

图 4.16 错误表示

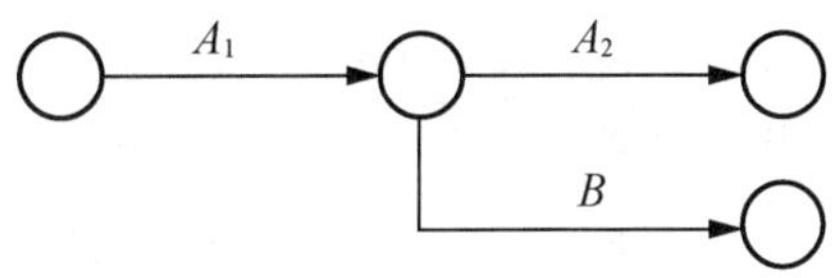

图 4.17 正确表示

交叉过点搭桥梁：当一个工作需要通过另一工作或节点时，不能直接穿堂而过，应“搭桥”绕道而过，如图 4.15 所示。

不准闭合多绕圈：在网络图中不允许有循环回路，如图 4.13 所示。

同名同号不许有：双代号网络图中，一项工作只有唯一的一条箭线和相应的一对节点编号，因此为网络图编号时，不允许同名同号，否则就会造成混乱不清。

初起终结均归一：在一个网络图上只能有一个起点节点和一个终点节点，而不能有两个或以上的起点节点和终点节点。

4. 双代号网络计划图的绘制

双代号网络图的正确绘制是网络计划方法应用的关键。正确的网络计划图应包括：正确表达各种逻辑关系，且工作项目齐全，施工过程数目得当；遵守绘图的基本规则；选择适当的绘图排列方法。

1) 双代号网络图的绘制方法(节点位置号法)

(1) 绘制双代号网络图可按如下步骤进行。

第 1 步：由于在一般情况下，先给出紧前工作，故第 1 步应根据已知的紧前工作确定出紧后工作。

第 2 步：确定出各个工作的开始节点的位置号和完成节点的位置号。

第 3 步：根据节点位置号和逻辑关系绘出初始网络图。

第 4 步：检查逻辑关系有无错误，如与已知条件不符，则可加竖向虚工作或横向虚工作进行改正。改正后的网络图中的各个节点的位置号不一定与初始网络图中的节点位置号相同。

(2) 节点位置号的确定方法：为使所绘制的网络图中不出现逆向箭线和竖向实箭线，

宜在绘制之前，先确定出各个节点的位置号，再按节点位置号绘制网络图。

节点位置号的确定如下：①无紧前工作的开始节点的位置号为零；②有紧前工作的开始节点的位置号等于其紧前工作的开始节点的位置号最大值加 1；③有紧后工作的完成节点的位置号等于其紧后工作的开始节点的位置号的最小值；④无紧后工作的完成节点的位置号等于有紧后工作的工作的完成节点的位置号的最大值加 1。

【案例解析】

案例 1 已知各工作的逻辑关系资料见表 4－7，试按要求绘出双代号网络图。

表 4－7 案例 1 各工作的逻辑关系资料表

工作	*A*	*B*	*C*	*D*	*E*	*G*
紧前工作	—	—	—	*B*	*B*	*C*、*D*

解：(1) 列出关系表，确定出紧后工作和节点位置号，见表 4－8。

(2) 绘出网络图，如图 4.18 所示。

表 4－8 案例 1 关系表

工作	*A*	*B*	*C*	*D*	*E*	*G*
紧前工作	—	—	—	*B*	*B*	*C*、*D*
紧后工作		*D*、*E*	*G*	*G*	—	—
开始节点的位置号	0	0	0	1	1	2
完成节点的位置号	3	1	2	2	3	3

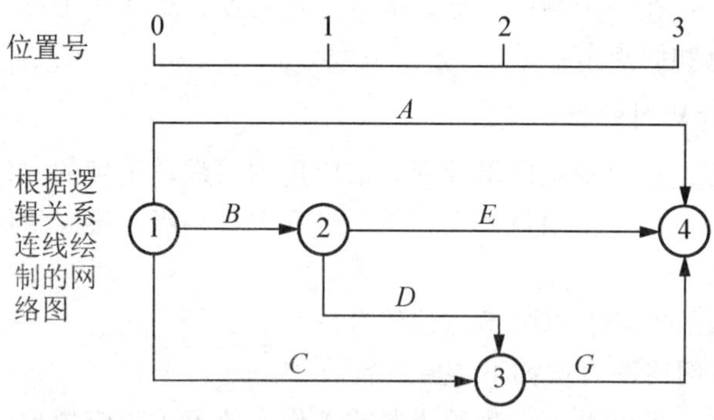

图 4.18 按节点位置号法绘制的双代号网络图

案例 2 已知各工作的逻辑关系资料见表 4－9，试按要求绘出双代号网络图。

表 4－9 案例 2 各工作的逻辑关系资料表

工作	*A*	*B*	*C*	*D*	*E*	*G*	*H*
紧前工作	—	—	—	—	*A*、*B*	*B*、*C*、*D*	*C*、*D*

解：(1) 列出关系表，确定出紧后工作和节点位置号，见表 4－10。

表 4-10 案例2关系表

工作	A	B	C	D	E	G	H
紧前工作	—	—	—	—	A、B	B、C、D	C、D
紧后工作	E	E、G	G、H	G、H	—	—	—
开始节点的位置号	0	0	0	0	1	1	1
完成节点的位置号	1	1	1	1	2	2	2

(2) 按节点位置号画出初始的尚未检查逻辑关系等是否有误的网络图，如图 4.19 所示。

(3) 在初始网络图中，B 的紧后工作多了一个 H，用竖向虚工作将 B 和 H 断开，再用虚工作将 C、D 的代号区分开，得出正确的网络图，如图 4.20 所示。

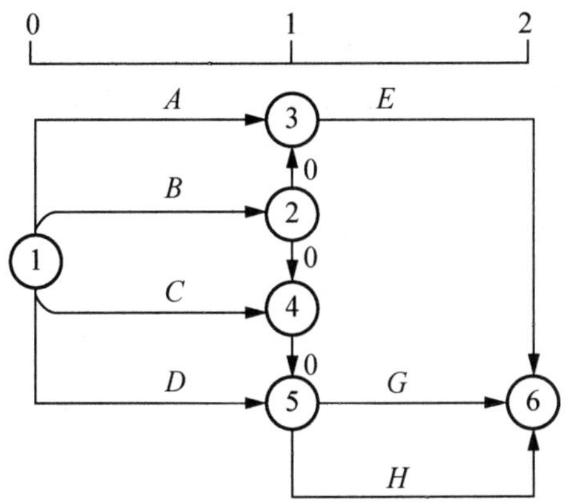

图 4.19 尚未检查逻辑关系等是否有误的初始网络图

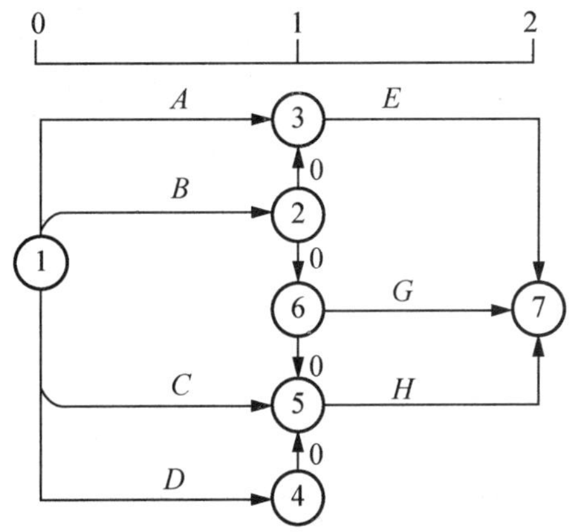

图 4.20 只有竖向虚工作的正确网络图

也可用横向虚工作将 B 和 H 断开，并去掉多余的虚工作，得出正确的网络图，如图 4.21所示，此时就不需要画出节点位置坐标了。

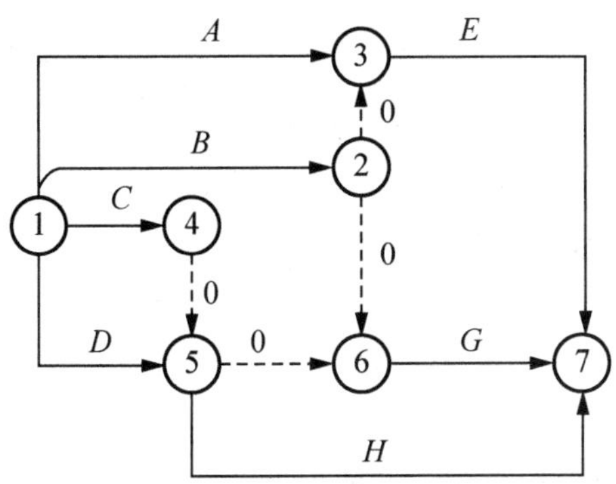

图 4.21 具有横向和竖向虚工作的正确网络图

2) 双代号网络图的绘制方法(逻辑草稿法)

(1) 已知紧前工作用矩阵法确定紧后工作。对于简单的网络图，可以用逻辑推理方法求得紧后工作；但是如果遇到复杂的网络图，就只能采用矩阵图来确定其紧后工作了。

方法：先绘出以各项工作为纵横坐标的矩阵图；再在横坐标上根据网络资料表，是紧前工作者标注√；然后，查看纵坐标方向，凡标注有√者，即为该工作的紧后工作。

【案例解析】

案例3 已知各工作的逻辑关系资料见表4-11，试用矩阵法确定各工作的紧后工作。

表4-11 案例3各工作的逻辑关系资料表

工作	A	B	C	D	E	F	G
紧前工作	—	—	—	—	A、B	B、C、D	C、D

解：(1) 先绘出以各项工作为纵横坐标的矩阵图。

	A	B	C	D	E	F	G
A					√		
B					√	√	
C						√	√
D						√	√
E							
F							
G							

(2) 在 x 方向上，根据网络资料表，沿 y 方向将有紧前工作者标注√。

(3) 从 y 坐标，按 x 方向查看，凡标有√，即为该工作的紧后工作。

(4) 将结果汇总填写到表中。

工作	A	B	C	D	E	F	G
紧前工作	—	—	—	—	A、B	B、C、D	C、D
紧后工作	E	EF	GF	FG	—	—	—

(2) 双代号网络图的绘图方法：当已知每一项工作的紧前工作时，可按下述步骤绘制双代号网络图。

第1步：绘制没有紧前工作的工作箭线，使它们具有相同的开始节点，以保证网络图只有一个起点节点。

第2步：依次绘制其他工作箭线。这些工作箭线的绘制条件是其所有紧前工作箭线都已经绘制出来。在绘制这些工作箭线时，应遵从下列原则。

① 当所要绘制的工作只有一项紧前工作时，则将该工作箭线直接画在其紧前工作箭线之后即可。

② 当所要绘制的工作有多项紧前工作时，为了正确表达各工作之间的逻辑关系，先

用两条或两条以上的虚箭线把紧前工作引到一起。可以按以下 3 种情况予以考虑。

a. 有两项紧前工作时，C 的紧前工作有 A、B，如图 4.22 所示。

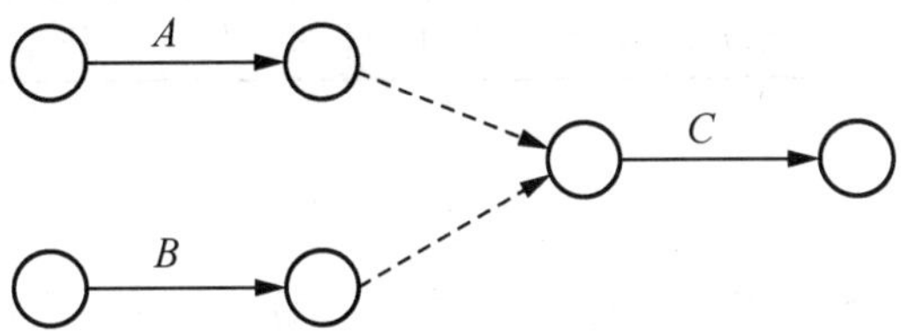

图 4.22　两项紧前工作的虚箭线表示法

b. 有 3 项紧前工作时，D 的紧前工作有 A、B、C，如图 4.23 所示。

c. D的紧前工作有 A、B，E 的紧前工作有 A、B、C，如图 4.24 所示。

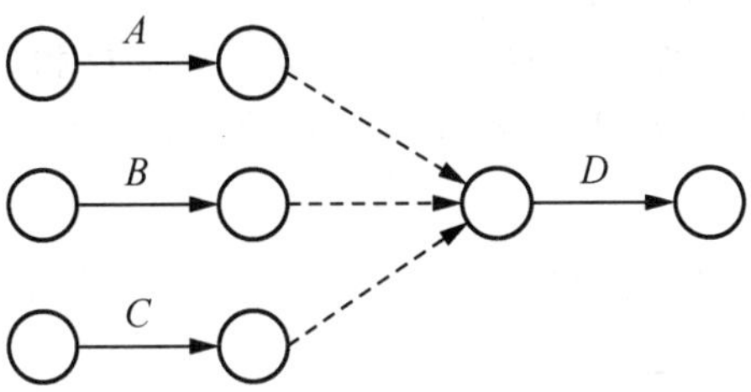

图 4.23　3 项紧前工作的虚箭线表示法

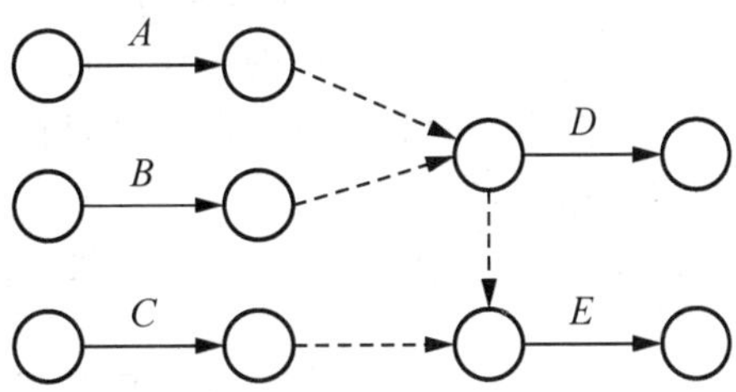

图 4.24　两项和 3 项紧前工作的虚箭线表示法

第 3 步：当各项工作箭线都绘制出来之后，应合并那些没有紧后工作的工作箭线的箭头节点，以保证网络图只有一个终点节点(多目标网络计划除外)。

第 4 步：删除多余的虚箭线。

① 在一般情况下，某条实箭线的紧后工作只有一条虚箭线，则该条虚箭线是多余的。如①→②⋯→③应画成①→③；但有一种特殊情况，即不允许出现相同编号的箭线时，应保留一条虚箭线(②⋯→③)，如图 4.25 所示。

② 其他情况，图 4.26 所示的虚箭线②⋯→③和②⋯→④都是有用的。

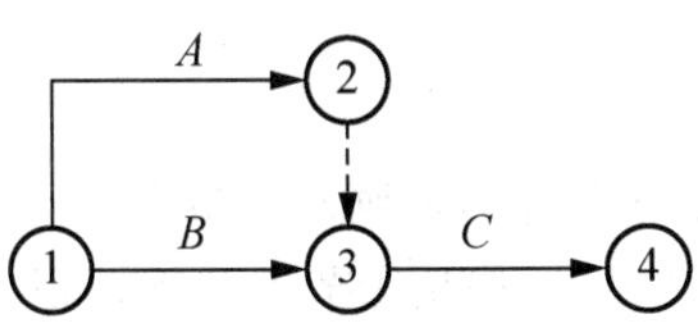

图 4.25　保留虚箭线的情况

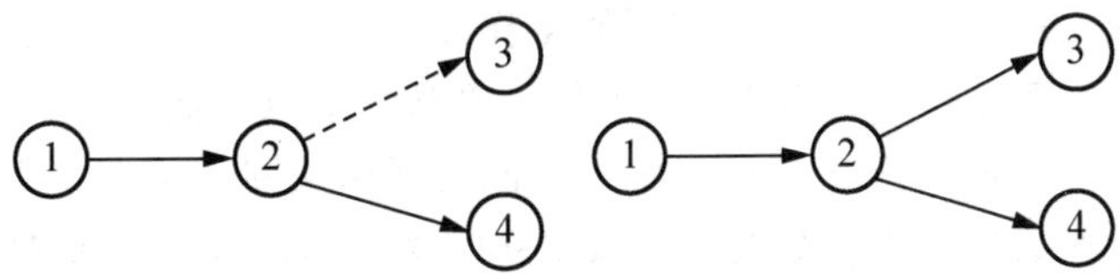

图 4.26　保留虚箭线的其他情况

第 5 步：当确认所绘制的网络图正确后，即可进行节点编号。网络图的节点编号在满足前述要求的前提下，既可采用连续的编号方法，也可采用不连续的编号方法，如 1、3、5、…或 5、10、15、…，以避免以后增加工作时而改动整个网络图的节点编号。

【案例解析】

案例 4　已知各工作的逻辑关系资料见表 4－12，试绘制双代号网络图。

表 4-12 案例 4 各工作的逻辑关系资料表

工作	A	B	C	D	E	F	G	H	I	J	K
紧后工作	B、C	D、E、F	D、E、F	H	G	J	H	I	—	K	—

解：绘图步骤如下。

(1) 首先分析工作关系。

第 1 步：找出同时开始的工作(如：A 工作的紧后工作是 B、C 工作，所以 B 和 C 工作同时开始，B 与 C 工作的紧后工作都是 D、E 和 F 工作，所以 D、E 和 F 工作同时开始)。

第 2 步：找出有约束关系的工作(如：B 和 C 的紧后工作完全相同，所以是全约束关系，又由于 B 和 C 工作同时开始又同时结束，所以肯定有虚箭线)。

第 3 步：再找出同时结束的工作(如：D 和 G 工作的紧后工作都是 H，所以 D 和 G 工作同时结束，但不是同时开始，所以可以在一个节点结束；又如 I 和 K 的紧后工作没有，所以为结束工作)。

(2) 分析工作完成后，开始动手画草图，如图 4.27 所示。

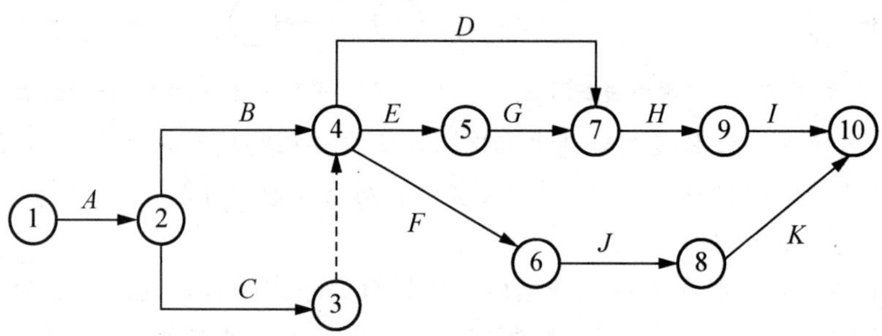

图 4.27 案例 4 双代号网络图(草图)

第 1 步：画出一个开始节点①，然后画出 A 工作，因为 A 工作在紧后工作中没有出现，所以 A 工作是最前面的工作。

第 2 步：画出 B、C 工作，都从②节点开始。

第 3 步：由于 B 和 C 工作同时开始又同时结束，所以在 B 工作后面画出④节点，在 C 工作后面画出③节点，③和④之间画出虚箭线，如果 D、E 和 F 工作从④节点开始，则虚箭线的箭头指向④节点；如果 D 工作从③节点开始，则虚箭线的箭头指向③节点。

第 4 步：E 与 G、F 与 J、J 与 K 的工作关系是简单的，可以直接画出，如图 4.27 所示。

第 5 步：D 与 G 工作的紧后工作都是 H，所以 D 与 G 工作同时结束在⑦节点，H 工作从⑦节点开始。

第 6 步：由于 H 与 I 的工作关系是简单的，可以直接画出，如图 4.27 所示。

第 7 步：K 与 I 工作同时结束在⑩节点。

案例 5 已知某施工过程工作间的逻辑关系见表 4-13，试绘制双代号网络图。

表 4-13 某施工过程工作间的逻辑关系

工作	A	B	C	D	E	F	G	H
紧前工作	—	—	—	A	A、B	B、C	D、E	E、F
紧后工作	D、E	E、F	F	G	G、H	H	—	—

解：(1)绘制没有紧前工作的工作 A、B 和 C，如图 4.28(a)所示。

(2) 按题意绘制工作 D 及 D 的紧后工作 G，如图 4.28(b)所示。

(3) 按题意将工作 A、B 的箭头节点合并，并绘制工作 E；绘制 E 的紧后工作 H；将工作 D、E 的箭头节点合并，并绘制工作 G，如图 4.28(c)所示。

(4) 再按题意将工作 B 的箭线断开增加虚箭线，合并 BC 绘制工作 F；将工作 E 后增加虚箭线和 F 的箭头节点合并，并绘制工作 H，如图 4.28(d)所示。

(5) 将没有紧后工作的箭线合并，得到终点节点，并对图形进行调整，使其美观对称，如图 4.28(e)和 4.28(f)所示。

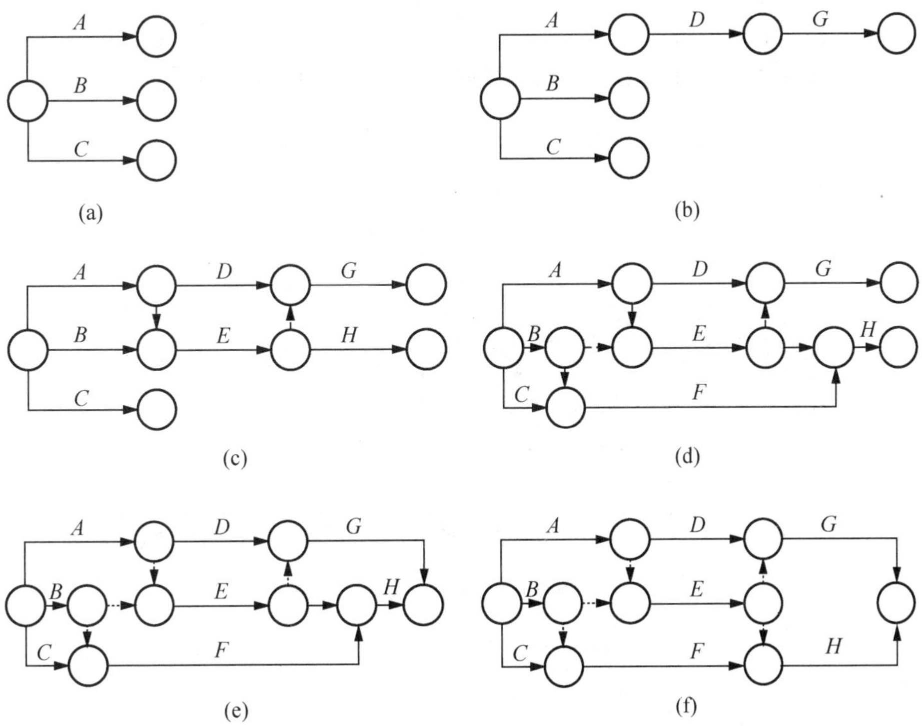

图 4.28 案例 5 双代号网络图

案例 6 已知各工作之间的逻辑关系见表 4-14，试绘制双代号网络图。

表 4-14 逻辑关系表

工作名称	A	B	C	D	E	F	G	H	I	J	K	L	M	N	P
紧前工作	—	A	A	—	B、C	B、C、D	D	E、F	C	I、H	G、F	K、J	L	L	M、N
紧后工作	B、C	E、F	E、F、I	F、G	H	H、K	K	J	J	L	L	M、N	P	P	—

解：(1) 绘制草图，如图 4.29 所示。

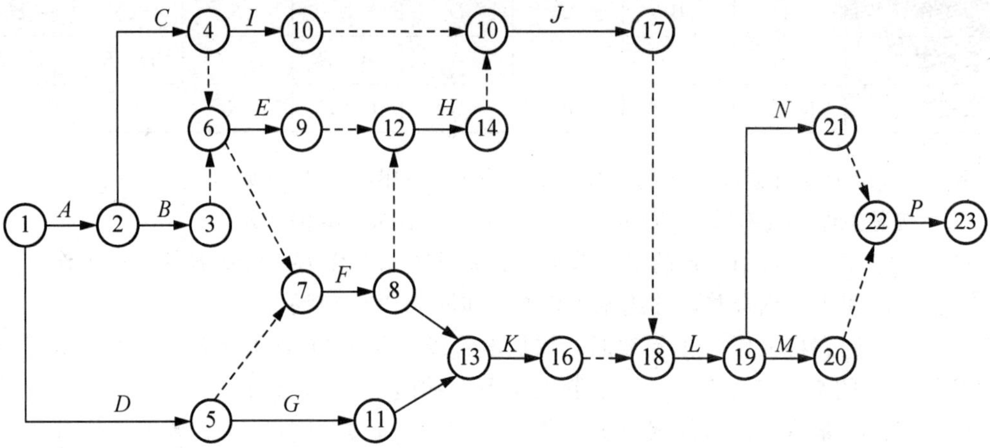

图 4.29 案例 6 双代号网络图(草图)

(2) 删掉多余的虚箭线。

(3) 整理及编号。尽可能用水平线、竖向线表示，如图 4.30 所示。

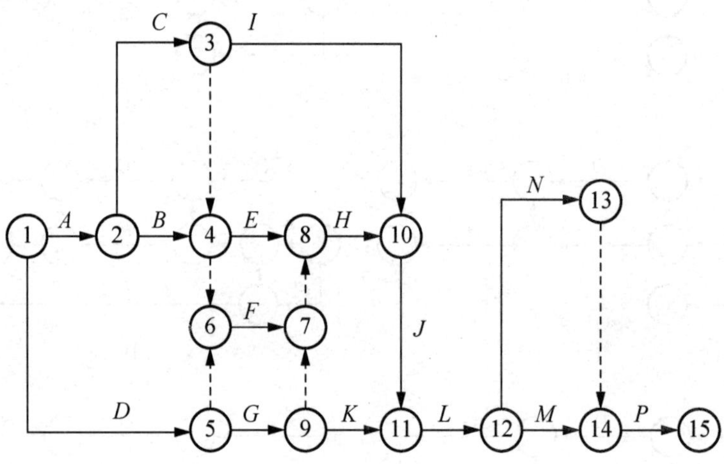

图 4.30 整理及编号后的双代号网络图

(4) 检查：根据网络图写出各工作的紧前工作，然后与上表对照是否一致。

3) 绘制网络图应注意的问题

(1) 层次分明，重点突出。绘制网络计划图时，首先遵循网络图的绘制规则画出一张符合工艺和组织逻辑关系的网络计划草图，然后检查和整理出一幅条理清楚、层次分明、重点突出的网络计划图。

(2) 构图形式要简捷、易懂。绘制网络计划图时，通常的箭线应以水平线为主，竖线、折线和斜线为辅，应尽量避免用曲线。

(3) 正确应用虚箭线。绘制网络图时，正确应用虚箭线可以使网络计划中的逻辑关系更加明确和清楚，它起到“断”和“连”的作用。

实训小结

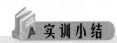

本节主要讲解双代号网络图的绘制方法，重点掌握下面内容。

(1) 双代号网络图的基本要素：工作、箭线、节点和路线。

(2) 双代号网络图的逻辑模型。

(3) 双代号网络图的绘制规则。

(4) 双代号网络图的绘制方法：节点位置号法和逻辑草稿法。

通过实训，学生应能独立绘制双代号网络图。

实训考核

考核评定方式	评定内容	分值	得分
自评	学习态度及表现	10	
	对双代号网络图绘制方法掌握情况	10	
	工序逻辑及图画清晰、规范情况	10	
学生互评	学习态度及表现	5	
	对双代号网络图绘制方法掌握情况	5	
	工序逻辑及图画清晰、规范情况	10	
教师评定	学习态度及表现	20	
	成果设计情况	30	

实训练习

(1) 将某职工宿舍 JB 型工程标准层主体工程施工横道图改绘为双代号网络图。

(2) 绘制某住宅楼工程标准层主体工程施工网络图。

训练 4.2　双代号网络图时间参数的计算

【实训背景】

施工方为确保合同工期，必须计算网络图的时间参数，确定关键线路，以利于对网络图进行优化。

【实训任务】

计算某住宅楼工程主体结构工程施工工期。

【实训目标】

1. 能力目标

能计算网络计划的各项参数，确定关键工作和关键线路。

2. 知识目标

(1) 掌握双代号网络图时间参数的计算。

(2) 掌握双代号网络图中关键线路的判定方法。

【实训成果】

确定某住宅楼主体结构工程施工工期，计算网络图各时间参数和确定关键线路。

【实训内容】

1. 时间参数的分类

时间参数可分为节点时间参数、工作时间参数和线路时间参数等。以工作 $i-j$ 为例，各时间参数的表示符号及其含义见表 4－15。

表 4－15 时间参数分类表

类别	名称	符号	含义
节点时间参数	节点最早时间	ET_i	以该节点为开始节点的各项工作的最早开始时间
	节点最迟时间	LT_i	以该节点为完成节点的各项工作的最迟完成时间
工作时间参数	工作持续时间	D_{i-j}	一项工作从开始到完成的时间
	工作最早开始时间	ES_{i-j}	各紧前工作完成后本工作有可能开始的最早时间
	工作最早完成时间	EF_{i-j}	各紧前工作完成后本工作有可能完成的最早时间
	工作最迟开始时间	LS_{i-j}	在不影响整个任务按期完成的前提下，工作必须开始的最迟时刻
	工作最迟完成时间	LF_{i-j}	在不影响整个任务按期完成的前提下，工作必须完成的最迟时刻
	总时差	TF_{i-j}	在不影响总工期的前提下，本工作可以利用的机动时间
	自由时差	FF_{i-j}	在不影响紧后工作最早开始时间的前提下，本工作可以利用的机动时间
线路时间参数	线路时差	PF	非关键线路中可以利用的自由时差之和
	计算工期	T_c	根据时间参数计算所得到的工期
	要求工期	T_r	业主提出的项目工期
	计划工期	T_p	根据要求工期和计算工期所确定的作为实施目标的工期

2. 时间参数的计算

网络图时间参数的计算，主要采用图上计算法，它包括节点计算法和工作计算法。

1）节点计算法

节点计算法是指先计算各节点的时间参数，再根据节点时间参数计算各工作的时间参数。节点最早时间从网络图的起点节点开始，按照编号从小到大依次计算，直至终点节点。节点最迟时间应从网络图终点节点开始，沿着逆向箭线的方向，按照节点编号从大到小进行计算，直至起点节点。各时间参数的计算见表 4-16。

表 4-16 采用节点法计算时间参数

参数名称		计算公式	说明
节点最早时间 ET_i	起点节点 ET_i	$ET_i=0$	对起点节点的最早时间无规定时，通常取其为零。如另有规定，可按规定取值
	其他节点 ET_j	$ET_j=ET_i+D_{i-j}$	当节点 j 仅有一条内向箭线时，取该箭线箭尾节点的最早时间与该工作持续时间之和
		$ET_j=\max\{ET_i+D_{i-j}\}$	当节点 j 有多条内向箭线时，取各箭线箭尾节点的最早时间与各工作持续时间之和的最大值
计算工期	T_c	$T_c=ET_n$	取终点节点 n 的最早时间 ET_n 为计算工期
节点最迟时间 LT_i	终点节点 LT_n	$LT_n=T_p$	终点节点的最迟时间取网络计划的计划工期 T_p。对要求工期无特殊要求时可取 $T_p=T_c$，则有 $LT_n=T_c$，即 $LT_n=ET_n$
	其他节点 LT_i	$LT_i=LT_j-D_{i-j}$	当节点 i 仅有一条外向箭线时，节点 i 的最迟时间 LT_i 为箭头节点的最迟时间与该工作持续时间之差
		$LT_i=\min\{LT_j-D_{i-j}\}$	当节点 i 有多条外向箭线时，节点 i 的最迟时间 LT_i 为各箭线箭头节点的最迟时间与各工作持续时间之差的最小值
工作最早开始时间 ES_{i-j}		$ES_{i-j}=ET_i$	工作最早开始时间 ES_{i-j} 等于该工作起始节点的最早时间 ET_i
工作最早完成时间 EF_{i-j}		$EF_{i-j}=ES_{i-j}+D_{i-j}=ET_i+D_{i-j}$	工作最早完成时间是工作在最早开始时间开始进行，持续了 D_{i-j} 时间后才结束的时间
工作最迟完成时间 LF_{i-j}		$LF_{i-j}=LT_j$	工作最迟完成时间等于该工作结束节点的最迟时间
工作最迟开始时间 LS_{i-j}		$LS_{i-j}=LF_{i-j}-D_{i-j}=LT_j-D_{i-j}$	工作最迟开始时间应保证工作经过持续时间 D_{i-j} 不影响工作在最迟完成时间 LF_{i-j} 完成

2）工作计算法

工作计算法是指不计算节点的时间参数，直接计算各工作的时间参数。各时间参数的计算见表4-17。

表4-17 采用工作法计算时间参数

参数名称	计算公式	说明
工作最早开始时间 ES_{i-j}	$ES_{i-j}=0$	当未规定开始节点的最早开始时间时，起始工作 $i-j$ 的最早开始时间取零
	$ES_{i-j}=ES_{h-i}+D_{h-i}$	当 $i-j$ 工作只有一个紧前工作 $h-i$，$i-j$ 工作最早开始时间为紧前工作 $h-i$ 的最早开始时间与 $h-i$ 工作持续时间之和
	$ES_{i-j}=\max\{ES_{h-i}+D_{h-i}\}$	受逻辑关系的制约，当 $i-j$ 工作有多个紧前工作时，$i-j$ 工作最早开始时间应取各紧前工作最早开始时间与各紧前工作持续时间之和的最大值
工作最早完成时间 EF_{i-j}	$EF_{i-j}=ES_{i-j}+D_{i-j}$	$i-j$ 工作按最早开始时间 ES_{i-j} 开始进行，经过持续时间 D_{i-j} 完成工作时所对应的时间就是 $i-j$ 工作的最早完成时间。据此可有 $EF_{i-j}=EF_{h-i}$ 或 $ES_{i-j}=\max\{EF_{h-i}\}$
计算工期 T_c	$T_c=\max\{EF_{i-n}\}$	计算工期取各最后完成工作最早完成时间的最大值
工作最迟完成时间 LF_{i-j}	$LF_{i-n}=T_p$	对于最后完成的各项工作，取计划工期作为其最迟完成时间。当未规定要求工期 T_r 时，可取计划工期等于计算工期，即 $T_p=T_c$，所以有 $LF_{i-n}=T_p$
	$LF_{i-j}=LF_{j-k}-D_{j-k}$	当 $i-j$ 工作仅有一个紧后工作 $j-k$ 时，其最迟完成时间取紧后工作最迟完成时间与紧后工作持续时间之差
	$LF_{i-j}=\min\{LF_{j-k}-D_{j-k}\}$	当 $i-j$ 工作有多个紧后工作时，其最迟完成时间取各紧后工作最迟完成时间与各紧后工作持续时间之差的最小值
工作最迟开始时间 LS_{i-j}	$LS_{i-j}=LF_{i-j}-D_{i-j}$	$i-j$ 工作的最迟开始时间应保证经过工作持续时间 D_{i-j} 不影响工作的最迟完成。据此可有 $LF_{i-j}=LS_{j-k}$ 或 $LF_{i-j}=\min\{LS_{j-k}\}$

3）时差的计算

(1) 计算公式如下。

总时差：$TF_{i-j}=LS_{i-j}-ES_{i-j}$ 或 $TF_{i-j}=LF_{i-j}-EF_{i-j}$

自由时差：$FF_{i-j}=ES_{j-k}-ES_{i-j}-D_{i-j}=ES_{j-k}-EF_{i-j}$

(2) 结论：①如果总时差为零，说明工作没有机动时间，为关键工作；②如果总时差为零，则自由时差为零；③如果存在总时差，说明工作有可利用的机动时间，为非关键工作；④总时差属于本工作，同时也为一条线路所共有；⑤自由时差一定小于或等于总时差，如果存在自由时差，说明本工作有可以自由利用的机动时间，并且利用自由时差不会对紧后工作产生影响。

4）时间参数在网络图上的标注

图 4.31 所示为双代号网络图时间参数的标注。

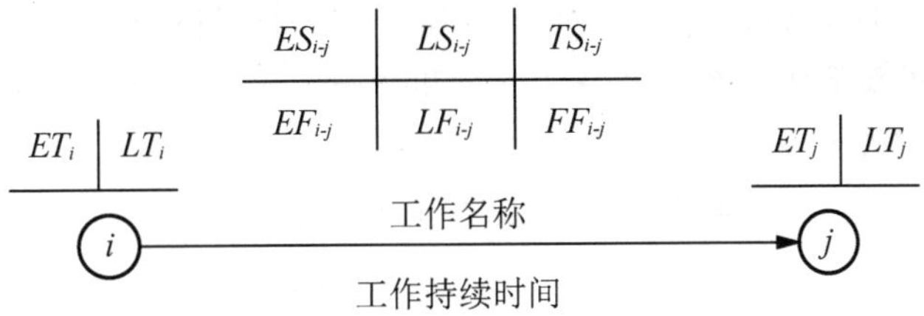

图 4.31　双代号网络图时间参数的标注

3. 关键线路的确定

在网络图中线路时间最长的线路就是关键线路。通过时间参数计算也可判断关键线路，当计划工期与计算工期相等时，总时差为零的线路就是关键线路；当计划工期与计算工期不同时，总时差等于计划工期与计算工期之差的线路就是关键线路。关键线路上的工作就是关键工作。需要注意的是，在一个网络图中关键线路往往不止一条，但至少应该有一条。关键线路的判定方法有 5 种。

(1) 线路长度比较法。在已知的网络图中，找出从起点到终点的所有线路，分别计算和比较各条线路的长度，从中找出各项工作持续时间之和最长的线路，即为该网络图的关键线路。在网络图上，关键线路要用双线、粗线或彩色线标注。

(2) 总时差判定法。在网络图中，总时差为零的工作为关键工作，由关键工作组成的线路为关键线路。

(3) 线路长度分段比较法(俗称“破圈法”)。整个网络图都是由若干个共始终点的多边形圈和单根线段所组成的，因此，可以以圈为单位，将每个圈中的关键线段找出来，或者把每个圈中的非关键(时间最短的)线段去掉，这种方法称为“破圈法”。

下面以图 4.32 为例加以说明。

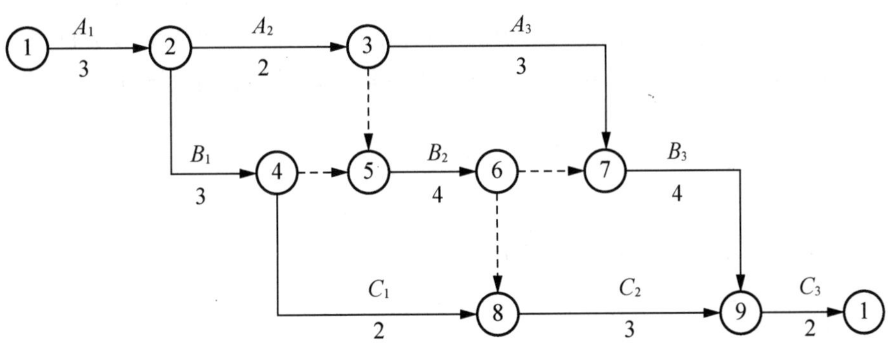

图 4.32　依次开始的网络图

如图 4.32 所示，从网络图的起点节点开始，用“破圈法”判定关键线路，其步骤如下。

第 1 步：从网络图的起点至终点，至少有一条线路为关键线路。因为①→②工作是唯一的通路，所以必定是关键线路上的关键工作。

第 2 步：暂时以节点②为起点，以有两个内向箭线的⑤节点作为临时终点，则由②→③→⑤和②→④→⑤两条线路围成一个小圈，比较两条线路的长度，在长度较小的线路上，进入临时终点⑤的箭线③→⑤肯定不是关键工作，暂时擦掉(通常是盖住)该箭线，则小圈变成大圈，又重新形成一个由②→③→⑦和②→④→⑤→⑥→⑦两条线路围成的一个较大的圈，这就是“破小圈，变大圈”。

第 3 步：再以②节点作为临时起点，以⑦节点作为临时终点，则②→③→⑦线路的长度为 5 天，②→④→⑤→⑥→⑦线路的长度为 7 天，说明②→③→⑦线路上进行临时终点⑦的③→⑦箭线肯定不是关键工作。因③→⑤和③→⑦工作不是关键工作，则②→③工作也肯定不是关键工作(因不能形成由关键工作构成的通路)，因此只有②→④工作为关键工作。

第 4 步：再以④节点作为临时起点，以⑧节点作为临时终点，则④→⑤→⑥→⑧线路长度为 4 天，而④→⑧箭线的长度为 2 天，说明④→⑧不是关键工作，而④→⑤和⑤→⑥工作是关键工作。如果两段线路等长，则可能都是关键工作或非关键工作，此时可假定其中一条线路短。

第 5 步：再以⑥节点作为临时起点，以⑨节点作为临时终点，则⑥→⑦→⑨线路长度为 4 天，⑥→⑧→⑨线路长度为 3 天，说明⑧→⑨工作不是关键工作。因此，只有⑥→⑦和⑦→⑨工作为关键工作。

第 6 步：箭线⑨→⑩也是关键工作。因此该网络图中的关键线路为①→②→④→⑤→⑥→⑦→⑨→⑩线路，其长度为 $L_P=3+3+4+4+2=16$(天)，为网络计划的推算工期。

无论网络计划多么复杂，采用“破圈法”均能快捷准确地判定出关键线路，计算出推算工期，所以它是目前实用性最强、应用最广泛的判定关键线路的方法。

(4) 利用关键节点判断。双代号网络图中，关键线路上的节点称为关键节点。当计划工期等于计算工期时，关键节点的最迟时间与其最早时间必然相等。关键节点必然处在关键线路上，但由关键节点组成的线路不一定是关键线路。换言之，两端为关键节点的工作不一定是关键工作。计算出双代号网络图的节点时间参数后，就可以通过关键节点法找出关键线路。两个关键节点之间存在关键线路的条件是：箭尾节点时间＋工作持续时间＝箭头节点时间。

用公式表示如下：
$$ET_i+D_{i-j}=ET_j \tag{4-1}$$
或者
$$LT_i+D_{i-j}=LT_j \tag{4-2}$$

关键工作确定后，关键线路即可确定。

(5) 用节点标号法计算工期并确定关键线路。当需要快速求出工期和找出关键线路时，可采用节点标号法。它是将每个节点以后工作的最早开始时间的数值及该数值来源于前面节点的编号写在节点处，最后可得到工期，并可循节点号找出关键线路，其步骤如下。

第 1 步：设网络计划起点节点的标号值为零，即 $b_1=0$。

第 2 步：顺箭线方向逐个计算节点的标号值。每个节点的标号值，等于以该节点为完成节点的各工作的开始节点标号值与相应工作持续时间之和的最大值，即

$$b_j = \max\{b_i + D_{i-j}\} \quad (4-3)$$

将标号值的来源点及得出的标号值标注在节点上方。

第3步：节点标号完成后，终点节点的标号即为计算工期。

第4步：从网络图终点节点开始，逆箭线方向按源节点找出关键线路。

【案例解析】

案例7 采用图上计算法计算图4.33所示双代号网络图各节点时间参数和各工作时间参数，找出关键工作和关键线路，并指出计算工期。

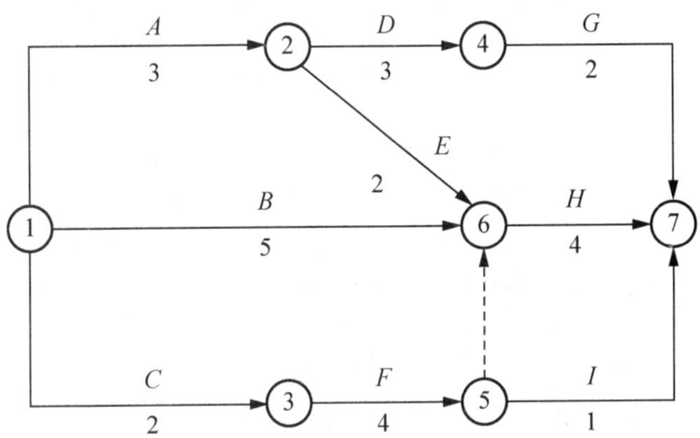

图4.33 双代号网络图时间参数算例1

知识链接

1. 节点时间参数的计算

1) 节点的最早可能时间 ET

(1) 定义：节点的最早可能开始时间即节点可以开工的最早时间，表示该节点的紧前工作已全部完工。

(2) 计算方法：从开始节点起，沿箭线方向，依次计算每一个节点，直至结束节点。计算公式为：

$$ET_j = \{ET_i + D_{i-j}\}_{\max}\text{（只看内向箭线）} \quad (4-4)$$

口诀：从左往右，“顺线累加，逢圈取大”。

(3) 规定：开始节点最早可能开始时间为零，即 $ET_1 = 0$。

2) 节点的最迟可能开始时间 LT

(1) 定义：节点最迟可能开始时间表示节点开工不能迟于这个时间，若迟于这个时间，将会影响计划的总工期。

(2) 计算方法：从结束节点开始，逆箭线方向，依次计算每一个节点，直至开始节点。计算公式为：

$$LT_i = \{LT_j - D_{i-j}\}_{\min} = 10 \quad (4-5)$$

口诀：从右往左，“逆线累减，逢圈取小”。一个节点一个节点依次去计算，不要看线路，不要远看，只看前后两个节点。

(3) 规定：结束节点最迟可能开始时间为结束节点的最早可能开始时间，即计划的总工期。

2. 工作(工序)时间参数的计算

1) 工作的最早开始、最早结束时间

(1) 工作的最早开始时间：$i-j$ 工作的最早开始时间 ES_{i-j} 与 i 节点的最早开始时间 ET_i 相等，即 $ES_{i-j}=ET_i$。

(2) 工作的最早结束时间 EF：$i-j$ 工作的最早结束时间 EF_{i-j} 等于工作的最早开始时间 ES_{i-j} 加上工作的工期 D_{i-j}，即：

$$EF_{i-j}=ES_{i-j}+D_{i-j} \tag{4-6}$$

2) 工作的最迟开始、最迟结束时间

(1) 工作的最迟开始时间 LS：$i-j$ 工作的最迟开始时间 LS_{i-j} 等于工作的最迟结束时间 LF_{i-j} 减去工作的工期 D_{i-j}，即：

$$LS_{i-j}=LF_{i-j}-D_{i-j} \tag{4-7}$$

(2) 工作的最迟结束时间 LF：$i-j$ 工作的最迟结束时间 LF_{i-j} 等于节点的最迟开始时间 LT_j，即：

$$LF_{i-j}=LT_j \tag{4-8}$$

3. 工作的时差计算

1) 总时差 TF_{i-j}

定义：在不影响任何一项紧后工作的最迟必须开始时间的条件下，本工作所拥有的最大机动时间。它可以用节点时间参数来计算，也可以用过程参数来计算。

(1) 用节点时间参数来计算：

$$TF_{i-j}=LT_j-ET_i-D_{i-j} \tag{4-9}$$

(2) 用工作时间参数来计算：

$$TF_{i-j}=LS_{i-j}-ES_{i-j}=LF_{i-j}-EF_{i-j} \tag{4-10}$$

口诀："迟早相减，所得之差"。

2) 自由时差 FF_{i-j}

定义：在不影响任何一项紧后工作的最早开始时间，本工作所拥有的最大机动时间。它可以用节点时间参数来计算，也可以用过程参数来计算。

(1) 用节点时间参数来计算：

$$FF_{i-j}=ET_j-ET_i-D_{i-j} \tag{4-11}$$

(2) 用过程参数来计算：

$$FF_{i-j}=ES_{j-k}-ES_{i-j}-D_{i-j} \tag{4-12}$$

式中：ES_{j-k}——紧后工作最早开始时间，其他符号意义同前。

4. 关键线路的确定

(1) 总时差最小的工作所组成的线路是关键线路。

(2) 关键线路上所有节点的两个时间参数相等。

解：1. 节点时间参数的计算

1) 计算节点最早时间参数 ET

节点最早时间应从网络图的起点节点开始，按照编号从小到大依次计算，直至终点节点，由于没有规定起始节点的最早时间，因此，节点 1 最早开始时间可以取 $ET_1=0$。

根据公式 $ET_j=ET_i+D_{i-j}$ 有：$ET_2=0+3=3$，$ET_3=0+2=2$，$ET_4=3+3=6$，$ET_5=2+4=6$。

节点⑥有多条内向箭线，因此，应根据公式 $ET_j=\{ET_i+D_{i-j}\}_{\max}$ 确定其最早开始时间即：$ET_6=\max\{3+2, 0+5, 6+0\}_{\max}=6$，同理，终点节点⑦的最早时间为：$ET_7=\max\{6+2, 6+4, 6+1\}_{\max}=10$，则有计算工期 $T_c=ET_7=10$。

2）计算节点最迟可能开始时间 LT

节点最迟时间应从网络图终点节点开始，逆着箭线的方向，按照节点编号从大到小进行计算，直至起点节点。因无要求工期，故节点⑦的最迟时间取 $LT_7=ET_7=10$。

根据公式 $LT_i=LT_j-D_{i-j}$ 有：$LT=10-4=6$。

节点⑤有多条外向箭线，因此应根据公式 $LT_i=\min\{LT_j-D_{i-j}\}$ 确定其最迟时间，即：$LT_i=\min\{6-0, 10-1\}=6$。同理，依次可得：$LT_4=8$，$LT_3=2$，$LT_2=4$，$LT_1=0$。

2. 工作(工序)时间参数的计算

(1) 计算各工作最早开始时间和最早完成时间。

首先计算各工作最早开始时间和最早完成时间，计算顺序是顺着箭线方向从起始工作开始依次计算。

工作 A、B、C 为并列关系的 3 个起始工作，其最早开始时间均与起点节点 1 的最早时间相等即：$ES_{1-2}=ES_{1-6}=ES_{1-3}=ET=0$。

根据公式 $ES_{ij}=ET_i$ 有 D、E、F 的最早开始时间分别为：$ES_{2-4}=ET_3=3$，$ES_{2-6}=ET_2=3$，$ES_{3-5}=ET_3=2$。同理可得：$ES_{5-6}=6$，$ES_{4-7}=6$，$ES_{6-7}=6$，$ES_{5-7}=6$。

由于 H 工作有多个紧前工作，因此 H 工作的最早开始时间可根据公式 $ES_{i-j}=\max\{ES_{h-j}+D_{h-j}\}$ 进行计算，即：$ES_{6-7}=\max\{ES_{2-6}+D_{2-6}, ES_{1-6}+D_{5-6}, ES_{5-6}+D_{2-6}\}=\max\{3+2, 0+5, 6+0\}=6$。

根据前面计算所得各工作最早开始时间，可按照公式 $EF_{i-j}=ES_{i-j}+D_{i-j}$ 计算各工作最早完成时间：$EF_{1-2}=ES_{1-2}+D_{1-2}=0+3=3$，$EF_{1-6}=ES_{1-6}+D_{1-6}=0+5=5$，$EF_{1-3}=ES_{1-3}+D_{1-3}=0+2=2$

$EF_{2-4}=ES_{2-4}+D_{2-4}=3+3=6$，$EF_{2-6}=ES_{2-6}+D_{2-6}=3+2=5$，$EF_{3-5}=ES_{3-5}+D_{3-5}=2+4=6$

$EF_{5-6}=ES_{5-6}+D_{5-6}=6+0=6$，$EF_{4-7}=ES_{4-7}+D_{4-7}=6+2=8$，$EF_{5-7}=ES_{5-7}+D_{5-7}=6+1=7$

$EF_{6-7}=ES_{6-7}+D_{6-7}=6+4=10$。

(2) 计算各工作最迟开始时间和最迟完成时间。

计算各工作最迟时间参数的计算顺序是逆箭线方向，从网络图的结束工作向起始工作计算的。根据公式 $LF_{i-j}=LT_j$ 可得各工作最迟完成时间分别为：$LF_{4-7}=LT_7=10$，$LF_{6-7}=LT_7=10$，$LF_{5-7}=LT_7=10$

$LF_{2-4}=LT_4=8$，$LF_{2-6}=LT_6=6$，$LF_{5-6}=LT_6=6$，$LF_{3-5}=LT_5=6$，$LF_{1-2}=LT_2=4$，$LF_{1-6}=LT_6=6$，$LF_{1-3}=LT_3=2$。

根据公式 $LS_{i-j}=LF_{i-j}-D_{i-j}$ 可得各工作最迟开始时间分别为：$LS_{4-7}=LF_{4-7}-D_{4-7}=10-2=8$

$LS_{6-7}=LF_{6-7}-D_{6-7}=10-4=6$，$LS_{5-7}=LF_{5-7}-D_{5-7}=10-1=9$，$LS_{2-4}=LF_{2-4}-D_{2-4}=8-3=5$

$LS_{5-6}=LF_{5-6}-D_{5-6}=6-0=6$，$LS_{3-5}=LF_{3-5}-D_{3-5}=6-4=2$，$LS_{4-7}=LF_{4-7}-D_{4-7}$

$=10-2=8$

$LS_{1-2}=LF_{1-2}-D_{1-2}=4-3=1$，$LS_{1-6}=LF_{1-6}-D_{1-6}=6-5=1$，$LS_{1-3}=LF_{1-3}-D_{1-3}=2-2=0$。

3. 工作的时差计算

(1) 计算总时差。首先根据公式 $TF_{i-j}=LS_{i-j}-ES_{i-j}$，计算出工作总时差分别为

$TF_{1-2}=LS_{1-2}-ES_{1-2}=1-0=1$，$TF_{1-6}=LS_{1-6}-ES_{1-6}=1-0=1$，$TF_{1-3}=LS_{1-3}-ES_{1-3}=0-0=0$

$TF_{2-4}=LS_{2-4}-ES_{2-4}=5-3=2$，$TF_{2-6}=LS_{2-6}-ES_{2-6}=4-3=1$，$TF_{3-5}=LS_{3-5}-ES_{3-5}=2-2=0$

$TF_{5-6}=LS_{5-6}-ES_{5-6}=6-6=0$，$TF_{4-7}=LS_{4-7}-ES_{4-7}=8-6=2$，$TF_{6-7}=LS_{6-7}-ES_{6-7}=6-6=0$

$TF_{5-7}=LS_{5-7}-ES_{5-7}=9-6=3$

(2) 计算自由时差。根据公式 $FF_{i-j}=ES_{j-k}-EF_{i-j}$，计算出各工作自由时差分别为

$FF_{1-2}=ES_{2-4}-EF_{1-2}=3-3=0$，$FF_{1-6}=ES_{6-7}-EF_{1-6}=6-5=1$，$FF_{1-3}=ES_{3-5}-EF_{1-3}=2-2=0$

$FF_{2-4}=ES_{4-7}-EF_{2-4}=6-6=0$，$FF_{2-6}=ES_{6-7}-EF_{2-6}=6-5=1$，$FF_{3-5}=ES_{5-7}-EF_{3-5}=6-6=0$

工作 G、H、I 为结束工作，因此可按公式 $FF_{i-n}=ET_n-EF_{i-n}$ 计算其自由时差，即：

$FF_{4-7}=ET_7-EF_{4-7}=10-8=2$、$FF_{6-7}=ET_7-EF_{6-7}=10-10=0$、$FF_{5-7}=ET_7-EF_{5-7}=10-7=3$

在各时间参数计算过程中，按照时间参数标注方法，将以上各时间参数的计算结果随算随注在相应位置，如图 4.34 所示。

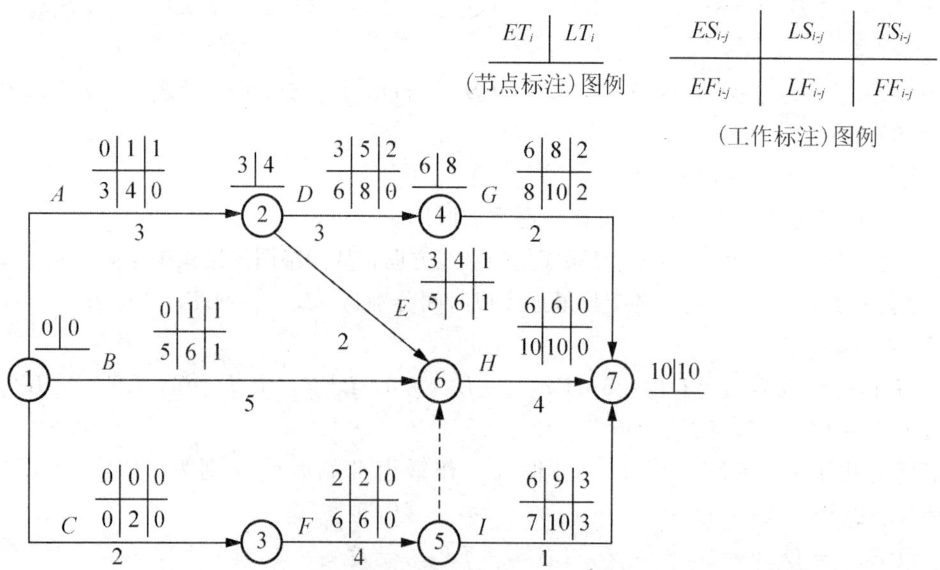

图 4.34 双代号网络图时间参数算例 2

4. 关键线路的确定

(1) 确定关键线路和关键工作。

通过观察时间参数计算结果可知，有总时差为零的工作组成的线路有一条，即①→③→⑤→⑥→⑦，此线路就是关键线路，如图 4.34 中双线所示，组成该线路的工作 C、F 和 H 就是关键工作。

(2) 确定计算工期。

关键线路的线路时间就是计算工期，本网络图的计算工期为 10 天。

【案例解析】

案例 8 某已知网络计划如图 4.35(a)所示，试用标号法求出工期并找出关键线路。

解：(1) 设起点节点标号值 $b_1=0$。

(2) 对其他节点依次进行标号。各节点的标号值计算如下，并将源节点号和标号值标注在图 4.35(b)中。

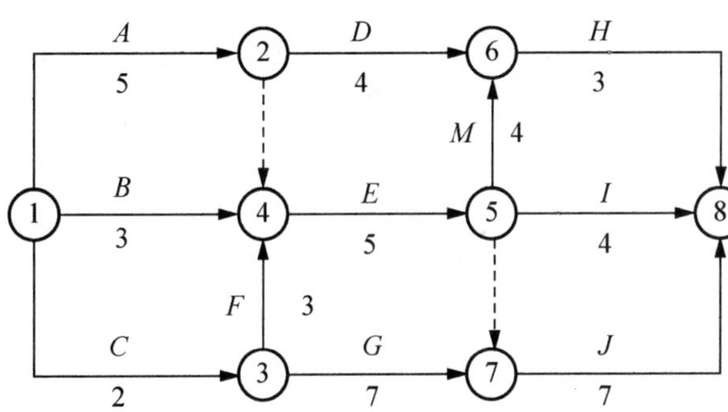

(a)

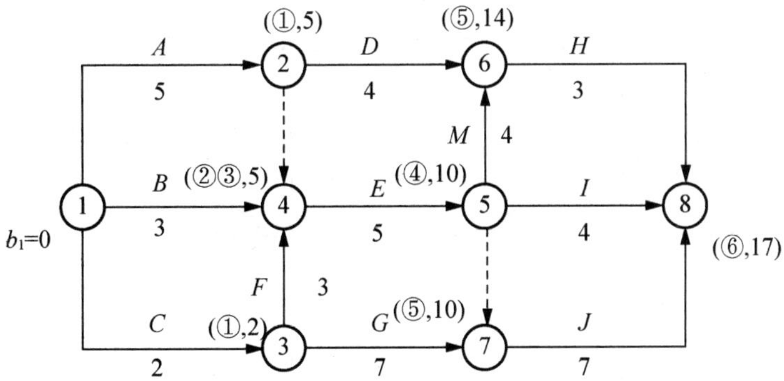

(b)

图 4.35 双代号网络图时间参数算例 3-1

各节点标号数据计算如下：

$b_2=b_1+D_{1-2}=0+5=5$

$b_3=b_1+D_{1-3}=0+2=2$

$b_4=\max[(b_1+D_{1-4}),(b_2+D_{2-4}),(b_3+D_{3-4})]=\max[(0+3),(5+0),(2+3)]=5$

$b_5=b_4+D_{4-5}=5+5=10, b_6=b_5+D_{5-6}=10+4=14, b_7=b_5+D_{5-7}=10+0=10$

$b_8=\max[(b_5+D_{5-8}),(b_6+D_{6-8}),(b_7+D_{7-8})]=\max[(10+4),(14+3),(10+5)]=17$

由此可确定该网络计划的工期为 17 天。

(3) 根据源节点逆箭线寻求出关键线路。两条关键线路如图 4.36 中双箭线所示。

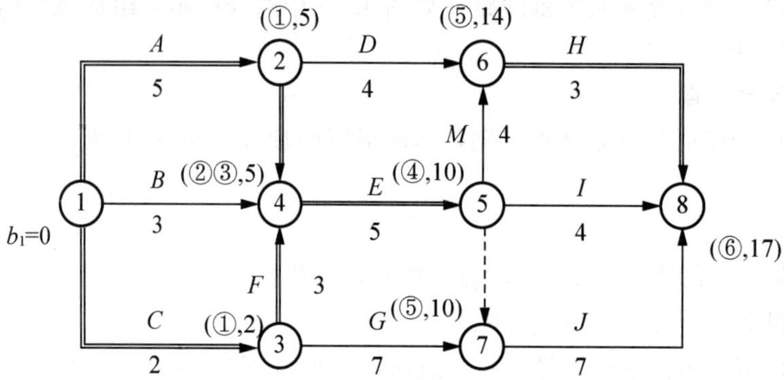

图 4.36 双代号网络图时间参数算例 3-2

案例 9 已知网络计划如图 4.37 所示，试用标号法确定其关键线路。

解：1. 对网络计划进行标号，并标注在图 4.38 中。

各节点的标号值计算如下：

$b_1=0$

$b_2=b_1+D_{1-2}=0+5=5$

$b_3=b_2+D_{2-3}=5+4=9$

$b_4=b_1+D_{1-4}=0+8=8$

$b_5=b_1+D_{1-5}=0+6=6$

$b_6=b_5+D_{5-6}=6+3=9$

$b_7=\max[(b_1+D_{1-7}),(b_5+D_{5-7})]=\max[(0+3),(6+0)]=6$

$b_8=\max[(b_7+D_{7-8}),(b_6+D_{6-8})]=\max[(6+5),(9+0)]=11$

$b_9=\max[(b_3+D_{3-9}),(b_4+D_{4-9}),(b_6+D_{6-9}),(b_8+D_{8-9}),(b_1+D_{1-9})]$

$=\max[(9+3),(8+7),(9+4),(11+3),(0+11)]=15$

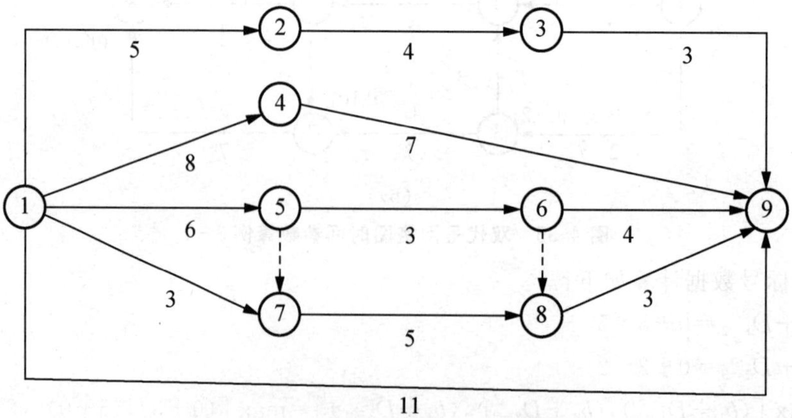

图 4.37 双代号网络图时间参数算例 4-1

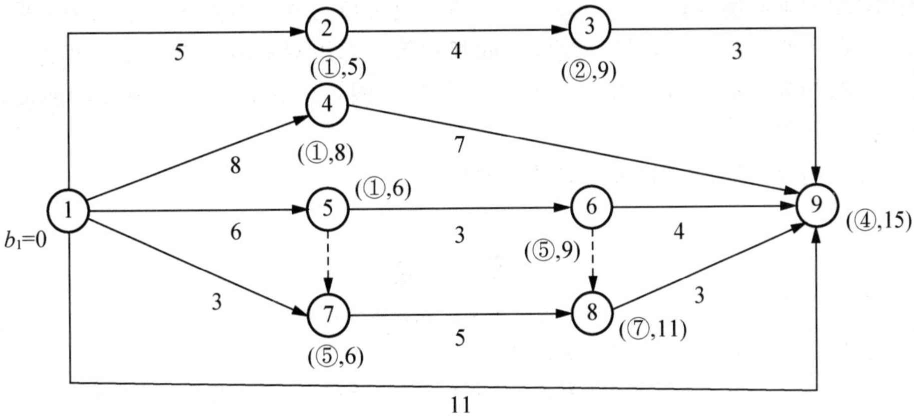

图 4.38 双代号网络图时间参数算例 4-2

根据源节点(即节点的第一个标号)从右向左寻找出关键线路为①→④→⑨。画出双箭线标示出关键线路的标时网路计划如图 4.39 所示。

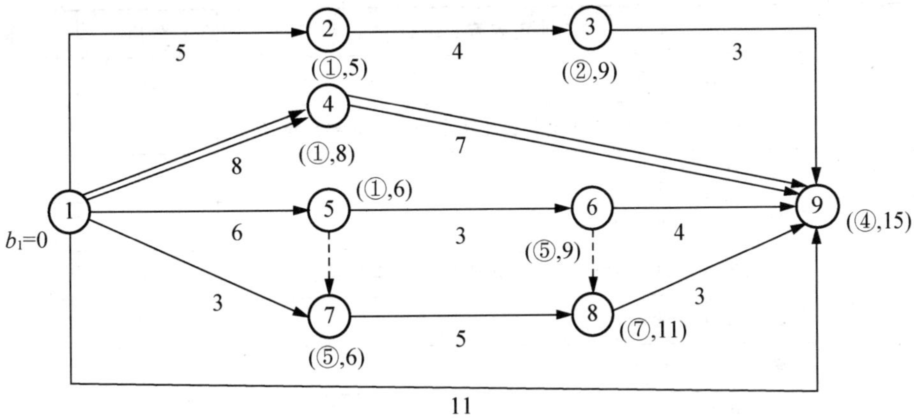

图 4.39 双代号网络图时间参数算例 4-3

案例 10 已知网络计划如图 4.40 所示，试用破圈法求关键线路。

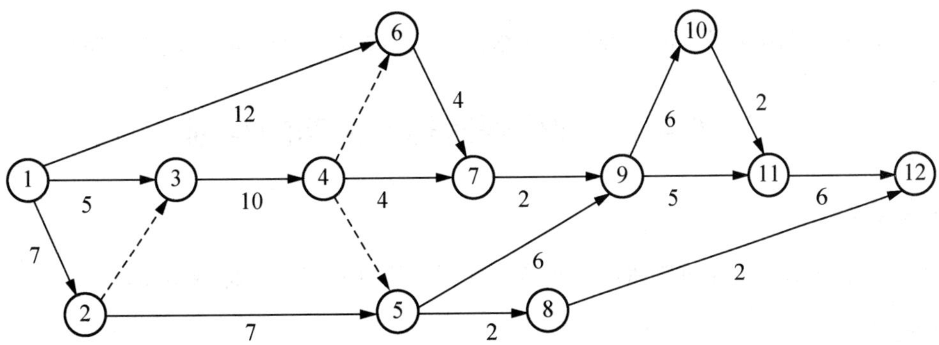

图 4.40 双代号网络图时间参数算例 5

解：如图 4.40 所示，节点①②③为一圈，其中①③持续时间最短，应去掉①③

(画×)或①②③画双箭线；节点①④⑥为一圈，应去掉①⑥；节点②③④⑤为一圈，应去掉②⑤；节点④⑥⑦为一圈，两条线段时间都相等，都用双箭线；节点④⑤⑨为一圈，两条线段时间都相等，都用双箭线；节点⑨⑩⑪为一圈，应去掉⑨⑪；节点⑤⑩⑫⑧为一圈，应去掉⑤⑧⑫。

剩余线路用双箭线连接起来，就是关键线路。

A 实训小结

本节主要讲解双代号网络图时间参数的计算及关键线路的确定。

(1) 时间参数计算：节点法、工作法。

(2) 关键线路的确定：线路长度比较法、时差判定法、破圈法、节点标号法和关键节点法。

学生通过实训应能掌握双代号网络图时间参数的计算及关键线路的确定方法。

实训考核

考核评定方式	评定内容	分值	得分
自评	学习态度及表现	10	
	对双代号网络计划中时间参数计算方法掌握的熟悉情况	10	
	成果计算质量	10	
学生互评	学习态度及表现关系	5	
	对双代号网络计划中时间参数计算方法掌握情况	5	
	成果计算质量	10	
教师评定	学习态度及表现	20	
	成果设计情况	30	

实训练习

计算某住宅楼标准层主体工程施工网络图时间参数及工期，并确定关键路线。

训练 4.3　双代号时标网络图的绘制

【实训背景】

施工方为确保工程合同工期，方便施工管理，绘制双代号时标网络图。

【实训任务】

完成教师公寓(B 型)主体工程双代号时标网络图的绘制。

【实训目标】

1. 能力目标

(1) 根据相关工程资料，能够绘制双代号网络时标网络图。
(2) 根据双代号时标网络图，能判读时间参数和确定关键线路。

2. 知识目标

(1) 掌握双代号时标网络图的一般规定。
(2) 掌握双代号时标网络图的绘制方法。
(3) 掌握双代号时标网络图时间参数的判读以及确定关键路线。

【实训成果】

教师公寓(B型)主体工程双代号时标网络图。

【实训内容】

1. 双代号时标网络图的一般规定

(1) 双代号时标网络图必须以水平时间坐标为尺度表示工作时间。双代号时标的时间单位应根据需要在编制网络计划之前确定，可为时、天、周、月或季。

(2) 双代号时标网络图应以实箭线表示工作，以虚箭线表示虚工作，以波形线表示工作的自由时差。

(3) 双代号时标网络图中所有符号在时间坐标上的水平投影位置，都必须与其时间参数相对应。节点中心必须对准相应的时标位置。虚工作必须以垂直方向的虚箭线表示，有自由时差加波形线表示。

2. 双代号时标网络图的绘制方法

双代号时标网络图一般按工作的最早开始时间绘制。其绘制方法有间接绘制法和直接绘制法。

1) 间接绘制法

间接绘制法是先计算网络图的时间参数，再根据时间参数在时间坐标上进行绘制的方法。其绘制步骤和方法如下。

(1) 先绘制双代号网络图，计算节点的最早时间参数，确定关键工作及关键线路。
(2) 根据需要确定时间单位并绘制时标横轴。
(3) 根据节点的最早时间确定各节点的位置。
(4) 依次在各节点间绘出箭线及时差。绘制时宜先画关键工作、关键线路，再画非关键工作。如箭线长度不足以达到工作的完成节点时，用波形线补足，箭头画在波形线与节点连接处。用虚箭线连接各有关节点，将有关的工作连接起来。

2) 直接绘制法

直接绘制法是不计算网络图时间参数，直接在时间坐标上进行绘制的方法。其绘制步骤和方法可归纳为如下绘图口诀：“时间长短坐标限，曲直斜平利相连；箭线到齐画节点，画完节点补波线；零线尽量拉垂直，否则安排有缺陷”。

(1) 时间长短坐标限：箭线的长度代表着具体的施工时间，受到时间坐标的制约。

（2）曲直斜平利相连：箭线的表达方式可以是直线、折线和斜线等，但布图应合理，直观清晰。

（3）箭线到齐画节点：工作的开始节点必须在该工作的全部紧前工作都画出后，定位在这些紧前工作最晚完成的时间刻度上。

（4）画完节点补波线：某些工作的箭线长度不足以达到其完成节点时，用波形线补足。

（5）零线尽量拉垂直：虚工作持续时间为零，应尽可能让其为垂直线。

（6）否则安排有缺陷：若出现虚工作占据时间的情况，其原因是工作面停歇或施工作业队组工作不连续。

3. 关键线路和时间参数的确定

1）关键线路的确定

自始点至终点不出现波形线的线路。

2）工期的确定

工期 T_p 等于“终点节点的时标值”与“起点节点的时标值”之差。

3）时间参数的判读

（1）最早时间参数有最早开始时间和最早完成时间。

最早开始时间：箭尾节点所对应的时标值。

最早完成时间：若实箭线抵达箭头节点，则最早完成时间就是箭头节点时标值；若实箭线未抵达箭头节点，则其最早完成时间为实箭线末端所对应的时标值。

（2）自由时差：波形线的水平投影长度。

（3）总时差：自右向左进行，其值等于紧后工作总时差的最小值与本工作的自由时差之和。

$$TF_{i-j}=\min\{TF_{j-k}\}+FF_{i-j}$$

（4）最迟时间参数：最迟开始时间和最迟完成时间应按下式计算。

最迟开始时间＝总时差＋最早开始时间：$LS_{i-j}=ES_{i-j}+TF_{i-j}$。

最迟完成时间＝总时差＋最早完成时间：$LF_{i-j}=EF_{i-j}+TF_{i-j}$。

【案例解析】

案例 11 某双代号网络图如图 4.41 所示，试将其绘制成双代号时标网络图。

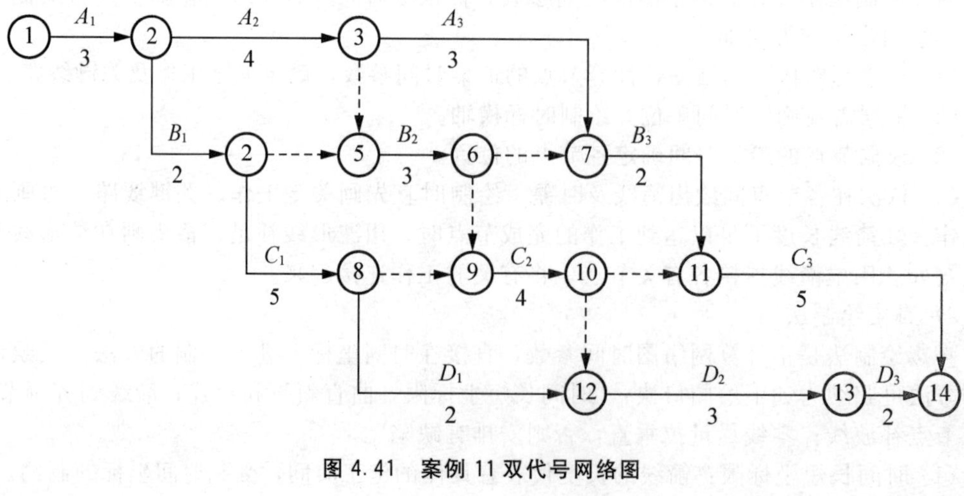

图 4.41 案例 11 双代号网络图

解：采用直接绘制的方法绘制出双代号时标网络图，如图 4.42 所示。

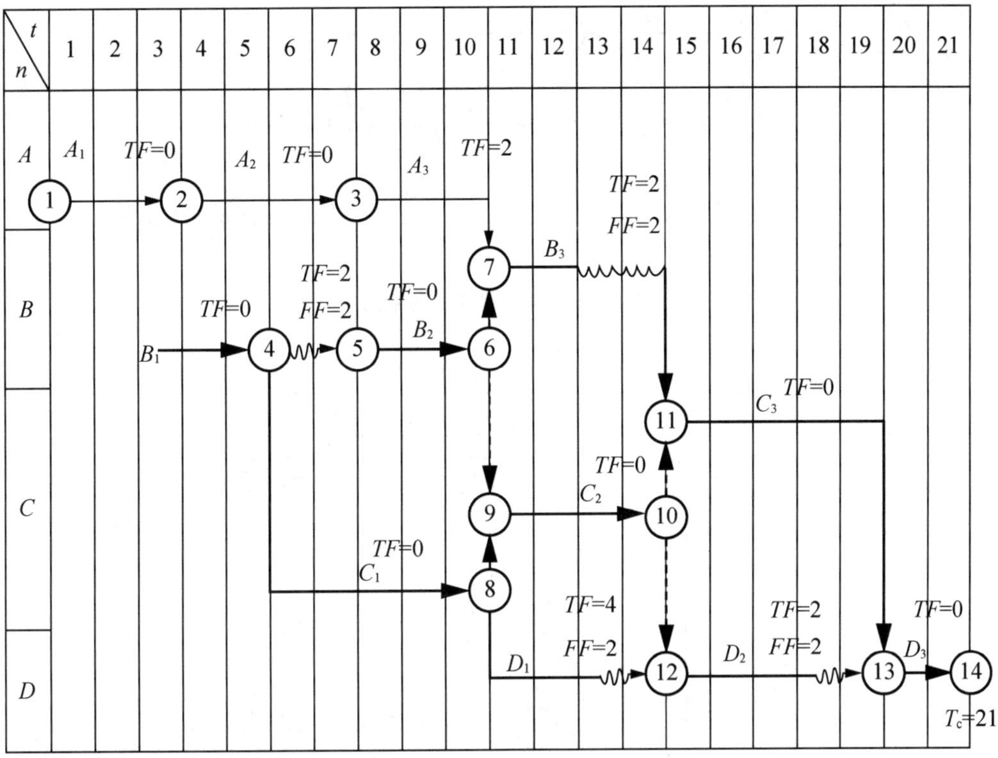

图 4.42 案例 11 双代号时标网络图

案例 12 根据图 4.42 所示的双代号网络图，确定关键线路和时间参数。

解：图 4.42 所示的关键线路和时间参数判读结果见图中标注。

案例 13 根据图 4.43 网络图绘制双代号时标网络图，并判定关键线路(用粗箭线表示)，求计算工期 T_c，标注总时差 TP_{i-j}。

解：绘制步骤如下。

第 1 步：将起点节点①定位在时标计划表的零刻度上。表示 A 工作的最早开始时间，A 工作的持续时间为 2 天，定位节点②。因节点③、④之前只有一个箭头，无自由时差，按 B 和 D 工作的持续时间 3 天和 2 天可定位节点③和④，虚箭线④→⑤不占用时间，要绘成垂直线，长度不足以到达节点⑤，用波形线表示一天的自由时差。虚箭线③→⑤无时差，直接用垂直虚箭线连接节点③→⑤。节点⑥之前只有一项实工作 E，持续时间为 3 天，可直接连接节点⑤和⑥。节点⑧之前有节点⑥和④，⑥→⑧为虚工作，垂直虚线无时差，可定位节点⑧，连接⑥→⑧。节点④之后 G 工作持续时间为 1 天，自由时差为 3 天，用波形线连接至节点⑧。节点⑦定位有节点⑥确定，说明虚工作⑥→⑦无自由时差，用垂直虚线连接节点⑥和⑦。C 工作的持续时间为 2 天，用波形线补足 1 天才到达节点⑦。节点⑨之前 F 工作和 H 工作，持续时间分别为 2 天和 1 天。所以，节点⑨的定位应由节点⑦F 工作持续时间来确定。H 工作有一天时差，用波形线连接达到达节点⑨。终点节点⑩定位直接由 K 工作持续时间 1 天确定。终点节点⑩定位后，双代号时标网络图绘制完成，如图 4.44 所示。

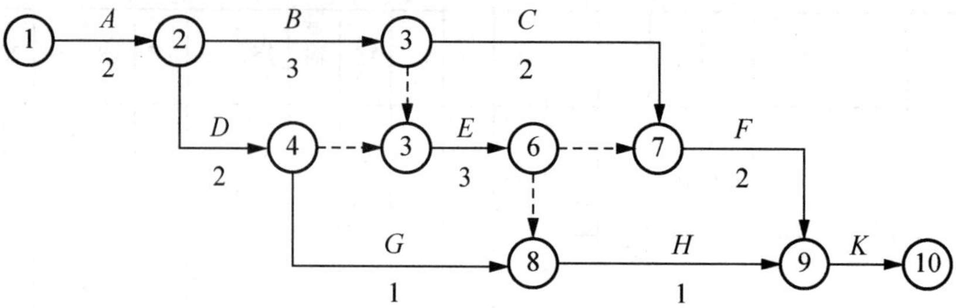

图 4.43　某工程施工网络图

时间单位/d	1	2	3	4	5	6	7	8	9	10	11
时间坐标	0　1	2	3	4	5	6	7	8	9	10	11

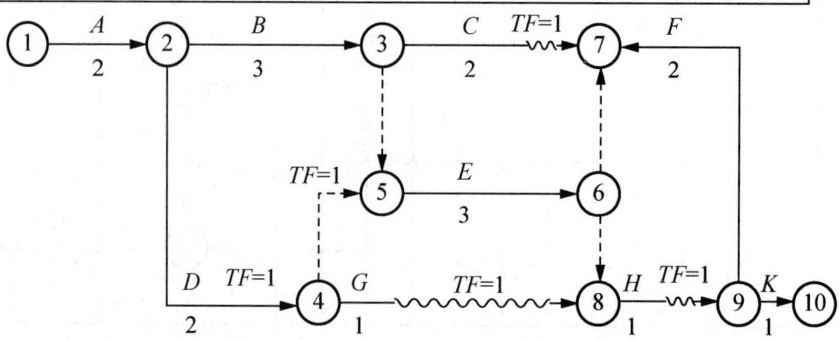

图 4.44　案例 12 双代号时标网络图(按最早时间绘制)

第 2 步：自终点节点⑩逆箭线方向朝起点节点①检验，始终不出现波形线的只有一条，即①→②→③→⑤→⑥→⑦→⑨→⑩为关键线路，并用粗线表示。

第 3 步：双代号时标网络图的计算工期 $T_c = 11 - 0 = 11$(d)。

第 4 步：波形线在坐标轴上的水平投影长度，即为该工作的自由时差。

第 5 步：工作的总时差按公式判定。将其值标注在相应的箭线上。

案例 14　某双代号网络图如图 4.45 所示。试绘制双代号时标网络图。

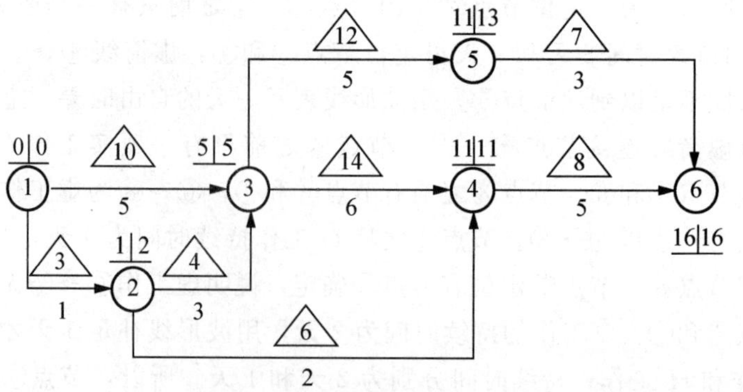

图 4.45　案例 14 双代号网络图

附注：△表示劳动力数量

解：按间接法绘制双代号时标网络图。

第1步：计算双代号网络图节点时间参数，确定关键工作及关键线路。

第2步：根据需要确定时间单位并绘制时标横轴。时标可标注在时标网络图的顶部，每格为1d。

第3步：根据网络计划中各节点的最早时间，先绘制关键线路上的节点①、③、④和⑥，再绘制出非关键线路上的节点②和⑤。

第4步：按绘图要求，依次在各节点间绘出箭线长度及自由时差。

第5步：在纵坐标上面绘制劳动力动态图，如图4.46所示。

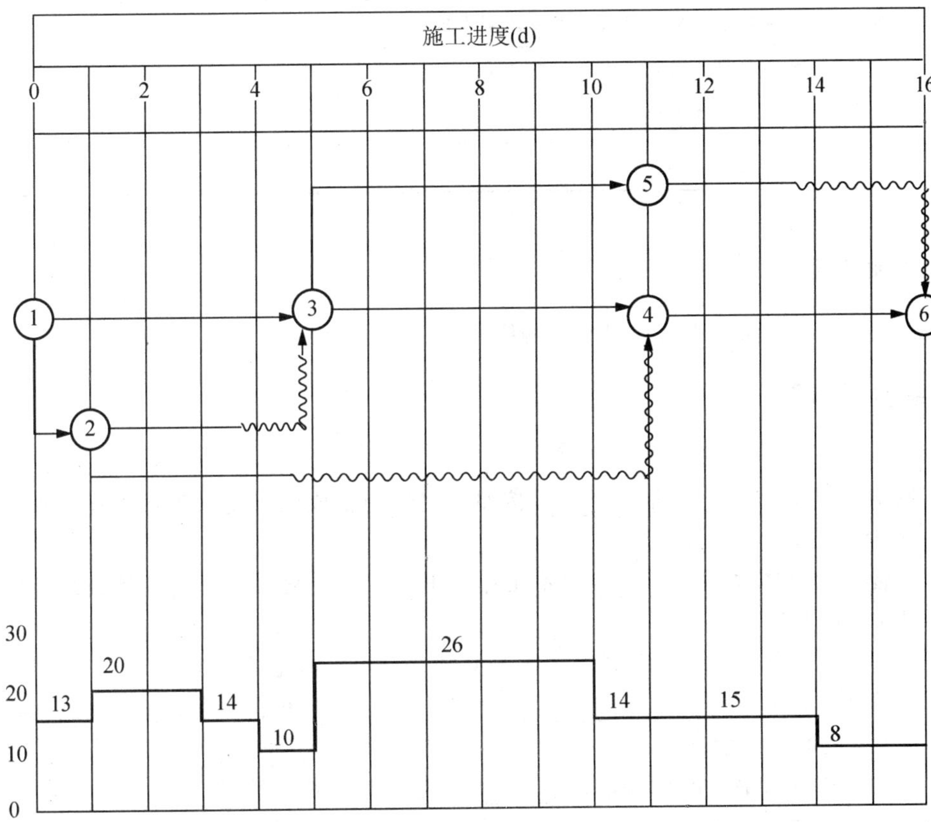

图4.46 双代号时标网络图与劳动力动态图

实训小结

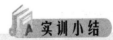

本节讲解双代号时标网络图，应掌握下面内容。

(1) 双代号时标网络图的绘制方法。

(2) 双代号时标网络图时间参数的判读。

(3) 双代号时标网络图关键路线的确定。

通过实训学生应能独立绘制双代号时标网络图。

实训考核

考核评定方式	评定内容	分值	得分
自评	学习态度及表现	10	
	对双代号时标网络图绘制方法掌握情况	10	
	工序逻辑及图画清晰和规范情况	10	
学生互评	学习态度及表现	5	
	对双代号时标网络图绘制方法掌握情况	5	
	工序逻辑及图画清晰和规范情况	10	
教师评定	学习态度及表现	20	
	成果设计情况	30	

实训练习

绘制某住宅楼主体工程双代号时标网络图。

【实训综合测试】

一、填空题

1. 网络图是由________和________按照一定规则组成的、用来表达工作流程的、有向有序的网状图形。

2. 双代号网络图使用________表示工作，用________表示工作的开始或结束状态及工作之间的连接点。

3. 在双代号网络图中，箭头端节点编号必须________箭尾节点编号。

4. 虚箭线可起到________、__________和__________作用，是正确地表达某些工作之间逻辑关系的必要手段。

5. 网络图中耗时最长的线路称为________，它决定了该工程的________。

6. 工作总时差是指在不影响________的前提下，一项工作所拥有__________的最大值。

7. 工作自由时差是指在不影响其紧后工作________的前提下，可以灵活使用的机动时间。

8. 当计划工期等于计算工期时，总时差为________的工作为关键工作。

9. 当计划工期等于计算工期时，关键工作的自由时差为________。

10. 双代号时标网络图是以________为尺度而编制的网络计划。

11. 时标网络图以________表示实际工作，以________表示虚工作，以________表示工作的自由时差。

12. 时标网络计划的计算工期是__________与__________所在位置的时标值之差。

13. 在时标网络计划中，实箭线水平投影长度表示该工作的__________。

14. 在时标网络计划中，一项工作自由时差值应是其________的水平投影长度。

二、单选题

1. 下列有关虚工作的说法中，错误的是(　　)。

A. 虚工作无工作名称　　B. 虚工作的持续时间为零

C. 虚工作不消耗资源　　D. 虚工作是可有可无的

2. 下列有关关键线路的说法，正确的是(　　)。

A. 在一个网络图中关键线路只有一条　　B. 关键线路是没有虚工作的线路

C. 关键线路是耗时最长的线路　　D. 关键线路是需要资源最多的线路

3. 在工程网络计划中，工作的最早开始时间应为其所有紧前工作(　　)。

A. 最早完成时间的最大值　　B. 最早完成时间的最小值

C. 最迟完成时间的最大值　　D. 最迟完成时间的最小值

4. 工作 M 有 A 和 B 两项紧前工作，其持续时间是 A:3d(d 表示天)，B:4d。其最早开始时间是 A:5d，B:6d，则 M 工作的最早开始时间是(　　)。

A. 5d　　B. 6d　　C. 8d　　D. 10d

5. 网络图中某项工作的最迟完成时间是指(　　)。

A. 不影响其紧后工作最迟开始的时间

B. 不影响其紧前工作最早开始的时间

C. 由材料供应速度来确定的最迟时间

D. 有施工人员数量来确定的最迟时间

6. 某工作有 3 项紧后工作，其持续时间分别为 4d、5d 和 6d；其最迟完成时间分别为 18d、16d 和 14d，本工作的最迟完成时间是(　　)。

A. 14d　　B. 11d　　C. 8d　　D. 6d

7. 某网络计划中 A 工作有紧后工作 B 和 C，其持续时间 A 为 5d，B 为 4d，C 为 6d。如果 B 和 C 的最迟完成时间是第 25d 和 23d，则工作 A 的最迟开始时间是(　　)。

A. 21d　　B. 17d　　C. 12d　　D. 16d

8. 已知某工作的 $ES = 4$d，$EF = 8$d，$LS = 7$d，$LF = 11$d，则该工作的总时差为(　　)。

A. 2d　　B. 3d　　C. 4d　　D. 6d

9. 对于任何一项工作，其自由时差一定(　　)总时差。

A. 大于　　B. 等于　　C. 小于　　D. 小于或等于

10. 在双代号时标网络图中，其关键线路是(　　)。

A. 自始至终没有虚工作的线路

B. 自始至终没有波形线的线路

C. 既无虚工作，又无波形线的线路

D. 所需资源最多的工作构成的线路

三、多选题

1. 在绘制网络图时，交叉箭线的表示方法有(　　)。

A. 过桥法　　B. 母线法　　C. 流水法　　D. 分段法

E. 指向法

2. 在网络图中，当计算工期等于要求工期时，由(　　)构成的线路为关键线路。

A. 总时差为零的工作　　B. 自由时差为零的工作

C. 关键工作　　D. 所需资源最多的工作

E. 总时差最大的工作

3. 时标网络图的特点是(　　)。

A. 直接显示工作的自由时差　　B. 直接显示工作的开始和完成时间

C. 便于按图优化资源　　D. 便于绘图和修改计划

E. 便于统计资源需要量

四、名词解释

1. 网络计划
2. 双代号网络图
3. 虚工作
4. 逻辑关系
5. 关键线路
6. 工作最迟开始时间
7. 总时差
8. 自由时差

五、问答题

1. 试述网络计划的优缺点。
2. 简述双代号网络图的绘制规则与要求。
3. 什么是关键工作和关键线路?
4. 如何判断双代号时标网络图的关键线路、工期及各工作的时间参数?

六、实训练习题

1. 指出图 4.47 所示各网络图中的错误，并进行改正。

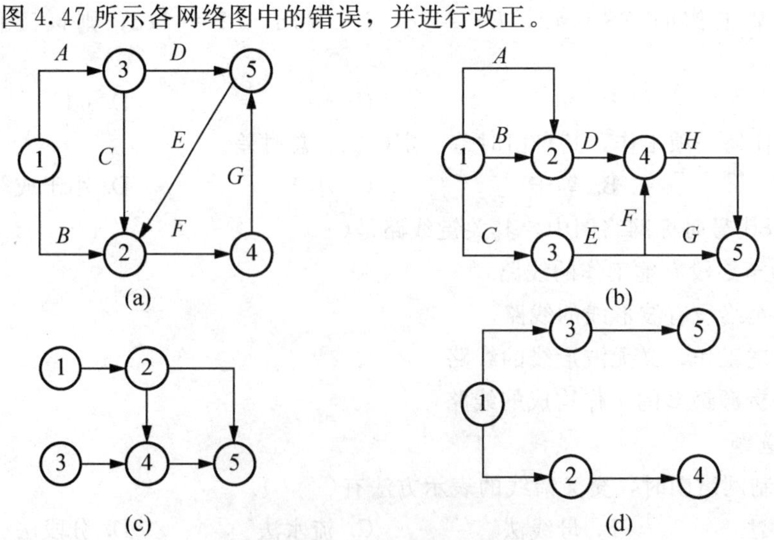

图 4.47　网络图练习

2. 根据表4-18中各工作的逻辑关系，绘制双代号网络图。

表4-18 工作之间的逻辑关系表1

工作	A	B	C	D	E	F
紧前工作	—	A	A	B、C	C	D、E
紧后工作	B、C	D	D、E	F	F	—

3. 根据表4-19中所列数据，绘制双代号网络图。

表4-19 工作代号及持续时间表

工作代号	1—2	1—3	2—3	2—4	3—4	3—5	4—5	4—6	5—6
持续时间	1	5	3	2	6	5	0	5	3

4. 绘制出表4-20所示工作关系的双代号网络图。

表4-20 工作之间的逻辑关系表2

工作	A	B	C	D	E	F	G	H	I	J
紧前工作	—	A	A	A	B	B、C	E、F	F	F、D	G、H、I

5. 绘制出表4-21所示工作关系的双代号网络图。

表4-21 工作之间的逻辑关系表3

工作	A	B	C	D	E	F	G	H	I
紧后工作	B、C	D、E	E、F	H	H、G	G	I	I	—

6. 根据表4-22给出的条件，绘制一个双代号网络图。

表4-22 工作之间的逻辑关系表4

工作	A	B	C	D	E	F	G	H
延续时间	3	5	2	4	6	2	5	5
紧前工作	—	A	—	C	A、D、G	E、H	C	G

7. 根据表4-23给出的条件，绘制一个双代号网络图。

表4-23 工作之间的逻辑关系表5

工作	A	B	C	D	E	F	G	H	K
延续时间	1	4	3	6	2	3	5	7	2
紧后工作	E、B、D	F、C	G	H、K	K	K	K	—	—

8. 将A型教师公寓楼标准层横道图转绘制出双代号网络图。

9. 绘制出表 4-24 所示工作关系的双代号网络图，如图 4.48 所示。

表 4-24 工作之间的逻辑关系表 6

工作名称	A	B	C	D	E	F	G	H	I
紧后工作	C、D、E、F	E、F	G	H	H	I	K	—	—

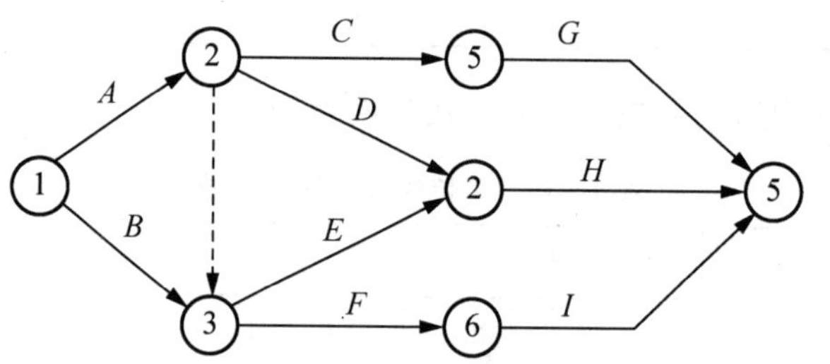

图 4.48 双代号网络图 1

10. 绘制出表 4-25 所示工作关系的双代号网络图，如图 4.49 所示。

表 4-25 工作之间的逻辑关系表 7

工作名称	E	F	G	H	I	J	K	L	M	N	P	Q	R	S
紧后工作	I、K	K	K、L、N	N	J	P	P、Q、R	M	R	R、S	—	—	—	—

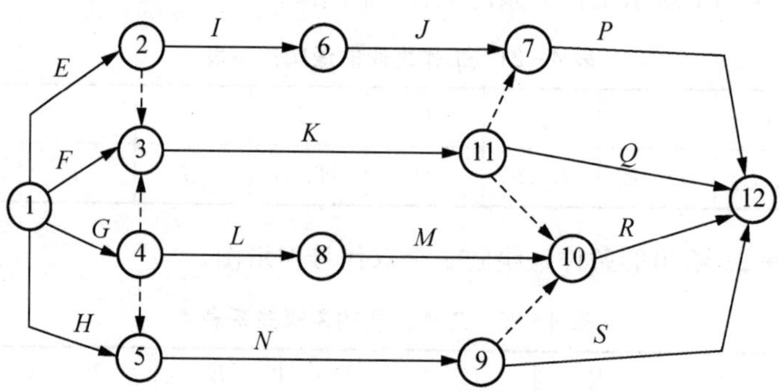

图 4.49 双代号网络图 2

提示：

(1) 怎样找开始工作？紧后工作中没有出现的是最前边的工作。

(2) 先画简单的关系，后画复杂的关系。

(3) 找共同约束关系。

11. 试根据工作逻辑关系表 4-26 绘制双代号网络图，如图 4.50 所示。

表 4-26 工作之间的逻辑关系表 8

工作名称	A	B	C	D	E	F	G	H	I	J	K	L	M
紧后工作	D、C	E、F	H、K	G、I	H、K	L	L	J	K	M	—	—	—

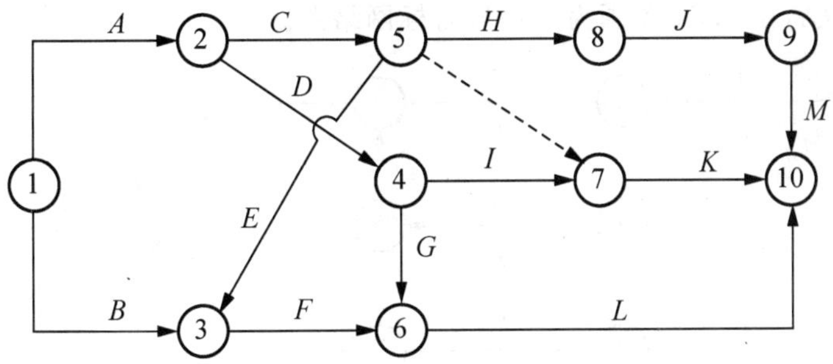

图 4.50 双代号网络图绘制示例

12. 用图上计算法计算图 4.51 所示各工作的时间参数，求出工期并找出关键线路。

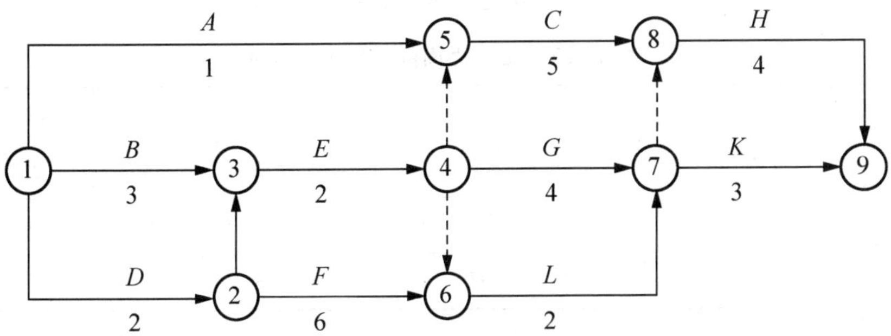

图 4.51 双代号网络图时间参数的计算

13. 已知网络计划如图 4.52 所示，试用标号法求出工期，并找出关键线路。

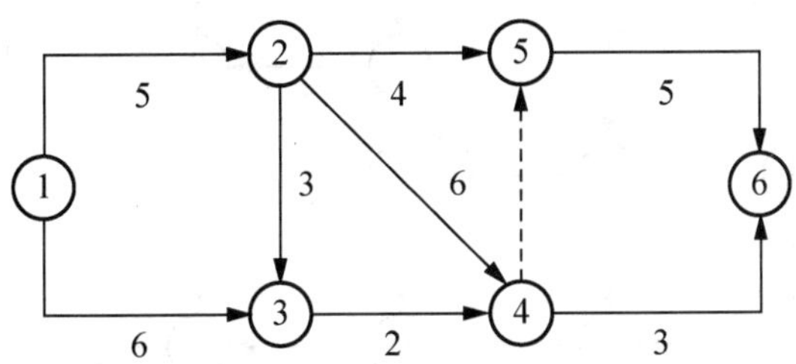

图 4.52 采用标号法求双代号网络计划工期

14. 用直接绘制法将图 4.53 改画为双代号时标网络图。

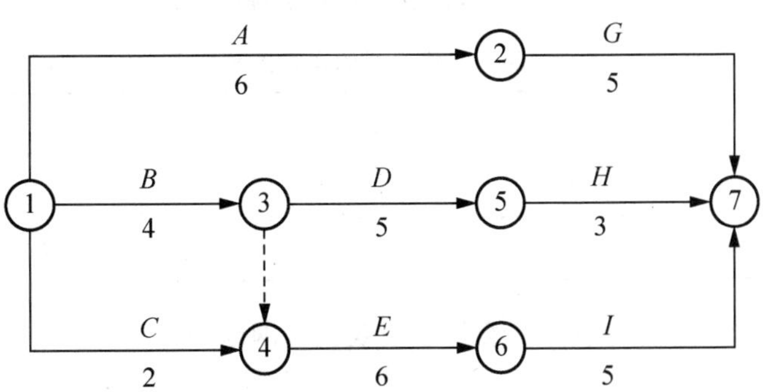

图 4.53 绘制双代号时标网络图示例 1

15. 用间接法将图 4.54 改画为双代号时标网络图。

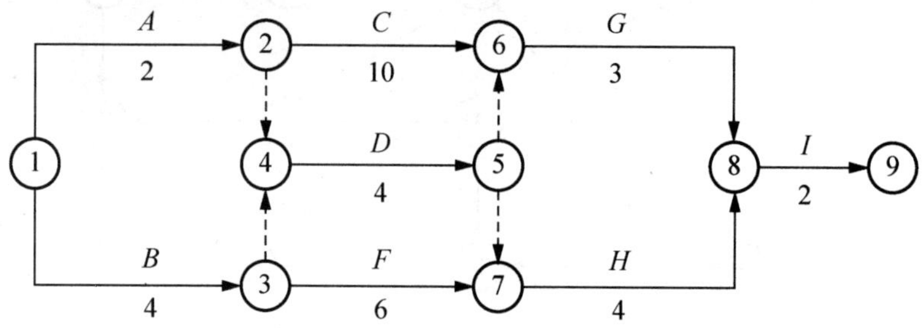

图 4.54 绘制双代号时标网络图示例 2

16. 根据表 4-27 所示逻辑关系，试绘制双代号时标网络图。

表 4-27 工作之间的逻辑关系表 9

工作	A	B	C	D	E	F	G	H	K
持续时间	3	2	3	4	5	3	4	2	2
紧前工作	—	A	A	A	B	B	C	D	F、G、H
紧后工作	B、C、D	E、F	G	H	—	K	K	K	—

17. 将图 4.55 改画为双代号时标网络图。

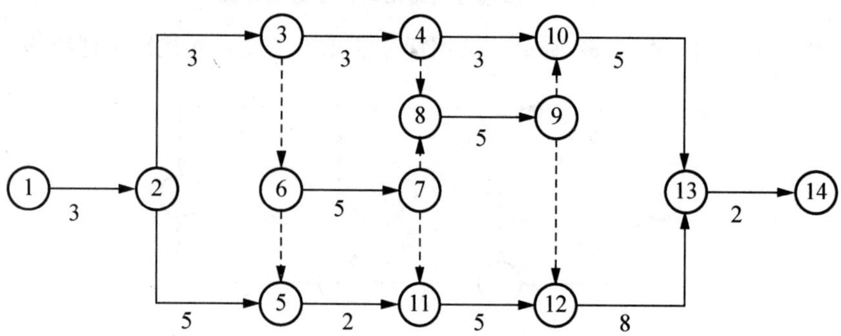

图 4.55 绘制双代号时标网络计划

18. 根据表 4-28 给出的条件，绘制一个双代号网络图。

表 4-28 工作之间的逻辑关系表 10

工作名称	A	B	C	D	E	F	G	H
延续时间	3	5	2	4	6	2	5	5
紧前工作	—	A	—	C	A、D、G	E、H	C	G

19. 根据表 4-29 给出的条件，绘制一个双代号网络图。

表 4-29 工作之间的逻辑关系表 11

工作名称	A	B	C	D	E	F	G	H	K
延续时间	1	4	3	6	2	3	5	7	2
紧后工作	E、B、D	F、C	G	H、K	K	K	K	—	—

20. 某基础工程分 3 段施工，其施工过程及流水节拍为：挖槽 2d，打灰土垫层 1d，砌砖基础 3d，回填土 2d。试绘出其双代号网络图。

项目5

施工方案的选择

项目实训目标

通过本项目内容的学习和实训，学生应能独立编写单位工程施工方案。

实训项目设计

实训项目编号	能力训练项目名称	学时		拟达到的能力目标	相关支撑知识	训练方式手段及步骤	结果
		理论	实践				
5.1	编写基础工程施工方案	1	1	根据施工图纸和工程实际条件，能够编写基础工程施工方案	掌握有关建筑工程浅基础和桩基础的相关知识	能力迁移训练；教师以某职工宿舍JB型施工图为案例进行讲解，学生同步以某住宅楼施工图为任务进行训练	某住宅楼基础工程施工方案
5.2	编写主体工程施工方案	2	2	根据施工图纸和工程实际条件，能编写主体工程施工方案	掌握有关砌筑工程、钢筋混凝土工程和结构安装工程的相关知识	能力迁移训练；教师以某职工宿舍JB型施工图为案例进行讲解，学生同步以某住宅楼施工图为任务进行训练	某住宅楼主体工程施工方案

续表

实训项目编号	能力训练项目名称	学时		拟达到的能力目标	相关支撑知识	训练方式手段及步骤	结果
		理论	实践				
5.3	编写屋面防水工程施工方案	0.5	0.5	根据施工图纸和工程实际条件，能编写屋面防水工程施工方案	掌握有关屋面防水工程的相关知识	能力迁移训练；教师以某职工宿舍JB型施工图为案例进行讲解，学生同步以某住宅楼施工图为任务进行训练	某住宅楼屋面防水工程施工方案
5.4	编写装饰工程施工方案	1	1	根据施工图纸和工程实际条件，能编写装饰工程施工方案	掌握有关装饰工程的相关知识	能力迁移训练；教师以某职工宿舍JB型施工图为案例进行讲解，学生同步以某住宅楼施工图为任务进行训练	某住宅楼装饰工程施工方案

训练5.1 基础工程施工方案

【实训背景】

作为施工方接受业主方的委托，对拟建某住宅楼工程编制基础工程施工方案。

【实训任务】

编制拟建某住宅楼基础工程施工方案。

【实训目标】

1. 能力目标

根据施工图纸，能够独立完成基础工程施工方案的编制。

2. 知识目标

掌握基础工程的相关知识(含浅基础和桩基础)。

【实训成果】

某住宅楼基础工程施工方案。

【实训内容】

1. 施工顺序的确定

基础工程施工是指室内地坪(±0.000)以下所有工程的施工。而且基础的类型有很多，基础的类型不同，施工顺序也不一样。下面分别以砖基础、混凝土基础和桩基础为例分析施工顺序。

1）砖基础

砖基础的一般施工顺序如图 5.1 所示。

挖土 → 垫层施工 → 砌筑基础 → 铺设防潮层 → 回填土

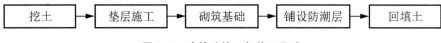

图 5.1　砖基础的一般施工顺序

当在挖槽和勘探过程中发现地下有障碍物，如洞穴、防空洞、枯井、软弱地基等时，还应进行地基局部加固处理。

因基础工程受自然条件影响较大，各施工过程安排应尽量紧凑。挖土与垫层施工之间间隔时间不宜太长，垫层施工完成后，一定要留有技术间歇时间，使其具有一定强度之后，再进行下一道工序施工。回填土应在基础完成后一次分层回填压实，对地面(±0.000)以下室内回填土，最好与基槽(坑)回填土同时进行，如不能同时回填，也可留在装饰工程之前，与主体结构施工同时交叉进行。各种管道沟挖土和管道铺设等工程，应尽可能与基础工程配合平行搭接施工。

铺设防潮层等零星工作的工程量比较小，可不必单独列为一个施工过程项目，也可以合并在砌砖基础施工中。砖基础的施工顺序也可为：挖土→做垫层→砌砖基础→回填土。

2）混凝土基础

混凝土基础的类型较多，有柱下独立基础、墙下(柱下)钢筋混凝土条形基础、杯口基础、筏形基础和箱形基础等，但其施工顺序基本相同。

钢筋混凝土基础的一般施工顺序如图 5.2 所示。

基坑(槽)挖土 → 垫层施工 → 绑扎基础钢筋 → 基础支模板
→ 浇筑混凝土 → 养护 → 拆模 → 回填土

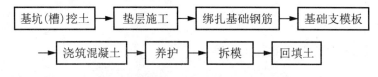

图 5.2　钢筋混凝土基础的一般施工顺序

基坑(槽)在开挖过程中，如果开挖深度较大，地下水位较高，则在挖土前应进行土壁支护和施工降水等工作。

箱形基础工程的一般施工顺序如图 5.3 所示。

支护结构施工 → 土方开挖 → 垫层施工 → 地下室底板
→ 地下室柱、墙施工及防水施工 → 地下室顶板 → 回填土

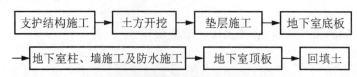

图 5.3　箱形基础工程的一般施工顺序

含有地下室工程的高层建筑的基础均为深基础，在工期要求很紧的情况下也可采用逆作法施工，其一般施工顺序如图 5.4 所示。

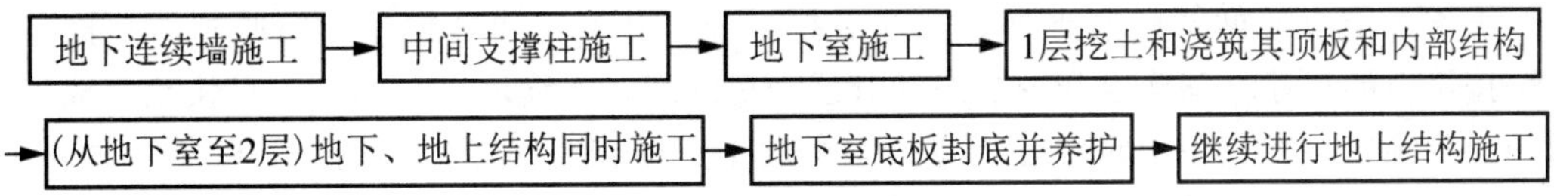

图 5.4 逆作法的一般施工顺序

3）桩基础

(1) 预制桩的施工顺序如图 5.5 所示，其桩承台和承台梁的施工顺序如图 5.6 所示。

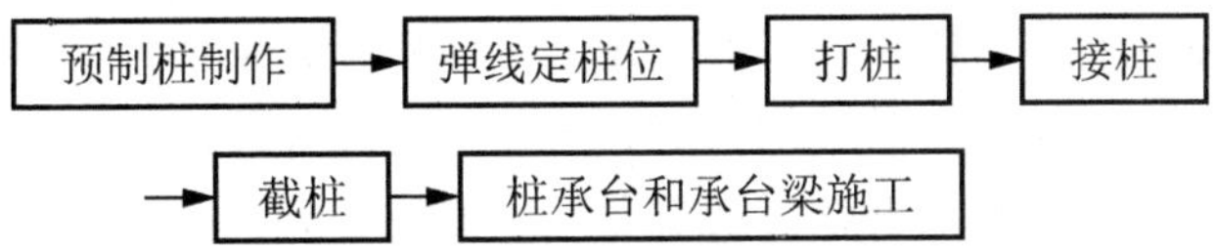

图 5.5 预制桩的施工顺序

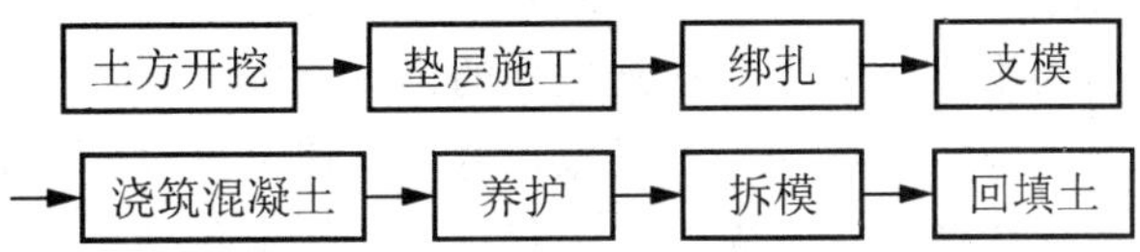

图 5.6 桩承台和承台梁的施工顺序

(2) 灌注桩的施工顺序如图 5.7 所示。

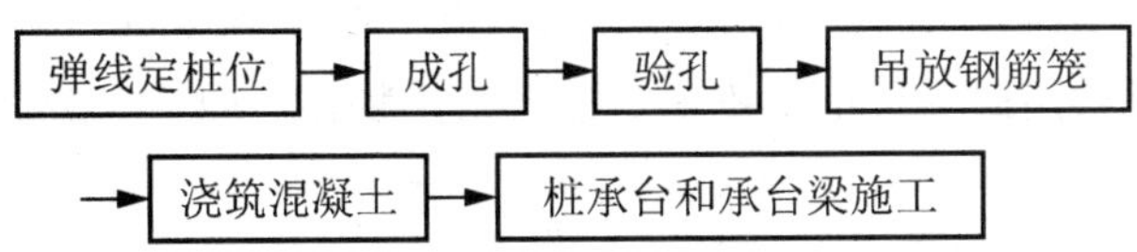

图 5.7 灌注桩的施工顺序

灌注桩桩承台和承台梁施工的施工顺序基本与预制桩相同，灌注桩钢筋笼的绑扎可以和灌注桩成孔同时进行。如果采用人工挖孔桩，还要进行护壁的施工，护壁与成孔挖土交替进行。

2. 施工方法及施工机械

1）土石方工程

土石方工程是建筑施工中主要工程之一，包括土石方的开挖、运输、填筑、平整和压实等主要施工过程，以及排水、降水和土壁支撑等准备工作和辅助工作。土石方工程施工的特点是：工程量大、施工工期长、施工条件复杂。土石方工程又多为露天作业，施工受地区的气候条件、地质和水文条件的影响很大，难以确定的因素较多。因此在组织土方工程施工前，必须做好施工组织设计，合理地选择施工方案，实行科学管理，对缩短工期、降低工程成本和保证工程质量有很重要的意义。

(1) 确定土石方开挖方法。土石方工程有人工开挖、机械开挖和爆破 3 种开挖方法。人工开挖只适用于小型基坑(槽)、管沟及土方量少的场所，对大量土方一般选择机械开挖。当开挖难度很大时，如对冻土、岩石土的开挖，也可以采用爆破技术进行爆破。如果采用爆破，则应选择炸药的种类、进行药包量的计算、确定起爆的方法和器材，并拟定爆破安全措施等。

土方开挖应遵循“开槽支撑、先撑后挖、分层开挖、严禁超挖”的原则。开挖基坑(槽)按规定的尺寸合理确定开挖顺序和分层开挖深度，连续地进行施工，尽快地完成。挖出的土除预留一部分用于回填外，应把多余的土运到弃土区或运出场外，以免妨碍施工。基坑(槽)挖好后，应立即做垫层，否则挖土时应在基底标高以上保留 150～300mm 厚的土层，待基础施工时再行开挖。当采用机械施工时，为防止基础基底土被扰动，结构被破坏，不应直接挖至坑(槽)底，应根据机械类型，挖至基底标高以上 200～300mm 的土层，待基础施工前用人工铲平修整。挖土时不得超挖，如个别超挖处，应用与地基土相同的土料填补，并夯实到要求的密实度。若用原土填补不能达到要求的密实度时，可采用碎石类土填补，并仔细夯实。重要部位若被超挖时，可用低强度等级的混凝土填补。

深基坑土方的开挖，常见的开挖方式有分层全开挖、分层分区开挖、中心岛法开挖和土壕沟式开挖等。实际施工时应根据开挖深度和开挖机械确定开挖方式。

(2) 土方施工机械的选择。土方施工机械选择的内容包括确定土方施工机械型号、数量和行走路线，以充分利用机械能力，达到最高的机械效率。

在土方工程施工中应合理地选择土方机械，充分发挥机械效能，并使各种机械在施工中配合协调。土方机械的选择，通常先根据工程特点和技术条件提出几种可行方案，然后进行技术经济比较，选择效率高、费用低的机械进行施工，一般选用土方单价最小的机械。

① 土方施工中常用的土方施工机械有：推土机、铲运机和单斗挖土机。单斗挖土机是土方工程施工中最常用的一种挖土机械，按其工作装置不同，又分为正铲、反铲、拉铲和抓铲挖土机。

② 选择土方施工机械的要点有以下 4 点。

a. 当地形起伏不大(坡度在 20°以内)，挖填平整土方的面积较大，平均运距较短(一般在 1500m 以内)，土的含水量适当时，采用铲运机较为合适。

b. 在地形起伏较大的丘陵地带，挖土高度在 3m 以上，运输距离超过 2000m，土方工程量较大又较集中时，一般选择正铲挖土机挖土，自卸汽车配合运土，并在弃土区配备推土机平整土堆。也可采用推土机预先把土堆成一堆，再采用装载机把土卸到自卸汽车上运走。

c. 当土的含水量较小，可结合运距长短和挖掘深浅，分别采用推土机、铲运机或正铲挖土机配合自卸汽车进行施工。基坑深度在 1～2m，而长度又不太长时可采用推土机；对于深度在 2m 以内的线状基坑，宜用铲运机开挖；当基坑面积较大，工程量又集中时，可选用正铲挖土机。当地下水位较高，又不采取降水措施，或土质松软，可能造成正铲挖土机和铲运机陷车，则采用反铲、拉铲或抓铲挖土机施工，优先选择反铲挖土机。

d. 移挖作填基坑和管沟的回填土，当运距在 100m 以内时，可采用推土机施工。

(3) 确定土壁放坡开挖的边坡坡度或土壁支护方案。当土质较好或开挖深度不是很深时，可以选择放坡开挖，根据土的类别及开挖深度，确定放坡的坡度。这种方法较经济，但是需要很大的工作面。

当土质较差、开挖深度大，或受场地条件的限制不能选择放坡开挖时，可以采用土壁支护进行支护的计算，确定支护形式、材料及其施工方法，必要时绘制支护施工图。根据工程特点、土质条件、开挖深度、地下水位和施工方法等不同情况，土壁支护可以选择钢(木)支撑、钢(木)板桩、钢筋混凝土桩、土层锚杆或地下连续墙等。

(4) 地下水、地表水的处理方法及有关配套设备。选择排除地面水和降低地下水位的方法，确定排水沟、集水井或井点的类型、数量和布置(平面布置和高程布置)，确定施工降、排水所需设备。

地面水的排除通常采用设置排水沟、截水沟或修筑土堤等设施来进行。应尽量利用自然地形来设置排水沟，以便将水直接排至场外或低洼处再用水泵抽走。主排水沟最好设置在施工区域或道路的两旁，其横断面和纵向坡度根据最大流量确定。一般排水沟的横断面不小于0.5m×0.5m，纵向坡度根据地形确定，一般不小于3‰。在山坡地区施工，应在较高一面的坡上，先做好永久性截水沟，或设置临时截水沟，阻止山坡水流入施工现场。在低洼地区施工时，除开挖排水沟外，必要时还需修筑土堤，以防止场外水流入施工场地。出水口应设置在远离建筑物或构筑物的低洼地点，并保证排水通畅。

降低地下水位的方法有集水坑降水法和井点降水法两种。集水坑降水法一般宜用于降水深度较小且地层为粗粒土层或黏性土地区；井点降水法一般宜用于降水深度较大，或土层为细砂和粉砂，或是软土地区。

集水坑降水法施工是在基坑(槽)开挖时，沿坑底周围或中央开挖排水沟，在沟底设置集水井，使坑(槽)内的水经排水沟流向集水井，然后用水泵抽走。抽出的水应引开，以防倒流。排水沟和集水井应设置在基础范围以外，一般排水沟的横断面不小于0.5m×0.5m，纵向坡度宜为1‰～2‰；根据地下水量的大小，基坑平面形状及水泵能力，集水井每隔20～40m设置一个，其直径和宽度一般为0.6～0.8m，其深度随着挖土的加深而加深，要始终低于挖土面0.7～1.0m。井壁可用竹、木等物简易加固。当基坑挖至设计标高后，集水井底应低于坑底1～2m，并铺设0.3m左右的碎石滤水层，以免抽水时将泥沙抽走，并防止集水井底的土被扰动。

井点降水法施工是在基坑(槽)开挖前，预先在基坑(槽)周围埋设一定数量的滤水管(井)，利用抽水设备不断抽水，使地下水位降低到坑底以下，直至基础工程施工结束为止。井点降水的方法有：轻型井点、喷射井点、电渗井点、管井井点和深井井点。施工时可根据土的渗透系数、要求降水的深度、工程特点、设备条件及技术经济比较等来选择合适的降水方法，其中轻型井点应用最广泛。由于降低地下水对周围建筑有影响，应在降水区域和原有建筑物之间的土层中设置一道固体抗渗屏幕，也可采用回灌井点法保持地下水位，防止降水使周围建筑物基础下沉或开裂等不利影响。

(5) 确定回填压实的方法。在土方填筑前，应清除基底的垃圾和树根等杂物，抽出坑穴中的水和淤泥。在水田、沟渠或池塘上填方前，应根据实际情况采用排水疏干、挖除淤泥或抛填块石、沙砾等方法处理后再进行回填。填土区如遇有地下水或滞水时，必须设置排水措施，以保证施工顺利进行。

① 填方土料的选择。含水量符合压实要求的黏性土，可用作各层填料；碎石土、石渣和砂土，可用作表层以下填料，在使用碎石土和石碴作填料时，其最大粒径不得超过每

层铺填厚度的 2/3；碎块草皮和有机质含量大于 8%的土，以及硫酸盐含量大于 5%的土均不能作填料用；淤泥和淤泥质土不能作填料。

② 土方填筑方法。土方应分层回填，并尽量采用同类土填筑。每层铺土厚度，根据所采用的压实机械及土的种类而定。填方工程若采用不同土填筑时，必须按类分层铺填，并将透水性大的土层置于透水性小的土层之下，不得将各种土料任意混杂使用。当填方位于倾斜的山坡上，应将斜坡挖成阶梯状，阶宽不小于 1m，然后分层回填，以防填土横向移动。

③ 填土压实方法。填方施工前，必须根据工程特点、填料种类、设计要求的压实系数和施工条件等合理地选择压实机械和压实方法，确保填土压实质量。填土的压实方法有碾压法、夯实法、振动压实及利用运土工具压实。碾压法主要适用于场地平整和大面积填土工程，压实机械有平碾、羊足碾和振动碾。平碾对砂类土和粘性土均可压实；羊足碾只适用压实粘性土，对砂土不宜使用；振动碾适用于压实爆破石碴、碎石类土、杂填土或粉土的大型填方，当填料为粉质粘土或粘土时，宜用振动凸块碾压。对小面积的填土工程，则宜采用夯实法，可人工夯实，也可机械夯实。人工夯实常用的工具有木夯、石夯等；机械夯实常用的机械主要有蛙式打夯机、夯锤和内燃夯土机。

(6) 确定土石方平衡调配方案。根据实际工程规模和施工期限，确定调配的运输机械的类型和数量，选择最经济合理的调配方案。在地形复杂的地区进行大面积平整场地时，除要确定土石方平衡调配方案外，还应绘制土方调配图表。

2) 基础工程

(1) 砖基础。在施工之前，应明确砌筑工程施工中的流水分段和劳动组合形式；确定砖基础的砌筑方法和质量要求；选择砌筑形式和方法；确定皮数杆的数量和位置；明确弹线及皮数杆的控制方法和要求。基础需设施工缝时，应明确施工缝留设位置、技术要求。

① 基础弹线。垫层施工完毕后，即可进行基础的弹线工作。弹线之前应先将表面清扫干净，并进行一次找平，检查垫层顶面是否与设计标高相同。如符合要求，即可按下列步骤进行弹线工作。

第 1 步：在基槽四角各相对龙门板(也可是其他控制轴线的标志桩)的轴线标钉处拉线绳。

第 2 步：沿线绳挂线锤，找出线锤在垫层面上的投影点(数量根据需要选取)。

第 3 步：用墨斗弹出这些投影点的连线，即外墙基轴线。

第 4 步：根据基础平面图尺寸，用钢尺量出各内墙基的轴线位置，并用墨斗弹出，即内墙基轴线，所用钢尺必须事先校验，防止变形误差。

第 5 步：根据基础剖面图，量出基础砌体的扩大部分的外边沿线，并用墨斗弹出(根据需要可弹出一边或两边)。

第 6 步：按图纸和设计要求进行复核，无误后即可进行砖基础的砌筑。

② 砖基础砌筑。砖基础大放脚一般采用“一顺一丁”的砌筑形式和“三一”的砌筑方法。施工时先在垫层上找出墙轴线和基础砌体的扩大部分边线，然后在转角处、丁字交接处、十字交接处及高低踏步处立基础皮数杆(皮数杆上画出了砖的皮数，大放脚退台情况及防潮层的位置)。皮数杆应立在规定的标高处，因此，立皮数杆时要利用水准仪进行

找平。砌筑前，应先用干砖试摆，以确定排砖方法和错缝的位置。砖基础的水平灰缝厚度和竖向灰缝宽度一般控制在 8～12mm。砌筑时，砖基础的砌筑高度是用皮数杆来控制的，可依皮数杆先在转角及交接处砌几皮砖，然后在其间拉准线砌中间部分。内外墙砖基础应同时砌起，如不能同时砌筑时应留置斜槎，斜槎长度不应小于斜槎高度。如发现垫层表面水平标高有高低偏差时，可用砂浆或细石混凝土找平后再开始砌筑。如果偏差不大，也可在砌筑过程中逐步调整。砌大放脚时，先砌好转角端头，然后以两端为标准拉好线绳进行砌筑。砌筑不同深度的基础时，应从低处砌起，并由高处向低处搭接，搭接长度不应小于大放脚的高度，在基础高低处要砌成踏步式，踏步长度不小于 1m，高度不大于 0.5m。基础中若有洞口、管道等，砌筑时应及时按设计要求留出或预埋。砖基础水平灰缝的砂浆饱满度不得小于 80%，竖缝要错开。要注意丁字及十字接头处暗块的搭接，在这些交接处，纵横墙要隔皮砌通。大放脚的最下一皮及每层的最上一皮应以丁砌为主。基础砌完验收合格后，应及时回填。回填土要在基础两侧同时进行，并分层夯实。

(2) 混凝土基础的施工方案如下。

① 混凝土基础的施工方案有以下三种。

a. 基础模板施工方案。根据基础结构形式、荷载大小、地基土类别、施工设备和材料供应等条件进行模板及其支架的设计；并确定模板类型，支模方法，模板的拆除顺序、拆除时间及安全措施；对于复杂的工程还需绘制模板放样图。

b. 基础钢筋工程。选择钢筋的加工(调直、切断、除锈、弯曲、成型和焊接)、运输、安装和检测方法；如钢筋做现场预应力张拉时，应详细制定预应力钢筋的制作、安装和检测方法。确定钢筋加工所需要的设备类型和数量。确定形成钢筋保护层的方法。

c. 基础混凝土工程。选择混凝土的制备方案，如采用现场制备混凝土或商品混凝土。确定混凝土原材料准备、拌制及输送方法；确定混凝土浇筑顺序、振捣和养护方法；施工缝的留设位置和处理方法；确定混凝土搅拌、运输或泵送，振捣设备的类型、规格和数量。

对于大体积混凝土，一般有三种浇筑方案：全面分层、分段分层和斜面分层。为防止大体积混凝土的开裂，根据结构特点的不同，确定浇筑方案，拟订防止混凝土开裂的措施。

在选择施工方法时，应特别注意大体积混凝土、特殊条件下混凝土、高强度混凝土及冬期混凝土施工中的技术方法，注重模板的早拆化、标准化以及钢筋加工中的联动化、机械化，混凝土运输中采用大型搅拌运输车，泵送混凝土，计算机控制混凝土配料等。

箱形基础施工还包括地下室施工的技术要求及地下室的防水的施工方法。

② 工业厂房的现浇钢筋混凝土杯形基础和设备基础的施工，通常有两种施工方案。

当厂房柱基础的埋置深度大于设备基础埋置深度时，则采用“封闭式”施工方案，即厂房柱基础先施工，待上部结构全部完工后设备基础再施工。这种施工顺序的特点是：现场构件预制，起重机开行和构件运输较方便；设备基础在室内施工，不受气候影响；但会出现土方重复开挖，设备基础施工场地狭窄，工期较长的缺点。通常“封闭式”施工方案多用于厂房施工处于雨期或冬期施工以及设备基础不大时，在厂房结构安装完毕后对厂房结构稳定性并无影响，或对于较大较深的设备基础采用了特殊的施工方案(如采用沉井等特殊施工方法施工的较大较深的设备基础)时，可采用“封闭式”施工。

当设备基础埋置深度大于厂房柱基础的埋置深度时，通常采用“开敞式”施工方案，即厂房柱基础和设备基础同时施工。这种施工顺序的优缺点与“封闭式”施工相反。通常，当厂房的设备基础较大较深，基坑的挖土范围连成一体，以及对地基的土质情况不明时，才采用“开敞式”施工方案。

如果设备基础与柱基础埋置深度相同或接近时，两种施工顺序均可选择。只有当设备基础比柱基深很多时，其基坑的挖土范围已经深于厂房柱基础，以及厂房所在地点土质很差时，也可采用设备基础先施工的方案。

3）桩基础

(1) 预制桩的施工方法。确定预制桩的制作程序和方法：明确预制桩起吊、运输和堆放的要求；选择起吊和运输的机械；确定预制桩打设的方法，选择打桩设备。

较短的预制桩多在预制厂生产，较长的桩一般在打桩现场或附近就地预制。现场预制桩多用叠浇法施工，重叠层数一般不宜超过 4 层。桩在浇筑混凝土时，应由桩顶向桩尖一次性连续浇筑完成。制桩时，应作好浇筑日期、混凝土强度、外观检查和质量鉴定等记录。混凝土预制桩在达到设计强度 70%后方可起吊，达到 100%后方可运输。桩在起吊和搬运时，吊点应符合设计规定。预制桩在打桩前应先做好准备工作，并确定合理的打桩顺序，其打桩顺序一般有逐排打设、从中间向四周打设、分段打设和间隔跳打等。打入时还应根据基础的设计标高和桩的规格，宜采用先浅后深、先大后小、先长后短的施工顺序。预制桩按打桩设备和打桩方法可分为锤击法、振动法、水冲法和静力压桩等。

锤击法是最常用的打桩方法，有重锤轻击和轻锤重击两种，但对周围环境的影响都较大；静力压桩适用于软土地区工程的桩基施工；振动法打桩在砂土中施工效率较高；水冲法打桩是锤击沉桩的一种辅助方法，适用于砂土和碎石土或其他坚硬的土层。施工时应根据不同的情况选择合理的打桩方法。

根据不同的土质和工程特点，施工中打桩的控制主要有两种：一是以贯入度控制为主，桩尖进入持力层或桩尖标高作参考；二是以桩尖设计标高控制为主，贯入度作参考。确定施工方案时，打桩的顺序和对周围环境的不利影响是两个主要考虑的因素。打桩的顺序是否合理，直接影响打桩的速度和质量，对周围环境的影响更大。根据桩群的密集程度，可选用下列打桩顺序：由一侧向单一方向逐排进行；自中间向两个方向对称进行；自中间向四周进行，如图 5.8 所示。

大面积的桩群多分成几个区域，由多台打桩机采用合理的顺序同时进行打设。

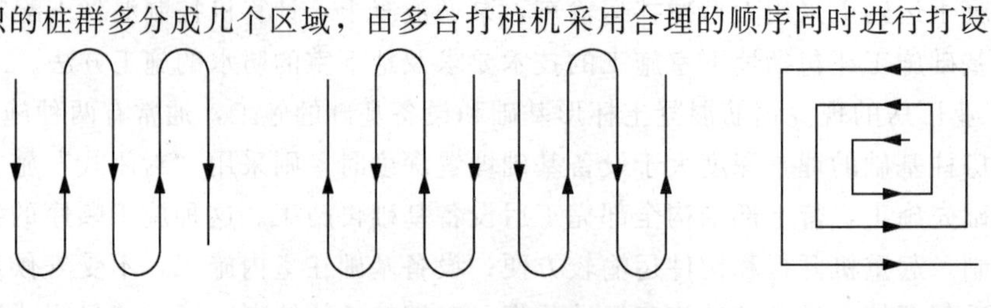

(a)由一侧向单一方向进行　(b)自中间向两个方向对称进行　(c)自中间向四周进行

图 5.8　打桩顺序

(2) 灌注桩的施工方法。根据灌注桩的类型确定施工方法，选择成孔机械的类型和其他施工设备的类型及数量，明确灌注桩的质量要求，拟定安全措施等。

灌注桩按成孔方法可分为：泥浆护壁灌注桩、干作业成孔灌注桩、沉管灌注桩、人工挖孔灌注桩和爆扩灌注桩等。

施工中通常要根据土质和地下水位等情况选择不同的施工工艺和施工设备。干作业成孔灌注桩适用于地下水位较低，在成孔深度内无地下水的土质。目前，常用螺旋钻机成孔，也有用洛阳铲成孔的。不论地下水位高低，泥浆护壁成孔灌注桩皆可使用，多用于含水量高的软土地区。锤击沉管灌注桩宜用于一般粘性土、淤泥质土、砂土和人工填土地基。振动沉管施工法有单打法、反插法和复打法，单打法适用于含水量较小的土层；反插法和复打法适用于软弱饱和土层，但在流动性淤泥以及坚硬土层中不宜采用反插法。大直径人工挖孔桩采用人工开挖，质量易于保证，即使在狭窄地区也能顺利施工。当土质复杂时，可以边挖边用肉眼验证土质情况，但人工消耗大，开挖效率低且有一定的危险。爆扩灌注桩适用于地下水位以上的粘性土、黄土、碎石土以及风化岩。

不同的成孔工艺在施工过程中需要着重考虑的因素不同，如钻孔灌注桩要注意孔壁塌陷和钻孔偏斜，而沉管灌注桩则常易发生断桩、缩颈和桩靴进水或进泥等问题。如出现问题，则应采取相应的措施及时予以补救。

3. 流水施工组织

1) 基础工程流水施工组织的步骤

第 1 步：划分施工过程。按照划分施工过程的原则，把起主导作用和影响工期的施工过程单独列项。

第 2 步：划分施工段。为了组织流水施工，按照划分施工段的原则，并结合实际工程情况划分施工段，施工段的数目一定要合理，不能过多或过少。

第 3 步：组织专业班组。按工种组织单一或混合专业班组，连续施工。

第 4 步：组织流水施工，绘制进度计划。按流水施工组织方式，组织搭接施工。进度计划常有横道图和网络图两种表达方式。

2) 砖基础的流水施工组织

砖基础工程一般划分为土方开挖、垫层施工、砌筑基础和回填土 4 个施工过程，分 3 段组织流水施工，各施工段上的流水节拍均为 3 天，绘制的砖基础施工横道图和网络图，如图 5.9 和图 5.10 所示。

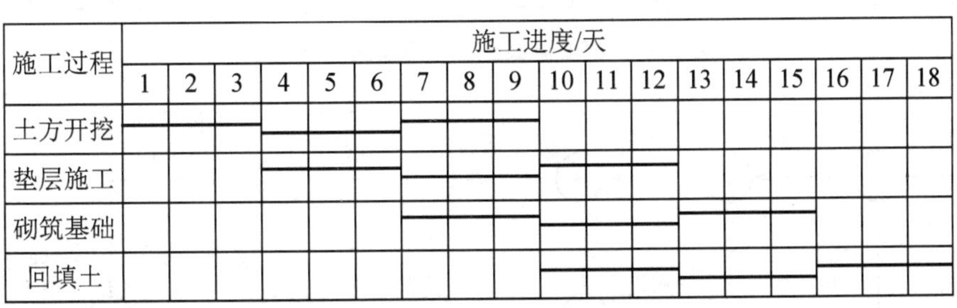

施工过程
施工进度/天
1 2 3 4 5 6 7 8 9 10 11 12 13 14 15 16 17 18
土方开挖
垫层施工
砌筑基础
回填土

图 5.9 砖基础工程 3 段施工横道图

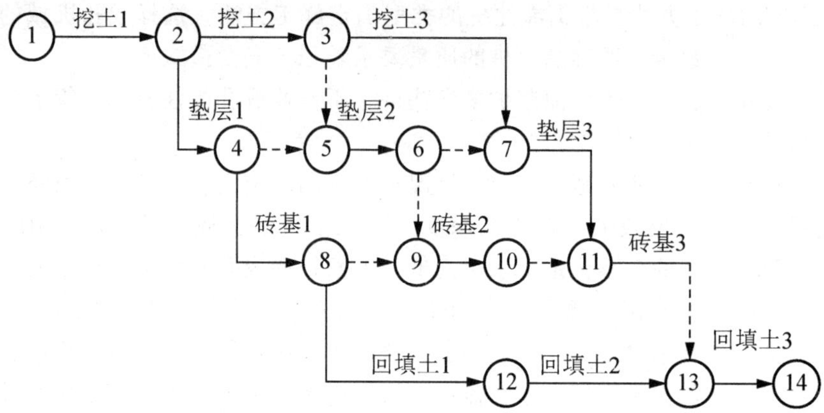

图 5.10　砖基础工程 3 段施工网络图

3）钢筋混凝土基础的流水施工组织

按照划分施工过程的原则，钢筋混凝土基础可划分为挖土、垫层、支模板、绑扎钢筋、浇混凝土并养护和回填土 6 个施工过程；也可将支模板、绑扎钢筋、浇混凝土并养护合并为一个施工过程为钢筋混凝土条形基础，即为挖土、垫层、做基础和回填土 4 个施工过程。

(1) 若划分为挖土、垫层、做基础和回填土 4 个施工过程，其组织流水施工同砖基础工程。

(2) 若划分为挖土、垫层、支模板、绑扎钢筋、浇混凝土并养护、拆模及回填土 6 个施工过程，分两段施工，绘制钢筋混凝土基础两段施工横道图和网络图，如图 5.11 和图 5.12所示。

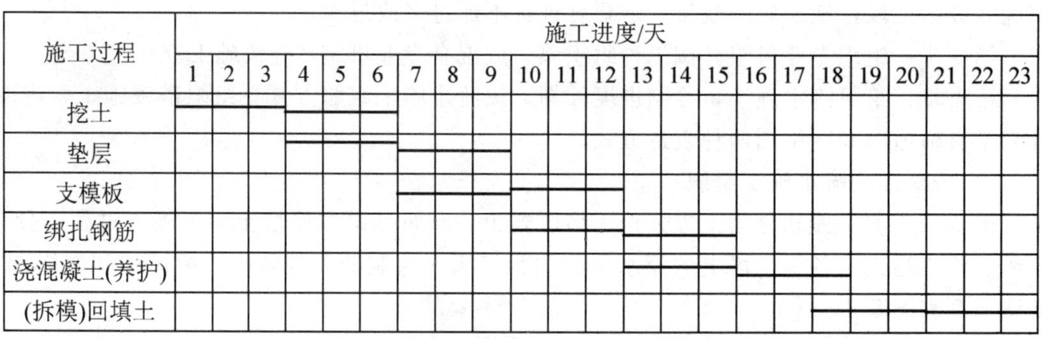

图 5.11　钢筋混凝土基础两段施工横道图

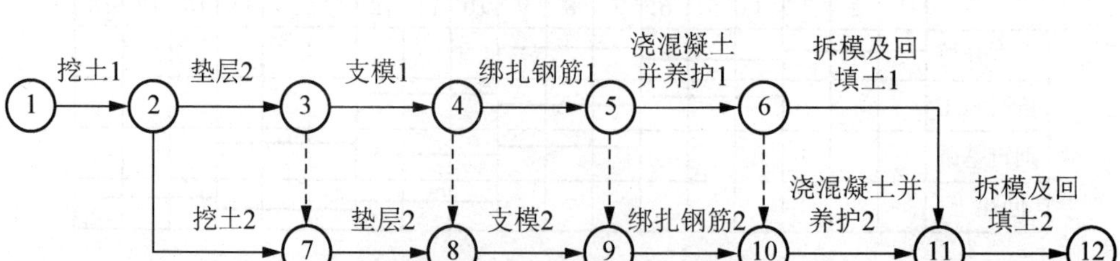

图 5.12　钢筋混凝土基础两段施工网络图

实训小结

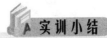

本节重点讲述各类基础工程的施工顺序、施工方法、施工机械及流水施工的组织，通过学习和训练，学生应能独立编制基础工程的施工方案。

实训考核

考核评定方式	评定内容	分值	得分
自评	知识掌握熟悉情况	5	
	基础工程施工方案选择	15	
学生互评	学习态度及表现	5	
	基础施工方案知识掌握情况	10	
	成果编写情况	15	
教师评定	学习态度及表现	10	
	基础施工方案知识掌握情况	20	
	成果编写情况	20	

实训练习

编制某住宅楼基础工程施工方案。

训练5.2 主体工程施工方案

【实训背景】

作为施工方接受业主方委托，对拟建某住宅楼编制主体工程施工方案。

【实训任务】

编制某住宅楼主体工程施工方案。

【实训目标】

1. 能力目标

根据施工图纸，能够独立完成主体工程施工方案的编制。

2. 知识目标

掌握主体工程的相关知识(含砌筑工程、钢筋混凝土工程及结构安装工程等)并融会贯通。

【实训成果】

某住宅楼主体工程施工方案。

【实训内容】

1. 施工顺序的确定

1）砖混结构

砖混结构主体的楼板可预制也可现浇，楼梯一般都现浇。

若楼板为预制构件时，砖混结构主体工程的施工顺序一般如图 5.13 所示。

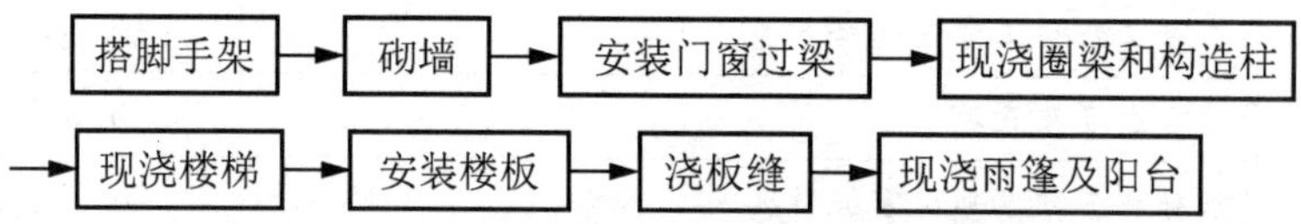

图 5.13　砖混结构主体工程的施工顺序(预制楼板)

当楼板现浇时，砖混结构主体工程的施工顺序一般如图 5.14 所示。

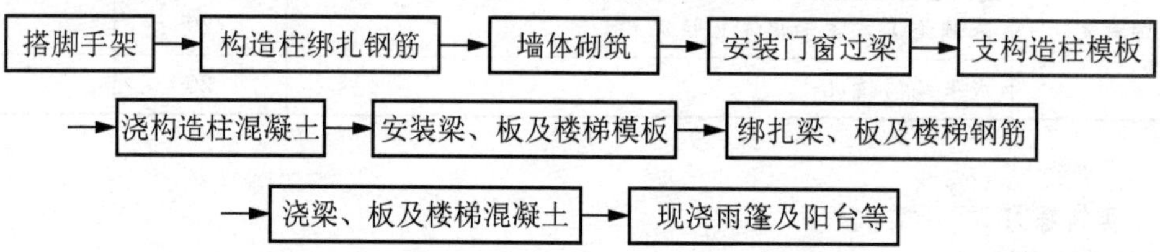

图 5.14　砖混结构主体工程的施工顺序(现浇楼板)

主导施工过程有两种划分形式。

一种是砌墙和浇筑混凝土(或安装混凝土构件)两个主导施工过程。砌墙施工过程中包括：搭脚手架、运砖、砌墙、安门窗框、浇筑圈梁和构造柱、现浇楼梯等；浇筑混凝土(或安装混凝土构件)包括：安装(或现浇)楼板及板缝处理、安装其他预制过梁和部分现浇楼盖等。墙体砌筑与安装楼板这两个主导施工过程，它们在各楼层之间的施工是先后交替进行的。砌筑墙体时，一般以每个自然层作为一个砌筑层，然后分层进行流水作业。现浇卫生间楼板的支模、绑扎钢筋可安排在墙体砌筑的最后一步插入，在浇筑圈梁和构造柱的同时浇筑厨房和卫生间楼板。

另一种是砌墙、浇混凝土和楼板施工 3 个主导施工过程。砌墙施工过程中包括：搭脚手架、运砖、砌墙及安门窗框等。浇混凝土施工过程包括：浇筑圈梁和构造柱、现浇楼梯等。楼板施工包括：安装(或现浇)楼板及板缝处理、安装其他预制过梁等。

2）多层钢筋混凝土框架结构

(1) 当楼层不高或工程量不大时，柱、梁、板可一次整体浇筑，柱与梁板间不留施工缝。柱浇筑后，须停顿 1～1.5h，待柱混凝土初步沉实后，再浇筑其上的梁板，以避免因柱混凝土下沉在梁、柱接头处形成裂缝。

梁板柱整体现浇时，框架结构主体工程的施工顺序一般如图 5.15 所示。

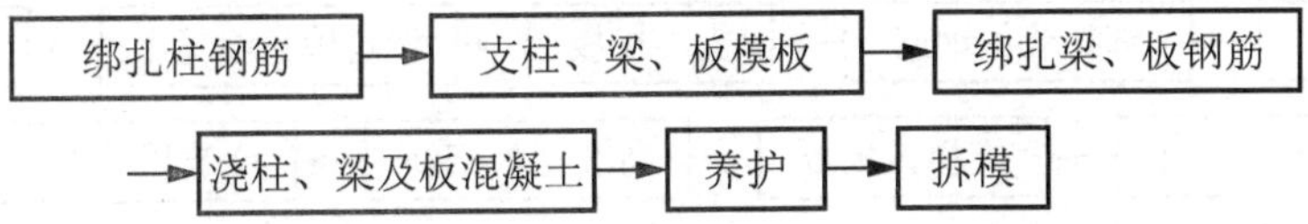

图 5.15 框架结构主体工程的施工顺序(梁板柱整体现浇)

(2) 当楼层较高或工程量较大时，柱与梁、板间分两次浇筑，柱与梁、板间施工缝留在梁底(或梁托下)。待柱混凝土强度达 1.2N/mm^2 以上后，再浇筑梁和板。

先浇柱后浇梁板时，框架结构主体工程的施工顺序一般如图 5.16 所示。

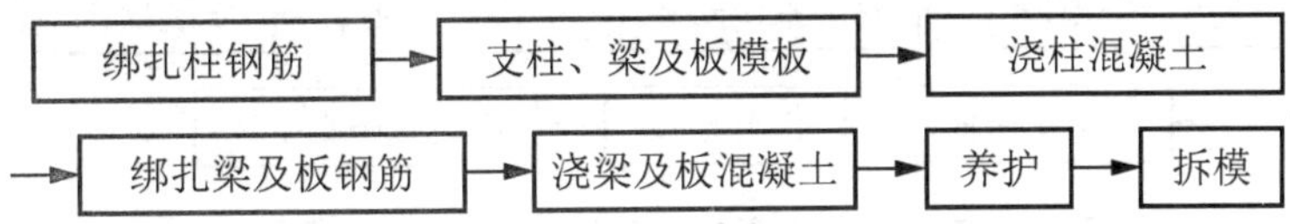

图 5.16 框架结构主体工程的施工顺序(先浇柱后浇梁板)

(3) 浇筑钢筋混凝土电梯井的施工顺序一般如图 5.17 所示。

图 5.17 钢筋混凝土电梯井的施工顺序

(4) 柱的浇筑顺序：柱宜在梁板模板安装后钢筋未绑扎前浇筑，以便利用梁板模板作横向支撑和柱浇筑操作平台用。一施工段内的柱应按列或排由外向内对称地依次浇筑，不要从一端向另一端推进，以避免柱模因混凝土单向浇筑受推倾斜而使误差积累难以纠正。

与墙体同时浇筑的柱子，两侧浇筑的高差不能太大，以防柱子中心移动。

(5) 梁和楼板的浇筑顺序：肋形楼板的梁板应同时浇筑，顺次梁方向从一端向前推进。根据梁高分层浇筑成阶梯形，当达到板底位置时即与板的混凝土一起浇筑，而且倾倒混凝土的方向与浇筑方向相反。

梁高大于 1m 时，可先单独浇筑梁，其施工缝留在板底以下 20～30mm 处，待梁混凝土强度达到 1.2N/mm^2 以上时再浇筑楼板。

无梁楼盖浇筑时，在柱帽下 50mm 处暂停，然后分层浇筑柱帽，待混凝土接近楼板底面时，再连同楼板一起浇筑。

(6) 楼梯浇筑顺序：楼梯宜自下而上一次浇筑完成，当必须留置施工缝时，其位置应在楼梯长度中间 1/3 范围内。

3) 剪力墙结构

剪力墙结构浇筑前应先浇墙后浇板，同一段剪力墙应先浇中间后浇两边。门窗洞口应以两侧同时下料，浇筑高差不能太大，以免门窗洞口发生位移或变形。窗台标高以下应先浇筑窗台下部，后浇筑窗间墙，以防窗台下部出现蜂窝孔洞。

主体结构为现浇钢筋混凝土剪力墙时，可采用大模板或滑模工艺。

现浇钢筋混凝土剪力墙结构采用大模板工艺，分段组织流水施工，施工速度快，结构整体性、抗震性好。其标准层的一般施工顺序如图 5.18 所示。随着楼层施工，电梯井和楼梯等部位也逐层插入施工。

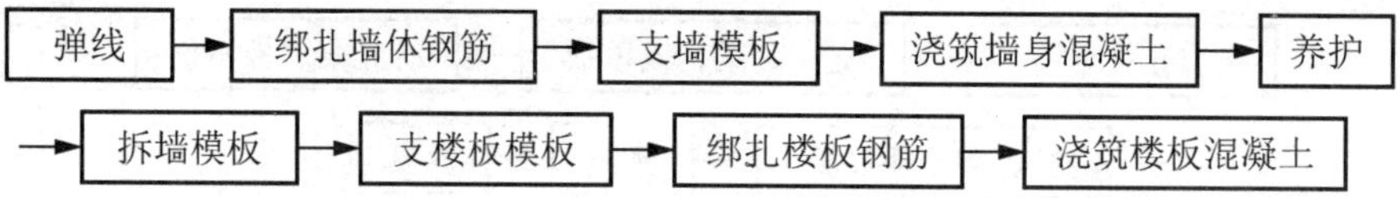

图 5.18　剪力墙标准层的一般施工顺序(大模板工艺)

采用滑升模板工艺时，其一般施工顺序如图 5.19 所示。

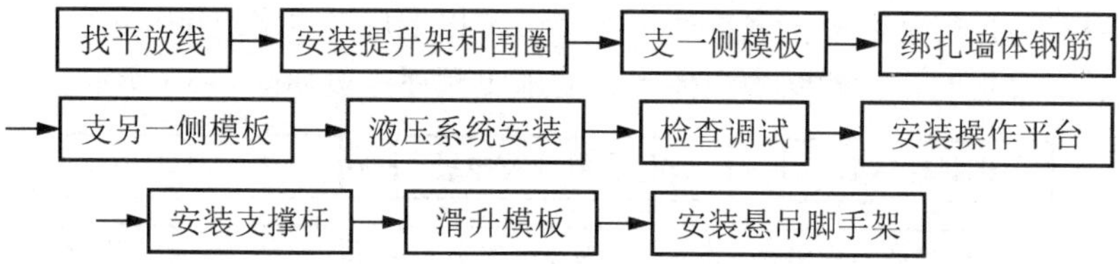

图 5.19　剪力墙标准层的一般施工顺序(滑升模板工艺)

4）装配式工业厂房

(1) 现场预制钢筋混凝土柱的施工顺序如图 5.20 所示。

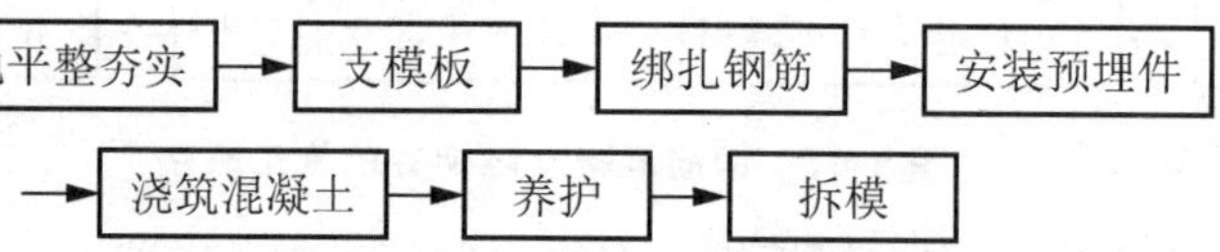

图 5.20　现场预制钢筋混凝土柱的施工顺序

现场预制预应力屋架的施工顺序如图 5.21 所示。

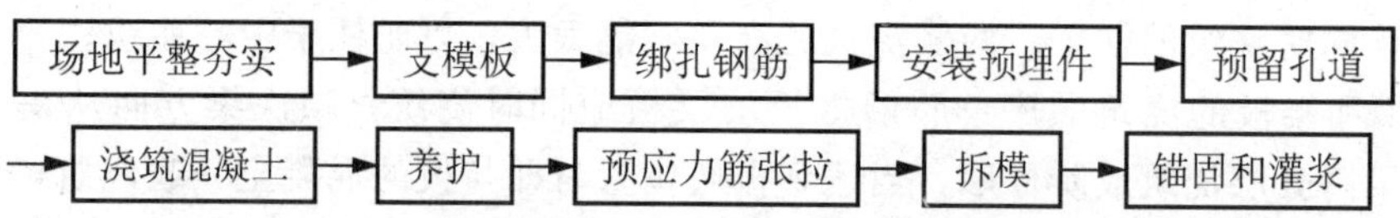

图 5.21　现场预制预应力屋架的施工顺序

(2) 结构安装阶段的施工顺序：装配式工业厂房的结构安装是整个厂房施工的主导施工过程，其他施工过程应配合安装顺序。结构安装阶段的施工顺序如图 5.22 所示。每个构件的安装工艺顺序如图 5.23 所示。

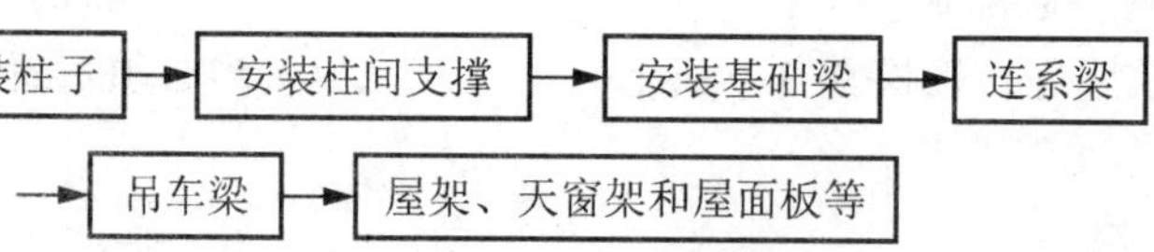

图 5.22　结构安装阶段的施工顺序

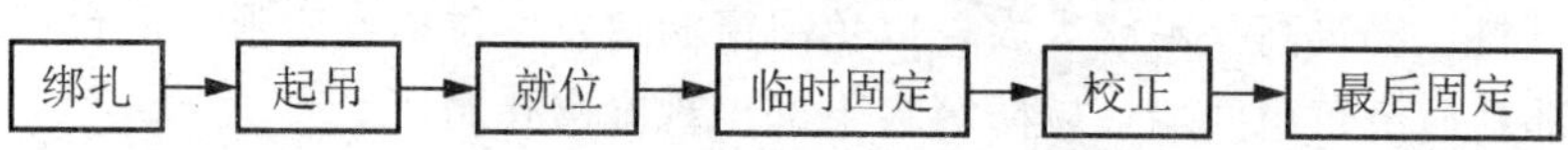

图 5.23　每个构件的安装工艺顺序

构件吊装顺序取决于吊装方法，单层工业厂房结构安装法有分件吊装法和综合吊装法两种。分件吊装法的构件吊装顺序如图 5.24 所示；综合吊装法的构件吊装顺序如图 5.25 所示。

图 5.24 分件吊装法的构件吊装顺序

图 5.25 综合吊装法的构件吊装顺序

5）装配式大板结构

装配式大板标准层施工顺序如图 5.26 所示。

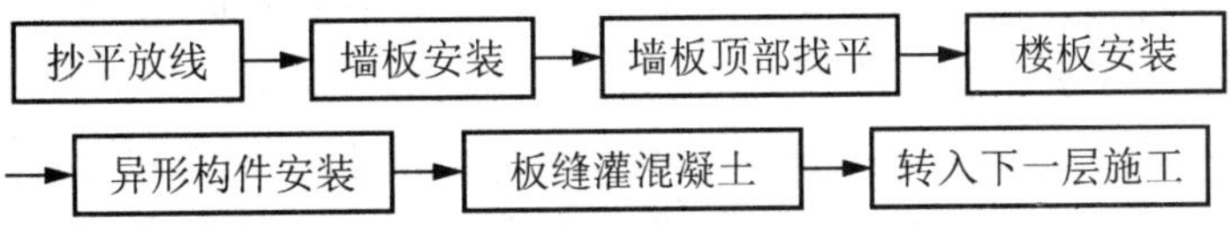

图 5.26 装配式大板结构标准层施工顺序

2. 施工方法及施工机械

1）测量控制工程

(1) 说明测量工作的总要求：测量工作应由专人操作，操作人员必须按照操作程序、操作规程进行，经常进行仪器、观测点和测量设备的检查验证，配合好各工序的穿插和检查验收工作。

(2) 工程轴线的控制和引测：说明实测前的准备工作和建筑物平面位置的测定方法，首层及各层轴线的定位、放线方法及轴线控制要求。

(3) 标高的控制和引测：说明实测前的准备工作，标高的控制和引测的方法。

(4) 垂直度控制：说明建筑物垂直控制的方法，包括外围垂直度和内部每层垂直度的控制方法，并说明确保控制质量的措施。

(5) 沉降观测：可根据设计要求，说明沉降观测的方法、步骤和要求。

2）脚手架工程

脚手架应在基础回填土之后，配合主体工程搭设；在室外装饰之后，散水施工前拆除。

(1) 明确脚手架的要求。脚手架应由架子工搭设，应满足工人操作、材料堆置和运输的需要；要坚固稳定，安全可靠；搭设简单，搬移方便；尽量节约材料，能多次周转使用。

(2) 选择脚手架的类型，选择脚手架的依据主要有以下 4 点。

① 工程特点包括建筑物的外形、高度、结构形式和工期要求等。

② 材料配备情况，如是否可用拆下待用的脚手架或是否可就地取材。

③ 施工方法是斜道、井架，还是采用塔吊等。

④ 安全、坚固、适用和经济等因素。

在高层建筑施工中经常采用如下方案：裙房或低于 30～50m 的部分采用落地式单排或双排脚手架；高于 30～50m 的部分采用外挂脚手架。外挂脚手架的种类非常多，目前，常用的主要形式有支承于三角托架上的外挂脚手架、附壁套管式外挂脚手架、附壁轨道式外挂脚手架和整体提升式脚手架等。

(3) 确定脚手架搭设方法和技术要求。多立杆式脚手架有单排和双排两种形式，一般采用双排；确定脚手架的搭设宽度和每步架高；为了保证脚手架的稳定，要设置连墙杆、剪刀撑和抛撑等支撑体系，并确定其搭设方法和设置要求。

(4) 脚手架的安全防护。为了保证安全，脚手架通常要挂安全网。确定安全网的布置，并对脚手架采用避雷措施。

3) 垂直运输机械的选择

(1) 垂直运输体系的选择。高层建筑施工中垂直运输作业具有运输量大、机械费用大和对工期影响大的特点。施工的速度在一定程度上取决于施工所需物料的垂直运输速度。垂直运输体系一般有下列组合方式。

① 施工电梯＋塔式起重机：塔式起重机负责吊送模板、钢筋和混凝土，人员和零散材料由电梯运送。其优点是供应范围大，易调节安排；缺点是集中运送混凝土的效率不高。适用于混凝土量不是特别大而吊装量大的结构。

② 施工电梯＋塔式起重机＋混凝土泵(带布料杆)：混凝土泵运送混凝土，塔式起重机吊送模板和钢筋等大件材料，人员和零散材料由电梯运送。其优点是供应范围大，供应能力强，更易调节安排；缺点是投资和费用很高。适用于工程量大、工期紧的高层建筑。

③ 施工电梯＋带拔杆高层井架：井架负责运送混凝土，拔杆负责运送模板，电梯负责运送人员和零散材料。其优点是垂直输送能力强，费用不高；缺点是供应范围和吊装能力较小，需要增加水平运输设施。适用于吊装量不大，特别是无大件吊装的情况且工程量不是很大、工作面相对集中的结构。

④ 施工电梯＋高层井架＋塔式起重机：井架负责运送大宗材料，塔式起重机负责吊送模板和钢筋等大件材料，人员和零散材料由电梯运送。其优点是供应范围大，供应能力强；缺点是投资和费用较高，有时设备能力过剩。适用于吊装量、现浇工程量均较大的结构。

⑤ 塔式起重机＋普通井架＋楼梯(室内)：塔式起重机吊送模板和钢筋等大件材料，井架负责运送混凝土等大宗材料，人员通过室内楼梯上下。其优点是费用较低，且设备比较常见；缺点是人员上下不太方便。适用于高度不超过 50m 的建筑。

选择垂直运输体系时，应全面考虑以下几个方面。

① 运输能力要满足规定工期的要求。

② 机械费用低。

③ 综合经济效益好。

从我国的现状及发展趋势看，采用塔式起重机＋混凝土泵＋施工电梯方案的越来越多，国外情况也类似。

(2) 塔式起重机的选择方法及其平面定位原则如下。

① 选择方法：根据结构形式(附墙位置)、建筑物高度、采用的模板体系、现场周边情况、平面布局形式及各种材料的吊运次数，以起重量 Q、起重高度 H 和回转半径 R 为主要参数，通过吊次和台班费用分析比较，选择塔式起重机的型号和台数。

② 平面定位原则：塔吊施工消灭死角；塔吊相互之间不干涉(塔臂与塔身不相碰)；

塔吊立和拆安全方便。

(3) 施工电梯的选择方法及其平面定位原则如下。

① 选择方法：以定额载重量和最大架设高度为主要性能参数满足本工程使用要求，可靠性高，经济效益好，能与塔吊组成完善的垂直运输系统。

② 平面定位原则：布置便于人员上下及物料集散，距各部位的平均距离最近，且便于安装附着。

4) 砌筑工程

砌筑工程是一个综合的施工过程，它包括砂浆制备、材料运输、搭脚手架和墙体砌筑等。

(1) 明确砌筑质量和要求有：砌体一般要求灰缝横平竖直，砂浆饱满，厚薄均匀，上下错缝，内外搭接，接槎牢固，墙面垂直。

(2) 明确砌筑工程施工组织形式。砌筑工程施工采用分段组织流水施工，明确流水分段和劳动组合形式。

(3) 确定墙体的组砌形式和方法。普通砖墙的砌筑形式主要有：一顺一丁、三顺一丁、两平一侧、梅花丁和全顺式。普通砖墙的砌筑方法主要有："三一"砌砖法、挤浆法、刮浆法和满口灰法。

(4) 确定砌筑工程施工方法。

① 砖墙的砌筑方法一般有抄平放线、摆砖、立皮数杆、挂线盘角、砌筑和勾缝清理等工序。

砌墙前先在基础防潮层或楼面上定出各层标高，并用M7.5水泥砂浆或C10细石混凝土找平，然后根据龙门板上标志的轴线，弹出墙身轴线、边线及门窗洞口位置。二层以上墙体可以用经纬仪或垂球将轴线引测上去。然后根据墙身长度和组砌方式，先用干砖在放线的基面上试摆，使其符合模数，排列和灰缝均匀，以尽可能减少砍砖次数。一般在房屋外纵墙方向摆顺砖，在山墙方向摆丁砖，摆砖由一个大角摆到另一个大角，砖与砖留10mm缝隙。

皮数杆一般设置在房屋的四大角、纵横墙的交接处、楼梯间及洞口多的地方，如墙过长时，应每隔10～15m立一根。砌砖前，先在皮数杆上挂通线，一般一砖墙、一砖半墙可单面挂线，一砖半以上墙体应双面挂线。墙角是控制墙面横平竖直的主要依据，一般砌筑前先盘角，每次盘角不得超过6皮砖，在盘角过程中应随时用托线板检查墙角是否竖直平整，砖层高度和灰缝是否与皮数杆相符合，做到"3皮一吊，5皮一靠"。

砌筑时全部砖墙应平行砌起，砖层必须水平，砖层正确位置用皮数杆控制，基础和每楼层砌完后必须校对一次水平、轴线和标高，其偏差值应在基础或楼板顶面在允许范围内调整。砖墙的水平灰缝厚度和竖缝宽度一般为10mm，但不小于8mm，也不大于12mm。水平灰缝的砂浆饱满度不低于80%，砂浆饱满度用百格网检查。竖向灰缝宜用挤浆或加浆方法，使其砂浆饱满，严禁用水冲浆灌缝。

砖墙的转角处和交接处应同时砌筑。不能同时砌筑处，应砌成斜槎，斜槎长度不应小于高度的2/3。如临时间断处留斜槎确有困难，除转角处外，也可以留直槎，但必须做成阳槎，并加设拉结筋。拉结筋的数量为每120mm墙厚设置一根直径为6mm的钢筋；间距沿墙高不得超过500mm；埋入长度从墙的留槎处算起，每边不应小于500mm；末端应有90°弯钩。位于抗震设防地区的建筑的临时间断处不得留直槎。

隔墙与墙或柱若不能同时砌筑而又不留成斜槎时，可于墙或柱中引出直槎，或于墙或柱的灰缝中预埋拉结筋(其构造与上述相同，但每道不得少于2根)。抗震设防地区建筑物的隔墙，除应留直槎外，沿墙高每500mm配置2Φ6钢筋与承重墙或柱拉结，伸入每边墙内的长度不应小于500mm。

砖砌体接槎时，必须将接槎处的表面清理干净，浇水湿润，并应填实砂浆，保持灰缝平直。

每层承重墙的最上一皮砖、梁或梁垫的下面及挑檐、腰线等处，应是整砖丁砌。填充墙砌至接近梁、板底时，应留一定空隙，待填充墙砌筑完并应至少间隔7天后，再将其补砌挤紧。设有钢筋混凝土构造柱的抗震多层砖混房屋，应先绑扎钢筋，而后砌砖墙，最后浇筑混凝土。墙与柱应沿高度方向500mm设2Φ6钢筋，每边伸入墙内不应少于1m；构造柱应与圈梁连接；砖墙应砌成马牙槎，每一马牙槎沿高度方向的尺寸不超过300mm，马牙槎从每层柱脚开始，应先退后进。该层构造柱混凝土浇完之后，才能进行上一层的施工。砖墙每天砌筑高度不宜超过1.8m，雨天施工时，每天砌筑高度不宜超过1.2m。砖砌体相邻工作段的高度差，不得超过一个楼层的高度，也不宜大于4m。工作段的分段位置宜设在伸缩缝、沉降缝、防震缝或门窗洞口处。砌体临时间断处的高度差不得超过一步脚手架的高度。砌筑时宽度小于1m的窗间墙应选用整砖砌筑。半砖或破损的砖，应分散使用于墙的填心和受力较小的部位。砌好的墙体，当横隔墙很少，不能安装楼板或屋面板时，要设置必要的支撑，以保证其稳定性，防止大风刮倒。

施工洞口必须按尺寸和部位进行预留。不允许砌成后，再凿墙开洞。那样会振动墙身，影响墙体的质量。对于大的施工洞口，必须留在不重要的部位，如窗台下，可暂时不砌，作为内外运输通道用；在山墙上留洞应留成尖顶形状，才不致影响墙体质量。

② 砌块的砌筑方法。在施工之前，应确定大规格砌块砌筑的方法和质量要求，选择砌筑形式，确定皮数杆的数量和位置，明确弹线及皮数杆的控制方法和要求。绘制砌块排列图，选择专门设备吊装砌块。

砌块安装的主要工序为：铺灰、吊砌块就位、校正、灌缝和镶砖。砌块墙在砌筑吊装前，应先画出砌块排列图。

砌块安装有两种方案：轻型塔式起重机负责砌块、砂浆运输，台灵架负责吊装砌块；井架负责材料、砌块、砂浆的运输，台灵架负责砌块吊装。

③ 砖柱的砌筑方法。矩形砖柱的砌筑方法，应使柱面上下皮砖的竖缝至少错开1/4砖长，柱心无通缝。少砍砖并尽量利用1/4砖。不得采用光砌四周后填心的包心砌法。砖柱砌筑前应检查中心线及柱基顶面标高，多根柱子在一条直线上要拉通线。如发现中间柱有高低不平时，要用C10细石混凝土和砖找平，使各个柱第一层砖都在同一标高上。砌柱用的脚手架要牢固，不能靠在柱子上，更不能留脚手眼，影响砌筑质量。柱子每天砌筑高度不宜超过1.8m。砌完一步架要刮缝，清扫柱子表面。在楼层上砌砖柱时，要检查弹的墨线位置与下层柱是否对中，防止砌筑的柱子不在同一轴线上。有网状配筋的砖柱，砌入的钢筋网在柱子一侧要露出1～2mm，以便检查。

④ 砖垛的砌筑方法。砖垛的砌法，要根据墙厚的不同及垛的大小而定，无论哪种砌法都应使垛与墙身逐皮搭接，切不可分离砌筑，搭接长度至少为1/4砖长。根据错缝需要可加砌3/4砖或半砖。

当砌完一个施工层后，应进行墙面、柱面的勾缝和清理，并清理落地灰。

(5) 确定施工缝留设位置和技术要求。施工段的分段位置应设在伸缩缝、沉降缝、防震缝或门窗洞口处。

5) 钢筋混凝土工程

现浇钢筋混凝土工程由模板、钢筋和混凝土3个工种相互配合进行。

(1) 模板工程包括木模板施工、钢模板施工和模板拆除等。

① 木模板施工包括以下几部分内容。

a. 柱模板。柱模板是由两块相对的内拼板夹在两块外拼板之间钉成。安装柱模板前，应先绑扎好钢筋，测出标高并标在钢筋上，同时在已浇筑的基础顶面或楼面上弹出边线，并固定好柱模板底部的木框。根据柱边线及木框位置竖立模板，并用支撑临时固定，然后从顶部用垂球校正垂直度。检查无误后，将柱箍箍紧，再用支撑钉牢。同一轴线上的柱，应先校正两端的柱模板，再在柱模板上口拉中心线来校正中间的柱模。柱模板之间用水平撑及剪刀撑相互撑牢。

b. 梁模板。梁模板主要由侧模、底模及支撑系统组成。梁底模下有支架(琵琶撑)支撑，支架的立柱最好做成可以伸缩的，以便调整高度，底部应支承在坚实的地面、楼板或垫木板上。在多层框架结构施工中，上下层支架的立柱应对准。支架间用水平和斜向拉杆拉牢，当层间高度大于5m时，宜选桁架作模板的支架。梁侧模板底部用钉在支架顶部的夹条夹住，顶部可由支承楼板的搁栅或支撑顶住。高大的梁，可在侧模板中上位置用钢丝或螺栓相互撑拉。梁跨度在4m及4m以上时，底模应起拱，若设计无规定时，起拱高度宜为全跨长度的1‰～3‰。

c. 楼板模板。楼板模板是由底模和支架系统组成。底模支撑在搁栅上，搁栅支撑在梁侧模外的横档上，跨度大的楼板，搁栅中间加支撑作为支架系统。楼板模板的安装顺序是，在主次梁模板安装完毕后，按楼板标高往下减去楼板底模板的厚度和楞木的高度，在楞木和固定夹板之间支好短撑。在短撑上安装托板，在托板上安装楞木，在楞木上铺设楼板底模。铺好后核对楼板标高、预留孔洞及预埋件的尺寸和位置。然后对梁的顶撑和楼板中间支架进行水平撑和剪刀撑的连接。

d. 楼梯模板。楼板模板安装时，在楼梯间的墙上按设计标高画出楼梯段、楼梯踏步及平台板、平台梁的位置。先立平台梁和平台板的模板及支撑，然后在楼梯段基础梁侧模上钉托木，楼梯模板的斜楞钉在基础梁和平台梁侧模板的托木上。在斜楞上铺钉楼梯底模板，下面设杠木和斜向支撑，斜向支撑的间距为1～1.2m，其间用拉杆拉结。再沿楼梯边立外帮板，用外帮板上的横档木、斜撑和固定夹木将外帮板钉固在杠木上。再在靠墙的一面把反三角模板立起，反三角模板的两端可钉在平台梁和梯基的侧板上。然后在反三角模板与外帮板之间逐块钉上踏步侧板。如果楼梯较宽，应在梯段中间再加设反三角板。在楼梯段模板放线时，特别要注意每层楼梯的第一踏步和最后一个踏步的高度，常因疏忽了楼地面面层厚度不同而造成高低不同的现象。

肋形楼盖模板安装的全过程如下。

安装柱模底框→立柱模→校正柱模→水平和斜撑固定柱模→安主梁底模→立主梁底模的琵琶撑→安主梁侧模→安次梁底模→立次梁模板的琵琶撑→安次梁固定夹板→立次梁侧模→在次梁固定夹板立短撑→在短撑上放楞木→楞木上铺楼板底模板→纵横方向用水平撑和剪刀撑连接主次梁的琵琶撑→成为稳定坚实的临时性空间结构

② 钢模板施工。定型组合钢模板由钢模板、连接件和支撑件组成。施工时可在现场直接组装，也可预拼装成大块模板用起重机吊运安装。组合钢模板的设计应使钢模板的块数最少，木板镶拼补量最少，并合理使用转角模板，使支撑件布置简单，钢模板尽量采用横排或竖排，不用横竖兼排的方式。

③ 模板拆除的过程如下。

现浇结构模板的拆除时间，取决于结构的性质、模板的用途和混凝土硬化速度。模板的拆除顺序一般是先支后拆、后支先拆，先拆除非承重部分、后拆除承重部分，一般谁安谁拆。重大复杂的模板拆除，事先应制定拆除方案。框架结构模板的拆除顺序：柱模板→楼板底模→梁侧模板→梁底模板。多层楼板模板支架的拆除，应按下列要求进行：上层楼板正在浇筑混凝土时，下一层楼板支柱不得拆除，再下一层楼板的支柱仅可拆除一部分；跨度4m及4m以上的梁下均应保留支柱，其间距不得大于3m。

(2) 钢筋工程包括钢筋的加工、连接、绑扎和安装以及钢筋保护层施工等。

① 钢筋加工。钢筋加工工艺流程：材质复验及焊接试验→配料→调直→除锈→断料→焊接→弯曲成型→成品堆放。

由配料员在现场钢筋加工棚内完成配料；钢筋的冷加工包括钢筋冷拉和钢筋冷拔。

钢筋冷拉控制方法采用控制应力和控制冷拉率两种。用作预应力钢筋混凝土结构的预应力筋采用控制应力的方法，不能分清炉批的钢筋采用控制应力的方法。钢筋冷拉采用控制冷拉率方法时，冷拉率必须由试验确定。预应力钢筋如由几段对焊而成，应焊接后再进行冷拉。

钢筋调直的方法有人工调直和机械调直两种。对于直径在12mm以下的圆盘钢筋，一般用铰磨、卷扬机或调直机，调直时要控制冷拉率；大直径钢筋可用卷扬机、弯曲机、平直机、平直锤或人工锤击法调直。经过调直的钢筋基本已达到除锈目的，但已调直除锈的钢筋时间长了又会生锈，其除锈方法有机械除锈(电动除锈机除锈)、手工除锈(钢丝刷、砂盘等)、喷砂及酸洗除锈等。

钢筋切断的方法有钢筋切断机切断和手动切断器切断两种，手动切断器一般用于切断直径小于12mm的钢筋，大直径钢筋的切断一般采用钢筋切断机。

钢筋弯曲成型的方法分人工和机械两种。手工弯曲是在成型工作台上进行的，施工现场常采用；大量钢筋加工时，应采用钢筋弯曲机。

② 钢筋的连接。钢筋连接方法有：绑扎连接、焊接和机械连接。施工规范规定：受力钢筋优先选择焊接和机械连接，并且接头应相互错开。

钢筋的焊接方法有：闪光对焊、电弧焊、电渣压力焊、电阻点焊和气压焊等。

闪光对焊广泛用于钢筋接长及预应力钢筋与螺丝端杆的焊接。热轧钢筋的焊接优先选择闪光对焊，条件达不到时才用电弧焊。闪光对焊适用于焊接直径10～40mm的钢筋。钢筋闪光对焊后，除对接头进行外观检查外，还应按《钢筋焊接及验收规程》的规定进行抗拉强度和冷弯试验。

钢筋电弧焊可分为帮条焊、搭接焊、坡品焊和熔槽帮条焊4种接头形式。帮条焊适用于直径10～40mm的各级热轧钢筋；搭接焊接头只适用于直径10～40mm的HPB235和HRB335级钢筋；坡品焊接头有平焊和立焊两种，适用于在现场焊接装配式构件接头中直径18～40mm的各级热轧钢筋。帮条焊、搭接焊和坡口焊的焊接接头，除应进行外观质量检查外，还需抽样做抗拉试验。

电阻点焊主要用于焊接钢筋网片和钢筋骨架，适用于直径6～14mm的HPB235、HRB335级钢筋和直径3～5mm的冷拔低碳钢丝。电阻点焊的焊点应进行外观检查和强度试验，热轧钢筋的焊点应进行抗剪试验，冷处理钢筋除进行抗剪试验外，还应进行抗拉试验。

电渣压力焊主要适用于现浇钢筋混凝土框架结构中竖向钢筋的连接，宜采用自动或手工电渣压力焊进行焊接直径14～40mm的HPB235和HPB335钢筋。电渣压力焊的接头应按规范规定的方法检查外观质量和进行抗拉试验。

钢筋气压焊属于热压焊，适用于各种位置的钢筋。气压焊接的钢筋要用砂轮切割机切断，不能用钢筋切断机切断，要求断面与钢筋轴线垂直。气压焊的接头，应按规定的方法检查外观质量和进行抗拉试验。

钢筋机械连接常用挤压连接和螺纹连接两种形式，是大直径钢筋现场连接的主要方法。

③ 钢筋的绑扎和安装。

钢筋绑扎的程序是：划线、摆筋、穿箍、绑扎和安放垫块等。划线时应注意间距和数量，标明加密箍筋位置。板类摆筋顺序一般先排主筋后排负筋；梁类一般先摆纵筋；有变截面的箍筋，应事先将箍筋排列清楚，然后安装纵向钢筋。绑扎钢筋用的钢丝可采用20～22号钢丝或镀锌钢丝，当绑扎楼板钢筋网时一般用单根22号钢丝；绑扎梁柱钢筋骨架则用双根钢丝绑扎。板和墙的钢筋网，除靠近外围两横钢筋的相交点全部扎牢外，中间部分的相交点可相隔交错扎牢；双向受力的钢筋，须将所有交叉点全部扎牢。

④ 钢筋保护层施工。控制钢筋的混凝土保护层可采用水泥胶砂垫块或塑料卡。水泥砂浆垫块的厚度等于保护层厚度，其平面尺寸：当保护层的厚度≤20mm时为30mm×30mm；≥20mm时为50mm×50mm；在垂直方向使用的垫块，应在垫块中埋入20号钢丝，用钢丝把垫块绑在钢筋上。塑料卡的形状有塑料垫块和塑料环圈两种，塑料垫块用于水平构件，塑料环圈用于垂直构件。

(3) 混凝土工程。确定混凝土制备方案(商品混凝土或现场拌制混凝土)，确定混凝土原材料准备、搅拌、运输及浇筑顺序和方法，以及泵送混凝土和普通垂直运输混凝土的机械选择；确定混凝土搅拌、振捣设备的类型和规格、养护制度及施工缝的位置和处理方法。

① 混凝土的搅拌。拌制混凝土可采用人工或机械的拌和方法，人工拌和一般用“三干三湿”法。只有当混凝土用量不多或无机械时才采用人工拌和，一般都用搅拌机拌和混凝土。

② 混凝土的运输分为地面运输、垂直运输和楼面运输。

混凝土地面运输，如商品混凝土运输距离较远时，多用混凝土搅拌运输车；混凝土如来自工地搅拌站，则多用载重约 1t 的小型机动翻斗车，近距离也用双轮手推车，有时还用皮带运输机和窄轨翻斗车。混凝土垂直运输多用塔式起重机、混凝土泵、快速提升斗和井架。混凝土楼面运输以双轮手推车为主，也用小型机动翻斗车，如用混凝土泵则用布料机布料。

施工中常常使用商品混凝土，用混凝土搅拌运输车运送到施工现场，再由塔式起重机或混凝土泵运至浇筑地点。

塔式起重机运输混凝土应配备混凝土料斗联合使用；用井架和龙门架运输混凝土时，应配备手推车。

③ 混凝土的浇筑。混凝土浇筑前应检查模板、支架、钢筋和预埋件，并进行验收。浇筑混凝土时一定要防止分层离析，为此需控制混凝土的自由倾落高度不宜超过 2m，在竖向结构中不宜超过 3m，否则应采用串筒、溜槽或溜管等下料。浇筑竖向结构混凝土前先要在底部填筑一层 50～100mm 厚与混凝土成分相同的水泥砂浆。

浇筑混凝土应连续进行，若需长时间间歇，则应留置混凝土施工缝。混凝土施工缝宜留在结构剪力较小的部位，同时要方便施工。柱子宜留在基础顶面、梁或吊车梁牛腿的下面、吊车梁的上面、无梁楼盖柱帽的下面，和板连成整体的大截面梁应留在板底面以下 20～30mm 处，当板下有梁托时，留置在梁托下部。单向板可留在平行于板短边的任何位置。有主次梁的楼盖宜顺着次梁方向浇筑，施工缝应留在次梁跨度的中间 1/3 长度范围内。墙可留在门洞口过梁跨中 1/3 范围内，也可留在纵横墙的交接处。双向受力的楼板、大体积混凝土结构、拱、薄壳、多层框架及其他复杂结构，应按设计要求留置施工缝。在施工缝处继续浇筑混凝土时，应除掉水泥浮浆和松动石子，并用水冲洗干净，待已浇筑的混凝土的强度不低于 1.2MPa 时才允许继续浇筑，在结合面应先铺抹一层水泥浆或与混凝土砂浆成分相同的砂浆。

a. 现浇多层钢筋混凝土框架的浇筑。浇筑这种结构首先要划分施工层和施工段，施工层一般按结构层划分，而每一施工层如何划分施工段，则要考虑工序数量、技术要求和结构特点等。要做到木工在第一施工层安装完模板，准备转移到第二施工层的第一施工段上时，该施工段所浇筑的混凝土强度应达到允许工人在上面操作的强度(1.2MPa)。施工层与施工段确定后，就可求出每班(或每小时)应完成的工程量，据此选择施工机具和设备并计算其数量。混凝土浇筑前应做好必要的准备工作，如模板、钢筋和预埋管线的检查和清理以及隐蔽工程的验收；浇筑用脚手架、走道的搭设和安全检查；根据实验室下达的混凝土配合比通知单准备和检查材料；并做好施工用具的准备。浇筑柱子时，施工段内的每排柱子应由外向内对称地顺序浇筑，不要由一端向另一端推进，预防柱子模板因湿胀造成受推倾斜而误差积累难以纠正。截面在400mm×400mm以内，或有交差箍筋的柱子，应在柱子模板侧面开孔用斜溜槽分段浇筑，每段高度不超过2m。截面在400mm×400mm以上、无交差箍筋的柱子，如柱高不超过4.0m，可从柱顶浇筑；如用轻骨料混凝土从柱顶浇筑，则柱高不得超过3.5m。柱子开始浇筑时，底部应先浇筑一层厚50～100mm与所浇筑混凝土成分相同的水泥砂浆。浇筑完毕，如柱顶处有较大厚度的砂浆层，则应加以处理。柱子浇筑后，应间隔1～1.5h，待所浇混凝土拌合物初步沉实，再筑浇上面的梁板结构。梁和板一般应同时浇筑，从一端开始向前推进。只有当梁高大于1m时才允许将梁单独浇筑，此时的施工缝留在楼板板面下20～30mm处。梁底与梁侧面注意振实，振动器不要直接触及钢筋和预埋件。楼板混凝土的虚铺厚度应略大于板厚，用表面振动器或内部振动器捣实，用铁插尺检查混凝土厚度，振捣完后用长的木抹子抹平。

b. 大体积混凝土结构的浇筑。选择大体积混凝土结构的施工方案时，主要考虑3方面的内容：一是应采取防止产生温度裂缝的措施；二是合理的浇筑方案；三是施工过程中的温度监测。为防止产生温度裂缝，应着重在控制混凝土温升、延缓混凝土降温速率、减少混凝土收缩、提高混凝土极限拉伸值、改善约束和完善构造设计等方面采取措施。大体积混凝土结构的浇筑方案需根据结构大小和混凝土供应等实际情况决定。一般有全面分层、分段分层和斜面分层浇筑等方案。

对不同的工程，由于工程特点、工期、质量要求、施工季节、地域和施工条件的不同，采用的防止产生温度裂缝的措施和混凝土的浇筑方案、温度监测设备和监测方法也不相同。

④ 混凝土的振捣。混凝土的捣实方法有人工振捣和机械振捣两种。人工捣实是用钢钎、捣锤或插钎等工具进行的，这种方法仅适用于塑性混凝土或缺少振捣机械及工程量不大的情况。有条件时尽量采用机械振捣的方法，常用的振捣机械有内部振动器(振动棒)和表面振动器(平板振动器)。振动棒可振捣塑性和干硬性混凝土，适用于振捣梁、墙、基础和厚板，不适用于楼板、屋面板等构件。振捣时振动棒不要碰撞钢筋和模板，重点要振捣好下列部位：钢筋主筋的下面、钢筋密集处、石料多的部位、模板阴角处、钢筋与侧模之间等。表面振动器适用于捣实楼板、地面、板形构件和薄壳等厚度小、面积大的构件。

⑤ 混凝土的养护。混凝土养护方法分自然养护和人工养护。现浇构件多采用自然养护，只有在冬期施工温度很低时，才采用人工养护。采用自然养护时，在混凝土浇筑完毕后一定时间(12h)内要覆盖并浇水养护。

(4) 预应力混凝土的施工方法、控制应力和张拉设备。

预应力混凝土施工时，要注意预应力钢材、锚夹具、张拉设备的选用和验收，成孔材料及成孔方法(包括灌浆孔和滗水孔)，端部和梁柱节点处的处理方法，预应力张拉力、张拉程序以及灌浆方法、要求等；混凝土的养护及质量评定。如钢筋现场预应力张拉时，应详细制定预应力钢筋的制作、安装和检测方法。

6) 结构安装工程

根据起重量、起重高度和起重半径选择起重机械，确定结构安装方法，拟订安装顺序，起重机开行路线及停机位置；确定构件平面布置设计，工厂预制构件的运输、装卸和堆放方法；确定现场预制构件的就位、堆放的方法，吊装前的准备工作，主要工程量和吊装进度。

(1) 确定起重机类型、型号和数量。在单层工业厂房结构安装工程中，如采用自行式起重机，一般选择分件吊装法，起重机在厂房内 3 次开行才能吊装完厂房结构构件；而选择桅杆式起重机，则必须采用综合吊装法。综合吊装法与分件吊装法开行路线及构件平面布置是不同的。

当厂房面积较大时，可采用两台或多台起重机安装，柱子和吊车梁、屋盖系统分别流水作业，可加速工期。对一般中、小型单层厂房，选用一台起重机为宜，这在经济上比较合理，对于工期要求特别紧迫的工程，则作为特殊情况考虑。

(2) 确定结构构件安装方法。工业厂房结构安装法有分件吊装法和综合吊装法两种。单层厂房安装顺序通常采用分件吊装法，即先顺序安装和校正全部柱子，然后安装屋盖系统等。采用这种方式，起重机在同一时间安装同一类型的构件，包括就位、绑扎、临时固定和校正等工序，并且使用同一种索具，劳动力组织不变，可提高安装效率；缺点是增加起重机开行路线。另一种方式是综合吊装法，即逐间安装，连续向前推进。方法是先安装 4 根柱子，立即校正后安装吊车梁与屋盖系统，一次性安装好纵向一个柱距的开间。采用这种方式可缩短起重机开行路线，并且可为后续工序提前创造工作面，尽早搭接施工；缺点是索具安装和劳动力组织有周期性变化而影响生产率。上述两种方法在单层厂房安装工程中均有采用，也有混合采用，即柱子安装用大流水，而其余构件包括屋盖系统在内用综合安装。这些均取决于具体条件和安装队的施工经验。抗风柱可随一般柱子的开行路线从单层厂房一端开始安装，由于抗风柱的长度较大，安装后立即校正、灌浆，并用上下两道缆绳四周锚固。另一种方法是待单层厂房全部屋盖安装完之后再吊装全部抗风柱。

(3) 构件制作平面布置、拼装场地、机械开行路线。当采用分件吊装法时，预制构件的施工有 3 种方案。

① 当场地狭小而工期又允许时，构件制作可分别进行，首先预制柱和吊车梁，待柱和梁安装完毕再进行屋架预制。

② 当场地宽敞时，在柱、梁预制完后即进行屋架预制。

③ 当场地狭小而工期又紧时，可将柱和梁等预制构件在拟建厂房内就地预制，同时在拟建厂房外进行屋架预制。

(4) 其他方面包括确定构件运输、装卸、堆放和所需机具设备型号、数量和运输道路要求。

7) 围护工程

围护工程的施工包括搭脚手架、内外墙体砌筑和安装门窗框等。在主体工程结束后，或完成一部分区段后即可开始内外墙砌筑工程的分段施工。此时，不同工程之间可组织立体交叉、平行流水施工，内隔墙的砌筑则应根据内隔墙的基础形式而定；有的需在地面工程完成后进行，有的则可以在地面工程之前与外墙同时进行。

3. 流水施工组织

1) 主体工程流水施工组织的步骤

第 1 步：划分施工过程

按照划分施工过程的原则，把起主导作用的和影响工期的施工过程单独列项。

第 2 步：划分施工段

为了组织流水施工，按照划分施工段的原则，并结合实际工程情况划分施工段，施工段的数目一定要合理，不能过多或过少。

第 3 步：组织专业班组

按工种组织单一或混合专业班组，连续施工。

第 4 步：组织流水施工，绘制进度计划

按流水施工组织方式，组织搭接施工。进度计划常有横道图和网络图两种表达方式。

2）砖混结构的流水施工组织

砖混结构主体工程可以采用两种划分方法。第一种，划分为砌墙和楼板施工 2 个施工过程；第二种，划分为砌墙、浇混凝土和楼板施工 3 个施工过程。

(1) 砖混主体标准层划分砌砖墙和楼板施工 2 个施工过程，分 3 段组织流水施工，每个施工段上的流水节拍均为 3 天，绘制砖混主体 2 个施工过程 3 段施工的横道图和网络图，如图 5.27 和图 5.28 所示。

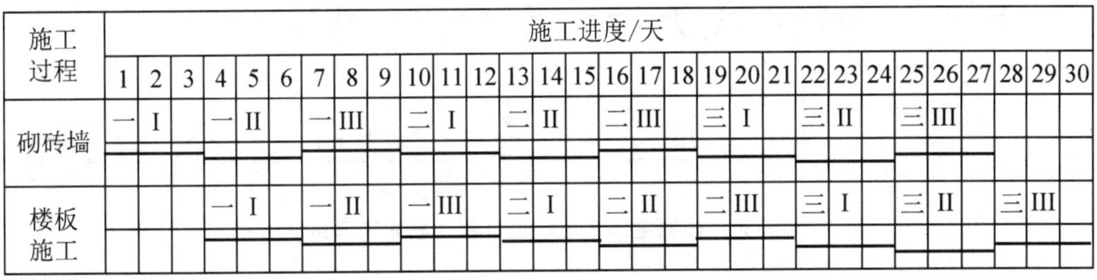

图 5.27 砖混主体 2 个施工过程 3 段施工横道图

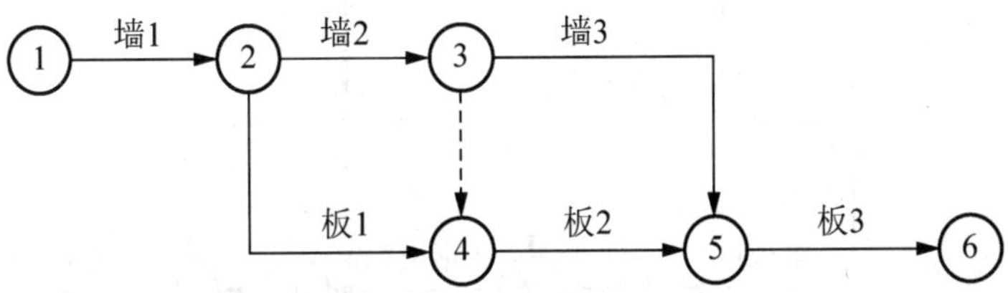

图 5.28 砖混主体 2 个施工过程 3 段施工网络图

(2) 砖混主体标准层划分砌砖墙、浇混凝土和楼板施工 3 个施工过程。分 3 段组织流水施工，绘制砖混主体 3 个施工过程 3 段施工的横道图和网络图，如图 5.29 和图 5.30 所示。

3）框架结构主体工程的流水施工组织

按照划分施工过程的原则，把有些施工过程合并，框架结构主体梁板柱一起浇筑时，可划分为 4 个施工过程：绑扎柱钢筋、支梁板柱模板、绑扎梁板钢筋和浇筑混凝土。各施工过程均包含楼梯间部分的施工。

框架结构主体标准层划分为绑扎柱钢筋、支梁板柱模板、绑扎梁板钢筋和浇筑混凝土 4 个过程，分 3 段组织流水施工，绘制现浇框架主体标准层 3 段施工的网络图，如图 5.31

所示。

施工过程	1	2	3	4	5	6	7	8	9	10	11	12	13	14	15	16	17	18	19	20	21	22	23	24	25	26	27	28	29	30	31	32	33
	施工进度/天																																
砌砖墙	一 I			一 II			一 III			二 I			二 II			二 III			三 I			三 II			三 III								
浇混凝土				一 I			一 II			一 III			二 I			二 II			二 III			三 I			三 II			三 III					
楼板施工							一 I			一 II			一 III			二 I			二 II			二 III			三 I			三 II			三 III		

图 5.29　砖混主体 3 个施工过程 3 段施工横道图

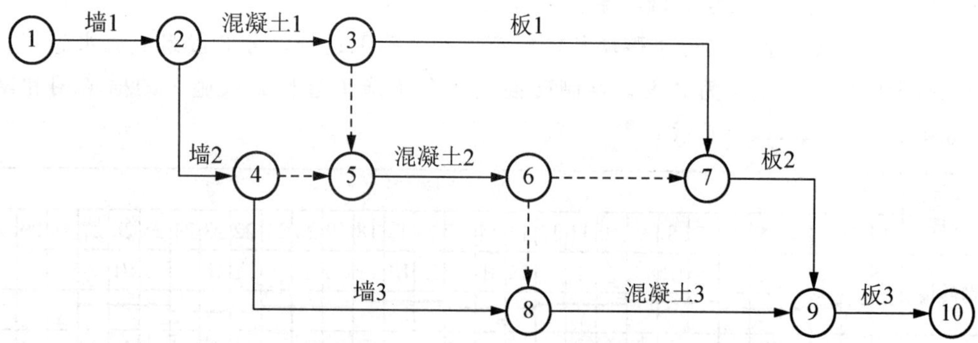

图 5.30　砖混主体 3 个施工过程 3 段施工网络图

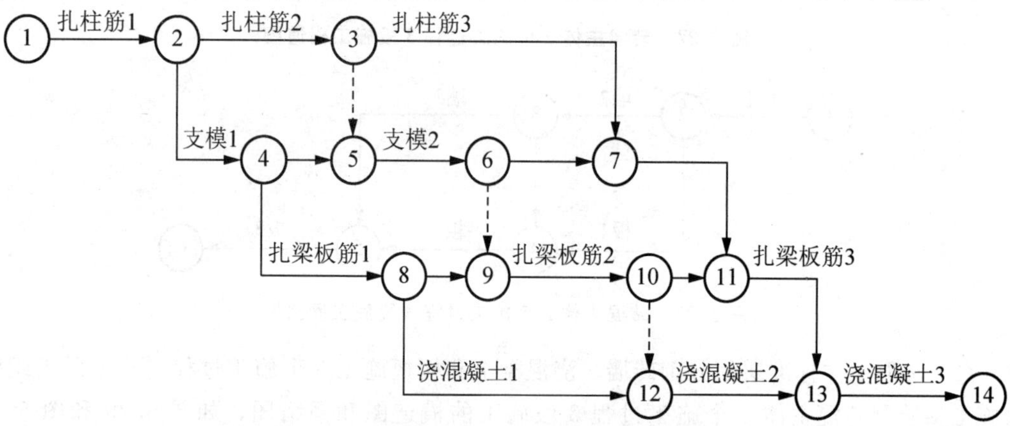

图 5.31　现浇框架主体标准层 3 段施工网络图

实训小结

本节主要讲述各类主体工程的施工顺序、施工方法及施工机械、流水施工的组织，通过学习和训练，学生应能独立编制主体工程施工方案。

实训考核

考核评定方式	评定内容	分值	得分
自评	知识掌握熟悉情况	10	
	主体工程施工方案选择	15	
学生互评	学习态度及表现	5	
	主体工程施工方案知识掌握情况	10	
	成果编写情况	10	
教师评定	学习态度及表现	10	
	主体工程施工方案知识掌握情况	20	
	成果编写情况	20	

实训练习

编制某住宅楼主体工程施工方案。

训练5.3 屋面防水工程施工方案

【实训背景】

作为施工方接受业主方的委托，对拟建某住宅楼编制屋面防水工程施工方案。

【实训任务】

编制拟建某住宅楼屋面防水工程施工方案。

【实训目标】

1. 能力目标

根据施工图纸，能独立完成屋面防水工程施工方案的编制。

2. 知识目标

掌握屋面防水工程的相关知识并融会贯通。

【实训成果】

某住宅楼工程屋面防水施工方案。

【实训内容】

1. 施工顺序的确定

屋面防水工程的施工手工操作多，需要时间长，应在主体结构封顶后尽快完成，使室内装饰尽早进行。一般情况下，屋面防水工程可以和装饰工程搭接或平行施工。

屋面防水工程可分为柔性防水和刚性防水两种。防水工程施工工艺要求严格细致，一丝不苟，应避开雨期和冬期施工。

1）柔性防水屋面的施工顺序

南方温度较高，一般不做保温层。无保温层和架空层的柔性防水屋面的施工顺序一般为：结构基层处理→找平找坡→冷底子油结合层→铺卷材防水层→做保护层。

北方温度较低，一般要做保温层。有保温层的柔性防水屋面的施工顺序一般为：结构基层处理→找平层→隔气层→铺保温层→找平找坡→冷底子油结合层→铺卷材防水层→做保护层。

柔性防水屋面的施工待找平层干燥后才能刷冷底子油、铺贴卷材防水层。若是工业厂房，在铺卷材之前应将天窗扇及玻璃安装好，特别要注意天窗架部分的屋面防水和天窗围护工作等，确保屋面防水的质量。

2）刚性防水屋面的施工顺序

刚性防水屋面最常用细石混凝土屋面。细石混凝土防水屋面的施工顺序为：结构基层处理→隔离层→细石混凝土防水层→养护→嵌缝。对于刚性防水屋面的现浇钢筋混凝土防水层，分格缝的施工应在主体结构完成后开始，并应尽快完成，以便为室内装饰创造条件。季节温差大的地区，混凝土受温差的影响易开裂，故一般不采用刚性防水屋面。

2. 施工方法及施工机械

确定屋面材料的运输方式，屋面工程各分项工程的施工操作及质量要求；材料运输及储存方式，各分项工程的操作及质量要求，新材料的特殊工艺及质量要求，确定工艺流程和劳动组织进行流水施工。

1）卷材防水屋面的施工方法

卷材防水屋面又称为柔性防水屋面，是用胶结材料粘贴卷材进行防水的。常用的卷材有沥青防水卷材、高聚物改性沥青防水卷材和合成高分子防水卷材三大系列。

卷材防水层施工应在屋面上其他工程完工后进行。铺设多跨和高低跨房屋卷材防水层时，应按先高后低、先远后近的顺序进行；在铺设同一跨时应先铺设排水比较集中的水落口、檐口、斜沟和天沟等部位及油毡附加层，按标高由低到高的顺序进行；坡面与立面的油毡，应由下开始向上铺贴，使油毡按流水方向搭接。油毡铺设的方向应根据屋面坡度或屋面是否存在振动而确定。当坡度小于3%时，油毡宜平行屋脊方向铺贴，当坡度在3%～15%之间时，油毡可平行或垂直屋脊方向铺贴；坡度大于15%或屋面受震动时，应垂直屋脊铺贴。卷材防水屋面坡度不宜超过25%。油毡平行屋脊铺贴时，长边搭接不小于

70mm；短边搭接平屋顶不应小于100mm，坡屋顶不宜小于150mm。当第一层油毡采用条粘、点粘或空铺时，长边搭接不应小于500mm，上下两层油毡应错开1/3或1/2幅宽；上下两层油毡不宜相互垂直铺贴；垂直于屋脊的搭接缝应顺主导风向搭接；接头顺水流方向，每幅油毡铺过屋脊的长度应不小于200mm。铺贴油毡时应弹出标线，油毡铺贴前应使找平层干燥。

(1) 油毡的铺贴方法有以下几种。

① 油毡热铺贴施工。该法分为满贴法、条贴法、空铺法和点粘法4种。满贴法是指在油毡下满涂玛蹄脂使油毡与基层全部黏结。铺贴的工序为：浇油铺贴和收边滚压。条贴法是在铺贴第一层油毡时，不满涂浇玛蹄脂而是用蛇形或条形撒贴的做法，使第一层油毡与基层之间形成若干互相连通的空隙构成“排汽屋面”，可从排汽孔处排出水汽，避免油毡起泡，空铺法、点粘法铺贴防水卷材的施工方法与条贴法相似。

② 油毡冷粘法施工。是指在油毡下采用冷玛蹄脂做黏结材料使之与基层黏结。施工方法与热铺法相同。冷玛蹄脂使用时应搅拌均匀，可加入稀释剂调释稠度。每层厚度为1～1.5mm。

③ 油毡自粘法施工。是指采用带有自粘胶的防水卷材，不用热施工，也不需涂胶结材料而进行黏结的方法。铺贴前，基层表面应均匀涂刷基层处理剂，待干燥后及时铺贴卷材。铺贴时，应先将自粘胶底面隔离纸完全撕净，排除卷材下面的空气，并碾压黏结牢固，不得空鼓。搭接部位必须采用热风焊枪加热后随即粘贴牢固，溢出的自粘胶随即刮平封口。接缝口用不小于10mm宽的密封材料封严。

④ 高聚物改性沥青卷材热熔法施工。该法又可分为滚铺法和展铺法两种。滚铺法是一种不展开卷材，而采用边加热边烤边滚动卷材铺贴，然后用排气辊滚压使卷材与基层粘结牢固的方法。展铺法是先将卷材平铺于基层，再沿边缘掀开卷材予以加热粘贴，此法适用于条粘法铺贴卷材。所有接缝应用密封材料封严，涂封宽度不应小于10mm。对厚度小于3mm的高聚物改性沥青防水卷材，严禁采用热熔法施工。

⑤ 高聚物改性沥青卷材冷粘法施工。该法是在基层或基层和卷材底面涂刷胶粘剂进行卷材与基层或卷材与卷材的黏结。主要工序有胶粘剂的选择和涂刷、铺粘卷材以及搭接缝处理等。卷材铺贴要控制好胶粘剂涂刷与卷材铺贴的间隔时间，一般可凭经验，当胶粘剂不粘手时即可开始粘贴卷材。

⑥ 合成高分子防水卷材施工。合成高分子防水卷材可用冷粘法、自粘法和热风焊接法施工。自粘贴卷材施工方法是施工时只要剥去隔离纸后即可直接铺贴；带有防粘层时，在粘贴搭接缝前应将防粘层先熔化掉，方可达到黏结牢固。热风焊接法是利用热空气焊枪进行防水卷材搭接粘合的方法。焊接前卷材铺放应平整顺直，搭接尺寸正确；施工时焊接缝的结合面应清扫干净，应无水滴、油污及附着物。先焊长边搭接缝，后焊短边搭接缝，焊接处不得有漏焊、缺焊、焊焦或焊接不牢的现象，也不得损害非焊接部位的卷材。

铺贴卷材防水屋面时，檐口、女儿墙、檐沟、天沟、斜沟、变形缝、天窗壁、板缝、泛水和雨水管等处均为重点防水部位，均需铺贴附加卷材，做到黏结严密，然后由低标高处往上进行铺贴、压实，表面平整，每铺完一层立即检查，发现有皱纹、开裂、粘贴不牢实、起泡等缺陷，应立即割开，浇油灌填严实，并加贴一块卷材盖住。屋面与突出屋面结构的连接处，卷材贴在立面上的高度不宜小于250mm，一般用叉接法与屋面卷材相连接；每幅油毡贴好后，应立即将油毡上端固定在墙上。如用铁皮泛水覆盖时，泛水与油毡的上端应用钉子在墙内的预埋木砖上钉牢。在无保温层装配式屋面上，沿屋架、支承梁和支承墙上的屋面板端缝上，应先点贴一层宽度为200～300mm的附加卷材，然后再铺贴油毡，以避免结构变形将油毡防水层拉裂。

(2) 保护层施工包括绿豆砂保护层施工和预制板块保护层施工。

① 绿豆砂保护层施工：油毡防水层铺设完毕后并经检查合格后，应立即进行绿豆砂保护层施工，以免油毡表面遭受破坏。施工时，应选用色浅、耐风化、清洁、干燥、粒径为3～5mm的绿豆砂，加热至100℃左右后均匀撒铺在涂刷过2～3mm厚的沥青胶结材料的油毡防水层上，并使其1/2粒径嵌入到表面沥青胶中。未黏结的绿豆砂应随时清扫干净。

② 预制板块保护层施工：当采用砂结合层时，铺砌块体前应将砂洒水压实刮平；块体应对接铺砌，缝隙宽度为10mm左右；板缝用1:2水泥砂浆勾成凹缝；为防止沙子流失，保护层四周500mm范围内，应改用低强度等级水泥砂浆做结合层。若采用水泥砂浆做结合层时，应先在防水层上做隔离层，隔离层可用单层油毡空铺，搭接边宽度不小于70mm。块体预先湿润后再铺砌，铺砌可用铺灰法或摆铺法。块体保护层每100m^{2}以内应留设分格缝，缝宽20mm，缝内嵌填密封材料，可避免因热胀冷缩造成板块拱起或板缝开裂。

2) 细石混凝土刚性防水屋面的施工方法

刚性防水屋面最常用的是细石混凝土防水屋面，它是由结构层、隔离层和细石混凝土防水层3层组成。

(1) 结构层施工：当屋面结构层为装配式钢筋混凝土屋面板时，应采用细石混凝土灌缝，强度等级不应小于C20级，并可掺微膨胀剂，板缝内应设置构造钢筋，板端缝应用密封材料嵌缝处理，找坡应采用结构找坡，坡度宜为2%～3%，天沟和檐沟应用水泥砂浆找坡，找坡厚度大于20mm时，宜采用细石混凝土。刚性防水屋面的结构层宜为整体浇筑的钢筋混凝土结构。

(2) 隔离层施工：在结构层与防水层之间设有一道隔离层，以便结构层与防水层的变形互不制约，从而减少防水层受到的拉应力，避免开裂。隔离层可用石灰黏土砂浆或纸筋灰、麻筋灰、卷材和塑料薄膜等起隔离作用的材料制成。

① 石灰黏土砂浆隔离层施工：基层板面清扫干净、洒水湿润后，将石灰膏:砂:黏土以配合质量比为1:2.4:3.6配制的料铺抹在板面上，厚度约10～20mm，表面压实、抹光、平整和干燥后进行防水层施工。

② 卷材隔离层施工：在干燥的找平层上铺一层3～8mm的干细砂滑动层，再铺一层卷材，搭接缝用热沥青胶结，或在找平层上铺一层塑料薄膜作为隔离层，注意保护隔离层。

刚性防水层与山墙、女儿墙、变形缝两侧墙体交接处应留有宽度为30mm的缝隙，并用密封材料嵌填。泛水处应铺设卷材或涂膜附加层，收头和变形缝做法应符合设计或规范要求。

(3) 刚性防水层施工：刚性防水层宜设分格缝，分格缝应设在屋面板支撑处、屋面转折处或交接处。分格缝间距一般宜不大于6m，或“一间一格”。分格面积不宜超过$36m^2$，缝宽宜为20～40mm，分格缝中应嵌填密封材料。

① 现浇细石混凝土防水层施工。首先清理干净隔离层表面，支分格缝隔板，不设隔离层时，可在基层上刷一遍1:1素水泥浆，放置双向冷拔低碳钢丝网片，间距为100～200mm，位置宜居中稍偏上，保护层厚度不小于10mm，且在分格缝处断开。混凝土的浇筑按先远后近，先低后高的顺序，一次浇完一个分格，不留施工缝，防水层厚度不宜小于50mm，泛水高度不应低于120mm应同屋面防水层同时施工，泛水转角处要做成圆弧或钝角。混凝土宜用机械振捣，直至密实和表面泛浆，泛浆后用铁抹子压实抹平。混凝土收水初凝后，及时取出分格缝隔板，修补缺损，二次压实抹光；终凝前进行第3次抹光；终凝后，立即养护，养护时间不得少于14天，施工合适气温为5℃～35℃。

② 补偿收缩混凝土防水层施工。在细石混凝土中掺入膨胀剂，硬化后产生微膨胀来补偿混凝土的收缩；混凝土中的钢筋约束混凝土膨胀，又使混凝土产生预压自应力，从而提高其密实性和抗裂性，提高抗渗能力。膨胀剂的掺量按配合比准确称量，膨胀剂与水泥同时投料，连续搅拌时间应不少于3min。

3. 流水施工组织

现分别组织柔性防水和刚性流水施工。

1) 屋面防水工程流水施工组织的步骤

第1步：划分施工过程。按照划分施工过程的原则，把起主导作用的、影响工期的施工过程单独列项。

第2步：划分施工段。为了组织流水施工，按照划分施工段的原则，并结合实际工程情况划分施工段。施工段的数目一定要合理，不能过多或过少。屋面工程组织施工时若没有高低层，或没有设置变形缝，一般不分段施工，而是采用依次施工的方式组织施工。

第3步：组织专业班组。按工种组织单一或混合专业班组，连续施工。

第4步：组织流水施工，绘制进度计划。按流水施工组织方式，组织搭接施工。进度计划常有横道图和网络图两种表达方式。

2) 防水屋面的施工组织

(1) 无保温层和架空层的柔性防水屋面一般划分找平找坡、铺卷材和做保护层3个施工过程。其施工网络计划如图5.32所示。

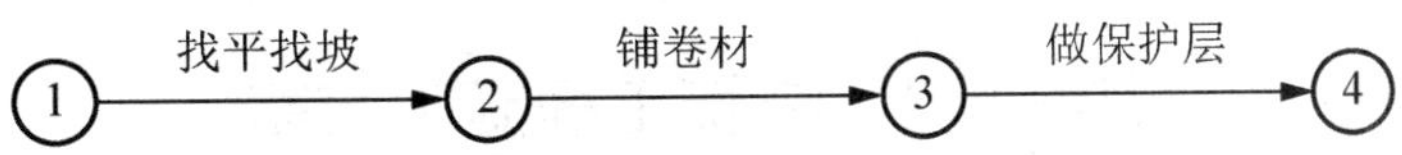

图5.32 无保温层和架空层的柔性防水屋面施工网络图

(2) 有保温层的柔性防水屋面一般划分找平层、铺保温层、找平找坡、铺卷材和做保护层5个施工过程。其施工网络计划如图5.33所示。

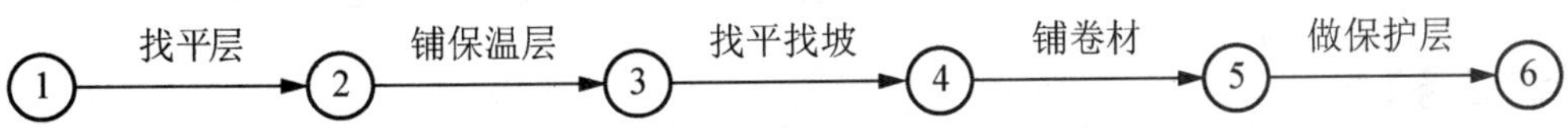

图5.33 有保温层的柔性防水屋面施工网络图

(3) 刚性防水屋面划分为细石混凝土防水层(含隔离层)、养护和嵌缝 3 个施工过程。其施工网络计划如图 5.34 所示。

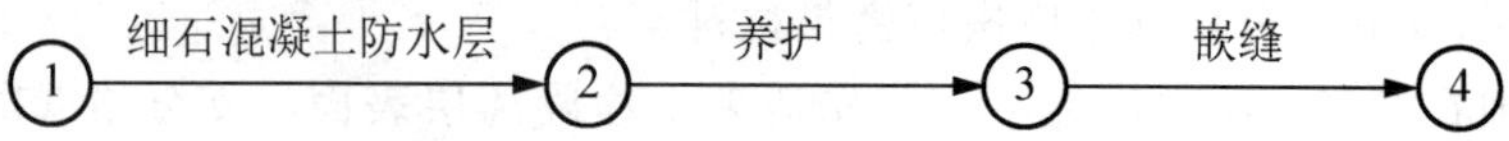

图 5.34 刚性防水屋面施工网络图

对于工程量小的屋面也可以把屋面防水工程只作为一个施工过程对待。

实训小结

本节主要讲述了各类屋面防水工程的施工顺序、施工方法及施工机械、流水施工的组织，通过学习和训练，学生应能独立编制屋面防水工程施工方案。

实训考核

考核评定方式	评定内容	分值	得分
自评	知识掌握熟悉情况	10	
	屋面防水工程施工方案选择	15	
学生互评	学习态度及表现	5	
	屋面防水施工方案知识掌握情况	10	
	成果编写情况	10	
教师评定	学习态度及表现	10	
	屋面防水施工方案知识掌握情况	20	
	成果编写情况	20	

实训练习

编制某住宅楼屋面防水工程施工方案。

训练 5.4 装饰工程施工方案

【实训背景】

作为施工方接受业主方委托，对拟建某住宅楼本编制装饰工程施工方案。

【实训任务】

编制某住宅楼装饰工程施工方案。

【实训目标】

1. 能力目标

根据施工图纸，能独立完成装饰工程施工方案的编制。

2. 知识目标

掌握装饰工程的相关知识并融会贯通。

【实训成果】

某住宅楼装饰工程施工方案。

【实训内容】

1. 施工顺序的确定

1）室内装饰与室外装饰的施工顺序

装饰工程可分为室外装饰(外墙装饰、勒脚、散水、台阶、明沟和水落管等)和室内装饰(顶棚、墙面、楼地面、楼梯抹灰、门窗扇安装、门窗油漆、安玻璃、做墙裙和做踢脚线等)。室内外装饰工程的施工顺序通常有先内后外、先外后内和内外同时进行3种顺序，具体选用哪种顺序，应视施工条件和气候条件而定。通常室外装饰应避开冬期和雨期。当室内为水磨石楼面时，为防止楼面施工时水的渗漏对外墙面的影响，应先完成水磨石的施工，即采取先内后外的顺序；如果为了加快脚手架周转或要赶在冬期或雨期来之前完成外装修，则应采取先外后内的顺序。

2）内装饰的施工顺序和施工流向

(1) 施工流向：室内装饰工程一般有自上而下、自下而上和自中而下再自上而中3种施工流向。

① 自上而下施工流向指主体结构封顶、屋面防水层完成后，从屋顶开始，逐层向下进行。其优点是主体恒载已到位，结构物已有一定沉降时间；屋面防水完成后，可以防止雨水对屋面结构的渗透，有利于室内抹灰的质量；工序之间交叉作业少，互相影响少，有利于成品保护，施工安全。其缺点是不能尽早地与主体搭接施工，工期相对较长。这种顺序适用于层数不多且工期要求不太紧迫的工程，如图5.35所示。

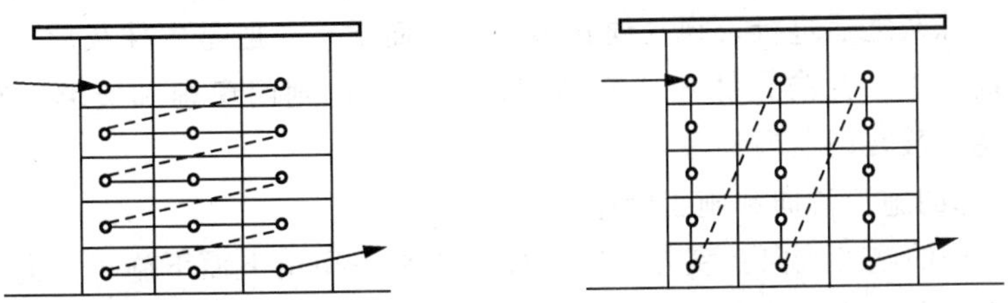

(a)水平向下　(b)竖直向下

图5.35　自上而下的施工流向

② 自下而上施工流向指主体结构已完成3层以上时，室内抹灰自底层逐层向上进行。

其优点是主体工程与装饰工程交叉进行施工，工期较短；其缺点是工序之间交叉作业多，质量、安全和成品保护不易保证。因此，采取这种流向，必须有一定的技术组织措施作保证，如相邻两层中，先做好上层地面，确保不会渗水，再做好下层顶棚抹灰。这种方法适用于层数较多且工期紧迫的工程，如图 5.36 所示。

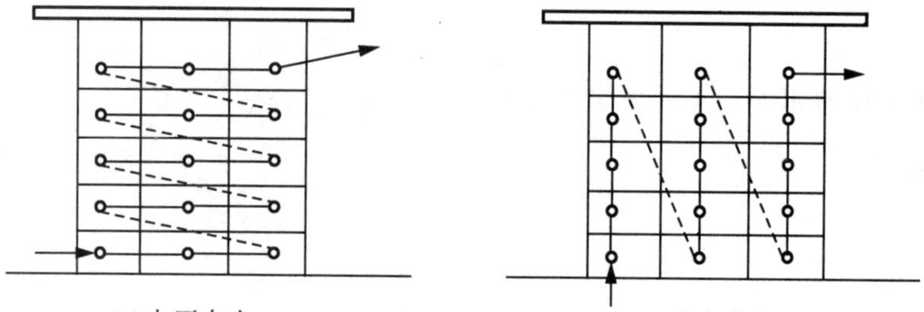

(a)水平向上 (b)垂直向上

图 5.36 自下而上的施工流向

③ 自中而下、再自上而中施工流向该工序集中了前两种施工顺序的优点，适用于于高层建筑的室内装饰施工。

(2) 室内装饰整体施工顺序。室内装饰工程施工顺序随装饰设计的不同而不同。例如某框架结构主体室内装饰工程施工顺序为：结构基层处理→放线→做轻质隔墙→贴灰饼冲筋→立门窗框→各类管道水平支管安装→墙面抹灰→管道试压→墙面喷涂贴面→吊顶→地面清理→做地面、贴地砖→安门窗扇→安风口、灯具和洁具→调试→清理。

(3) 同一层的室内抹灰施工顺序有：楼地面→顶棚→墙面和顶棚→墙面→楼地面两种。前一种顺序便于清理地面和保证地面质量，且便于收集墙面和顶棚的落地灰，节省材料。但由于地面需要养护时间及采取保护措施，使墙面和顶棚抹灰时间推迟，影响后续工序，工期较长。后一种顺序在做地面前，必须将楼板上的落地灰和渣子扫清洗净后，再做面层，否则会影响地面面层与混凝土楼板间的黏结，引起地面起鼓。

底层地面一般多是在各层顶棚、墙面和楼面做好之后进行。楼梯间和踏步抹面由于其在施工期间较易损坏，通常在整个抹灰工程完成后，自上而下统一施工。门窗扇的安装一般在抹灰之前或抹灰之后进行，视气候和施工条件而定，一般是先抹灰后安装门窗扇。若室内抹灰在冬期施工，为防止抹灰层冻结和加速干燥，则门窗扇和玻璃应在抹灰前安装好。门窗安玻璃一般在门窗扇油漆之后进行。

3) 室外装饰的施工流向和施工顺序

(1) 室外装饰的施工流向：室外装饰工程一般都采用由上而下施工流向，即从女儿墙开始，逐层向下进行。在由上往下每层所有分项工程(工序)全部完成后，即开始拆除该层的脚手架，拆除外脚手架后，填补脚手眼，待脚手眼灰浆干燥后，再进行室内装饰。各层完工后，则可以进行勒脚、散水及台阶的施工。

(2) 室外装饰整体施工顺序：室外装饰工程施工顺序随装饰设计的不同而不同。例如某框架结构主体室外装饰工程施工顺序为：结构基层处理→放线→贴灰饼冲筋→立门窗框→抹墙面底层抹灰→墙面中层找平抹灰→墙面喷涂贴面→清理→拆本层外脚手架→进行下一层施工。

由于大模板墙面平整，只需在板面刮腻子，面层刷涂料。大模板不采用外脚手架，结构室外装饰采用吊式脚手架(吊篮)。

2. 施工方法及施工机械

1）室内装饰施工方法和施工机具

(1) 楼地面工程可按地面材质不同分为以下6种。

① 水泥砂浆地面的施工。

a. 水泥砂浆地面施工工艺：基层处理→找规矩→基层湿润、刷水泥浆→铺水泥砂浆面层→拍实并分3遍压光→养护。

b. 施工方法和施工机具的选择。在基层处理后，进行弹准线、做标筋，然后铺抹砂浆并压光。铺水泥砂浆，用刮尺赶平，并用木抹子压实，待砂浆初凝后终凝前，用铁抹子反复压光3遍，不允许撒干灰砂收水抹压。面层抹完后，在常温下铺盖草垫或锯末屑进行浇水养护。水泥砂浆地面施工常用机具有铁抹子、木抹子、刮尺和地面分格器等。

② 细石混凝土地面的施工。

a. 细石混凝土地面施工工艺：基层处理→找规矩→基层湿润、刷水泥浆→铺细石混凝土面层→刮平拍实→用铁滚筒滚压密实并进行压光→养护。

b. 施工方法和施工机具的选择。混凝土铺设时，预先在地坪四周弹出水平线，并用木板隔成宽小于3m的条形区段，先刷水灰比为0.4～0.5的水泥浆，随刷随铺混凝土，用刮尺找平，用表面振动器振捣密实或采用滚筒交叉来回滚压3～5遍，至表面泛浆为止，然后进行抹平和压光。混凝土面层应在初凝前完成抹平工作，终凝前完成压光工作。混凝土面层3遍压光成活及养护同水泥砂浆地面面层。常用的施工机具有铁抹子、木抹子、刮尺、地面分格器、振动器和滚筒等。

③ 现浇水磨石地面的施工。

a. 现浇水磨石地面施工工艺：基层找平→设置分格条、嵌固分格条→养护及修复分格条→基层湿润、刷水泥素浆→铺水磨石粒浆→拍实并用滚筒滚压→铁抹抹平→养护→试磨→初磨→补粒上浆养护→细磨→补粒上浆养护→磨光→清洗、晾干、擦草酸→清洗、晾干、打蜡→养护。

b. 施工方法。水磨石面层施工一般在完成顶棚、墙面抹灰后进行，也可以在水磨石磨光两遍后进行顶棚、墙面的抹灰，然后进行水磨石面层的细磨和打蜡工作，但水磨石半成品必须采取有效的保护措施。

铺设水泥石粒浆面层时，如在同一平面上有几种颜色的水磨石，应先做深色，后做浅色；先做大面，后做镶边；待前一种色浆凝固后，再抹后一种色浆。水磨石的磨光一般常用“二浆三磨”法，即整个磨光过程为磨光3遍，补浆2次。现浇水磨石地面的施工常用一般磨石机、湿式磨光机、滚筒、铁抹子、木抹子、刮尺和水平尺等。

④ 块材地面的施工。

块材地面主要包括陶瓷锦砖、瓷砖、地砖、大理石、花岗岩、碎拼大理石以及预制混凝土、水磨石地面等。

a. 块材地面施工工艺分为以下3种。

大理石、花岗岩和预制水磨石板施工工艺：基层清理→弹线→试拼、试铺→板块浸水→刷浆→铺水泥砂浆结合层→铺块材→灌缝、擦缝→上蜡。

碎拼大理石施工工艺：基层清理→抹找平层→铺贴→浇石碴浆→磨光→上蜡。

陶瓷地砖楼地面：基层处理→作灰饼、冲筋→做找平层→板块浸水阴干→弹线→铺板块→压平拔缝→嵌缝→养护。

b. 施工方法和施工机具的选择。铺设前一般应在干净湿润的基层上浇水灰比为0.5的素水泥浆，并及时铺抹水泥砂浆找平层。贴好的块材应注意养护，粘贴1天后，每天洒水少许，并防止地面受外力震动，需养护3～5天。块材地面常用的施工机具有石材切割机、钢卷尺、水平尺、方尺、墨斗线、尼龙线靠尺、木刮尺、橡皮锤或木槌、抹子、喷水壶、灰铲、台钻、砂轮和磨石机等。

⑤ 木质地面的施工。

a. 木质地面施工工艺分为以下3种。

普通实木地板搁栅式的施工工艺：基层处理→安装木搁栅、撑木→钉毛地板(找平、刨平)→弹线→钉硬木地板→钉踢脚板→刨光、打磨→油漆。

粘贴式施工工艺：基层处理→弹线定位→涂胶→粘贴地板→刨光、打磨→油漆。

复合地板的施工工艺：基层处理→弹线找平→铺垫层→试铺预排→铺地板→安装踢脚板→清洁表面。

b. 施工方法和施工机具的选择。木地板施工之前，应在墙四周弹水平线，以便于找平。面板的铺设有两种方法：钉固法和粘贴法。复合地板只能悬浮铺装，不能将地板粘固或者钉在地面上。铺装前需要铺设一层垫层，例如聚乙烯泡沫塑料薄膜或较厚的发泡底垫等材料，然后铺设复合地板。木地板铺设常用的机具有小电锯、小电刨、平刨、电动圆锯(台锯)、冲击钻、手电钻、磨光机、手锯、手刨、锤子、斧子、凿子、螺丝刀、撬棍、方尺、木折尺、墨斗、磨刀石和回力钩等。

⑥ 地毯地面的施工。

a. 地毯地面施工工艺分以下两种。固定式地毯地面：基层处理→裁割地毯→固定踢脚板→固定倒刺钉板条→铺设垫层→拼接地毯→固定地毯→收口、清理。

活动式地毯地面：基层处理→裁割地毯→(接缝缝合)→铺设→收口、清理。

b. 施工方式和施工工具的选择。地毯铺设方式可分为满铺和局部铺设两种。铺设的方法有固定式和活动式。活动式铺设是将地毯直接铺在地面上，不需要将地毯与基层固定。固定式铺设是将地毯裁边，黏结拼缝成为整片，摊铺后四周与房间地面加以固定的铺设方法。固定方式又分为粘贴法和倒刺板条固定法。

活动式铺设是将地毯直接铺在地面上，不需要将地毯与基层固定的一种铺设方法。活动式铺设地毯的方法是：首先是基层处理，然后进行地毯的铺设。若采用方块地毯，先按地毯方块在基层上弹出方格控制线，然后从房间中间向四周展开铺排，逐块就位放平并且相互靠紧，收口部位应按设计要求选择适当的收口条。在人活动频繁且容易被人掀起的部位，也可以在地毯背面少刷一点胶，以增加地毯的耐久性，防止被掀起。常用的施工机具：裁毯刀、地毯撑子、扁铲、墩拐、用于缝合的尖嘴钳、熨斗、地毯修边器、直尺、米尺、手枪式电钻、调胶容器、修绒电铲和吸尘器等。

(2) 内墙装饰工程类型，按材料和施工方法不同可分为抹灰类、贴面类、涂刷类和裱糊类 4 种。

① 抹灰类内墙饰面的施工。

a. 内墙一般抹灰的施工工艺为：基层处理→做灰饼、冲筋→阴阳角找方→门窗洞口做护角→抹底层灰及中层灰→抹罩面灰。

b. 施工方法和施工机具的选择。做灰饼是在墙面的一定位置上抹上砂浆团，以控制抹灰层的平整度、竖直度和厚度，凡窗口和垛角处必须做灰饼。冲筋厚度同灰饼，应抹成八字形(底宽面窄)。中级抹灰要求阳角找方，高级抹灰要求阴阳角都要找方。方法是用阴阳角方尺检查阴阳角的直角度，并检查竖直度，然后定抹灰厚度，浇水湿润。或者用木制阴角器和阳角器分别进行阴阳角处抹灰，先抹底层灰，使其基本达到直角，再抹中层灰，使阴阳角方正。阴阳角找方应与墙面抹灰同时进行。标筋达到一定强度后即可抹底层及中层灰，这道工序也叫装档或刮糙，待底层灰 7～8 成干时即可抹中层灰，其厚度以垫平标筋为准，也可以略高于标筋。中层灰要用刮尺刮平，并用木抹子来回搓抹，去高补低。搓平后用 2m 靠尺检查，超过质量标准允许偏差时应修整至合格。在中层灰 7～8 成干后即可抹罩面灰，普通抹灰应用麻刀灰罩面，中高级抹灰应用纸筋灰罩面。抹灰前先在中层灰上洒水，然后将面层砂浆分遍均匀抹涂上去，一般也应按从上到下、从左到右的顺序。抹满后用铁抹子分遍压实压光。铁抹子各遍地运行方向应互相垂直，最后一遍宜按竖直方向。常用的施工机具有：木抹子、塑料抹子、铁抹子、钢抹子、压板、阴角抹子、阳角抹子、托灰板、挂线板、方尺、八字靠尺、钢筋卡子、刮尺、筛子和尼龙线等。

② 内墙饰面砖的施工。

a. 内墙饰面砖(板)的施工工艺：基层处理→做找平层→弹线、排砖→浸砖→贴标准点→镶贴→擦缝。

b. 内墙饰面砖的施工方法和施工机具的选择。不同的基体应进行不同的处理，以解决找平层与基层的黏结问题。基体基层处理好后，用 1:3 水泥砂浆或 1:1:4 的混合砂浆打底找平。待找平层 6～7 成干时，按图纸要求，结合瓷砖规格进行弹线。先量出镶贴瓷砖的尺寸，立好皮数杆，在墙面上从上到下弹出若干条水平线，控制好水平皮数，再按整块瓷砖的尺寸弹出竖直方向的控制线。先按颜色的深浅不同进行归类，然后再对其几何尺寸的大小进行分选。在同一墙面上的横竖排列，不宜有一行以上的非整砖，且非整砖要排在次要位置或阴角处。瓷砖在镶贴前应在水中充分浸泡，一般浸水时间不少于 2h，取出阴干备用，阴干时间以手摸无水感为宜。内墙面砖镶贴排列的方法主要有直缝排列和错缝排列。当饰面砖尺寸不一时，极易造成缝不直，这种砖最好采用错缝排列。若饰面砖厚薄不一时，按厚度分类，分别贴在不同的墙面上，如果分不开，则先贴厚砖，然后用面砖背面填砂浆加厚的方法贴薄砖，瓷砖铺贴方式有离缝式和无缝式两种。无缝式铺贴要求阳角转角铺贴时要倒角，即将瓷砖的阳角边厚度用瓷砖切割机打磨成 30°～45°以便对缝。依砖的位置，排砖有矩形长边水平排列和竖直排列两种。大面积饰面砖铺贴顺序是：由下向上，从阳角开始向另一边铺贴。饰面砖铺贴完毕后，应用棉纱或棉质毛巾蘸水将砖面灰浆擦净。常用的施工机具有：手提切割机、橡皮锤(木槌)、铅锤、水平尺、靠尺、开刀、托线板、硬木拍板、刮杠、方尺、墨斗、铁铲、拌灰桶、尼龙线、薄钢片、手动切割器、细砂轮片、棉丝、擦布和胡桃钳等。

③ 涂料类内墙面的施工。

a. 涂料类内墙饰面的施工工艺为：基层清理→填补腻子、局部刮腻子→磨平→第一遍满刮腻子→磨平→第二遍满刮腻子→磨平→第一遍喷涂涂料→第二遍喷涂涂料→局部喷涂涂料。

b. 涂料类内墙饰面的施工方法和施工机具的选择。

内墙涂料品种繁多，其施涂方法基本上都是采用刷涂、喷涂、滚涂、抹涂和刮涂等。不同的涂料品种会有一些微小差别。常用的施工机具：刮铲、钢丝刷、尖头锤、圆头锉、弯头刮刀、棕毛刷、羊毛刷、排笔、涂料辊、喷枪、高压无空气喷涂机和手提式涂料搅拌器等。

④ 裱糊类内墙饰面的施工。

a. 裱糊类内墙饰面的施工工艺。壁纸裱糊施工工艺流程为：基层处理→弹线→裁纸编号→焖水→刷胶→上墙裱糊→清理修整表面。

金属壁纸的施工工艺流程为：基层表面处理→刮腻子→封闭底层→弹线→预拼→裁纸、编号→刷胶→上墙裱贴→清理修整表面。

墙布及锦缎裱糊施工工艺流程为：基层表面处理→刮腻子→弹线→裁剪、编号→刷胶→上墙裱贴→清理修整墙面。

b. 裱糊类内墙饰面的施工方法和施工机具的选择。裱糊壁纸的基层表面为了达到平整光洁、颜色一致的要求，应视基层的实际情况，采取局部刮腻子、满刮一遍或两遍腻子，每遍干透后用 0～2 号砂纸磨平。不同基体材料的相接处，如石膏板和木基层相接处，应用穿孔纸带粘糊，处理好的基层表面要喷或刷一遍汁浆。按壁纸的标准宽度找规矩，弹出水平及垂直准线。为了使壁纸花纹对称，应在窗户上弹好中线，再向两侧分弹。如果窗户不在中间，为保证窗间墙的阳角花饰对称，应弹窗间墙中线，由中心线向两侧再分格弹线。根据壁纸规格及墙面尺寸进行裁纸，裁纸长度应比实际尺寸大 20～30mm。壁纸上墙前，应先在壁纸背面刷清水一遍，立即刷胶，或将壁纸浸入水中 3～5min 后，取出将水擦净，静置约 15min 后，再进行刷胶。塑料壁纸背面和基层表面都要涂刷胶粘剂。裱糊时先贴长墙面，后贴短墙面。每面墙从显眼处墙角开始，至阴角处收口，由上而下进行。上端不留余量，包角压实。遇有墙面上卸不下来的设备或附件，裱糊时可在壁纸上剪口裱上去。常用的施工机具有：活动裁纸刀、刮板、薄钢片刮板、胶皮刮板、塑料刮板、胶滚、铝合金直尺、裁纸案台、钢卷尺、水平尺、2m 直尺、普通剪刀、粉线包、软布、毛巾、排笔、板刷、注射用针管及针头等。

⑤ 大型饰面板的安装施工。

大型饰面板的安装多采用浆锚法和干挂法施工。

(3) 顶棚装饰工程。顶棚的做法有抹灰、涂料以及吊顶。抹灰及涂料顶棚的施工方法与墙面大致相同。吊顶顶棚主要是悬挂系统、龙骨架、饰面层及其相配套的连接件和配件组成。

① 吊顶工程施工工艺：弹线→固定吊筋→吊顶龙骨的安装→罩面板的安装。

② 施工方法和施工机具的选择。安装前，应先按龙骨的标高沿房屋四周在墙上弹出水平线，再按龙骨的间距弹出龙骨中心线，找出吊杆中心点。吊杆用 ϕ6～10mm 的钢筋制作，上人吊顶吊杆间距一般为 900～1200mm，不上人吊顶吊杆间距一般为 1200～1500mm。按照已找出的吊杆中心点，计算好吊杆的长度，将吊杆上端焊接固定在预埋件上，下端套丝，并配好螺帽，以便与主龙骨连接。木龙骨需做防腐处理和防火处理，现常用轻钢龙骨。轻钢龙骨的断面形状可分为 U 形、T 形、C 形、Y 形和 L 形等。分别作为主龙骨、次龙骨和边龙骨配套使用。吊顶轻钢龙骨架作为吊顶造型骨架，由大龙骨(主龙骨、承载龙骨)、次龙骨(中龙骨)、横撑龙骨及其相应的连接件组装而成。主龙骨安装，用吊挂件将主龙骨连接在吊杆上，拧紧螺丝卡牢，然后以一个房间为单位，将大龙骨调整平直。调整方法可用 60mm×60mm 方木按主龙骨间距钉圆钉，将主龙骨卡住，临时固定。中龙骨安装，中龙骨垂直于主龙骨，在交叉点用中龙骨吊挂件将其固定在主龙骨上，吊挂件上端搭在主龙骨上，挂件 U 形腿用钳子卧入龙骨内。中龙骨的间距因装饰面板是密缝安装还是离缝安装而异，中龙骨间距应计算准确并要翻样确定。横撑龙骨安装，横撑龙骨应由中龙骨截取。安装时，将截取的中龙骨的端头插入挂插件，扣在纵向龙骨上，并用钳子将挂插件弯入纵向龙骨内。组装好后，纵向龙骨和横撑龙骨底面(即饰面板背面)要求平齐。横撑龙骨间距应视实际使用的饰面板规格尺寸而定。灯具处理，一般轻型灯具可固定在中龙骨或附加的横撑龙骨上；较重的须吊于大龙骨或附加大龙骨上；重型的应按设计要求决定，且不得与轻钢龙骨连接。

铝合金龙骨的安装，主、次龙骨安装时宜从同一方向同时安装，主龙骨(大龙骨)按已确定的位置及标高线，先将其基本就位。次龙骨(中、小龙骨)与主龙骨应紧贴安装就位。龙骨接长一般选择用配套连接件，连接件可用铝合金，也可用镀锌钢板，在其表面冲成倒刺，与龙骨方孔相连。龙骨架基本就位后，以纵横两个方向满拉控制标高线(十字线)，从一端开始边安装边进行调整，直至龙骨调平调直为止。如面积较大，在中间应适当起拱，起拱高度应不少于房间短向跨度的 1/300～1/200。钉固边龙骨，沿标高线固定角铝边龙骨，其底面与标高线齐平。一般可用水泥钉直接将角铝钉在墙面或柱面上，或用膨胀螺栓等方法固定，钉距宜小于 500mm。罩面板安装前应对吊顶龙骨架安装质量进行检验，符合要求后，方可进行罩面板安装。

罩面板的安装，一般采用粘合法、钉子固定法、方板搁置式或方板卡入式安装等。

吊顶常用的施工机具：电动冲击钻、手电钻、电动修边机、木刨、槽刨、无齿锯、射钉枪、手锯、手刨、螺丝刀、扳手、方尺、钢尺、钢水平尺、锯、锤、斧、卷尺、水平尺和墨线斗等。

2）室外装饰施工方法

室外装饰施工方法和室内装饰大致相同，不同的是外墙受温度影响较大，通常需设置分格缝，只多了分格条的施工过程。

3. 流水施工组织

装饰工程流水施工组织的步骤分为以下几步。

第 1 步：划分施工过程。按照划分施工过程的原则，把起主导作用的、影响工期的施工过程单独列项。

第 2 步：划分施工段。为了组织流水施工，按照划分施工段的原则，并结合实际工程情况划分施工段。施工段的数目一定要合理，不能过多或过少。

第 3 步：组织专业班组。按工种组织单一或混合专业班组，连续施工。

第 4 步：组织流水施工，绘制进度计划。按流水施工组织方式，组织搭接施工。进度计划常有横道图和网络图两种表达方式。

装饰工程平面上一般不分段，立面上分段，通常把一个结构楼层作为一个施工段。室外装饰只划分为一个施工过程，采用自上而下的流向组织施工。室内装饰一般划分为楼地面施工、顶棚及内墙抹灰(内抹灰)、门窗扇的安装和涂料工程 4 个施工过程。

以某 5 层建筑物为例，采用自上而下的流向组织施工，绘制时按楼层排列，其装饰工程流水施工网络计划如图 5.37 所示。

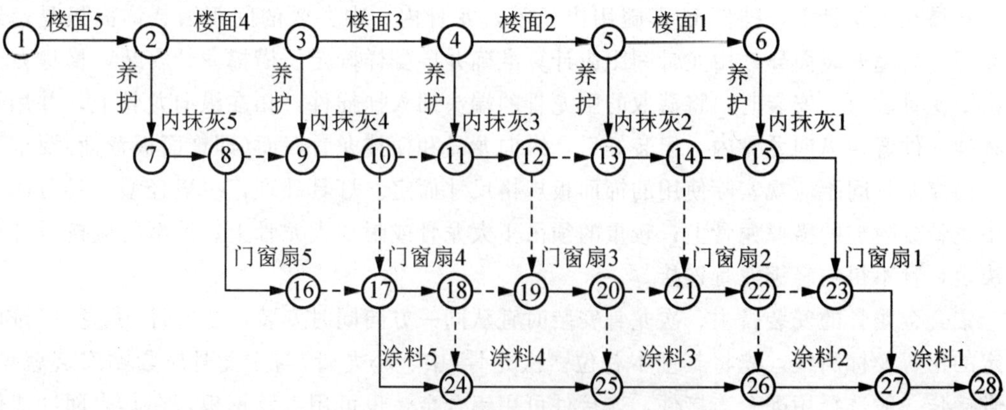

图 5.37 某装饰工程流水施工网络计划

实训小结

本节主要讲解装饰工程施工程序、施工方法、施工机械和施工组织，学生通过学习应能编写装饰工程施工方案。

实训考核

考核评定方式	评定内容	分值	得分
自评	知识掌握熟悉情况	10	
	装饰工程施工方案选择	15	
学生互评	学习态度及表现	5	
	装饰施工方案知识掌握情况	10	
	成果编写情况	15	
教师评定	学习态度及表现	10	
	装饰施工方案知识掌握情况	10	
	成果编写情况	25	

实训练习

编制某住宅楼装饰工程施工方案。

项目6

单位工程施工进度计划的编制

项目实训目标

通过本项目内容的学习和实训，学生应能独立编写单位工程施工进度计划。

实训项目设计

实训项目编号	能力训练项目名称	学时		拟达到的能力目标	相关支撑知识	训练方式手段及步骤	结果
		理论	实践				
6.1	施工定额的应用	1	1	能应用施工定额结合工程实际计算平均综合定额	(1) 工程施工定额内容； (2) 综合时间定额或综合产量定额的确定	能力迁移训练；教师以某职工宿舍JB型施工图为案例进行讲解，学生同步以某住宅楼施工图为任务进行训练	某住宅楼装饰工程施工平均综合定额的计算
6.2	分部工程施工进度计划的编制	2	2	能编制基础工程、主体工程、装饰工程和屋面防水工程施工进度计划	(1) 流水施工知识； (2) 网络计划技术； (3) 施工定额及其应用； (4) 施工进度计划编制知识	能力迁移训练；教师以某职工宿舍JB型施工图为案例进行讲解，学生同步以某住宅楼施工图为任务进行训练	某住宅楼基础工程、主体工程、屋面防水工程和装饰工程施工进度计划表
6.3	单位工程施工进度计划的编制	1	1	能编制单位工程施工进度计划表	(1) 流水施工知识； (2) 网络计划技术； (3) 施工定额及其应用； (4) 单位工程施工进度计划编制	能力迁移训练；教师以某职工宿舍JB型施工图为案例进行讲解，学生同步以某住宅楼施工图为任务进行训练	某住宅楼工程施工进度计划表(横道图)

训练6.1 工程施工定额及其应用

【实训背景】

作为施工技术人员为了编制工程施工进度计划，必须进行施工定额计算以求得作业时间。

【实训任务】

计算某住宅楼装饰工程平均综合定额。

【实训目标】

1. 能力目标

(1) 能够灵活应用施工定额结合工程实际计算平均综合定额。

(2) 能够针对工程实际情况，合理选用施工定额。

2. 知识目标

(1) 掌握施工定额基本概念、编制原理和内容。

(2) 掌握综合时间定额或综合产量定额的确定方法。

【实训成果】

某住宅楼装饰工程平均综合定额的计算。

【实训内容】

1. 工程施工定额的基本概念

施工定额就是在一定的施工生产技术组织条件下，为完成一定计量单位的合格产品所必需的人工、材料和机械消耗的数量标准。

施工定额由劳动定额、材料消耗定额和机械台班定额组成。施工定额是施工企业依据现行设计图、施工图、设计规范及管理、装备、技术水平等编制的，是施工企业编制施工组织设计用的一种定额，也是编制预算定额的基础。此外，用施工定额还可以编制作业进度计划，签发工程任务单(包括限额领料单)，结算计件工程和超额奖励及材料节约奖金等。因此施工定额既是施工企业内部实行经济核算的依据，又是开展班组经济核算的依据。

2. 施工定额编制的原则

(1) 要以有利于不断提高工程质量、提高经济效益、改变企业的经营管理和促进生产技术不断发展为原则。

(2) 平均先进水平的原则。施工定额平均先进水平的含义，是指在正常的施工条件下

(劳动组织合理，管理制度健全，原材料供应及时，工程任务适量，保证质量均能满足)，经过努力，多数施工企业和劳动者，可以达到或超过，少数施工企业和劳动者，可以接近的水平。更具体点说，这个平均先进水平，低于先进企业和先进劳动者的水平，高于后进企业和后进劳动者的水平，同时，略高于大多数企业和劳动者的平均水平。

(3) 内容适用的原则。施工定额的内容，要求简明、准确和适用，既简而准确，又细而不繁。

3. 施工定额的内容

施工定额的内容包括：劳动定额、材料消耗定额和机械使用定额。

1) 劳动定额

(1) 劳动定额的概念。劳动定额是指在一定的生产技术组织条件下，完成合格的单位产品所必需的劳动力数量消耗的标准。劳动定额一般用两种形式来表示，即时间定额和产量定额。

① 时间定额是指在一定的生产技术组织条件下，规定劳动者应完成质量合格的单位产品所需的时间。它一般以工日(工天)为计量单位，也可以工时为计量单位。时间定额的计算式如下

$$时间定额=\frac{工作人数\times工作时间}{工作时间内完成的产品数量} \tag{6-1}$$

时间定额中的时间，包括准备与结束时间、作业时间、休息和生理需要时间、工艺技术中断时间。

② 产量定额是指在一定的生产技术组织条件下，规定劳动者在单位时间内应完成合格产品的数量。产量定额的计算式如下

$$产量定额=\frac{工作时间内完成的产品数量}{工作人数\times工作时间} \tag{6-2}$$

时间定额和产量定额，是同一劳动定额的两种不同表现形式。时间定额，以工日为单位，便于计算分部分项工程的总需工日数，计算工期和核算工资。因此，劳动定额通常采用时间定额来表示。产量定额是以产品的数量作为计量单位，便于小组分配任务，编制作业计划和考核生产效率。

③ 两者关系：时间定额是计算产量定额的依据，也就是说产量定额是在时间定额基础上制定的。时间定额和产量定额在数值上互成反比例关系或互为倒数关系。当时间定额减少或增加时，产量定额也就增加或减少。其关系可用下列公式表示。

$$H=\frac{1}{S} \quad 或 \quad S=\frac{1}{H} \tag{6-3}$$

式中：H——时间定额；

S——产量定额。

2) 材料消耗定额

材料消耗定额是指在一定的生产技术组织条件下，完成合格的单位产品所必需的一定规格的材料消耗的数量标准。

材料消耗定额按材料消耗的特征可分为基本材料消耗定额和辅助材料消耗定额。

基本材料消耗定额是构成建筑产品实体的材料消耗的数量标准。如混凝土工程中的水泥、碎石、砂和钢筋等，轨道工程中的钢轨、轨枕和道钉等。

辅助材料消耗定额是指工程所必需但不构成建筑产品实体的材料消耗的数量标准。辅助材料定额进一步可分为一次性材料消耗定额和周转性材料消耗定额。

周转性材料消耗定额，如模板和脚手架等。周转性材料要妥善使用，力争达到或超过额定使用次数，尽量节约原材料消耗。

在材料消耗定额中，只具体列出了主要材料的品种、规格及用量，零星材料则以“其他材料费”计列在定额里，以“元”为单位表示。一般不因地区变化而变化。周转性材料，在材料消耗定额中只列算摊销量，而不是全部需要的材料数量。

材料消耗定额中包括工地范围内施工操作和搬运过程中的正常损耗量，但不包括场外运输途中的材料损耗数量。

3）机械使用定额

施工机械使用定额是指在一定的生产技术组织条件下，完成合格的单位产品所必需的施工机械工作数量消耗标准。它有两种形式：一是机械台班定额；一是机械产量定额。

(1) 机械台班(时间)定额是指在一定生产技术组织条件下，完成合格的单位产品所必需消耗的机械台班数量标准。公式如下

$$\text{机械台班客额}=\frac{\text{机械台数}\times\text{机械工作时间}}{\text{工作时间内完成的产品数量}} \tag{6-4}$$

机械工作时间是机械从准备发动到停机的全部时间，包括有效工作时间、不可避免的中断时间和无负荷工作时间。计量单位一般为工作班简称班。一班为8h，一个台班表示一台机械工作8h。

(2) 机械产量定额是指在一定的生产技术组织条件下，每一个机械台班时间内，所必须完成合格产品的数量标准。公式如下

$$\text{机械产量定额}=\frac{\text{工作时间内完成的产品数量}}{\text{机械台数}\times\text{机械工作时间}}=\frac{1}{\text{机械台班定额}} \tag{6-5}$$

4. 综合时间定额或综合产量定额的确定

在编制施工进度计划时，经常会遇到计划所列项目与施工定额所列项目的工作内容不一致的情况。这时，可先计算平均定额(或称综合定额)，再用平均定额计算劳动量。

(1) 当同一性质、不同类型的分项工程，其工程量相等时，平均定额可用其绝对平均值，如下式所示

$$\overline{H}=\frac{H_1+H_2+\cdots\cdots+H_n}{n} \tag{6-6}$$

式中：$\overline{H}$——同一性质、不同类型分项工程的平均时间定额。

(2) 当同一性质、不同类型的分项工程，其工程量不相等时，平均定额应用加权平均值。如下式所示

$$\overline{S}=\frac{Q_1+Q_2+\cdots\cdots+Q_n}{\dfrac{Q_1}{S_1}+\dfrac{Q_2}{S_2}+\cdots\cdots\dfrac{Q_n}{S_n}}=\frac{\sum Q_i\text{(总工程量)}}{\sum P_i\text{(总工程量)}} \tag{6-7}$$

$$\overline{H} = \frac{1}{\overline{S}} \tag{6-8}$$

式中：$\overline{S}$——同一性质、不同类型分项工程的平均产量定额；

Q_i——工程量；

P_i——劳动量。

【案例解析】

案例1 某楼房外墙装饰有干粘石、面砖和涂料3种做法，其工程量分别为865.5m^2、452.6m^2、683.8m^2，所采用的产量定额分别为4.17m^2/工日、4.05m^2/工日、7.56m^2/工日，求综合产量定额。

解：由公式6-7 $\overline{S} = \frac{\sum Q_i}{\sum P_i}$，可求得该工程的平均产量定额。

依题意有：$\sum Q_i = 865.5 + 452.6 + 683.8 = 2001.9(m^2)$，

$\sum P_i = 865.5/4.17 + 452.6/4.05 + 683.8/7.56 = 409.8$(工日)

故：$\overline{S} = \frac{\sum Q_i}{\sum P_i} = \frac{2001.9}{409.8} = 4.89(m^2/工日)$，即其综合产量定额为4.89$m^2$/工日。

案例2 根据$A_1 \sim A_3$教师公寓楼工程量，试计算模板和混凝土平均综合时间定额。

解：根据公式6-7，由题目已知条件，可分别求得模板工程和混凝土工程综合时间定额。

(1) 模板工程(一层)综合时间定额计算见表6-1。

表6-1 模板工程(一层)综合时间定额

序号	分项工程名称	工程量/m^2	时间定额/(工日/10m^2)	劳动量/工日	综合时间定额
1	矩形柱模板	108	2.54	27.432	
2	矩形梁模板	12.287	2.6	3.195	
3	圈梁水池模板	18.9	2.55	4.82	
4	楼板(含梁板)	159.51	1.98	31.58	
5	楼梯模板	11.96	2.3	2.75	
6	小计	310.657		69.777	0.225工日/m^2

(2) 混凝土工程综合时间定额计算见表6-2。

表6-2 混凝土工程综合时间定额

序号	分项工程名称	工程量/m^2	时间定额/(工日/10m^2)	劳动量/工日	综合时间定额
1	矩形柱混凝土	62.66	0.823	51.57	
2	矩形梁混凝土	75.58	0.33	24.94	
3	圈梁混凝土	9.11	0.712	6.49	

续表

序号	分项工程名称	工程量/m^2	时间定额/(工日/$10m^2$)	劳动量/工日	综合时间定额
4	楼板混凝土	81.96	0.211	17.3	
5	楼梯混凝土	11.14	1.032	11.47	
6	水池混凝土	11.4	1.72	19.61	
7	小计	251.85		131.38	0.522

实训小结

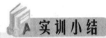

本节主要讲述了施工定额的概念、编制原则、编制内容以及综合平均时间定额或综合平均产量定额的确定。通过学习和实训练习后，学生应能熟练运用定额和进行定额换算。

实训考核

考核评定方式	评定内容	分值	得分
自评	学习态度及表现	10	
	施工定额掌握情况	10	
	能计算综合定额	10	
学生互评	学习态度及表现	10	
	施工定额掌握情况	10	
	能计算综合定额	10	
教师评定	学习态度及表现	10	
	施工定额掌握情况	15	
	能计算综合定额	15	

实训练习

根据某住宅楼工程量，试计算模板和混凝土平均综合时间定额。

训练6.2 分部工程施工进度计划的编制

【实训背景】

作为施工技术人员为了编制工程施工进度计划，必须掌握分部工程进度计划的编制内容和编制过程。

【实训任务】

编制某住宅楼基础、主体、屋面和装饰工程施工进度计划。

【实训目标】

1. 能力目标

能编制基础工程、主体工程、屋面防水工程和装饰工程施工进度计划表。

2. 知识目标

掌握分部工程进度计划的编制内容和编制过程。

【实训成果】

教师公寓(B型)基础工程、主体工程和装饰工程施工进度计划。

【实训内容】

1. 分部工程施工进度计划的编制程序

分部工程施工进度计划的编制程序如图 6.1 所示。

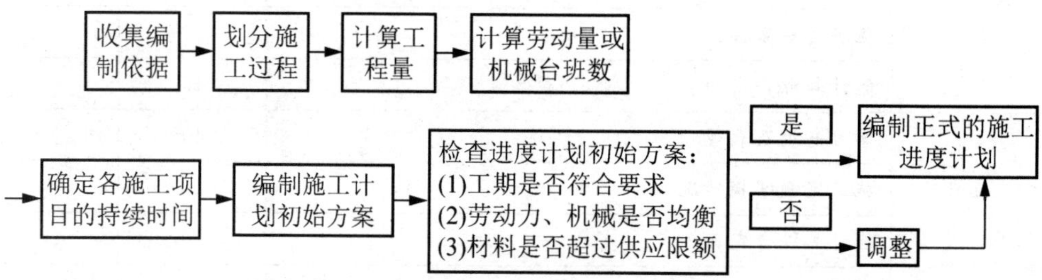

图 6.1 分部工程施工进度计划的编制程序

2. 分部工程进度计划的编制

1) 划分施工过程

分部工程的施工过程应划分到各主要分项工程或更具体的分项工程，以满足指导施工作业的要求。现以基础工程、主体工程、屋面工程和装饰工程 4 个分部工程为例划分其施工过程如下。

(1) 基础工程施工过程划分见表 6－3。

表 6－3 基础工程施工过程划分表

名　称	主要分项工程	其中包括的内容
砖(毛石)基础	挖地槽	地基处理
	混凝土垫层	养护
	砌砖(毛石)基础	防潮层、基础圈梁
	回填土	

续表

名　　称	主要分项工程	其中包括的内容
钢筋混凝土底板毛石基础	挖地槽	地基处理
	混凝土垫层	养护
	现浇钢筋混凝土底板	支模、绑筋、浇混凝土(养护)
	砌毛石基础	防潮层
	回填土	
筏片基础	挖土方	地基处理
	混凝土垫层	养护
	钢筋混凝土基础	支模、绑筋、浇混凝土(养护)
	砌体基础	防潮层
	回填土	
箱型基础	机械挖土方	地基处理
	混凝土垫层	养护、底板防水处理
	浇筑底板钢筋混凝土	支模、绑筋、浇混凝土(养护)，施工缝、加强带、止水带、细部处理、防水或防潮等
	浇筑墙体钢筋混凝土	
	浇筑顶板钢筋混凝土	
	回填土	
杯形基础(独立柱基础)	挖土方	地基处理
	混凝土垫层	养护
	杯形基础(现浇柱基础)	支模板、绑扎钢筋、浇混凝土(养护)
	基础梁安装	
	回填土	
桩基础(预制桩)	沉桩	橡皮土、砂夹层等的处理
	截桩	
	混凝土垫层	养护
	桩承台	支模板、绑扎钢筋、浇混凝土(养护)
桩基础(灌注桩)	沉管或钻孔	
	钢筋笼制作与安装	
	浇混凝土	
	混凝土垫层	养护
	桩承台	支模板、绑扎钢筋、浇混凝土(养护)

(2) 主体工程施工过程划分见表6-4。

表6-4 主体工程施工过程划分表

名　　称	主要施工工程	其中包括的内容
砖混结构	砌体工程	内墙、外墙、隔墙
	钢筋混凝土工程	现浇构造柱、圈梁、楼板、楼梯和雨篷等
框架结构(钢筋混凝土)	绑扎柱钢筋	
	安装柱模板	
	浇捣柱混凝土	养护
	安装梁、板、楼梯模板	
	绑扎梁、板、楼梯钢筋	
	浇捣梁、板、楼梯混凝土	养护
	拆模	
	砌填充墙	
排架结构(包括钢排架和钢筋混凝土排架)	(钢或混凝土)柱安装	柱支撑
	吊车梁安装	
	(钢或混凝土)屋架或薄腹梁安装	系杆、纵横支撑
	大型屋面板安装	
	外围护墙砌筑	

(3) 屋面工程施工过程划分见表6-5。

表6-5 屋面工程施工过程划分表

名　　称	主要分项工程	其中包括的内容
柔性防水屋面	找平层	
	隔气层	
	保温层	
	找坡层	
	找平层	
	柔性防水层	
	保护层	
刚性防水屋面	隔离层	
	刚性防水层	养护、分隔条分隔
	油膏嵌缝	

(4) 装饰工程施工过程划分见表6-6。

表6-6 装饰工程施工过程划分表

名　称	主要分项工程	其中包括的内容
室内装饰	顶棚抹灰	
	内墙抹灰	门窗框立口、门窗套
	门窗安装	
	楼(地)面	养护、踢脚线
	油漆及玻璃	
	细部	水池等零星等砌体
	楼梯间抹灰	踏步、平台
室外装饰	外墙抹灰	檐沟、女儿墙、腰线、雨篷、墙裙
	台阶及散水	勒脚、坡道、明沟

2）计算工程量

(1) 若有现成的预算文件，并且有些项目能够采用时，就可以直接合理套用预算文件中的工程量；当有些项目需要将预算文件中有关项目的工程量进行汇总时，如“砌筑砖墙”一项的工程量，可按其所包含的内容从预算工程量中抄出并汇总求得；当有些项目与预算文件中的项目不同或局部有出入时(如计量单位、计算规则或采用定额不同)，应根据实际情况加以修改、调整或重新计算。

(2) 若没有工程量的参考文件，工程量计算时应根据施工图纸和工程量计算规则进行。计算时应注意以下问题。

① 计算工程量的单位与定额手册所规定单位一致。

② 结合选定的施工方法和安全技术要求计算工程量。

③ 结合施工组织要求，分区、分段、分层计算工程量。

(3) 说明：进度计划中的工程量仅是用来计算各种资源需用量的，不作为工程结算的依据，故不必进行精确计算。

3）套用施工定额

根据前述确定的施工项目、工程量和施工方法，即可套用施工定额，套用时需注意以下问题。

(1) 确定合理的定额水平。当套用本企业制定的施工定额时，一般可直接套用；当套用国家或地方颁发的定额时，则必须结合本单位工人的实际操作水平、施工机械情况和施工现场条件等因素，确定实际定额水平。

(2) 对于采用新技术、新工艺、新材料、新结构或特殊施工方法项目，施工定额中尚未编入时，需参考类似项目的定额、经验资料，或按实际情况确定其定额水平。

(3) 当施工进度计划所列项目工作内容与定额所列项目不一致时，例如：施工项目是由同一工种，但材料、做法和构造都不同的施工过程合并而成时，可采用其加权平均定额(综合时间定额或综合产量定额)。

4）确定劳动量和机械台班量

(1) 劳动量：$P=Q\cdot H$。

(2) 机械台班量：$D=Q'\cdot H'$。

(3) 对于“其他工程”项目所需劳动量，可根据其内容和数量并结合施工现场具体情况，以总劳动量的百分比(一般为10%～20%)计算确定。

(4) 对于水暖电卫和设备安装等工程项目，一般不计算其劳动量和机械台班数量，仅安排与土建工程配合的施工进度。

5）施工时间的确定

施工的持续时间若按正常情况确定，其费用一般是最低的，经过计算再结合实际情况作必要的调整，是避免因盲目抢工而造成浪费的有效方法。按照实际施工条件来估算项目的持续时间是较为简便的办法，现在一般也多采用这种办法。具体可按以下方法确定施工过程的持续时间。

(1) 工期固定，资源无限。根据合同规定的总工期和本企业的施工经验，确定各分项工程的施工持续时间，然后按各分项工程需要的劳动量或机械台班数量，确定每一分项工程每个工作班所需要的工人数或机械数量，这是目前工期比较重要的工程常采用的方法。

$$R=\frac{Q}{D\cdot S\cdot n} \tag{6-9}$$

式中：Q——施工过程的工程量，可以用实物量单位表示；

R——每个工作班所需的工人数或机械台数，用人数或台数表示；

P——总劳动量(工日)或总机械台班量(台班)；

S——产量定额，即单位工日或台班完成的工程量；

D——施工持续时间，单位为日或周；

n——每天工作班制。

例如，某装饰工程室内抹灰工程量为500m^2，查某省的劳动定额，得其时间定额为1.12工日/10m^2，根据工期要求和施工经验，确定其持续时间为4天，采用一班作业，则此抹灰工程每天需要的人数计算如下

总劳动量 $P=Q\times H=500/10\times 1.12=56$(工日)

$R=P/D\cdot n=56/4\times 1=14$(人)。

(2) 定额计算法。按计划配备在各分项工程上的各专业工人人数和施工机械数量来确定其工作的持续时间。

$$D=\frac{Q}{R\cdot S\cdot n}=\frac{P}{R\cdot n} \tag{6-10}$$

式中：Q——施工过程的工程量，可以用实物量单位表示；

R——每个工作班所需的工人数或机械台数，用人数或台数表示；

P——总劳动量(工日)或总机械台班量(台班)；

S——产量定额，即单位工日或台班完成的工程量；

n——每天工作班制。

例如，某工程需要人工挖土方6000m^3，分成4段组织施工，拟选择3台挖土机进行挖土，查某省的机械台班定额，得到每台挖土机的产量定额为50m^3/台班，若采用两班作

业，则此土方工程的持续时间计算如下

每段的挖方量：$Q=6000/4=2500(m^3)$，$R=3$ 台，$S=50m^3$/台班，$n=2$

持续时间：$D=\frac{Q}{R\cdot S\cdot n}=\frac{P}{R\cdot n}=\frac{6000}{4\times 3\times 50\times 2}=5$(天)

特别提示

关于初选每个工作班所需的工人数 R，一般有经验估计法和工作面计算法两种。

(1) 经验估计法：该法是根据设计人员的施工经验，初步估计在一个施工段范围内各施工过程所需要的施工人数，人数的多少只需满足最小劳力组合和能够不受干扰地开展工作即可，可多可少，不受绝对限制。使用这个方法，经过工程实践的施工人员，都可以很容易的估计出来所需的施工人数。

(2) 工作面计算法：根据"主要工种最小工作面参考数据表"，只要将施工段内有关施工过程的长度、体积或面积大致计算得出后，即可估算出施工人数(人数以整数计)。

注："主要工种最小工作面参考数据表"可详见《建筑工程施工组织设计》第四章建筑工程流水施工表4-3。

(3) 三时估算法。这种方法是根据施工经验估计的，一般适宜用于采用新工艺、新方法、新材料、新技术等无定额可循的工程。为了提高其估算准确程度，可采用"三时估计法"，即估计出该施工项目的最长、最短和最可能的3种工作持续时间，然后计算确定该施工项目的工作持续时间。

其计算公式如下

$$T=\frac{A+4C+B}{6} \tag{6-11}$$

式中：T——完成某施工项目的工作持续时间，天；

A——完成某施工项目的最长持续时间，天；

B——完成某施工项目的最短持续时间，天；

C——完成某施工项目的可能持续时间，天。

6) 施工进度计划的编制

(1) 选择进度图的形式：可以选用横道图，也可以选用网络图。

(2) 选择流水施工方式分以下两种。

① 若分项工程的施工过程数目不多，在工程条件允许的情况下，应尽可能组织等节拍的流水施工方式，因为全等节拍的流水施工方式是一种最理想、最合理的流水施工方式。

② 若分项工程的施工过程数目过多，要使其流水节拍相等比较困难，因此可根据流水节拍的规律，分别选择异节拍、成倍节拍和无节奏流水的施工组织方式。

(3) 初步编制分部工程施工进度计划。上述各项计算内容确定以后，开始编制分部工程施工进度计划的初始方案。此时，必须考虑各分部分项工程的合理施工顺序，尽可能组织流水施工，力求主要工种连续工作。步骤如下。

① 首先分析每个分部工程的主导施工过程，优先安排主导施工过程的施工进度，使其尽可能连续施工。

② 在安排主导施工过程后，再安排其他非主导施工过程。其他非主导施工过程应尽可能与主导施工过程配合穿插、搭接或平行作业。按照工艺要求，初步形成分部工程的流水作业图。

(4) 检查和调整。对分部工程进度计划进行检查和调整，检查施工顺序是否合理，工期是否满足要求，资源消耗是否均衡，使劳动力、材料和设备需要趋于均衡，主要施工机械利用率是否合格。

(5) 编制正式分部工程施工进度计划。

【案例解析】

案例 3 某建筑工程公司，拟建 3 幢相同的办公楼工程，砖混结构，其基础工程的施工过程有 A：平整场地、人工挖基槽；B：300mm 厚混凝土垫层；C：砖基础；D：基础圈梁、基础构造柱；E：回填土。通过施工图计算每一幢办公室基础工程各施工过程的工程量 Q 见表 6-7，拟采用一班制组织施工，试绘制该基础工程的横道图进度计划和网络进度计划。

表 6-7 案例 3 各施工过程的工程量

序 号	名 称	工程量/m³
1	平整场地	335.59
2	人工挖基槽	256.82
3	300mm 厚混凝土垫层	39.98
4	砖基础	52.20
5	基础圈梁	6.43
6	基础构造柱	1.06
7	回填土	181.81

解：(1) 以 1996 年黑龙江省建筑安装(装饰)工程综合劳动定额为例，以下采用的劳动定额均相同。查得上述各施工过程的时间定额 H 见表 6-8。

(2) 根据劳动量(工日)公式，$P=Q\cdot H$，得到各施工过程的劳动量 P，见表 6-8。

砌砖基础：$P=Q\cdot H=52.20\times0.976=50.95$(工日)。

回填土：$P=Q\cdot H=181.81\times0.190=34.54$(工日)。

当某一施工过程是由两个或两个以上不同分项工程(工序)合并而成时，或某一施工过程是由同一工种但不同做法、不同材料的若干个分项工程(工序)合并组成时，其总劳动量按下式计算：

$$P_{总}=\sum_{i=1}^{n}P_i=P_1+P_2+\cdots\cdots+P_n$$

例如，本案例 300mm 厚混凝土垫层施工，其支设模板、浇筑混凝土两个施工工序的工程量分别为 110.22m、39.50m³，查劳动定额得其时间定额分别为 0.282 工日/m、0.814 工日/m³，则完成此混凝土垫层施工所需的劳动量为

$$P=P_{模}+P_{混凝土}=110.22\times0.282+39.50\times0.814=63.24(工日)$$

同理，算得基础圈梁的劳动量为 19.12 工日，构造柱的劳动量为 4.70 工日。

则施工过程 D 的总劳动量为 $P=19.12+4.70=23.82$(工日)。

同理施工过程 A 的总劳动量为 67.89 工日。

(3) 一般工程在招投标中已限定工期，所以现场常用的方法是工期固定，资源无限。根据合同规定的总工期和本企业的施工经验，确定各分项工程的施工持续时间，然后按各分项工程需要的劳动量或机械台班数量，确定每一分项工程每个工作班所需要的工人数或机械数量。也可根据施工单位现有的人员状况确定其劳动量，再计算各分项工程的施工持续时间，从而组成相应的流水施工方式。

本基础工程组织等节拍流水，确定每个施工过程的流水节拍均为 4 天，根据公式 $R=P/D\times n$，得到每个工作班所需的工人数 R，见表 6-8。

其中施工过程 A：$R=P/Dn=67.89/4\times1=16.97$(人)　　取 17 人/天

施工过程 B：$R=P/Dn=63.23/4\times1=15.81$(人)　　取 16 人/天

施工过程 C：$R=P/Dn=50.95/4\times1=12.74$(人)　　取 13 人/天

施工过程 D：$R=P/Dn=23.82/4\times1=5.96$(人)　　取 6 人/天

施工过程 E：$R=P/Dn=34.54/4\times1=8.64$(人)　　取 9 人/天

表 6-8　每个工作班所需的工人数

施工过程	名　称	内　容	工程量 Q	时间定额 S	劳动量 P_i/工日	总劳动量 P/工日	每天人数 R
A	平整场地		335.59m²	2.86 工日/m²	9.59	67.89	17
	人工挖槽		256.82m³	0.227 工日/m³	58.30		
B	300mm 厚混凝土垫层	支模	110.22m	0.282 工日/m	31.08	63.23	16
		浇捣	39.50m³	0.814 工日/m³	32.15		
C	砖基础		52.20m³	0.976 工日/m³	50.95	50.95	13
D	基础圈梁	支模	53.58m²	1.76 工日/m²	19.12	23.82	6
		绑筋	0.623t	6.35 工日/t			
		浇捣	6.43m³	0.813 工日/m³			
	砖基础内构造柱部分	支模	6.614m²	3.32 工日/m²	4.70		
		绑筋	0.07t	6.50 工日/t			
		浇捣	1.06m³	1.93 工日/m³			
E	回填土		181.81m³	0.190m³	34.54	34.54	9

本基础工程是 3 幢相同的办公室工程，则 $m=3$，$n=5$，$k=t=4$，

工期 T 为：$T=(m+n-1)\times k+\sum t_j-\sum t_d=(3+5-1)\times4=28$(天)，即总工期为 28 天。

横道图进度计划如图 6.2 所示。

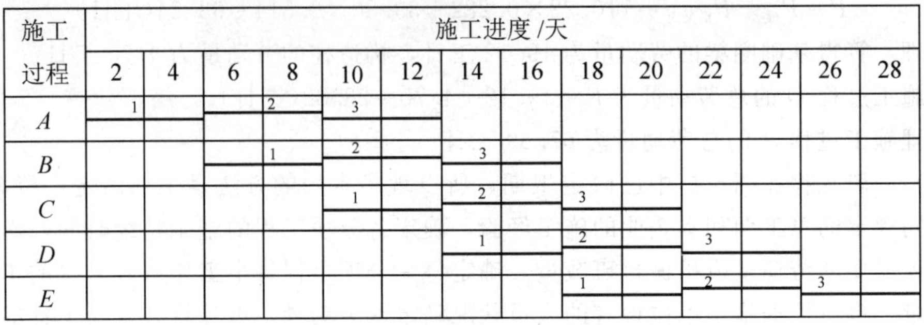

施工过程
施工进度/天
2
4
6
8
10
12
14
16
18
20
22
24
26
28
A
B
C
D
E
1
2
3

图 6.2 案例 3 横道图进度计划

网络进度计划如图 6.3 所示。

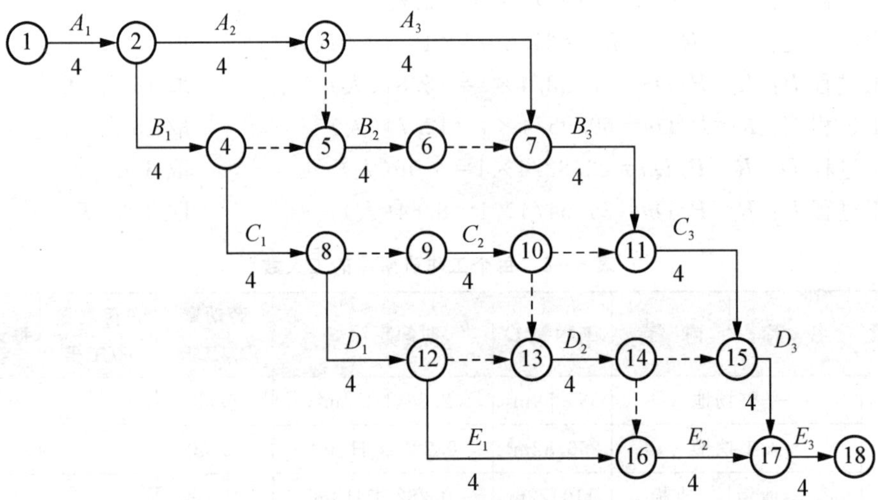

图 6.3 案例 3 网络进度计划

案例 4 某房地产开发公司办公楼工程，4 层，其室内装饰工程的施工过程有 A：顶棚、内墙面抹灰；B：楼地面、踢脚线、细部；C：刷乳胶漆、油漆及玻璃；D：楼梯抹灰。通过施工图计算出该办公楼装饰工程各施工过程所包含的主要工程量 Q 见表 6－9，拟采用一班制组织施工，试绘制该装饰工程的横道图进度计划和网络进度计划。

表 6－9 案例 4 各施工过程的主要工程量

序 号	名 称	工程量
1	顶棚抹灰	863.97m^2
2	内墙抹灰	1546.73m^2
3	木门窗框(扇、五金)安装	29 个
4	铝合金推拉门窗安装	141.12m^2
5	水泥砂浆楼地面	153.99m^2
6	800mm×800mm 地砖楼地面	491.59m^2

续表

序 号	名 称	工程量
7	300mm×300mm 地砖楼地面	66.91m^2
8	地砖踢脚线	428.87m
9	水泥砂浆踢脚线	249.28m
10	卫生间墙裙贴瓷砖	154.94m^2
11	细部	345.13m^2
12	顶棚刷乳胶漆	863.97m^2
13	内墙刷乳胶漆	1546.73m^2
14	油漆	73.98m^2
15	安装玻璃	9.57m^2
16	楼梯抹灰	50.18m^2
17	楼梯不锈钢管扶手安装	22.35m

解：(1) 查劳动定额，得到各施工过程的时间定额 H，见表 6-10。

(2) 根据劳动量(工日)公式：$P=\sum_{i=1}^{n}P_i=P_1+P_2+\cdots+P_n$，得到各施工过程的总劳动量 P，见表 6-11。施工过程 A、B、C、D 的劳动量计算相同。

例如：施工过程 A 的劳动量 $P=\sum_{i=1}^{n}P_i=P_1+P_2+\cdots+P_n=863.97\times1.12/10+1546.73\times1.12/10+29\times1.904+141.12\times9.2/10=455.04$(工日)。考虑门窗套处等零星位置的抹灰量未计，将总用工增加 5%，则施工过程 A 的总劳动量为：455.04×1.05=477.80(工日)。

① 其中铝合金推拉门窗安装的时间定额为综合时间定额，所包含的各分项工程见表 6-10。

表 6-10 案例 4 各施工过程的时间定额

名 称	内 容	工 程 量	时间定额
铝合金推拉门窗安装共计 141.12m^2	铝合金推拉门安装	9.72m^2	8.93 工日/10m^2
	铝合金推拉窗安装(有上亮)	126.36m^2	9.26 工日/m^2
	铝合金推拉窗安装(无上亮)	5.04m^2	8.33 工日/m^2

铝合金推拉门窗安装的综合产量定额计算如下

$$\overline{S}=\frac{Q_1+Q_2+Q_3}{\frac{Q_1}{S_1}+\frac{Q_2}{S_2}+\frac{Q_3}{S_3}}=\frac{9.72+126.36+5.04}{9.72\times8.93+126.36\times9.26+5.04\times8.33}=1.087(m^2/\text{工日})$$

则铝合金推拉门窗安装的综合时间定额为：$\overline{H}=\frac{1}{S}=\frac{1}{1.087}=9.2$(工日/10m²)。

② 同理，门窗框(扇、五金)安装的时间定额(1.904 工日/个)也为综合时间定额，计算方法同上。

③ 水泥砂浆楼地面的时间定额根据定额要求，当为人力调制砂浆时(工程量较小时采用人力调制砂浆)，应乘以 1.43 的系数，即 $0.654\times1.43=0.938$(工日/10m²)。

(3) 本装饰工程组织成倍节拍流水，根据施工单位现有的人员条件及各工种的工作面大小，确定施工过程 A 的劳动量为 20 人/天，确定施工过程 B 的劳动量为 11 人/天，确定施工过程 C 的劳动量为 5 人/天，确定施工过程 D 的劳动量为 14 人/天；表中的 P 对于施工过程 A、B、D 来说为 4 层的总用工，则每层的用工量为 $P/4$；对于施工过程 C 来说为 3 层的总用工，则每层的用工量为 $P/3$。各施工过程的持续时间见表 6-11。施工采用 1 班制。

例如，施工过程 A 的持续时间为：$D=P/Rn=477.80/4\times20\times1=5.97$(天)，取 $D=6$ 天；

施工过程 B 的持续时间为：$D=P/Rn=246.81/4\times11\times1=5.61$(天)，取 $D=6$ 天；

施工过程 C 的持续时间为：$D=P/Rn=26.80/3\times5\times1=1.79$(天)，取 $D=2$ 天；

施工过程 D 的持续时间为：$D=P/Rn=114.41/4\times14\times1=2.04$(天)，取 $D=2$ 天。

表 6-11 案例 4 各施工过程的持续时间

施工过程	名称	工程量 Q	时间定额 S	劳动量 P/工日	总劳动量 P/工日	持续时间 D/天
A	顶棚抹灰	863.97m²	1.12 工日/10m²	96.76	$455.04\times1.05=477.80$	6
	内墙抹灰	1546.73m²	1.12 工日/10m²	173.23		
	门窗框(扇、五金)安装	29 个	1.904 工日/个	55.22		
	铝合金推拉门窗安装	141.12m²	9.2 工日/10m²	129.83		
B	水泥砂浆楼地面	153.99m²	0.935 工日/10m²	14.40	246.81	6
	800mm×800mm 地砖楼地面	491.59m²	1.99 工日/10m²	97.83		
	300mm×300mm 地砖楼地面	66.91m²	2.31 工日/10m²	15.46		
	地砖踢脚线	428.87m	0.741 工日/10m	31.78		
	水泥砂浆踢脚线	249.28m	0.396 工日/10m	9.87		
	卫生间墙裙贴瓷砖	154.94m²	5.00 工日/10m²	77.47		
C	楼梯抹灰	50.18m²	5.34 工日/10m²	26.80	26.80	2

续表

施工过程	名　　称	工程量 Q	时间定额 S	劳动量 P/工日	总劳动量 P/工日	持续时间 D/天
D	顶棚刷乳胶漆	863.97m²	0.364 工日/10m²	31.45	114.41	2
	内墙刷乳胶漆	1546.73m²	0.364 工日/10m²	56.30		
	油漆	73.98m²	1.34 工日/10m²	9.91		
	安玻璃	9.57m²	1.11 工日/10m²	1.06		
	楼梯不锈钢管扶手安装	22.35m	0.702 工日/10m	15.69		

本装饰工程的施工方案是从顶层向底层流水施工，考虑到楼梯抹灰从上至下全部完成后，才能进行刷乳胶漆、油漆和安装玻璃的工作，需要采取一定的措施使施程过程 C 和施工过程 D 之间不发生干扰，增加了施工的难度和费用，故施工过程 D 采取不参与流水施工的方案。将本装饰施工分为 4 个施工段，每一层为一个施工段。

施工过程 A、B、C 的流水节拍之间存在着最大公约数 2，则可组织成倍节拍流水，加快施工进度。通过以上分析可知，$m=4$，$n=3$，$k=2$。

施工过程 A 工作队数等于 6/2=3 个，施工过程 B 工作队数等于 6/2=3 个，施工过程 C 工作队数等于 2/2=1 个，总工作队数为 $n'=3+3+1=7$。

由于施工过程 D 的持续时间是 8 天；施工过程 C 是 3 个施工段，若把 3、4 层间的楼梯段看成是 4 层的楼梯段，2、3 层间的楼梯段看成是 3 层的梯段，1、2 层间的楼梯段看成是 2 层的梯段，则施工过程 C 的持续时间是 6 天，则本装饰工程的总工期为

$$T=(m+n'-1)\times k+\sum t_j-\sum t_d=(4+7-1)\times 2-2+8=26\text{ 天}$$

(4) 绘制横道图进度计划如图 6.4 所示，网络进度计划如图 6.4 所示。

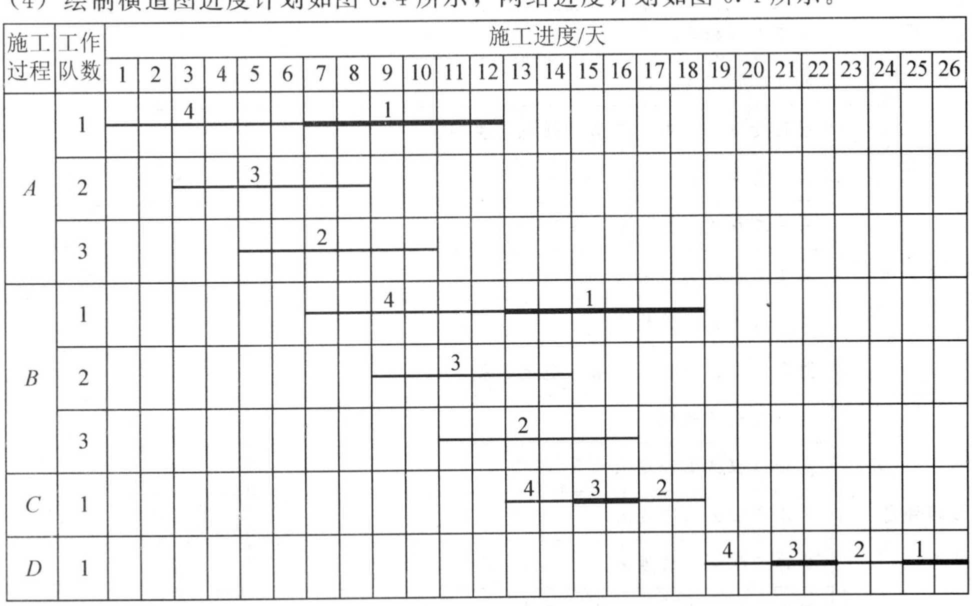

施工过程
工作队数
施工进度/天
1 2 3 4 5 6 7 8 9 10 11 12 13 14 15 16 17 18 19 20 21 22 23 24 25 26
A
B
C
D
1
2
3
4
3
2
1

图 6.4　案例 4 横道图进度计划

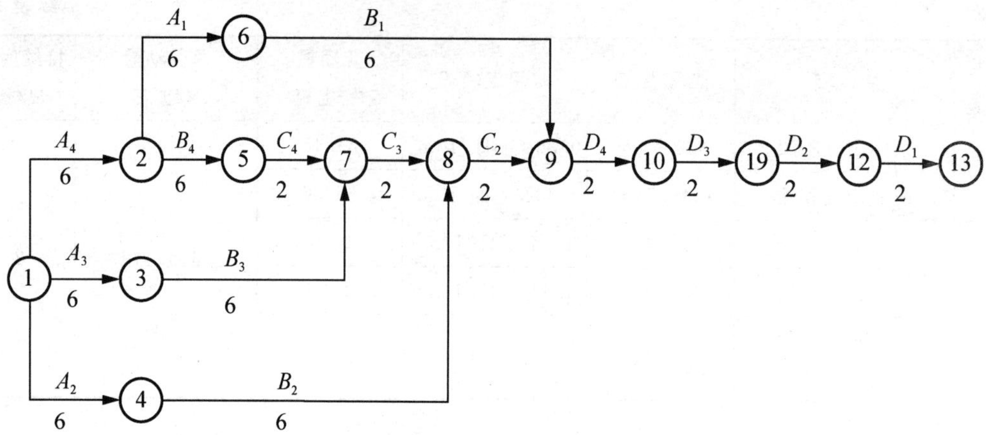

图 6.5　案例 4 网络进度计划

实训小结

本节主要介绍了分部工程施工进度计划的编制程序和编制方法，学生通过实训后，应能独立编制分部工程施工进度计划。

实训考核

考核评定方式	评定内容	分值	得分
自评	学习态度及表现	5	
	基础工程施工进度表	5	
	主体工程施工进度表	10	
	装饰工程施工进度表	5	
	图表标准、清晰、整洁、规范、美观	5	
学生互评	学习态度及表现	5	
	基础工程施工进度表	5	
	主体工程施工进度表	10	
	装饰工程施工进度表	5	
	图表标准、清晰、整洁、规范、美观	5	
教师评定	学习态度及表现	5	
	基础工程施工进度表	10	
	主体工程施工进度表	10	
	装饰工程施工进度表	10	
	图表标准、清晰、整洁、规范、美观	5	

实训练习

编制某住宅楼基础、主体、装饰工程施工进度计划。

训练6.3 单位工程施工进度计划的编制

【实训背景】

作为施工方受业主方委托，对拟建某住宅楼工程编制施工进度计划。

【实训任务】

编制某住宅楼工程施工进度计划。

【实训目标】

1. 能力目标

根据施工图纸，能够编制单位工程施工进度计划。

2. 知识目标

(1) 掌握单位工程施工进度计划的编制步骤和编制方法。

(2) 掌握单位工程进度计划的技术评价。

【实训成果】

某住宅楼工程施工进度计划。

【实训内容】

1. 编制步骤和方法

1) 单位工程施工进度计划的编制步骤

单位工程施工进度计划的编制步骤如图6.6所示。

2) 单位工程施工进度计划的编制方法

(1) 确定各分部工程的控制工期。在现代工程中，一般单位工程都有合同工期要求或定额工期要求。因此，在编制单位工程施工进度计划时，应以限制要求的工期(合同工期或定额工期)作为控制工期的依据。

根据在制订计划时要“留有余地”的原则，首先确定计划总控制工期 T_P，使 T_P 小于合同工期 T_r。

为了便于计划安排，常将一个单位工程分为：基础工程、主体工程和装饰工程3大部分来进行控制。这3大部分的控制工期可以根据施工经验进行估算，或按如下方法估算。

基础工程控制工期＝计划控制工期 $T_P\times(8\%\sim15\%)$。

主体工程控制工期＝计划控制工期 $T_P\times(43\%\sim50\%)$。

第1步：根据分部工程的进度计划确定各分部工程的工期

↓

第2步：编制各分部工程施工进度计划

↓

第3步：检查、调整各分部工程的进度计划

↓

第4步：依据各分部工程的工艺关系初步绘制单位工程施工进度图

↓

第5步：在保证工艺和总工期的情况下对其进行必要的调整和优化

↓

第6步：绘制正式的单位工程施工进度计划

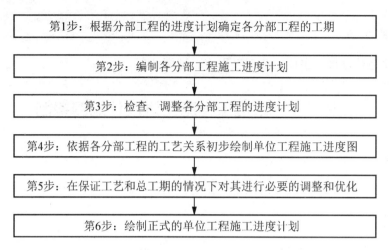

图 6.6　单位工程施工进度计划的编制步骤

装饰工期控制工期＝计划控制工期－基础控制工期－主体控制工期

(2) 编制各分部工程的进度计划。按训练 6.2 的相关程序和要求，分别编制基础工程、主体工程和装饰工程施工进度计划并求出各分部工程的工期，同时进行计划优化。

(3) 检查、调整各分部工程的进度计划。根据已初排的分部工程进度计划，分别检查各分部工程计算工期是否满足各分部工程的控制工期，如不满足应加以调整。

(4) 依据各分部工程的工艺关系，绘制初始施工进度计划。按照施工程序，将各施工阶段或分部工程的流水作业图最大限度地合理搭接起来，一般需考虑相邻施工阶段或分部工程的前者最后一个分项工程与后者的第一个分项工程的施工顺序关系。最后汇总为单位工程的初始进度计划。因此，只要将基础工程、主体工程和装饰工程 3 部分施工进度计划进行合理搭接，并在基础工程和主体工程之间，加上搭脚手架的工序；在主体工程与装修工程之间，以屋面工程作为过渡连接；最后，把室外工程及其他扫尾工程考虑进去，就初步形成了一个单位工程的初始施工进度计划。

(5) 施工进度计划的检查和调整。初始施工进度计划表形成后，要进行检查和调整。主要检查工期能否满足合同规定的工期要求，检查施工工序、平行搭接时间和技术间歇时间是否合理；具体检查、调整内容如下。

① 检查施工进度计划。

第 1 步：先检查各施工项目间的施工顺序是否合理。施工顺序的安排应符合建筑施工技术上、工艺上、组织上的基本规律，平行搭接和技术间歇应科学合理。

第 2 步：检查工期是否合理。施工进度计划安排的施工工期首先应满足上级规定或施工合同的要求；其次应满足连续均衡施工，具有较好的经济效果。即安排工期要合理，并不是越短越好。

第 3 步：检查资源是否均衡。施工进度计划的劳动力、材料及机械设备等供应与使用，应避免集中，尽量连续均衡。

根据资源动态曲线判别劳动力、材料和设备是否趋向均衡。对劳力曲线的变化应尽可能做到：尽量减少劳力曲线的波动范围；尽量减少劳力曲线的波动幅度；尽量使劳力曲线的升与降均匀；同时计算调整曲线 K 值，并使 K 值$\leqslant 2$(K——劳动量不均衡系数)。

② 施工进度计划的调整工作。经过检查，对于不当之处可做如下调整。

a. 增加或缩短某些施工项目的工作持续时间，以改变工期和资源状态。

b. 在施工顺序允许的状况下，将某些施工项目的施工时间向前或向后移动，优化资源。

c. 必要时可考虑改变施工技术方法或施工组织，以期满足施工顺序、工期和资源等方面的目标。

(6) 编制正式的施工进度计划。

(7) 对水、电、暖、煤、卫及智能化不具体细分，单位工程施工进度计划只要反映出其与土建工程的配合关系，随工程进度穿插在各施工过程中。

2. 单位工程施工进度计划的技术经济评价

1) 施工进度计划技术经济评价的主要指标

评价单位工程施工进度计划编制的优劣，主要有下列指标。

(1) 工期指标包括两部分。

① 提前时间，其计算公式为

$$\text{提前时间}=\text{上级要求或合同要求工期}-\text{计划工期} \tag{6-12}$$

② 节约时间，其计算公式为

$$\text{节约时间}=\text{定额工期}-\text{计划工期} \tag{6-13}$$

(2) 劳动量消耗的均衡性指标。用劳动量不均衡系数(K)加以评价，劳动量不均衡系数的定义是

$$K=\frac{\text{最高峰施工时期工人人数}}{\text{施工期间每天平均工人人数}} \tag{6-14}$$

对于单位工程或各个工种来说，每天出勤的工人人数应力求不发生过大的变动，即劳动量消耗应力求均衡，为了反映劳动量消耗的均衡情况，应画出劳动量消耗的动态图。在劳动量消耗动态图上，不允许出现短时期的高峰或长时期的低陷情况，允许出现短时期的甚至是很大的低陷。最理想的情况是 K 接近于 1，在 2 以内为好，超过 2 则不正常。当一个施工单位在一个工地上有许多单位工程时，则一个单位工程的劳动量消耗是否均衡就不是主要的问题，此时，应控制全工地的劳动力动态图，力求在全工地范围内的劳动量消耗均衡。

(3) 主要施工机械的利用程度。主要施工机械一般是指挖土机、塔式起重机和混凝土泵等台班费高、进出场费用大的机械，提高其利用程度有利于降低施工费用，加快施工进度。主要施工机械利用率的计算公式为

$$\text{主要施工机械利用率}=\frac{\text{报告期内施工机械工作台班数}}{\text{报告期内施工机械制度台班数}}\times 100\% \tag{6-15}$$

2) 施工进度计划技术经济评价的参考指标

进行施工进度计划的技术经济评价，除以上主要指标外，还可以考虑以下参考指标。

(1) 单方用工数指标，其计算公式为

$$\text{总单方用工数}=\frac{\text{单位工程用工数(工日)}}{\text{建筑面积}(m^2)} \tag{6-16}$$

$$\text{分部工程单方用工数}=\frac{\text{分部工程用工数(工日)}}{\text{建筑面积}(m^2)} \tag{6-17}$$

(2) 工日节约率指标，其计算公式为

$$总工日节约率=\frac{施工预算用工数(工日)-计划用工数(工日)}{施工预算用工数(工日)}\times 100\% \quad (6-18)$$

$$分部工程工日节约率=\frac{施工预算分部工程用工数(工日)-计划分部工程用工数(工日)}{施工预算分部工程用工数(工日)}\times 100\% \quad (6-19)$$

(3) 大型机械单方台班用量(以吊装机械为主)指标，其计算公式为

$$大型机械单方台班用量=\frac{大型机械台班量(台班)}{建筑面积(m^2)} \quad (6-20)$$

(4) 建安工人日产量指标，其计算公式为

$$建安工人日产量=\frac{计划施工工程总产值(元)}{进度计划日期\times 每日平均人数(工日)} \quad (6-21)$$

实训小结

本节阐述了单位工程施工进度计划的编制步骤和编制方法；同时介绍了单位工程施工进度计划的评价。通过本节学习和实训，学生可以独立编制单位工程施工进度计划。

实训考核

考核评定方式	评定内容	分值	得分
自评	学习态度及表现	5	
	单位工程施工进度计划(横道图)	10	
	住宅楼标准层施工进度计划(网络图)	10	
	图表标准、清晰、整洁、规范、美观	5	
学生互评	学习态度及表现	5	
	单位工程施工进度计划(横道图)	10	
	住宅楼标准层施工进度计划(网络图)	10	
	图表标准、清晰、整洁、规范、美观	5	
教师评定	学习态度及表现	5	
	单位工程施工进度计划(横道图)	15	
	住宅楼标准层施工进度计划(网络图)	15	
	图表标准、清晰、整洁、规范、美观	5	

实训练习

绘制某住宅楼施工进度计划(横道图)和楼面标准层施工进度计划(网络图)。

项目7

施工平面图设计

项目实训目标

通过本项目内容的学习和实训，学生应能设计单位工程施工总平面图。

实训项目设计

实训项目编号	能力训练项目名称	学时		拟达到的能力目标	相关支撑知识	训练方式手段及步骤	结果
		理论	实践				
7.1	施工平面图设计	2	2	能进行单位工程施工平面图设计	(1) 施工平面图设计步骤； (2) 施工平面图设计内容及设计方法； (3) 施工用水设计； (4) 施工用电设计	能力迁移训练；教师以某职工宿舍JB型施工图为案例进行讲解，学生同步以某住宅楼施工图为任务进行训练	某住宅楼施工总平面布置图
7.2	临时供水设计	1	1	能进行单位工程施工用水设计	临时供水设计计算理论	能力迁移训练；教师以某职工宿舍JB型施工图为案例进行讲解，学生同步以某住宅楼施工图为任务进行训练	某住宅楼施工用水计算书及施工用水平面布置图
7.3	临时供电设计	1	1	能设计单位工程临时供电系统	临时用电设计计算理论	能力迁移训练；教师以某职工宿舍JB型施工图为案例进行讲解，学生同步以某住宅楼施工图为任务进行训练	某住宅楼施工用电计算书及施工供电布置图

训练 7.1 施工平面图设计

【实训背景】

作为施工方接受业主方的委托对某住宅楼工程进行施工平面图设计。

【实训任务】

设计某住宅楼工程施工总平面图。

【实训目标】

1. 能力目标

通过学习与训练，能够设计单位工程施工平面布置图。

2. 知识目标

(1) 掌握施工平面图的设计原则。

(2) 掌握单位工程施工平面图的设计步骤、设计内容及设计方法。

【实训成果】

某住宅楼施工总平面布置图。

【实训内容】

1. 施工平面图设计的总体要求

布置紧凑，占地要省，少占土地；短运输，少搬运；临时工程要少用资金；利于生产、生活、安全、消防、环保、市容、卫生及劳动保护等，符合国家有关规定和法规。

2. 设计步骤

确定起重机的位置→确定搅拌站、仓库、材料和构件堆场、加工厂的位置→布置运输道路→布置行政管理、文化、生活和福利用房等临时设施→布置水电管线→计算技术经济指标。

3. 起重机械布置

(1) 井架和门架等固定式垂直运输设备的布置，要结合建筑物的平面形状、高度、材料、构件的质量及机械的负荷能力和服务范围。

(2) 塔式起重机的布置要结合建筑物的形状及四周的场地情况布置。

(3) 履带式和轮胎式等自行式起重机的行驶路线要考虑吊装顺序、构件质量、建筑物的平面形状、高度、堆放场地位置及吊装方法。

4. 运输道路修筑

应按材料和构件运输的需要，沿着仓库和堆场进行布置；宽度要求：单行道不小于

3～3.5m，双行道不小于5.5～6m；木材场两侧应有6m宽通道，端头处应有12m×12m回车场；消防车道不小于3.5m。

5. 供水设施布置

1）供水设施的布置

包括：水源选择、取水设施、储水设施、用水量计算、配水布置和管径的计算等；过冬的临时水管需埋在冰冻线以下或采取保温措施；排水沟沿道路布置，纵坡不小于0.2%，过路处须设涵管，在山地建设时应有防洪设施。

2）消火栓设置的具体要求

一般利用城市或建设单位的永久消防设施；如自行设计，消火栓间距不大于120m，距拟建房屋不小于5m，不大于25m，距路边不大于2m。

6. 施工供电设计

施工供电设计，包括：用电量计算、电源选择以及电力系统选择和配置；用电量包括电动机用电量、电焊机用电量、室内和室外照明容量；管线穿路处要套以铁管，一般电线用51～76管，电缆用102管，并埋入地下0.6m处。

实训小结

本节主要讲述施工平面图的设计原则、步骤、内容及方法，学生通过学习和实训，应该能够独立完成单位工程施工平面图设计。

实训考核

考核评定方式	评定内容	分值	得分
自评	学习态度及表现	5	
	施工平面图设计理论掌握情况	5	
	设计某住宅楼总平面布置图	15	
	图面符合标准、清晰、规范	5	
学生互评	学习态度及表现	5	
	施工平面图设计理论掌握情况	5	
	设计某住宅楼总平面布置图	15	
	图面符合标准、清晰、规范	5	
教师评定	学习态度及表现	5	
	施工平面图设计理论掌握情况	10	
	设计某住宅楼总平面布置图	20	
	图面符合标准、清晰、规范	5	

实训练习

设计某住宅楼施工平面图。

训练 7.2　临时供水计算

【实训背景】

作为施工方接受业主方的委托，对某住宅楼工程进行临时供水设计。

【实训任务】

某住宅楼工程施工供水设计。

【实训目标】

1. 能力目标

通过学习和训练，能够独立完成单位工程临时供水设计。

2. 知识目标

(1) 掌握现场临时供水计算。

(2) 掌握现场临时供水管网的布置。

【实训成果】

某住宅楼工程施工用水设计计算书及施工供水平面布置图。

【实训内容】

1. 现场临时供水计算要点汇总表

现场临时供水计算见表 7-1。

表 7-1　现场临时供水计算

<table>
<tr><th>项　目</th><th>计算公式</th><th>符号意义</th></tr>
<tr><td>工程用水</td><td>施工工程用水量，可按下式计算：
$q_1 = K_1 \sum \frac{Q_1 N_1}{T_1 t} \frac{K_2}{8 \times 3600}$</td><td rowspan="2">$q_1$——施工工程用水量(L/s)
K_1——未预计的施工用水系数，取 1.05～1.15
Q_1——年(季)计划完成的工程量
N_1——施工用水定额，见《建筑工程施工组织设计》第 8 章表 8-11
K_2——现场施工用水不均匀系数，见《建筑工程施工组织设计》第 8 章表 8-12</td></tr>
<tr><td>机械用水</td><td>施工机械用水量，可按下式计算：
$q_2 = K_1 \sum Q_2 N_2 \frac{K_3}{8 \times 3600}$</td></tr>
</table>

续表

<table>
<tr><th>项　　目</th><th>计算公式</th><th>符号意义</th></tr>
<tr><td>现场生活用水</td><td>施工现场生活用水，可按下式计算：
$q_3=\dfrac{P_1N_3K_4}{t\times 8\times 3600}$</td><td rowspan="5">$T_1$——年(季)度有效作业日(d)
t——每天工作班数(班)
q_2——机械用水量(L/s)
Q_2——同一种机械台数(台)
N_2——施工机械台班用水定额，见《建筑工程施工组织设计》第8章表8-14
K_3——施工机械用水不均匀系数，见《建筑工程施工组织设计》第8章表8-12
q_3——施工现场生活用水量(L/s)
P_1——施工现场高峰昼夜人数
N_3——施工现场生活用水定额，见《建筑工程施工组织设计》第8章表8-13
K_4——施工现场生活用水不均系数，见《建筑工程施工组织设计》第8章表8-12
q_4——生活区生活用水量(L/s)
P_2——生活区居住人数
N_4——生活区昼夜全部生活用水定额，见《建筑工程施工组织设计》第8章表8-13
K_5——生活区生活用水不均系数，见《建筑工程施工组织设计》第8章表8-12
Q——施工现场计算总用水量
$Q_总$——施工现场总用水量
K_s——管网漏水的损失系数，一般取1.1
d——配水管直径(m)
v——管网中水流速度(m/s)，临时水管经济流速范围参见《建筑工程施工组织设计》第8章表8-17，一般生活及施工用水取1.5m/s，消防用水取2.5m/s</td></tr>
<tr><td>生活区生活用水</td><td>生活区生活用水，可按下式计算：
$q_4=\dfrac{P_2N_4K_5}{24\times 3600}$</td></tr>
<tr><td>消防用水</td><td>消防用水量q_5，可根据消防范围及火灾发生次数按《建筑工程施工组织设计》第8章表8-15取用</td></tr>
<tr><td>施工现场总用水量</td><td>施工现场总用水量，可按下式计算：
(1) 当$(q_1+q_2+q_3+q_4)\leqslant q_5$时，则
$Q=q_5+\dfrac{1}{2}(q_1+q_2+q_3+q_4)$
(2) 当$(q_1+q_2+q_3+q_4)>q_5$时，则
$Q=q_1+q_2+q_3+q_4$
(3) 当现场面积小于5ha，且$(q_1+q_2+q_3+q_4)<q_5$时，则$Q=q_5$
上述3种情况计算出的用水量，还应增加10%管网漏水损失
$Q_总=Q\cdot K_S$</td></tr>
<tr><td>供水管径</td><td>现场临时供水网路使用管径，可按
$d=\sqrt{\dfrac{4Q}{\pi\cdot v\cdot 1000}}$计算</td></tr>
</table>

案例1 某市一高层住宅楼，三层及其以下为大底盘，出裙楼屋顶分为双塔楼，裙楼为框架剪力墙结构，塔楼为全现浇钢筋混凝土剪力墙结构，建筑地上30层，裙房3层，地下室1层，建筑高度为103.00m。总建筑面积为64475m^2。±0.000相当于黄海高程423.625m。防火等级一级；抗震设防烈度为八度；防水等级二级。本大楼地下层设有人防、停车库和设备用房等。工程严格按现代城市规划要求设计，是一栋高标准智能化的现代化高层住宅楼。本工程为一类高层建筑，耐火等级为一级，建筑结构安全等级为二级，防护等级为六级人防地下室、二等人员掩蔽体。基础采用钢筋混凝土人工挖孔灌注桩基础。地下室底板、顶板与侧墙交接处设置橡胶止水条。最高峰期日混凝土量300m^3；施工人数500人。

解：(1) 施工用水量计算。本工程施工临时用水由工程施工用水、施工现场生活用水、生活区生活用水和消防用水 4 个部分组成。

① 施工用水 q_1：以最高峰期为最大的用水量 $q_1 = K_1 \sum Q_1 N_1 \frac{K_2}{8 \times 3600}$，式中，$K_1$ 取 1.1，K_2 取 1.5，Q_1 取 300，N_1 取 250，则

$$q_1 = 1.1 \times 300 \times 250 \times 1.5/(8 \times 3600) = 4.3(\text{L/s})。$$

② 本工程未使用特殊施工机械，因此 $q_2 = 0$。

③ 施工现场生活用水量：以最多施工人员数(按 500 人考虑)$q_3 = \frac{P_1 N_3 K_4}{t \times 8 \times 3600}$，式中，$P_1$ 取 500，K_4 取 1.5，t 取 2，N_3 取 30，则

$$q_3 = 500 \times 30 \times 1.5/(2 \times 8 \times 3600) = 0.39(\text{L/s})。$$

④ 办公生活区生活用水量：$q_4 = \frac{P_2 N_4 K_5}{24 \times 3600}$，式中，$P_2$ 取 500，K_5 取 2.5，N_4 取 100，则

$$q_4 = 500 \times 100 \times 2.5/(24 \times 3600) = 1.45(\text{L/s})。$$

⑤ 消防用水量：施工现场面积小于 5ha，q_5(消防用水量)为 10L/s。

⑥ 总用水量计算：

$$q_1 + q_3 + q_4 = 6.14 < q_5 = 10(\text{L/s})$$

$$Q = q_5 + \frac{1}{2}(q_1 + q_2 + q_3 + q_4) = 10 + 1/2 \times 6.14 = 13.07(\text{L/s})$$

(2) 供水管管径计算。

① 管径计算：

$$d = \sqrt{\frac{4Q}{\pi \cdot v \cdot 1000}}$$

式中，v 为管内水流速，取 2.0m/s，则 $d = \sqrt{\frac{4Q}{\pi \cdot v \cdot 1000}} = \sqrt{\frac{4 \times 13.07}{\pi \cdot 2.0 \times 1000}} = 0.09(\text{m})$。

② 计算结果及处理：现场总供水管径计算需 DN100，工地内采用 DN100 管环绕施工现场，楼层部位消防及施工用水，项目部准备利用拟建建筑物内消防水池做蓄水池，增设离心水泵一台，以解决楼层部位消防及施工用水问题，施工现场的重点防火部位布设 16 只消火栓，楼层分区每层各设一台消火栓箱。详见施工现场临时用水用电平面布置图(略)。

实训小结

本节主要讲述临时供水设计理论和案例，学生通过学习和实训，能独立进行单位工程临时供水设计。

实训考核

考核评定方式	评定内容	分值	得分
自评	学习态度及表现	5	
	临时供水设计理论掌握情况	5	
	某住宅楼临时供水设计计算	10	
	某住宅楼临时供水平面布置图	10	
学生互评	学习态度及表现	5	
	临时供水设计理论掌握情况	5	
	某住宅楼临时供水设计计算	10	
	某住宅楼临时供水平面布置图	10	
教师评定	学习态度及表现	5	
	临时供水设计理论掌握情况	10	
	某住宅楼临时供水设计计算	15	
	某住宅楼临时供水平面布置图	10	

实训练习

设计拟建某住宅楼工程临时供水系统。

训练7.3 临时用电计算

【实训背景】

作为施工方接受业主方委托，对拟建某住宅楼工程进行临时供电设计。

【实训任务】

拟建某住宅楼工程临时供电设计。

【实训目标】

1. 能力目标

通过学习和训练，能够独立完成单位工程临时供电设计。

2. 知识目标

(1) 掌握现场临时供电计算。

(2) 掌握现场临时供电系统的布置。

【实训成果】

某住宅楼工程临时供电系统设计计算书及布置图。

【实训内容】

1. 现场临时供电计算要点汇总表

现场临时用电计算见表7-2。

表7-2　现场临时用电计算

<table>
<tr><th>项目</th><th>计算公式</th><th>符号意义</th></tr>
<tr><td>现场用电量</td><td>建筑现场临时供电，包括施工及照明用电两部分，其用电量按下式计算
$P_{计}=(1.05\sim1.1)(K_1\sum P_1/\cos\varphi+K_2\sum P_2+K_3\sum P_3+K_4\sum P_4)$
一般建筑现场多采用一班制，少数采用两班制，因此，综合考虑施工用电约占总用电量的90%，室内外照明用电约占10%，则上式可简化为：$P_{变}=1.1(K_1\sum P_c+0.1P)=1.24K_1\sum P_c$</td><td rowspan="3">$P_{计}$——计算用电量(kW)
1.05～1.1——用电不均衡系数
$\sum P_c$——全部施工用电设备额定用电量之和，见《建筑工程施工组织设计》第8章表8-21
$\sum P_1$——全部施工用电设备中电动机额定容量之和
$\sum P_2$——全部施工用电设备中电焊机额定容量之和
$\sum P_3$——室内照明设备额定用电量之和
$\sum P_4$——室外照明设备额定用电量之和
K_1——全部施工用电设备同时使用电动机系数，总台数在10台以内，$K_1=0.75$；10～30台，$K_1=0.7$；30台以上，$K_1=0.6$
K_2——电焊机需用系数，总台数为3～10台，$K_2=0.6$；10台以上，$K_2=0.5$
K_3——室内照明设备同时使用系数，取$K_3=0.8$
K_4——室外照明设备同时使用系数，取$K_4=1.0$
$P_{变}$——变压器容量(kVA)
1.05——功率损失系数
cosφ——用电设备功率因数，一般建筑现场取0.75
$I_{线}$——线路工作电流值(A)
$U_{线}$——线路工作电压值(V)，三相四线制低压时，$U_{线}=380V$
ε——导线电压降
$\sum P$——各段线路负荷计算功率(kW)，即计算用量$\sum P_{计}$
L——各段线路长度(m)
M——负荷矩(kW·m)，即$\sum P_{计}\cdot L$
C——材料内部系数，三相四线制，铜线为77，铝线为46.3
S——导线截面(mm^2)
[ε]——导线允许电压降，对现场临时网路取7%。</td></tr>
<tr><td>变压器用电量</td><td>当现场附近有10kW或6kW高压电源，可设变压器降压至380/220V，有效供电半径一般在500m内，大型现场可在几处设变压器(变电所)，需要变压器容量，可按下式计算：$P_{变}=\frac{1.05P_{计}}{\cos\varphi}=1.4P_{计}$
求得的$P_{变}$值，可查《建筑工程施工组织设计》第8章表8-25，选择变压器型号和额定容量</td></tr>
<tr><td>配电导线截面的选择</td><td>导线截面一般根据用电量计算允许电流进行选择，然后再以允许电压降、机械强度加以校核
(1) 按导线的允许电流选择三相四线制低压线路上的电流，可按下式计算：$I_{线}=\frac{1000P_{计}}{\sqrt{3}\cdot U_{线}\cdot\cos\varphi}$
将$U_{线}\cdot\cos\varphi$值代入上式可简化为：
$I_{线}=\frac{1000P_{计}}{1.73\times380\times0.75}=2P_{计}$
即表示1kW耗电量等于2A电流。
建筑现场常用配电导线规格及允许电流，按《建筑工程施工组织设计》第8章表8-26数值初选导线截面，将导线中通过的电流控制在允许范围内
(2) 按导线允许电压降校核，配电导线截面的电压降可按下式计算
$\varepsilon=\frac{\sum P\cdot L}{CS}=\frac{\sum M}{CS}\leqslant[\varepsilon]=7\%$
(3) 按导线机械强度校核：当线路上电杆间距为25～40m时，其允许的导线最小截面，可按《建筑工程施工组织设计》第8章表8-27查用
所选导线截面应同时满足以上3个条件，以其最大导线截面作为最后确定值</td></tr>
</table>

【案例解析】

案例2　某两栋多层住宅楼工程，每栋建筑面积为2803m²，共计5606m²，施工前，室外管线均接通至小区干线，用电设施如下：塔式起重机2台，共计72kW；400L搅拌机2台，共计20kW；3t卷扬机2台，共计15kW；振捣器4台，共计6kW；蛙式打夯机2台，共计6kW；电锯和电刨等30kW；电焊机2台，共计41kW；室外照明用电为25kW，计算用电量并选变压器。

解：已经查表：$\Phi=1.05\sim1.1$　取1.1；$K_1=0.6$，$K_2=0.6$，$K_3=0$，$K_4=1.0$。

由公式 $P=\Phi(K_1\frac{\sum P_1}{\cos\varphi}+K_2\sum P_2+K_3\sum P_3+K_4\sum P_4)$ 得，

$P=1.1\times[0.6\times(72+20+15+6+6+30)/0.75+0.6\times41+1\times25]=185.68(\text{kVA})$

查表，可选用SL1200/10变压器一台。

案例3　某工业厂房建筑工地，高压电源为10kV，临时供电线路布置、设备用量如图7.1(a)所示，共有设备15台，取$K_1=0.7$，施工采取单班制作业，部分因工序连续需要采取两班制作业，试计算确定(1)用电量，(2)需要的变压器型号和容量；(3)导线截面。

解：计算用量取75%，如图7.1(b)所示。敷设动力、照明380V/220V三相四线制混合型架空线路，按枝状线路布置架设。

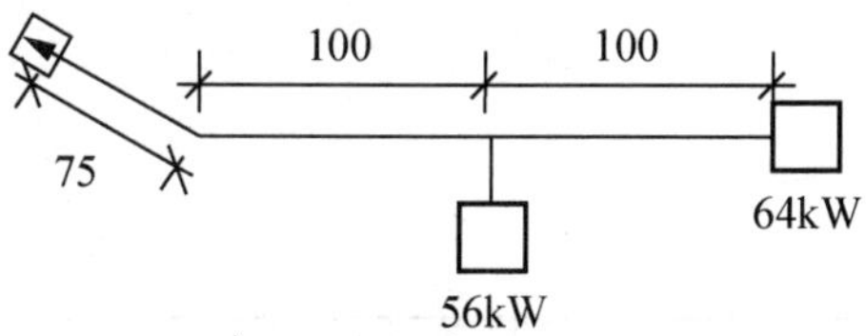

(a)设备容量图

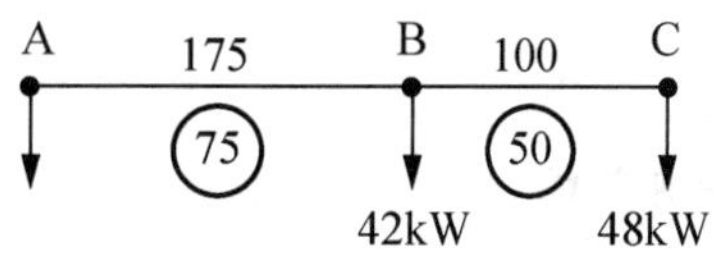

(b)计算用电量简图

图7.1　供电线路布置与设备容量图

(1) 计算施工用电量：$P_{计}=1.24K_1\sum P_c=1.24\times0.7\times(56+64)=104.16(\text{kW})$。

(2) 计算变压器容量和选择型号：$P_{变}=1.4P_{计}=1.4\times104.16=145.82(\text{kVA})$。

当地高压供电10kV，查表得型号为SJ－180/10，变压器额定容量180>145.82kVA，可满足要求。

(3) 确定配电导线截面包括以下4部分内容。

① 按导线允许电流选择：该线路工作电流为$I_{线}=2P_{计}=2\times104.16=208.32(\text{A})$

为安全起见，选用BLX型铝芯橡皮线，查表得：当选用BLX型导线截面为70 mm²时，持续允许电流为220A>208.32A，可满足要求。

② 按导线允许电压降校核：因$S_{AC}=\frac{\sum P\cdot L}{C\cdot\varepsilon_{AC}}\times100\%=\frac{\sum M}{C\cdot\varepsilon_{AC}}\times100\%$，该线路电压为

$$\varepsilon_{AC}=\frac{\sum M}{C\cdot S_{AC}}\times100\%=\frac{M_{AB}+M_{BC}}{C\cdot S_{AC}}\times100\%=\frac{(42+48)\times175+48\times100}{46.3\times70}\times100\%=6.34<[\varepsilon]=7\%$$

线路 AC 段导线截面为：$S_{AC}=\frac{M}{C\cdot[\varepsilon]}=\frac{M_{AB}+M_{BC}}{C\cdot[\varepsilon]}=\frac{20550}{46.3\times7}=63.4\ \mathrm{mm}^2$

仍选用 70 mm^2 即可。

线路 AB 段电压降为：$\varepsilon_{AB}=\frac{M_{AB}}{CS_{AB}}\times100\%=\frac{15750}{46.3\times70}\times100\%=4.86\%$

线路 BC 段电压降应大于：$\varepsilon_{BC}=7\%-4.86\%=2.14\%$

线路 BC 段导线需要截面为：$S_{BC}=\frac{M_{BC}}{C\cdot\varepsilon_{BC}}=\frac{4800}{46.3\times2.14}=48.4(\mathrm{mm}^2)$

选用 BC 段导线需要截面 50 mm^2。

③ 将所选用导线按允许电流校核：$I_{BC}=2\times48=96(\mathrm{A})$。

查表得，当选用 BLX 型线截面为 50 mm^2 时，持续允许电流为 175A>96A，所以可以满足温升要求。

④ 按导线机械强度校核：线路上各段导线截面均大于 10 mm^2，大于允许的最小截面，可满足机械强度要求。

实训小结

本节主要讲述临时供电设计理论和案例，学生通过学习和实训，能独立进行单位工程临时供电设计。

实训考核

考核评定方式	评定内容	分值	得分
自评	学习态度及表现	5	
	临时用电设计理论掌握情况	5	
	某住宅楼临时用电设计计算	10	
	某住宅楼临时用电系统布置图	10	
学生互评	学习态度及表现	5	
	临时用电设计理论掌握情况	5	
	某住宅楼临时用电设计计算	10	
	某住宅楼临时用电系统布置图	10	
教师评定	学习态度及表现	5	
	临时用电设计理论掌握情况	10	
	某住宅楼临时用电设计计算	15	
	某住宅楼临时用电系统布置图	10	

实训练习

设计某住宅楼工程总平面图临时供电系统。

【实训综合测试】

一、填空题

1. 按照消防要求，施工现场道路的最小宽度为____m。

2. 现场临时消火栓管径为100m时，其间距不得超过_____m，距拟建建筑的距离在_____m范围内。

3. 在塔式起重机控制范围内，现场临时供电线路应采用________的形式。

二、单选题

1. 单位工程施工平面布置图绘制比例一般为(　　)。

A. 1:50～1:100　　B. 1:100～1:200

C. 1:200～1:500　　D. 1:500～1:1000

2. 单位工程施工平面图设计时应首先确定(　　)。

A. 搅拌机的位置　　B. 变压器的位置

C. 现场道路的位置　　D. 起重机械的位置

3. 施工现场运输道路应满足材料、构件等的运输要求，道路最好为环形布置，宽度不小于(　　)。

A. 2m　　B. 3m　　C. 3.5m　　D. 6m

4. 施工现场运输道路考虑消防车的要求时，其宽度不得小于(　　)。

A. 2m　　B. 3m　　C. 3.5m　　D. 6m

三、多选题

1. 单位工程施工平面图的设计要求包括(　　)。

A. 紧凑合理，减少用地　　B. 满足编制施工方案的要求

C. 缩短运距，减少搬运　　D. 尽量降低临时设施费用

E. 利于生产生活，符合有关法规

2. 进行单位工程施工平面图设计时，对塔式起重机的布置要求包括(　　)。

A. 应布置在场地较宽阔的一侧

B. 轨道行驶者要距建筑物及脚手架有足够的安全距离

C. 按现场临时道路的位置考虑塔式起重机的位置

D. 服务范围尽量覆盖整个建筑物，避免死角

E. 要邻近现场变压器

3. 进行单位工程施工平面图设计时，对现场搅拌站的布置要求包括(　　)。

A. 尽可能布置在混凝土垂直运输机械附近

B. 搅拌所用材料应围绕搅拌机布置，保证上料方便

C. 大宗搅拌材料应近邻道路，保证进料方便

D. 搅拌机应露天设置

E. 搅拌站附近应设置排水沟和污水沉淀池

4. 进行单位工程施工平面图设计时，对现场临时道路的布置要求包括(　　)。

A. 尽可能利用已有道路或永久性道路

B. 尽量采用环形或者U形布置

C. 转弯半径要符合运输车辆的要求

D. 尽量加大道路宽度

E. 考虑消防车道时，道路宽度不得小于3m

四、问答题

1. 什么是施工平面图？施工平面图的设计原则是什么？

2. 施工平面图设计的主要步骤是什么？

3. 单位工程施工平面图设计程序是什么？

4. 单位工程施工平面图设计内容有哪些？

5. 进行固定式垂直运输机械布置时应考虑哪些因素？

6. 试述施工道路的布置要求。

7. 现场临时设施有哪些内容？临时供水、供电有哪些布置要求？

8. 试述塔式起重机的布置要求。

9. 搅拌机布置与砂、石、水泥库的布置有什么关系？

10. 试述施工现场对临时消火栓布置的要求。

五、计算题

某工地面积为10ha，临时供水管线布置如图7.2所示，已决定主管和干管采用铸铁给水管，管线内水流速度 $v=1.40\text{m/s}$，试确定主管和干管的管径。

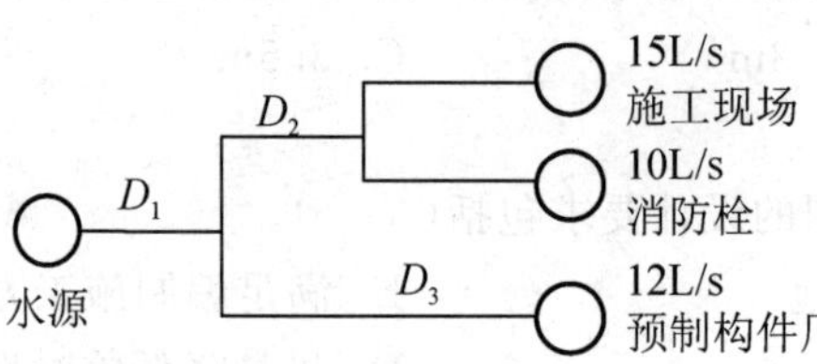

图7.2　临时供水管线布置图

项目 8

单位工程施工组织设计

项目实训目标

通过本项目内容的学习和实训，学生应达到独立进行单位工程施工组织设计的目的。

实训项目设计

实训项目编号	能力训练项目名称	学时		拟达到的能力目标	相关支撑知识	训练方式手段及步骤	结果
		理论	实践				
8.1	单位工程施工组织设计的编制方法	2	4	能进行单位工程施工组织设计	单位工程施工组织设计编制程序、内容和编写方法	能力迁移训练；教师以某职工宿舍JB型施工图为案例进行讲解，学生同步以某住宅楼施工图为任务进行训练	某住宅楼工程施工组织设计
8.2	某职工宿舍(JB型)工程施工组织设计	8	26	能进行单位工程施工组织设计	单位工程施工组织设计编制程序、内容和编写方法	能力迁移训练；教师以某职工宿舍JB型施工图为案例进行讲解，学生同步以某住宅楼施工图为任务进行训练	某住宅楼工程施工组织设计

训练 8.1　单位工程施工组织设计的编制方法

【实训背景】

作为施工方参与工程投标，应编制“技术标”；当工程中标后，应进行实施性施工组织设计，用于指导工程施工，因此，学生必须熟练掌握单位工程施工组织设计的编制方法。

【实训任务】

编制拟建某住宅楼施工组织设计。

【实训目标】

1. 能力目标

能编制单位工程施工组织设计。

2. 知识目标

掌握单位工程施工组织设计的编制程序、编制内容和编制方法。

【实训成果】

某住宅楼工程施工组织设计。

【实训内容】

1. 编制依据的编写

1）编写内容

主要列出所依据的工程设计资料、合同承诺以及法律法规等，可参考以下内容罗列条目。

(1) 工程承包合同。

(2) 工程设计文件(施工图设计变更和洽商等)。

(3) 与工程建设有关的国家、行业和地方的法律、法规、规范、规程、标准及图集。

(4) 施工组织纲要(投标性施工组织设计)、施工组织总设计(如本工程是整个建设项目中的一个单位工程，应把施工组织总设计作为编制依据)。

(5) 企业技术标准与管理文件。

(6) 工程预算文件和有关定额。

(7) 施工条件及施工现场勘察资料等。

2）编写方法及要求

在编写形式上采用表格的形式，使人一目了然，详见表 8－1～表 8－7。

特别提示

(1) 法律、法规、规范、规程、标准和制度等应按以下顺序写：国家→行业→地方→企业；法规→规范→规程→规定→图集→标准。

(2) 特别注意法律、法规、规范、规程、标准和地方标准图集等应是“现行”的，不能使用过时作废的作为依据。

表8-1 工程承包合同

序号	合同名称	编号	签订日期
1	××建设工程施工总承包合同		×年×月×日
2	……		

表8-2 施工图纸

图纸类别	图纸编号	出图日期
建筑施工图	建施×～建施×	
结构施工图	结施×～结施×	
电气专业施工图	电施×～电施×	
设备专业施工图	设施×～设施×	
……	……	

表8-3 主要法规

类别	名称	编号或文号
国家		
行业		
地方		

表 8－4　主要规范、规程

类　　别	名　　称	编号或文号
国家		GB
行业		JGJ
地方		DBJ

表 8－5　主要图集

类　　别	名　　称	编　　号
国家		
地方		

表 8－6　主要标准

类　　别	名　　称	编　　号
国家		GB
行业		JGJ
地方		DB
企业 *		QB

注 *：企业技术标准须经建设行政部门备案后实施。

表 8－7　其他

序　　号	类　　别	名　　称	编号或文号

2. 工程概况

工程概况是对整个工程的总说明和总分析；是对拟建工程的特点、建设地区特点、施工环境及施工条件等所作的简洁明了的文字描述。通常采用图表形式并加以简练的语言描述，力求达到简明扼要、一目了然的效果。表8-8～表8-11仅作参考，编写时应根据工程的规模和复杂程度等具体情况酌情增减内容。

表8-8 总体简介

序号	项目	内容
1	工程名称	
2	工程地址	
3	建设单位	
4	设计单位	
5	监理单位	
6	质量监督单位	
7	安全监督单位	
8	施工总承包单位	
9	施工主要分包单位	
10	投资来源	
11	合同承包范围	
12	结算方式	
13	合同工期	
14	合同质量目标	
15	其他	

表8-9 建筑设计简介

序号	项目	内容			
1	建筑功能				
2	建筑特点				
3	建筑面积	总建筑面积/m²		占地面积/m²	
		地下建筑面积/m²		地上建筑面积/m²	
		标准层建筑面积/m²			
4	建筑层数	地上		地上	

续表

序号	项目	内容			
5	建筑层高	地下部分层高/m	地下1层		
			地下 N 层		
			首层		
		地上部分层高/m	标准层		
			设备层		
			机房、水箱间		
6	建筑高度	±0.000 绝对标高/m		室内外高差/m	
		基底标高/m		最大基坑深度/m	
		檐口标高/m		建筑总高/m	
7	建筑平面	横轴编号	X轴～x轴	纵轴编号	X轴～x轴
		横轴距离/m		纵轴距离 m	
8	建筑防火				
9	墙面保温				
10	外装修	檐口			
		外墙装修			
		门窗工程			
		屋面工程	上人屋面		
			不上人屋面		
		主入口			
11	内装修	顶棚工程			
		地面工程			
		内墙装修			
		门窗工程	普通门		
			特种门		
		楼梯			
		公用部分			
12	防水工程	地下			
		屋面			
		厨房间			
		厕浴间			
13	建筑节能				
14	其他说明				

表 8-10 结构设计简介

<table>
<tr><th>序号</th><th>项目</th><th colspan="4">内容</th></tr>
<tr><td rowspan="3">1</td><td rowspan="3">结构形式</td><td colspan="2">基础结构形式</td><td colspan="2"></td></tr>
<tr><td colspan="2">主体结构形式</td><td colspan="2"></td></tr>
<tr><td colspan="2">屋盖结构形式</td><td colspan="2"></td></tr>
<tr><td rowspan="6">2</td><td rowspan="6">基础埋置深度土质、水位</td><td colspan="2">基础埋置深度</td><td colspan="2"></td></tr>
<tr><td colspan="2">基底以上土质分层情况</td><td colspan="2"></td></tr>
<tr><td colspan="2" rowspan="3">地下水位标高</td><td>地下承压水</td><td></td></tr>
<tr><td>滞水层</td><td></td></tr>
<tr><td>设防水位</td><td></td></tr>
<tr><td colspan="2">地下水水质</td><td colspan="2"></td></tr>
<tr><td rowspan="3">3</td><td rowspan="3">地基</td><td colspan="2">持力层以下土质类别</td><td colspan="2"></td></tr>
<tr><td colspan="2">地基承载力</td><td colspan="2"></td></tr>
<tr><td colspan="2">地基渗透系数</td><td colspan="2"></td></tr>
<tr><td rowspan="2">4</td><td rowspan="2">地下防水</td><td colspan="2">混凝土自防水</td><td colspan="2"></td></tr>
<tr><td colspan="2">材料防水</td><td colspan="2"></td></tr>
<tr><td rowspan="3">5</td><td rowspan="3">混凝土强度等级及抗渗要求</td><td colspan="2">（部位）</td><td colspan="2">（C15）</td></tr>
<tr><td colspan="2">（部位）</td><td colspan="2">（Cn）</td></tr>
<tr><td colspan="2">（部位）</td><td colspan="2"></td></tr>
<tr><td rowspan="3">6</td><td rowspan="3">抗震等级</td><td colspan="2">工程设防烈度</td><td colspan="2"></td></tr>
<tr><td colspan="2">剪力墙抗震等级</td><td colspan="2"></td></tr>
<tr><td colspan="2">框架抗震等级</td><td colspan="2"></td></tr>
<tr><td rowspan="4">7</td><td rowspan="4">钢筋类别</td><td rowspan="3">非预应力筋及等级</td><td>HPB235 级</td><td colspan="2"></td></tr>
<tr><td>HRB335 级</td><td colspan="2"></td></tr>
<tr><td>HRB400 级</td><td colspan="2"></td></tr>
<tr><td colspan="2">预应力筋及张拉方式或类别</td><td colspan="2"></td></tr>
<tr><td rowspan="3">8</td><td rowspan="3">钢筋接头形式</td><td colspan="2">机械连接(冷挤压、直螺纹)</td><td colspan="2"></td></tr>
<tr><td colspan="2">焊接</td><td colspan="2"></td></tr>
<tr><td colspan="2">搭接绑扎</td><td colspan="2"></td></tr>
<tr><td rowspan="3">9</td><td rowspan="3">结构断面尺寸</td><td colspan="2">基础底板厚度/mm</td><td colspan="2"></td></tr>
<tr><td colspan="2">外墙厚度/mm</td><td colspan="2"></td></tr>
<tr><td colspan="2">内墙厚度/mm</td><td colspan="2"></td></tr>
</table>

续表

序号	项目	内容	
9	结构断面尺寸	柱断面厚度/mm	
		梁断面厚度/mm	
		楼板厚度/mm	
10	主要柱网间距		
11	楼梯、坡道结构形式	楼梯结构形式	
		坡道结构形式	
12	结构转换层	设置位置	
		结构形式	
13	后浇带设置		
14	变形缝设置		
15	结构混凝土工程预防碱集料反应管理类别及有害物质环境质量要求		
16	人防设置等级		
17	建筑物沉降观测		
18	二次围护结构		
19	特殊结构	（钢结构、网架、预应力）	
20	构件最大几何尺寸		
21	室外水池、化粪池埋置深度		
22	其他说明		

表8-11 机电及设备安装专业设计简介

序号	项目		设计要求	系统做法	管线类别
1	给排水系统	给水			
		排水			
		雨水			
		热水			
		饮用水			
		消防水			
2	消防系统	消防			
		排烟			
		报警			
		监控			

续表

序号	项目		设计要求	系统做法	管线类别
3	空调通风系统	空调			
		通风			
		冷冻			
		采暖			
		燃气			
4	电力系统	照明			
		动力			
		弱电			
		避雷			
5	设备安装	电梯			
		扶梯			
		配电柜			
		水箱			
		污水泵			
		冷却塔			
6	通信				
	音响				
	电视电缆				
7	庭院、绿化				
	楼宇清洁				
8	采暖	集中供暖			
		自供暖			
9	设备最大规格与质量				

3. 施工部署的编写

施工部署是宏观的部署，其内容应明确、定性、简明和提出原则性要求，并应重点突出部署原则。施工部署的关键是“安排”，核心内容是部署原则，要努力在“安排”上做到优化，在部署原则上，要做到对所涉及的各种资源在时空上的总体布局进行合理的构思。

一般施工部署主要包括以下内容：明确施工管理目标、确定施工部署原则、建立项目经理部组织机构、明确施工任务划分、计算主要项目工程量、明确施工组织协调与配合等。

1）施工管理目标

（1）进度目标：工期和开工、竣工时间。

（2）质量目标：包括质量等级，质量奖项。

（3）安全目标：根据有关要求确定。

（4）文明施工目标：根据有关标准和要求确定。

（5）消防目标：根据有关要求确定。

（6）绿色施工目标：根据住房和城乡建设部及地方规定和要求确定。

（7）降低成本目标：确定降低成本的目标值，降低成本额或降低成本率。

2）施工部署原则

（1）确定施工程序。在确定单位工程施工程序时应遵循以下原则：先地下、后地上；先主体后围护；先结构后装饰；先土建后设备。在编制单位工程施工组织设计时，应按施工程序，结合工程的具体情况和工程进度计划，明确各阶段主要工作内容及施工顺序。

（2）确定施工起点流向。所谓确定施工起点流向，就是确定单位工程在平面或竖向上施工开始的部位和进展的方向。对单层建筑物，如厂房按其车间、工段或跨间，分区分段地确定出在平面上的施工流向。对于多层建筑物，除了确定每层平面上的流向外，还须确定其各层或单元在竖向上的施工流向。

（3）确定施工顺序。确定施工顺序时应考虑的因素：遵循施工程序；符合施工工艺；与施工方法相一致；按照施工组织要求；考虑施工安全和质量；受当地气候影响。

（4）选择施工方法和施工机械。选择机械时，应遵循切实需要，实际可能，经济合理的原则，具体要考虑以下几点。

① 技术条件：包括技术性能、工作效率、工作质量、能源耗费、劳动力的节约、使用安全性和灵活性，通用性和专用性，维修的难易程度和耐用程度等。

② 经济条件：包括原始价值、使用寿命、使用费用和维修费用等。如果是租赁机械应考虑其租赁费。

③ 要进行定量的技术经济分析、比较，以使机械选择最优。

特别提示

选用机械时，应尽量利用施工单位现有机械。只有在现有机械性能满足不了工程需要时，才可以购置或租赁其他机械。

3）项目经理部组织机构

（1）建立项目组织机构。应根据项目的实际情况，成立一个以项目经理为首的、与工程规模及施工要求相适应的组织管理机构—项目经理部。项目经理部职能部门的设置应紧紧围绕项目管理内容的需要确定。

（2）确定组织机构形式。通常以线性组织结构图的形式（方框图）表示，同时应明确3项内容，即项目部主要成员的姓名、行政职务和技术职称（或执业资格），使项目的人员构成基本情况一目了然。组织机构框图如图8.1所示。

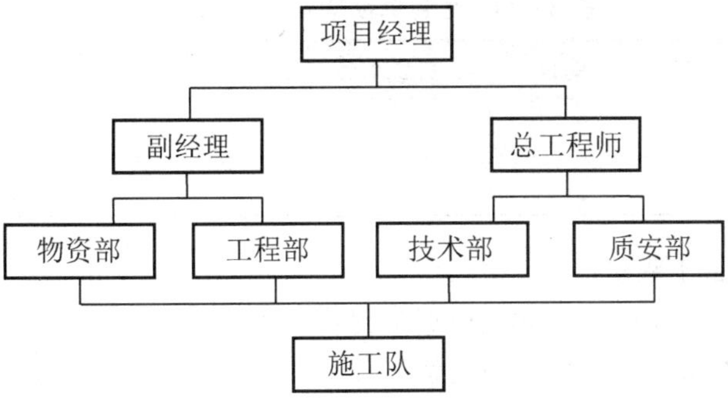

图 8.1 组织结构框图

(3) 确定组织管理层次。施工管理层次可分为：决策层、控制层和作业层。项目经理是最高决策者，职能部门是管理控制层，施工班组是作业层。

(4) 制定岗位职责。在确定项目部组织机构时，还要明确内部的每个岗位人员的分工职责，落实施工责任，责任和权力必须一致，并形成相应规章和制度，使各岗位人员各行其职，各负其责。

4) 施工任务划分

在确立了项目施工组织管理体制和机构的条件下，划分参与建设的各单位的施工任务和负责范围，明确总包与分包单位的关系，明确各单位之间的关系。可参考表 8－12、表 8－13和表 8－14 进行描述。

(1) 各单位负责范围见表 8－12。

表 8－12 各单位负责范围

序 号	负责单位	任务划分范围
1	总包合同范围	
2	总包组织外部分包范围	
3	业主指定分包范围	
4	总包对分包管理范围	

注：总包合同范围是指合同文件中所规定的范围。强调编写者要根据合同内容编写，即将合同中这段具有法律效力的文字如实抄写下来；业主指定分包范围应纳入总包管理范围。

(2) 工程物资采购划分见表 8－13。

表 8－13 工程物资采购划分

序 号	负责单位	工程物资
1	总包采购范围	
2	业主自行采购范围	
3	分包采购范围	

(3) 总包单位与分包单位的关系见表 8－14。

表 8-14 总包单位与分包单位的关系

序　号	主要分包单位	主要承包单位	分包与总包关系	总包对分包要求
1				
2				

5）计算主要项目工程量

在计算主要项目工程量时，首先根据工程特点划分项目。项目划分不宜过多，应突出主要项目，然后估算出各主要分项的实物工程量，如土方挖土量、防水工程量、钢筋用量和混凝土用量等，宜列表说明，可参考表 8-15。

表 8-15 主要分项工程量

项　目			单　位	数　量	备　注
土方开挖	开挖土方		m^3		
	回填土方		m^3		
防水工程	地下		m^2		注明防水种类和卷材品种
	屋面		m^2		
	卫生间		m^2		
混凝土工程	地下	防水混凝土	m^3		
		普通混凝土	m^3		
	地上	普通混凝土	m^3		
		高强混凝土	m^3		指 C50 以上
模板工程	地下		m^2		
	地上		m^2		
钢筋工程	地下		m^2		
	地上		m^2		
钢结构工程	地下		t		
	地上		t		
砌体工程	地下		m^3		注明砌块种类
	地上		m^3		
装饰装修工程	内檐	墙面	m^2		根据工程建筑设计情况，做适当调整
		地面	m^2		
		吊顶	m^2		
		贴瓷砖	m^2		
		油漆浆活	m^2		

续表

项目			单位	数量	备注
装饰装修工程	外檐	门窗	m^2		根据工程建筑设计情况，做适当调整
		幕墙	m^2		
		面砖	m^2		
		涂料	m^2		
		抹灰	m^2		

注：表中内容应根据工程的具体情况，酌情增减。

6）施工组织协调与配合

工程施工过程是通过业主、设计、监理、总包、分包和供应商等多家合作完成的，协调组织各方的工作和管理，是能否按期完工、确保质量和安全、降低成本的关键之一。因此，为了保证这些目标的实现，必须明确制定各种制度，确保将各方的工作组织协调好。

(1) 编写内容包括以下两个方面。

① 协调项目内部参建各方关系。与建设单位的协调、配合，与设计单位的协调、配合，与监理单位的协调、配合，对分包单位的协调、配合和管理。

② 协调外部各单位的关系。与周围街道和居委会的协调、配合，与政府各部门的协调、配合。

(2) 协调方式：主要是建立会议制度，通过会议通报情况，协商解决各类问题。主要的管理制度如下。

① 在协调外部各单位关系方面，建立图纸会审和图纸交底制度、监理例会制度、专题讨论会议制度、考擦制度、技术文件修改制度、分项工程样板制度以及计划考核制度等。

② 在协调项目内部关系方面，建立项目管理例会制、安全质量例会制、质量安全标准及法规培训制等。

③ 在协调各分承包关系方面，建立生产例会制等。

4. 施工进度计划的编写

这部分内容主要突出施工总工期及完成各主要施工阶段的控制日期。

1） 编制内容

一般内容包括编制说明和进度计划图表。

2） 施工进度计划的编制形式

施工进度计划一般用横道图或网络图来表达。

对于住宅工程和一般公用建筑的施工进度计划可用横道图或网络图表达；对技术复杂、规模较大的工程如大型公共建筑等工程的施工进度计划应用网络图表达。用网络图表达时，应优先采用时标网络图。

分段流水的工程要以网络图表示标准层的各段、各工序的流水关系，并说明各段各工序的工程量和塔式起重机吊次计算。

施工进度计划图表一般放在施工组织设计正文后面的附图附表中。

3）施工阶段目标控制计划

首先将工期总目标分解成若干个分目标，以分目标的实现来保证总目标的完成。简要表述各分目标的实现所采取的施工组织措施，并形成施工阶段目标控制计划表，可参考表8-16。

表8-16 施工阶段目标控制计划

序 号	阶段目标	起止时间
1		
2		
…		

5. 施工准备与资源配置计划的编写

1）编制内容

施工准备工作的主要内容包括：技术准备、施工现场准备和资金准备。

资源配置计划的主要内容包括：劳动力配置计划和物资配置计划。

2）编写方法

(1) 技术准备是指完成本单位工程所需的技术准备工作。技术准备一般称为现场管理的“内业”，它是施工准备的核心内容，指导着施工现场准备。

技术准备的主要内容一般包括以下3部分。

① 一般性准备工作包括熟悉图纸、组织图纸会审和技术培训等。

a. 熟悉施工图纸，组织图纸会审，准备好本工程所需要的规范、标准和图集等图纸会审计划安排参考表8-17。

表8-17 图纸会审计划安排表

序号	内容	依据	参加人员	日期安排	目标
1	图纸初审	公司贯标程序文件《图纸会审管理办法》设计图纸及引用标准、施工规范	组织人： 土建： 电气： 给水、排水、通风：		熟悉施工图纸，分专业列出图纸中不明确部位、问题部位及问题项
2	内部会审	公司贯标程序文件《图纸会审管理办法》设计图纸及引用标准、施工规范	组织人： 电气： 给水、排水、通风：		熟悉施工图纸、设计图、各专业问题汇总，找出专业交叉打架问题；列出图纸会审纪要向设计院提出问题清单
3	图纸会审	公司贯标程序文件《图纸会审管理办法》设计图纸及引用标准、施工规范	组织人：（建设单位代表） 参加人：（建设单位单表） 设计院代表： 监理单位代表： 施工单位代表：		向设计院说明提出各项问题； 整理图纸会审会议纪要

b. 技术培训包括以下两个方面。

第1步：管理人员培训。

管理人员上岗培训，组织参加和技术交流；由专家进行专业培训；推广新技术、新材料、新工艺、新设备应用培训和学习规范、规程、标准、法规的重要条文等。

第2步：劳务人员培训。

对劳务人员的进场教育，上岗培训；对专业人员的培训，如新技术、新工艺、新材料和新设备的操作培训等，提高使用操作的适应能力。

② 器具配置计划可参考表8-18。

表8-18 器具配置计划表

序号	器具名称	规格型号	单位	数量	进场时间	检测状态
1	经纬仪					有效期：×年×月×日—×年×月×日
2	水准仪					
3	米尺					
…	……					

③ 技术工作计划包括以下8个方面的内容。

a. 施工方案编制计划包括两步。

第1步：分项工程施工方案编制计划。分项工程施工方案要以分项工程为划分标准，如混凝土施工方案、室内装修方案和电气施工方案等。以列表形式表示，见表8-19。

表8-19 施工方案编制计划

序号	方案名称	编制人	编制完成时间	审批人(部门)
1				
2				
…				

注：编制人是指某个人，不能写某个部门。

第2步：专项施工方案编制计划。专项施工方案是指除分项工程施工方案以外的施工方案，如施工测量方案、大体积混凝土施工方案、安全防护方案、文明施工方案、季节性施工方案、临电施工方案和节能施工方案等。表式与分项工程相同。

b. 试验、检测工作计划。试验工作计划内容应包括常规取样试验计划及有见证取样试验计划。应遵循的原则及规定可参见表8-20，实现工作计划可参考表8-21。

表8-20 原材料及施工过程试验取样原则及规定

序号	试验内容	取样批量	取样数量	取样部位及见证率
1				
2				
…				

表 8-21 实验工作计划表

序号	试验内容	取样批量	试验数量	备注
1	钢筋原材	≤60t	1组	同一钢号的混合批，每批不超过 6 个炉号，各炉罐号含碳量之差不大于 0.02%，含锰量之差不大于 0.15%
		>60t	2组	
2	钢筋机械连接、(焊接)接头	500 个接头	3 根拉件	同施工条件，同一批材料的同等级、同规格接头 500 个以下为一验收批，不足 500 个也为一验收批
3	水泥(袋装)	≤200t	1组	每一组取样至少 12kg
4	混凝土试块	一次浇筑量≤1000m^3，每 100m^3 为一个取样单位(3 块)； 一次浇筑量≥1000m^3，每 200m^3 为一个取样单位(3 块)		同一配合比
5	混凝土抗渗试块	500m^3	1组	同一配合比，每组六个试件
6	砌筑砂浆	250m^3	6 块	同一配合比
		一个楼层		
7	高聚物改性沥青防水卷材	100 卷以内	2 组尺寸和外观	≤1000 卷物理性能检验
		100～499 卷	3 组尺寸和外观	
		1000 卷以内	4 组尺寸和外观	
8	土方回填	基槽回填土每层取样 6 块		每层按≤50m 取一点
9	……	……		……

注：试验工作计划不但应该包括常规取样试验计划，还应该包括有见证取样试验计划。而且有见证试验的试验室必须取得相应资质和认可。

c. 样板项、样板间计划。“方案先行、样板引路”是保证工期和质量的法宝，坚持样板制，不仅仅是样板间，而是样板“制”(包括工序样板、分项工程样板、样板墙、样板间、样板段和样板回路等多方面)。根据方案和样板，制定出合理的工序、有效的施工方法和质量控制标准，参见表 8-22。

表 8-22 样板项、样板间计划一览表

序 号	项目名称	部位(层、段)	施工时间	备 注
1				
2				
…				

注：“样板”是某项工程应达到的标准。一般它有“选”和“做”两种方法。此处样板项、样板间计划是指做样板。

d. 新技术、新工艺、新材料和新设备推广应用计划。应根据建设部颁发的建筑业 10

项新技术推广应用(2005)中的94项子项及其他新的科研成果应用，逐条对照，列表加以说明，参见表8-23。

表8-23 新技术推广应用计划

序 号	新技术名称	应用部位	应用数量	负责人	总结完成时间
1					
2					
…					

e. QC活动计划。根据工程特点，在施工过程中，成立质量管理(Qudity Control，QC)小组，分专业或综合两个方面开展QC活动，并制订QC活动计划，见表8-24。

表8-24 QC活动计划表

序 号	QC小组课题	参加部门	时间安排
1			
2			
…			

f. 高程引测与建筑物定位。说明高程引测和建筑物定位的依据，组织交接桩工作，做好验线准备。

g. 试验室、预拌混凝土供应。说明对试验室、预拌混凝土供应商的考察和确定。如采用预拌混凝土，对预拌混凝土供应商进行考察，当确定好预拌混凝土供应商后，要求在签订预拌混凝土经济合同时，应同时签订预拌混凝土供应技术合同。

应根据对试验室的考察及本工程的具体情况，确定试验室。

明确是否在现场建立标养室。若建立标养室，应说明配备与工程规模、技术特点相适应的标养设备。

h. 施工图翻样设计工作。要求提前做好施工图和安装图等的翻样工作，如模板设计翻样和钢筋翻样等。项目专业工程师应配合设计，并对施工图进行详细的二次深化设计。一般采用AutoCAD绘图技术，对较复杂的细部节点做3D模型。

(2) 施工现场准备。施工现场准备工作的内容包括：障碍物的清除、“四通一平”、现场临水临电、生产生活设施、围墙及道路等施工平面图中所有内容，并按施工平面图所规定的位置和要求布置。

这部分内容编写时，应结合实际描述开工前的现场安排及现场使用。

(3) 资金准备。资金准备应根据施工进度计划及工程施工合同中的相关条款编制资金使用计划，以确保施工各阶段的目标和工期总目标的实现，此项工作应在施工进度计划编制完后、工程开工前完成。

(4) 各项资源需要量计划包括以下5部分内容。

① 劳动力需要量计划。编制劳动力需要量计划，需依据施工方案、施工进度计划和施工预算。其编制方法是按进度表将每天所需人数分工种统计，得出每天所需的工种及人

数，按时间进度要求汇总编出。它主要是作为现场劳动力调配、衡量劳动力耗用指标及安排生活福利设施的依据，其表格形式见表 8－25，月劳动力计划见表 8－26。

表 8－25　劳动力需要量计划

序号	专业工种名称	劳动量/工日	需要人数及时间						备注
			年　月			年　月			
			上旬	中旬	下旬	上旬	中旬	下旬	
1									
2									
…									

表 8－26　月劳动力计划表

工种	1月	2月	3月	4月	5月	6月	7月	…月
钢筋工								
木工								
混凝土工								
瓦工								
抹灰工								
水暖工								
电工								
通风工								
力工								
……								
月汇总								

② 主要材料需要量计划。编制主要材料量计划，要依据施工预算工料分析和施工进度。其编制方法是将施工进度计划表中各施工过程，分析其材料组成，依次确定其材料品种、规格、数量和使用时间，并汇总成表格形式。它主要是备料、确定仓库和堆积面积以及组织运输的依据，其表格形式见表 8－27。

表 8－27　主要材料需要量计划

序　　号	材料名称	规　　格	需要量		需要时间	备　　注
			单位	数量		
1						
2						
…						

③ 预制加工品需要量计划。预制加工品包括：混凝土制品、混凝土构件、木构件和钢构件等，编制预制加工品需要量计划，需依据施工预算和施工进度计划。其编制方法是将施工进度计划表中需要预制加工品的施工过程，依次确定其预制加工品的品种、型号、规格、尺寸、数量和使用时间，并汇总成表格形式，它主要用于加工订货，确定堆场面积和组织运输，其表格形式见表8-28。

表8-28 预制加工品需要量计划

序号	预制加工品名称	图号型号	规格尺寸	需要量		使用部位	加工单位	要求供应起止时间	备注
				单位	数量				
1									
2									
…									

④ 主要施工机具设备配置计划包括大型机械的选用和编制方法。

a. 大型机械的选用。土方机械、水平与垂直运输机械(如塔吊、外用电梯和混凝土泵等)的选用，应说明选择依据、选用型号、数量以及是否能满足本工程施工要求，并编制大型机械进场计划。

选择土方设备。根据进度计划安排、总的土方量、现场的周边情况和挖掘方式确定每天出土的方量，依据出土方量选择挖掘机、运土车的型号和数量。如果有护坡桩还需与护坡桩施工进度和锚杆施工进度相配合。

选择塔式起重机。根据建筑物高度、结构形式(附墙位置)、现场所采用的模板体系和各种材料的吊运所需的吊次、需要的最大起重量、覆盖范围以及现场的周边情况、平面布局形式确定塔式起重机的型号和台数，并要对距塔式起重机最远和所需吊运最重的模板或材料核算塔式起重机在该部位的起重量是否满足。

选择其他设备。泵送机械的选择依据流水段的划分所确定的每段的混凝土量、建筑物高度和输送距离选择混凝土拖式泵的型号；外用电梯的选择及使用情况说明；对于现场施工所需的其他大型设备都应依据实际情况进行计算选择。

b. 编制方法是将所需的机械类型、数量和进场时间进行汇总成表，以表格形式列出，参见表8-29。

表8-29 主要施工机具设备配置计划

序号	名称	规格型号	单位	数量	电功率/kVA	拟进退场时间	备注
1	塔式起重机						用途及使用部位
2	电焊机						
3	振动棒						
…	……						

⑤ 施工准备工作计划。为落实各项施工准备工作，加强对施工准备工作的检查监督，

通常施工准备工作可列表表示，其表格形式见表 8-30。

表 8-30 施工准备工作计划

序号	施工准备工作名称	准备工作内容（及量化指标）	主办单位（及主办负责人）	协办单位（及主要协办人）	完成时间	备注
1						
2						
…						

6. 主要施工方法的编写

1） 编写内容

主要施工方法是指单位工程中主要分部(分项)工程或专项工程的施工手段和工艺，是属于施工方案的技术方面的内容。

这部分内容应着重考虑影响整个单位工程施工的分部(分项)工程或专项工程的施工方法。影响整个单位工程施工的分部(分项)工程的施工方法是指：工程量大而且在单位工程中占据重要地位的分部(分项)工程；施工技术复杂、施工难度大，或采用新技术、新工艺、新材料、新设备，对工程质量起关键作用的分部(分项)工程；某些特殊结构工程不熟悉、缺乏施工经验的分部(分项)工程及由专业施工单位的特殊专业工程的施工方法。

单位工程施工的主要施工方法不但包括各主要分部(分项)工程施工方法的内容(如土石方、基础、砌体、模板、钢筋、混凝土、结构安装、装饰、垂直运输和设备安装等工种工程)，还包括测量放线、脚手架工程和季节性施工等专项工程施工方法。

2） 编写要求

(1) 要反映主要分部(分项)工程或专项工程拟采取的施工手段和工艺，具体要反映施工中的工艺方法、工艺流程、操作要点和工艺标准，对机具的选择与质量检验等内容。

(2) 施工方法的确定应体现先进性、经济性和适用性。

(3) 在编写深度方面，要对每个分项工程施工方法进行宏观的描述，要体现宏观指导性和原则性，其内容应表达清楚，决策要简练。

3） 分部(分项)工程或专项工程施工方法

(1) 流水段划分应根据划分原则绘出流水段划分图。

① 流水段划分原则包括以下 5 个。

a. 根据单位工程结构特点、工期要求、模板配置数量及周转要求，合理划分流水段。说明流水段划分依据及流水方向。

b. 流水段划分要有利于建筑结构的整体性。

c. 各段的主要工种工程量大致相等。

d. 保证主要工种有足够的工作面和垂直运输机械能充分发挥台班能力。

e. 当地下部分与地上部分流水段不一致时，应分开绘制流水段划分图，当水平构件与竖向构件流水段不一致时，也应分开绘制。

② 流水段划分图。应结合单位工程的具体情况分阶段划分施工流水段，并绘制流水

段划分图。

a. 绘制地下部分流水段划分图。

b. 绘制地上部分流水段划分图。

流水段划分图应标出轴线位置尺寸及施工缝与轴线间距离。流水段划分图也可以放在施工组织设计附图中。

(2) 测量放线。测量放线包括如下内容。

① 平面控制测量包括以下两个方面。

a. 建立平面控制网。说明轴线控制的依据及引至现场的轴线控制点位置。

b. 平面轴线的投测。确定地下部分平面轴线的投测方法；确定地上部分平面轴线的投测方法。

② 高程控制测量包括以下3个方面。

a. 建立高程控制网，说明标高引测的依据及引至现场的标高的位置。

b. 确定高程的传递的方法。

c. 明确垂直度控制的方法。

③ 说明对控制桩点的保护要求包括以下两个方面。

a. 轴线控制桩点的保护。

b. 施工用水准点的保护。

④ 明确测量控制精度包括以下3个方面。

a. 轴线放线误差。

b. 标高误差。

c. 轴线竖向投测误差。

⑤ 制定测量设备配置计划，见表8-31。

表8-31 测量设备配置计划

序号	仪器名称	数量	用途	备注
1				检定日期、有效期
2				
…				

⑥ 沉降观测。当设计或相关标准有明确要求时，或当施工中需要进行沉降观测时，应确定观测部位、观测时间及精度要求。沉降观测一般由建设单位委托有资质的专业测量单位完成该项工作，施工单位配合。

⑦ 质量保证要求。提出保证施工测量质量的要求。

(3) 桩基工程包括以下内容。

① 说明桩基类型，明确选用的施工机械型号。

② 描述桩基工程施工流程。

③ 入土方法和入土深度控制。

④ 桩基检测。

⑤ 质量要求等。

(4) 降水与排水包括以下五部分内容。

① 说明施工现场地层土质和地下水情况，是否需要降水等。如需降水应明确降低地下水位的措施，是采用井点降水，还是其他降水措施，或是基坑壁外采用止水帷幕的方法。

② 选择排除地面水和地下水的方法，确定排水沟、集水井或井点的布置及所需设备型号和数量。

③ 说明降水深度是否满足施工要求(注意水位应降至基坑最深部位以下 50cm 的施工要求)，说明降水的时间要求。要考虑降水对邻近建筑物可能造成的影响及所采取的技术措施。

④ 应说明日排水量的估算值及排水管线的设计。

⑤ 说明当工地停电时，基坑降水采取的应急措施。

(5) 基坑的支护结构包括以下两个方面。

① 说明工程现场施工条件、邻近建筑物等与基坑的距离、邻近地下管线对基坑的影响、基坑放坡的坡度、基坑开挖深度、基坑支护类型和方法、坑边立塔应采取的措施、基坑的变形观测。

② 重点说明选用的支护类型。

(6) 土方工程包括以下 10 个步骤。

① 计算土方工程量(挖方、填方)。

② 根据工程量大小，确定采用人工挖土还是机械挖土。

③ 确定挖土方方向并分段，坡道的留置位置、土方开挖步数和每步开挖深度。

④ 确定土方开挖方式，当采用机械挖土时，根据上述要求选择土方机械型号、数量和放坡系数。

⑤ 当开挖深基坑土方时，应明确基坑土壁的安全措施，是采用逐级放坡的方法还是采用支护结构的方法。

⑥ 应明确土方开挖与护坡、锚杆及工程桩等工序是如何穿插配合的，土方开挖与降水的配合。

⑦ 人工如何配合修整基底、边坡。

⑧ 说明土方开挖注意事项，包括安全和环保等方面。

⑨ 确定土方平衡调配方案，描述土方的存放地点、运输方法和回填土的来源。

⑩ 明确回填土的土质的选择、灰土计量、压实方法及压实要求，回填土季节施工的要求。

(7) 钎探与验槽包括以下 5 个方面。

① 土方挖至槽底时的施工方法说明。

② 是否进行钎探及钎探工艺、钎探布点方式、间距、深度和钎探孔的处理方法说明。

③ 明确清槽要求。

④ 明确季节施工对基底的要求。

⑤ 验槽前的准备，是否进行地基处理。

(8) 垫层。明确验槽后对垫层和褥垫层施工有何要求，垫层混凝土的强度等级，是采用预拌混凝土还是现拌混凝土。

(9) 地下防水工程。目前地下室防水设防体系普遍采用结构自防水＋材料防水＋结构防水的体系。

① 结构自防水的用料要求及相关技术措施。说明防水混凝土的等级、防水剂的类型、掺量及对碱集料反应的技术要求。

② 材料防水的用料要求及方法措施。说明防水材料的类型、层数和厚度，明确防水材料的产品合格证和材料检验报告的要求，进场时是否按规定进行外观检查和复试。

当采用防水卷材时应明确所采用的施工方法(外贴法或内贴法)；当采用涂料防水、防水砂浆防水、塑料防水板和金属防水层时，应明确技术要求。

说明对防水基层的要求、防水导墙的做法和防水保护层的做法等。

③ 结构防水用料要求及相关技术措施。说明地下工程的变形缝、施工缝、后浇带、穿墙管、定位支撑及埋设件等处防水施工的方法和要求及应采取的阻水措施。

④ 其他：对防水队伍的要求和防水施工注意事项。

(10) 钢筋工程包括以下 7 个方面的内容。

① 钢筋的供货方式、进场检验及原材料存放。说明钢筋的供货方式、进场验收(出厂合格证、炉号和批量)、钢筋外观检查、复试及见证取样要求和原材料的堆放要求。

钢筋品种：主要构件的钢筋设计可按表 8-32 填写。

表 8-32 主要构件的钢筋设计

构件名称	钢筋规格	截面/mm	间　距
底板			
混凝土墙			
地梁			
框架柱 *KZ*			
框架梁 *KL*			
框架连梁 *LL*			
暗柱 *AZ*			

② 钢筋加工方法包括以下 4 种。

a. 明确钢筋的加工方式，是场内加工还是场外加工。

b. 明确钢筋调直、切断和弯曲的方法，并说明相应加工机具设备型号和数量，加工场面积及位置。

c. 明确钢筋放样、下料和加工要求。

d. 做各种类型钢筋的加工样板。

③ 钢筋运输方法。说明现场成型钢筋搬运至作业层采用的运输工具。如钢筋在场外

加工，应说明场外加工成型的钢筋运至现场的方式。

④ 钢筋连接方法包括以下 2 个方面。

a. 明确钢筋的连接方式，是焊接还是机械连接或是搭接；明确具体采用的接头形式，是电弧焊还是电渣压力焊或是直螺纹。

b. 说明接头试验要求，简述钢筋连接施工要点。

⑤ 钢筋安装方法包括以下 4 个方面。

a. 分别对基础、柱、墙、梁和板等部位的施工方法和技术要点作出明确的描述。

b. 防止钢筋位移的方法及保护层的控制。

c. 如设计墙、柱为变截面，应说明墙体、柱变截面处的钢筋处理方法。

d. 钢筋绑扎施工：根据构件的受力情况，明确受力筋的方向和位置、筋搭接部位、水平钢筋绑扎顺序、接头位置、钢筋接头形式、箍筋间距马凳、垫块钢筋保护层的要求；图纸中墙和柱等竖向钢筋保护层要求；竖向钢筋的生根及绑扎要求；钢筋的定位和间距控制措施。预留钢筋的留设方法，尤其是围护结构拉结筋。钢筋加工成型(特殊钢筋如套筒冷挤压和镦粗直螺纹等)及绑扎成型的验收。

⑥ 预应力钢筋施工方法。例如钢筋作现场预应力张拉时，应说明施工部位，预应力钢筋的加工、运输、安装和检测方法及要求。

⑦ 钢筋保护。明确钢筋半成品、成品的保护要求。

(11) 模板工程。模板分项工程施工方法的选择内容包括：模板及其支架的设计(类型、数量、周转次数)、模板加工、模板安装、模板拆除及模板的水平垂直运输方案。

① 模板设计包括以下 4 个方面。

a. 地下部分模板设计。描述不同的结构部位采用的模板类型、施工方法、配置数量和模板高度等，可以用表格形式列出，参见表 8 - 33。

表 8 - 33　地下部分模板设计

序号	结构部位	模板选型	施工方法	数量/m^2	模板宽度/mm	模板高度/mm
1	底板					
2	墙体					
3	柱					
4	梁					
5	板					
6	电梯井					
7	楼梯					
8	门窗洞口					
……	……					

注：钢筋混凝土结构、多层砖混结构的模板设计可参考此表，并根据工程特点调整模板设计内容。

b. 地上部分模板设计表格形式参见表8-34。

表8-34 地上部分模板设计

序　号	结构部位	模板选型	施工方法	数量/m^2	模板宽度/mm	模板高度/mm
1	墙体					
2	柱					
3	梁					
4	板					
5	电梯井					
6	楼梯					
7	女儿墙					
8	门窗洞口					
…	……					

注：钢筋混凝土结构、多层砖结构的模板设计可参考此表，并根据工程特点调整模板设计内容。

c. 特殊部位的模板设计。对有特殊造型要求的混凝土结构，如建筑物的屋顶结构和建筑立面等此类构件，模板设计较为复杂，应明确模板设计要求。

d. 说明需要进行模板计算的重要部位，其计算可在模板施工方案中进行。

② 模板加工、制作及验收包括以下3个方面的内容。

a. 说明各类模板的加工制作方式，是委托外加工还是现场加工制作。

b. 明确模板加工制作的主要技术要求和主要技术参数。如需委托外加工，应将有关技术要求和技术参数以技术合同的形式向专业模板公司提出加工制作要求。如果在现场加工制作，应明确加工场所、所需设备及加工工艺等要求。

c. 模板验收是检验加工产品是否满足要求的一道重要工序，因此要明确验收的具体方法。

③ 模板施工。墙柱侧模、楼板底模、异型模板、梁侧模、大模板的支顶方法和精度控制；电梯井筒的支撑方法；特殊部位的施工方法(后浇带和变形缝等)明确层高和墙厚变化时模板的处理方法。各构件的施工方法、注意事项和预留支撑点的位置。明确模板支撑上、下层支架的立柱对中控制方法和支拆模板所需的架子和安全防护措施。明确模板拆除时间、混凝土强度及拆模后的支撑要求，模板的使用维护措施要求。

在模板安装与拆除编写时，应着重说明以下的要求。

模板安装包括以下4个方面的要求。

a. 明确不同类型模板所选用隔离剂的类型。

b. 确定模板的安装顺序和技术要求。

c. 确定模板安装允许偏差的质量标准，可参见表8-35。

表 8-35 模板安装允许偏差

项目		允许偏差/mm
轴线位置	柱、梁、板	
底模上表面标高		
截面模尺寸	基础	
	梁、柱、板	
层高垂直度	不大于 5m	
	大于 5m	
相邻两板面高低差		
表面平整度		

d. 对所需的预埋件和预留孔洞的要求进行描述。

模板拆除包括以下 4 方面的要求。

a. 模板拆除必须符合设计要求、验收规范的规定及施工技术方案。

b. 明确各部位模板的拆除顺序。

c. 明确各部位模板拆除的技术要求，如侧模板拆除的技术要求(常温或冬施)、底模及其支撑拆除的技术要求、后浇带等特殊部位模板拆除的技术要求。

d. 为确保楼板不因过早拆除而出现裂缝的措施

④ 模板的堆放、维护和修理：说明模板的堆放、清理、维修和涂刷隔离剂等的要求。

(12) 混凝土工程包括以下 14 个方面。

① 各部位混凝土强度等级(列表说明)，表格形式可参见表 8-36。

表 8-36 混凝土强度等级

构件名称	混凝土强度等级	技术要求	材料选用				
			水泥	砂	石	外加剂	掺合料
基础垫层							
基础底板							
地下室外墙							
……	……						

注：要有混凝土碱含量的控制要求和计算。

② 明确混凝土的供应方式。

a. 明确选用现场拌制混凝土，还是预拌混凝土。

b. 采用现拌混凝土：应确定搅拌站的位置、搅拌机型号与数量。

c. 采用预拌混凝土：选择确定预拌混凝土供应商，在签订预拌混凝土供应经济合同时，应同时签订技术合同。

③ 混凝土的配合比设计要求有以下 4 个方面。

a. 对配合比设计的主要参数：原材料、坍落度、水灰比和砂率提出要求。

b. 对外加剂类型、掺合料的种类提出要求。

c. 如是现场拌制混凝土，应确定砂石筛选，计量和后台上料方法。

d. 明确对碱含量和氨限量等有害物质的技术指标要求。

④ 混凝土的运输有以下两方面的要求。

a. 明确场外、场内的运输方式(水平运输和垂直运输)，并对运输工具、时间、道路、运输及季节性施工加以说明。

b. 当使用泵送混凝土时，应对泵的位置、泵管的设置和固定措施提出原则性要求。

⑤ 混凝土拌制和浇筑过程中的质量检验包括以下两个方面。

a. 现拌混凝土：明确混凝土拌制质量的抽检要求，如检查原材料的品种、规格和用量，外加剂、掺合料的掺量、用水量、计量要求和混凝土出机坍落度，混凝土的搅拌时间检查及每一工作班内的检查频次。

明确混凝土在浇筑过程中的质量抽检要求，如检查混凝土在浇筑地点的坍落度及每一工作班内的检查频次。

b. 预拌混凝土：明确混凝土进场和浇筑过程中对混凝土的质量抽检要求，如现场在接收预拌混凝土时，必须要检查预拌混凝土供应商提供的混凝土质量资料是否符合合约规定的质量要求，检查到场混凝土出罐时的坍落度，检查浇筑地点混凝土的坍落度，并明确每一工作班内的检查频次。

⑥ 混凝土的浇筑工艺要求及措施：对混凝土分层浇筑和振捣的要求。

⑦ 明确混凝土的浇筑方法和要求。

a. 描述不同部位的结构构件采用何种方式浇筑混凝土(泵送或塔吊运送)。

b. 根据不同部位，分别说明浇筑的顺序和方法(分层浇筑或一次浇筑)。

c. 对楼板混凝土标高及厚度的控制方法。

d. 当使用泵送混凝土时，应按《混凝土泵送施工技术规程》(JGJ/T 10—95)中有关内容提出泵的选型原则和配管原则等要求。

e. 明确对后浇带的施工时间、施工要求以及施工缝的处置。

f. 明确不同部位，不同构件所使用的振捣设备及振捣的技术要求。

⑧ 施工缝：确定施工缝的留置位置与处理方法。

⑨ 混凝土的养护制度和方法。应明确混凝土的养护方法和养护时间，在描述养护方法时，应将水平构件与竖向构件分别描述。

⑩ 大体积混凝土：对于大体积混凝土，应确定大体积混凝土的浇筑方案，说明浇筑方法、制定防止温度裂缝的措施、落实测温孔的设置和测温工作等。

⑪ 预应力混凝土：对预应力混凝土，应确定预应力混凝土的施工方法、控制应力和张拉设备。

⑫ 混凝土的季节性施工。包括3方面的内容。

a. 制定相应的防冻和降温措施。

b. 明确冬施所采用的养护方法及易引起冻害的薄弱环节应采取的技术措施。

c. 落实测温工作。

⑬ 混凝土的试验管理包括以下两个方面。

a. 明确现场是否设置标养室。

b. 明确混凝土试件制作与留置要求。

⑭ 混凝土结构的实体验收。质量验收应以《混凝土结构工程施工质量验收规范》(GB 50204—2002)中的附录D为依据，在施工组织设计中提出原则性要求和做法。有关对结构实体的混凝土强度检验的详细要求和方法应在《结构实体检验方案》中作进一步细化。

(13) 钢结构工程包括以下5个方面的内容。

① 明确本工程钢结构的部位。

② 确定起重机类型、型号和数量。

③ 确定钢结构制作的方法。

④ 确定构件运输堆放和所需机具设备型号、数量和对运输道路的要求。

⑤ 确定安装、涂装材料的主要施工方法和要求，如安排吊装顺序、机械开行路线、构件制作平面布置和拼装场地等。

(14) 结构吊装工程包括以下7个方面的内容。

① 明确吊装方法，是采用综合吊装法还是单件吊装法；是采用跨内吊装法还是跨外吊装法。

② 确定吊装机械(具)，是采用机械吊装还是抱杆吊装。

③ 若选择吊装机械，应根据吊装构件重量、起吊半径、起吊高度、工期和现场条件，选择吊装机械类型和数量。

④ 安排吊装顺序、机械设备位置和行驶路线以及构件的制作、拼装场地，并绘出吊装图。

⑤ 确定构件的运输、装卸、堆方办法、所需的机具、设备的型号、数量和对运输道路的要求。

⑥ 吊装准备工作内容及吊装有关技术措施。

⑦ 吊装的注意事项，如吊装与其他分项工程工序之间的工作衔接、交叉时间安排和安全注意事项等。

(15) 砌体砌筑工程包括以下8个方面的内容。

① 简要说明本工程砌体采用的砌体材料种类，砌筑砂浆强度等级和使用部位。

② 简要说明砖墙的组砌方法或砌块的排列设计。

③ 明确砌体的施工方法，简要说明主要施工工艺要求和操作要点。

④ 明确砌体工程的质量要求。

⑤ 明确配筋砌体工程的施工要求。

⑥ 明确砌筑砂浆的质量要求。

⑦ 明确砌筑施工中的流水分段和劳动力组合形式等。

⑧ 确定脚手架搭设方法和技术要求。

(16) 架子工程。此处主要根据不同建筑类型确定脚手架所用材料、搭设方法及安全网的挂设方法。具体内容要求如下。

① 应系统描述以下各施工阶段所采用的内外脚手架的类型。

a. 基础阶段：内脚手架的类型；外脚手架的类型；安全防护架的设置位置及类型；马道的设置位置及类型。

b. 主体结构阶段：内脚手架的类型；外脚手架的类型；安全防护架的设置位置及类型；马道的设置位置及类型；上料平台的设置及类型。

c. 装饰装修阶段：内脚手架的类型，外脚手架的类型。

② 明确内、外脚手架的用料要求。

③ 明确各类型脚手架的搭、拆顺序及要求。

④ 明确脚手架的安全设施。

⑤ 明确脚手架的验收。

⑥ 脚手架工程涉及安全施工，应单独编制专项施工方案，高层和超高层的外架应有计算书，并作为施工方案的组成部分。当外架由专业分包单位分包时，应明确分包形式和责任。

(17) 屋面工程。此部分主要说明屋面各个分项工程的各层材料的质量要求、施工方法和操作要求。

① 根据设计要求，说明屋面工程所采用保温隔热材料的品种、防水材料的类型(卷材、涂膜和刚性)、层数、厚度及进场要求(外观检查和复试)。

② 明确屋面防水等级和设防要求。

③ 明确屋面工程的施工顺序和各工序的主要施工工艺要求。

④ 说明屋面防水采用的施工方法和技术要点。当采用防水卷材时，应明确所采用的施工方法(冷粘法、热粘贴、自粘贴或热风焊接)；当采用防水涂膜时，应明确技术要求。

⑤ 明确屋盖系统的各种节点部位及各种接缝的密封防水施工要求。

⑥ 说明对防水基层、防水保护层的要求。

⑦ 明确试水要求。

⑧ 明确屋面工程各工序的质量要求。

⑨ 明确屋面材料的运输方式。

⑩ 依据《建筑节能工程施工质量验收规范》(GB 50411—2007)，明确保温材料各项指标的复验要求。

(18) 外墙保温工程包括以下 4 个方面。

① 说明采用外墙保温类型及部位。

② 明确主要的施工方法及技术要求。

③ 依据《建筑节能工程施工质量验收规范》(GB 50411—2007)明确外墙保温板施工的现场试验要求。

④ 依据《建筑节能工程施工质量验收规范》(GB 50411—2007)明确保温材料进场要求和材料性能要求。

(19) 装饰装修工程包括以下 12 个方面的内容。

① 总体要求包括以下 4 个方面。

a. 施工部署及准备。可以表格形式列出各楼层房间的装修做法明细表。确定总的装修工程施工顺序及各工种如何与专业施工相互穿插配合。绘制内、外装修的工艺流程。

b. 确定装饰工程各分项的操作方法及质量要求，有时要做样板间。

c. 说明材料的运输方式，确定材料堆放、平面布置和储存要求，确定所需机具设备等。

d. 说明室内外墙面工程、楼地面工程和顶棚工程的施工方法、施工工艺流程与流水施工的安排，装饰材料的场内运输方案。

② 地面工程。依据《建筑地面工程施工质量验收规范》(GB 50209—2002)，明确以下几个方面内容。

a. 根据设计要求，简要说明本工程地面做法名称及所在部位。

b. 说明各种地面的主要施工方法及技术要点。

c. 明确地面养护及成品保护要求。

d. 明确质量要求。

③ 抹灰工程。依据《建筑装饰装修工程质量验收规范》(GB 50210—2001)，明确以下几个方面内容。

a. 根据设计要求，简要说明本工程采用的抹灰做法及部位。

b. 简要描述主要的施工方法及技术要点。

c. 说明防止抹灰空鼓和开裂的措施。

d. 明确质量要求。

④ 门窗工程。依据《建筑装饰装修工程质量验收规范》(GB 50210—2001)和《建筑节能工程施工质量验收规范》(GB 50411—2007)，明确以下几个方面内容。

a. 根据设计要求，说明本工程门窗的类型及部位。

b. 描述主要的施工方法及技术要点。包括放线、固定窗框、填缝、窗扇安装、玻璃安装、清理和验收工艺等。

c. 明确成品保护要求。

d. 明确安装的质量要求。

e. 明确对外墙金属窗、塑料窗的3项指标和保温性能的要求。

f. 明确外墙金属窗的防雷接地做法(要结合防雷及各类专业规范进行明确)。

⑤ 吊顶工程。依据《建筑装饰装修工程质量验收规范》(GB 50210—2001)，明确以下几个方面内容。

a. 明确采用吊顶的类型、材料选用和部位。

b. 描述主要的施工方法及技术要点。

c. 说明吊顶工程与吊顶管道和水电设备安装的工序关系。

d. 明确质量要求。

⑥ 轻质隔墙工程。依据《建筑装饰装修工程质量验收规范》(GB 50210—2001)，明确以下几个方面内容。

a. 明确本工程采用何种隔墙及部位。

b. 说明轻质隔墙的施工工艺。

c. 描述主要的安装方法及技术要点。

d. 明确质量要求。

e. 明确隔墙与顶棚和其他墙体交接处应采取的防开裂措施。

f. 明确成品保护要求。

⑦ 饰面板(砖)工程。依据《建筑装饰装修工程质量验收规范》(GB 50210—2001)，明确以下几个方面内容。

a. 明确所采用饰面板的种类及部位。

b. 说明轻饰面板的施工工艺。

c. 明确主要施工方法及技术要点。

重点描述外墙饰面板(砖)的黏结强度试验，湿作业防止反碱的方法，防震缝、伸缩缝和沉降缝的做法。

d. 明确外墙饰面与室外垂直运输设备拆除之间的时间关系。

e. 明确质量要求。

f. 明确成品保护

⑧ 幕墙工程。依据《建筑装饰装修工程质量验收规范》(GB 50210—2001)和《建筑节能工程施工质量验收规范》(GB50411－2007)，明确以下几个方面内容。

a. 明确采用幕墙的类型和部位。

b. 说明幕墙工程施工工艺。

c. 明确主要施工方法及技术要点。

d. 明确成品保护。

e. 提供主要原材料的性能检测报告。

f. 明确玻璃幕墙的四性试验(气密性、水密性、抗风压性能和平面内变形)和节能保温性能要求。

⑨ 涂饰工程。依据《建筑装饰装修工程质量验收规范》(GB 50210—2001)，明确以下几个方面内容。

a. 明确采用涂料的类型及部位。

b. 简要说明主要施工方法和技术要求。

c. 明确按设计要求和 GB 50325—2001 的有关规定对室内装修材料进行检验的项目。

⑩ 裱糊与软包工程。依据《建筑装饰装修工程质量验收规范》(GB 50210—2001)，明确以下几个方面内容：

a. 明确采用裱糊与软包的类型及部位。

b. 明确主要施工方法及技术要点。

⑪ 细部工程。依据《建筑装饰装修工程质量验收规范》(GB 50210—2001)，明确以下几个方面内容：简要说明橱柜、窗帘盒、窗台板、散热器罩、门窗、护栏、扶手、花饰的制作与安装要求。

⑫ 厕浴间、卫生间。明确卫生间的墙面、地面、顶板的做法和主要施工工艺、工序安排，施工要点、材料的使用要求及防止渗漏采取的技术措施和管理措施。

(20) 机电安装工程。此部分内容主要包括：建筑给水、排水及采暖、建筑电气、智能建筑、通风与空调和电梯等专业工程。

① 应说明结构施工配合阶段预留预埋的措施。套管和埋件的预埋方法、部位，结构

预留洞的留设方法和线管暗埋的做法。

② 简要说明各专业工程的施工工艺流程，主要施工方法及要求。

③ 明确各专业工程的质量要求。

(21) 特殊项目是指采用新技术、新材料和新结构的项目；大跨度空间结构、水下结构、深基础、大体积混凝土施工、大型玻璃幕墙和软土地基等项目。

① 选择施工方法，阐明施工技术关键所在(当难以用文字说清楚时，可配合图表描述)。

② 拟定质量、安全措施。

(22) 季节性施工。当工程施工跨越冬期或雨期时，就必须制定冬期施工措施或雨期施工措施。季节性施工内容包括如下。

① 冬(雨)期施工部位。说明冬(雨)期施工的具体项目和所在的部位。

② 冬期施工措施。根据工程所在地的冬季气温、降雪量不同，工程部分及施工内容不同，施工单位的条件不同，制定不同的冬期施工措施。

③ 雨期施工措施。根据工程所在地的雨量、雨期及工程的特点(如深基础、大土方量、施工设备、工程部位)制定措施。

④ 暑期施工措施。根据台风、暑期高温及工程特点等制定措施。

有关季节性施工的内容应在季节性专项施工方案中细化。

7. 主要施工管理计划的编写

1) 编写的内容

主要施工管理计划是《建筑施工组织设计规范》中的提法，目前的施工组织设计中多用管理和技术措施来编制，主要施工管理计划实际上是指在管理和技术经济方面对保证工程进度、质量、安全、成本和环境保护等管理目标的实现所采取的方法和措施。

施工管理计划涵盖很多方面的内容，可根据工程的具体情况加以取舍。一般来说，施工组织的设计中的施工管理计划应包括如下：进度管理计划、质量管理计划、安全管理计划、环境管理计划、成本管理计划和其他管理计划。

其他管理计划宜包括绿色施工管理计划、文明工地管理计划、消防管理计划、现场保卫计划、合同管理计划、分包管理计划和创优管理计划等。

上述各项施工管理计划的编制内容均应包括组织措施、技术措施和经济措施。

2) 编写方法

这部分内容要反映保证项目管理目标的实现拟采取的实施性控制方法，制定这些施工管理计划，应从组织、技术、经济、合同及工程的具体情况等方面考虑。同时措施内容必须有针对性，应针对不同的管理目标制定不同的专业性管理措施。要务必做到既行之有效而又切实可行，要讲究实用和效果。对于常规知识不必再写，但必须做到。

在编制的手法和表达形式上，主要采用罗列方法，只需将要叙述的内容一项项列清楚，逐项叙述，无需太多的表现方式。

以下就具体的编制内容和方法作较为详细的阐述。

3) 进度管理计划

主要围绕施工进度计划编写，主要内容是制定工期保证措施。具体可从以下几个方面来考虑。

(1) 对项目施工进度总目标进行分解，合理制定不同施工阶段进度控制分目标。

制定分级控制计划，根据总控制计划编制月控制计划，根据月控制计划编制周计划，周计划根据前3天的实际情况，调整后3天计划并且制定下周计划，实行3天保周、周保月、月保总控制计划的管理方式。

(2) 根据进度计划、工程量和流水段划分，合理安排劳动力和投入的生产设备，保证按照进度计划的要求完成任务。

(3) 加强操作人员对质量意识的培养，提高施工质量和一次成活率。达到质量标准的一次成活率提高了，也就加快了施工速度，从而可以保证施工进度。

(4) 加强例会制度，解决矛盾、协调关系，保证按照施工进度计划进行。

4) 质量管理计划

质量管理计划可参照《质量管理体系要求》(GB/T 19001)，在施工单位质量管理体系的框架内，按项目具体要求编制。其主要内容可以从以下几个方面考虑：

(1) 确定质量目标并进行目标分解。质量目标的内容应具有可测性，如单位工程合格率、分部工程优良率、分项工程优良率和顾客满意度，达到长城杯、扬子杯和鲁班奖的要求等。

(2) 建立项目质量管理的组织机构(应有组织机构框图)，明确职责，认真贯标。

(3) 建立健全各种质量管理制度(如质量责任制、三检制、样板制、奖罚制和否决制等)以保证工程质量，并对质量事故的处理做出相应规定。

(4) 制定保证质量的技术保障和资源保障措施，通过可靠的预防措施，保证质量目标的实现。技术保障措施包括建立技术管理责任制；项目所用规范、标准、图集等有效技术文件清单的确认；图纸会审、编制施工方案和技术交底；试验管理；工程资料的管理；“四新”技术的应用等。

资源保障措施包括项目管理层和劳务层的教育、培训；制定材料和设备采购规定等。

(5) 制定主要分部(分项)工程和专项工程质量预防控制措施，以分部(分项)工程和专项工程的质量保证单位工程的质量。

(6) 其他的保证质量的措施，如劳务素质保证措施、成品保护措施、季节施工保证措施，应用TQM方法建立QC小组等。

5) 安全管理计划

安全管理计划的主要内容包括以下5部分。

(1) 根据项目特点，确定施工现场危险源，制定项目职业健康安全管理目标。

(2) 建立项目安全管理的组织机构并明确职责(应有组织机构框图)。

(3) 建立项目部安全生产责任制及安全管理办法，认真贯彻国家、地方与企业有关安全生产法律法规和制度。

(4) 建立安全管理制度和职工安全教育培训制度。

(5) 制定安全技术措施。

6) 分包安全管理

与分包方签订安全责任协议书，将分包安全管理纳入总包管理。

7）消防管理计划

消防管理计划应根据工程的具体情况编写，一般从以下几个方面考虑。

(1) 制定消防管理目标。

(2) 建立消防管理组织机构并明确职责。施工现场的消防安全，由施工单位负责。施工现场实行逐级防火责任制，施工单位明确一名施工现场负责人为防火负责人，全面负责施工现场的消防安全工作，且应根据工程规模配备消防干部和义务消防员，重点工程和规模较大工程的施工现场应组织义务消防队。消防干部和义务消防队应在施工现场防火负责人和保卫组织领导下，负责日常消防工作。

(3) 贯彻国家与地方有关法规、标准，建立消防责任制。

(4) 制定消防管理制度。如消防检查制、巡逻制、奖罚制和动火证制。

(5) 制定教育与培训计划。

(6) 结合工程项目的具体情况，落实消防工作的各项要求。

(7) 签订总分包消防责任协议书。

8）文明施工管理计划

文明施工措施一般从以下几方面考虑。

(1) 确定文明施工目标。

(2) 建立文明施工管理组织机构(应其有组织机构框图)。

(3) 建立文明施工管理制度。

(4) 施工平面管理要点。

(5) 现场场容管理。

(6) 现场料具管理。

(7) 其他管理措施。

(8) 协调周边居民关系。

9）现场保卫计划

(1) 成立现场保卫组织管理机构。

(2) 建立项目部保卫工作责任制，明确责任。

(3) 建立现场保卫制度，如建立门卫值班、巡逻制度、凭证出入保卫奖惩制度、保卫检查制度等。

(4) 对分包管理及对外协调。

10）环境管理计划

(1) 确定项目重大环境因素，制定项目环境管理目标。

(2) 建立项目环境管理的组织机构，明确管理职责。

(3) 根据项目特点，进行环境保护方面的资源配置。

(4) 制定各项环境管理制度。

(5) 制定现场环境保护的控制措施。

11）成本管理计划

(1) 根据项目施工预算，制定项目施工成本目标。

(2) 建立施工成本管理的组织机构，明确职责，制定相应的管理措施。

(3) 制定降低成本的具体措施。

12) 分包管理措施

项目管理的核心环节是对现场各分包商的管理和协调。针对具体工程的特点和运作模式以及各分包商的情况，从以下几个方面考虑。

(1) 建立对分包的管理制度，制定总分包的管理办法和实施细则。

(2) 对各分包商的服务与支持。

(3) 与分包方鉴定安全消防协议。

(4) 协调总包与分包、分包与分包关系。

(5) 加强合同管理。

(6) 加强对劳动力的管理。

13) 绿色施工管理计划

在制定这些计划时，必须遵守《导则》和《规程》的规定，以及施工现场及环境保护的有关规定并且要根据现场实际情况制定，其内容包括如下。

(1) 制定组织管理措施主要包括：建立绿色施工管理体系、制定绿色施工管理制度、进行绿色施工培训和定期对绿色施工检查监督等。

(2) 制定资源节约措施主要包括：节约土地的措施、节能的措施、节水的措施、节约材料与资源利用的措施。

(3) 制定环境保护措施主要包括：防止周围环境污染和大气污染的技术措施、防止水土污染的技术措施、防止噪音污染的技术措施、防止光污染的技术措施、废弃物管理措施以及其他管理措施。

(4) 制定职业健康与安全措施主要包括：场地布置及临时设施建设措施、作业条件与环境安全措施、职业健康措施和公共卫生防疫管理措施。

说明： 当施工组织设计中环境管理计划作为单列时，在绿色施工管理计划中可不再描述。

8. 施工现场平面布置的编写

单位工程施工现场平面布置，是对拟建工程的施工现场，根据施工需要的内容，按一定的规则而作出的平面和空间的规划。它是一张用于指导拟建工程施工的现场平面布置图。

1) 设计内容

施工现场平面布置的内容一般包括下列内容：施工平面图说明、施工平面图和施工平面图管理规划。施工平面图图纸的具体内容通常包含如下。

(1) 绘制施工现场的范围。包括用地范围，拟建建筑物位置、尺寸及与已有地上、地下的一切建筑物、构筑物、管线和场外高压线设施的位置关系尺寸，测量放线标桩的位置、出入口及临时围墙。

(2) 大型起重机械设备的布置及开行线路位置。

(3) 施工电梯、龙门架垂直运输设施的位置。

(4) 场内临时施工道路的布置。

(5) 确定混凝土搅拌机、砂浆搅拌机或混凝土输送泵的位置。

(6) 确定材料堆场和仓库。

(7) 确定办公及生活临时设施的位置。

(8) 确定水源、电源的位置：变压器、供电线路、供水干管、泵送和消火栓等的位置。

(9) 现场排水系统位置。

(10) 安全防火设施位置。

(11) 其他临设布置。

2) 施工现场平面设计的步骤

确定起重机械的位置→确定搅拌站、加工棚、仓库、材料及构件堆场的尺寸和位置→布置运输道路→布置临时设施→布置水电管网→布置安全消防设施→调整优化。

3) 绘制要求

(1) 施工现场平面图是反映施工阶段现场平面的规划布置，由于施工是分阶段的(如地基与基础工程、主体结构工程和装饰装修工程)，有时根据需要分阶段绘制施工平面图，这对指导组织工程施工更具体、更有效。

(2) 绘制施工平面图布置要求层次分明、比例适中、图例图形规范，线条粗细分明，图面整洁美观，同时绘图要符合国家有关制图标准，并应详细反映平面的布置情况。

(3) 施工平面图布置图应按常规内容标注齐全，平面布置应有具体的尺寸和文字。比如塔吊要标明回转半径、最大起重量、最大可能的吊重，塔吊具体位置坐标，平面总尺寸、建筑物主要尺寸及模板、大型构件、主要料具堆放区、搅拌站、料场、仓库、大型临建和水电等，能够让人一眼看出具体情况，力求避免用示意图走形式。

(4) 绘制基础图时，应反映出基坑开挖边线，深支护和降水的方法。

(5) 施工平面布置图中不能只绘红线内的施工环境，还要对周边环境表述清楚，如原有建筑物的使用性质、高度和距离等，这样才能判断所布置的机械设备等是否影响周围，是否合理。

(6) 绘图时，通常图幅不宜小于 A3，应有图框、比例、图签、指北针和图例。

(7) 绘图比例一般常用 1:100～1:500，视工程规模大小而定。

(8) 施工现场平面布置图应配有编制说明及注意事项。如文字说明较多时，可在平面图单独说明。

4) 施工现场平面布置管理规划

施工现场平面管理是指在施工过程中对施工场地的布置进行合理调节。施工现场平面布置设计完成之后，应建立施工现场平面管理制度，制定管理办法。

对施工周期较长的工程，施工平面布置图要随施工组织的调整而调整。对施工现场平面图布置实行动态管理，协调各施工单位关系，定期对施工现场平面进行使用情况复核，根据施工进展，及时对施工平面进行调整。

及时做好施工现场平面维护工作，大型临时设施及临水、临电线路等布置，不得随意更改和移动位置，认真落实施工现场平面布置图的各项要求，保证施工有条不紊地进行。

实训小结

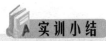

本节主要讲述了单位工程施工组织设计的编制内容及编制方法，学生通过学习和实训应能独立进行单位工程施工组织设计。

实训考核

考核评定方式	评定内容	分值	得分
自评	学习态度及表现	5	
	单位工程施工组织设计编制内容及方法掌握情况	10	
	成果编制情况	15	
学生互评	学习态度及表现	5	
	单位工程施工组织设计编制内容及方法掌握情况	10	
	成果编制情况	15	
教师评定	学习态度及表现	10	
	单位工程施工组织设计编制内容及方法掌握情况	15	
	成果编制情况	15	

实训练习

编制某住宅楼工程施工组织设计(编制依据、工程概况、施工部署及工程量计算)。

训练8.2　某职工宿舍工程施工组织设计

【实训背景】

作为施工方接受业主方委托，对某住宅楼工程进行施工组织设计。

【实训任务】

进行拟建住宅楼(3栋)工程施工组织设计。

【实训目标】

1. 能力目标

根据施工图纸，能独立进行单位工程施工组织设计。

2. 知识目标

(1) 掌握单位工程施工组织设计的内容及编制程序。

(2) 掌握单位工程施工组织设计方法。

【实训成果】

某住宅楼工程施工组织设计。

【实训内容】

1. 编制依据

此处内容略去。

2. 工程概况

1) 总体简介(略)

2) 建筑设计简介

建筑设计概况见表 8-37。

表 8-37 建筑设计概况表

<table>
<tr><th>序号</th><th>项目</th><th colspan="8">内 容</th></tr>
<tr><td rowspan="3">1</td><td rowspan="3">建筑面积</td><td>项目名称</td><td>占地面积/m²</td><td colspan="3">建筑面积/m²</td><td>标准层面积/m²</td><td>层数</td><td>有无地下室</td></tr>
<tr><td>单栋</td><td>168</td><td colspan="3">985</td><td>160.1</td><td>6</td><td>无</td></tr>
<tr><td>总栋数</td><td colspan="4">3 栋</td><td>总建筑面积/m²</td><td colspan="2">3×985=2955</td></tr>
<tr><td rowspan="2">2</td><td rowspan="2">建筑层高</td><td rowspan="2">地上部分层高/m</td><td colspan="4">首层/m</td><td colspan="3">3</td></tr>
<tr><td colspan="4">标准层/m</td><td colspan="3">3</td></tr>
<tr><td rowspan="5">3</td><td rowspan="5">建筑高度</td><td rowspan="4">基底标高/m</td><td colspan="2">承台顶面标高</td><td>−0.6</td><td>−0.5</td><td rowspan="3">室内外高差/m</td><td colspan="2" rowspan="3">0.1</td></tr>
<tr><td colspan="2">ZJ1400A</td><td>−1.6</td><td>−1.5</td></tr>
<tr><td colspan="2">ZJ2400B</td><td>−2</td><td>−1.9</td></tr>
<tr><td colspan="2">ZJ3400C</td><td>−1.9</td><td>−1.8</td><td>最大基坑深度/m</td><td colspan="2">2</td></tr>
<tr><td>檐口高度/m</td><td colspan="4">18</td><td>建筑高度/m</td><td colspan="2">21.8</td></tr>
<tr><td rowspan="2">4</td><td rowspan="2">建筑平面</td><td>横轴编号</td><td colspan="4">1 轴～11 轴</td><td>纵轴编号</td><td colspan="2">A 轴～D 轴</td></tr>
<tr><td>横轴距离/m</td><td colspan="4">16.2</td><td>纵轴距离/m</td><td colspan="2">12.2</td></tr>
<tr><td rowspan="4">5</td><td rowspan="4">外装修</td><td>檐口</td><td colspan="7">白色条形面砖</td></tr>
<tr><td>外墙装修</td><td colspan="7">白色墙面砖，红色墙面砖</td></tr>
<tr><td>门窗工程</td><td colspan="7">铝合金门、铝合金窗、木门、防火铁门</td></tr>
<tr><td>屋面工程</td><td colspan="2">上人屋面</td><td colspan="5">聚合物防水层加水泥砂浆面</td></tr>
</table>

续表

<table>
<tr><th>序号</th><th>项目</th><th colspan="3">内　容</th></tr>
<tr><td rowspan="5">6</td><td rowspan="5">内装修</td><td>顶棚工程</td><td colspan="2">白色乳胶漆</td></tr>
<tr><td>地面工程</td><td colspan="2">白色耐磨砖 300mm×300mm；白色防滑砖 300mm×300mm</td></tr>
<tr><td>内墙装修</td><td colspan="2">白色乳胶漆</td></tr>
<tr><td>门窗工程</td><td colspan="2">铝合金推拉门、窗、防盗铁门、室内木制门</td></tr>
<tr><td>楼梯</td><td colspan="2">面铺防滑砖</td></tr>
<tr><td>7</td><td>防水工程</td><td>屋面</td><td>防水等级：Ⅲ级</td><td>防水材料：聚合物防水材料</td></tr>
</table>

3）结构设计简介

结构设计概况见表 8－38。

表 8－38　结构设计概况表

<table>
<tr><th>序号</th><th>项　目</th><th colspan="3">内　容</th></tr>
<tr><td rowspan="3">1</td><td rowspan="3">结构形式</td><td colspan="2">基础结构形式</td><td>桩基础</td></tr>
<tr><td colspan="2">主体结构形式</td><td>框架结构</td></tr>
<tr><td colspan="2">屋盖结构形式</td><td>现浇钢筋混凝土屋面</td></tr>
<tr><td rowspan="4">2</td><td rowspan="4">基础埋置深度、土质、水位</td><td colspan="2">基础埋置深度</td><td>－2m</td></tr>
<tr><td colspan="2">持力层上面土质情况</td><td>耕植土</td></tr>
<tr><td colspan="2">地下水位标高</td><td>自然地面以下 6～9m</td></tr>
<tr><td colspan="2">地下水水质</td><td>无侵蚀性</td></tr>
<tr><td>3</td><td>地基</td><td colspan="2">持力层以下土质类别</td><td>粘性土</td></tr>
<tr><td rowspan="3">4</td><td rowspan="3">混凝土强度等级</td><td colspan="2">部位：主梁、次梁</td><td>C25</td></tr>
<tr><td colspan="2">部位：柱子</td><td>C30</td></tr>
<tr><td colspan="2">部位：楼板</td><td>C25</td></tr>
<tr><td rowspan="2">5</td><td rowspan="2">抗震等级</td><td colspan="2">工程设防烈度</td><td>6 度</td></tr>
<tr><td colspan="2">框架抗震等级</td><td>4 级</td></tr>
<tr><td rowspan="3">6</td><td rowspan="3"></td><td rowspan="2">非预应力筋及等级</td><td>HPB235 级</td><td>板、梁柱箍筋 8mm</td></tr>
<tr><td>HPB335 级</td><td>梁、柱受力筋 16mm、18mm</td></tr>
<tr><td colspan="2">焊接</td><td>柱子竖向钢筋采用电渣压力焊，
梁水平钢筋采用电弧焊</td></tr>
</table>

续表

序号	项　目	内　容	
7	结构断面尺寸	桩承台/mm	1000×500×900
		外墙厚度/mm	190
		内墙厚度/mm	120
		柱断面尺寸/mm	180×500～500×500
		梁断面尺寸/mm	180×500～400×500
		楼板厚度	100
8	主要柱网间距	3.6m　3.29m　4.6m　3m	
9	楼梯结构形式	板式	现浇钢筋混凝土

4）主要工程量清单（略）

3. 施工部署

1）工程项目管理目标

严格履行工程合同，确保实现如下目标。

（1）工期目标。开工日期：2010年5月10日；竣工日期：2010年10月19日；工期：160日历天。

（2）质量目标。工程质量必须满足国家技术规范标准及设计图纸要求，确保工程竣工验收合格，争取达到市优质工程。

（3）安全目标。杜绝重大伤亡事故和中毒事故，轻伤率控制在3‰以内，实现“五无”（无重伤，无死亡，无倒塌，无中毒，无火灾）。

（4）文明施工目标。落实责任，文明施工，争创市安全文明工地。

（5）消防目标。消除现场消防隐患，杜绝火灾事故发生，重大火灾事故为零。

（6）绿色施工目标。按照国家有关规定，减少粉尘污染。杜绝环境污染，美化施工周边环境。

（7）降低成本目标。降低成本率2%。

2）工程施工部署

（1）主要施工机械的选择。① 垂直运输方案选择。垂直运输方案的比较见表8-39。

表8-39　垂直运输方案比较表

垂直运输方案	优　点	缺　点
3台井架	适用于运砖、混凝土等小型材料，价格便宜	不适用于吊钢筋、模板等大型材料，材料运输较麻烦，效率低
1台塔吊加3台井架	适用于吊装模板、钢筋、钢管等大型材料，可减少材料运距等	费用较高
2台塔吊2台井架	吊装速度快，减少二次搬运	费用高

综合以上比较分析：根据合同规定，每提前一天奖励 2000 元，每延迟一天罚款 1 万元。为了确保合同工期要求，同时考虑经济开支，决定采用一台塔吊加 3 台井架的垂直运输方案。

塔吊选用 QTZ－40 自升附着式塔吊，井架 3 台，混凝土采用配布料杆的汽车泵泵送商品混凝土。

② 水平材料运输。场外运输采用 1 台东风自卸车(5t)；地面和楼面水平运输用人力手推车和塔吊配合完成。

③ 其他主要施工机械。

a. 挖土：反铲挖土机、自卸汽车。

b. 压桩：静压桩机。

c. 混凝土工程：混凝土搅拌机、砂浆搅拌机以及钢筋、模板加工机械。

(2) 施工区段划分及施工流向。

① 施工区段：本工程由 3 栋同类工程组成，而且标准层面积较小，工程量不大，因此选用每一栋楼作为一个施工段。

② 施工流向：3 栋楼按 $A_1 \rightarrow A_2 \rightarrow A_3$ 顺序，组织流水施工。

(3) 单体工程施工流向及施工顺序。

① 施工起点和流向。主体工程竖向自下而上施工，平面上从东边开始，向西施工。室外装修工程采用由上而下的流向。填充墙砌筑在 3 层主体完成后自下而上进行；室内装修采用自上而下的施工流向。

② 施工顺序：基础工程→主体工程→装饰装修工程。

a. 基础工程：考虑到地下水位和工程地质条件的影响，决定采用静压桩基→基坑土方的开挖→桩承台→地梁→土方回填的施工顺序进行基础施工。

b. 主体工程的施工顺序：绑柱子钢筋→支柱子模板→支梁板模板→浇柱子混凝土→绑梁板钢筋→浇梁板混凝土→养护→拆模。

c. 装饰装修工程：顶棚→墙面→楼地面，楼梯间在室内装修完工之后，自上而下统一进行装修。

③ 主要施工方法。

a. 桩：采用静力压桩。

b. 土方开挖：挖土机＋自卸汽车。

c. 混凝土制备：采用商品混凝土。

d. 脚手架工程：采用扣件式钢管脚手架、门式脚手架。

e. 模板：选用七夹板。

f. 钢筋加工统一在现场进行；钢筋(水平方向)连接选用电弧焊、绑扎；竖向连接采用电渣压力焊。

3) 工程项目经理部

(1) 组织机构框图如图 8.2 所示。

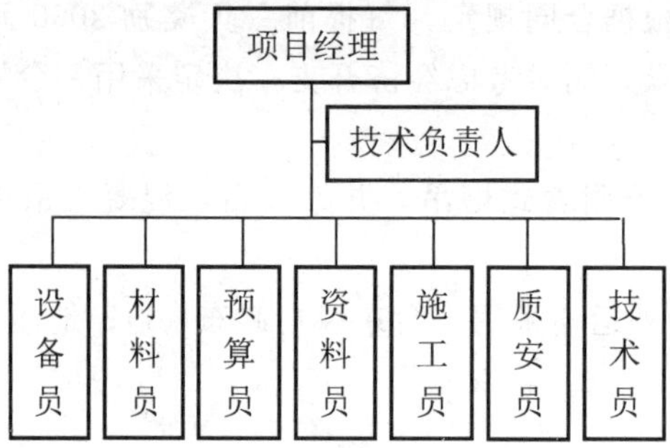

图 8.2　项目经理部组织机构图

(2) 人员组成名单及职责分工(略)。

4) 施工任务划分(略)

5) 施工组织协调与配合(略)

4. *施工准备*

此部分内容略去。

5. *施工方案*

1) 基础工程施工方案

(1) 测量定位(略)。

(2) 静力压桩施工。

① 桩机选择。根据单桩承载力标准值为1000kN，静压桩终压力3000kN的设计要求，决定选用JND-400静压桩机，其性能见表8-40。

表 8-40　JND-400 静压桩机性能表

型号	横向行程(次)/m	纵向行程(次)/m	最大回转角度/°	最大压入力(kN)	油泵	
					系统压力/MPa	最大流量(L/s)
JND-400	2.5	0.5	18	4000	31.5	230
电动机功率(kW)	接地比压				整机/t	
	大船(t/m^2)		小船(t/m^2)		自重/t	配重/t
120	10.5		11.3		180	230

② 压桩施工顺序与施工要点。其施工顺序为：测量桩位→静压桩机就位→吊桩插桩→桩身对中调直→静压沉桩→接桩→压桩与送桩→稳压→桩机移位。

a. 压桩机就位：经选定的压桩机进场安装调试好后，行至桩位处，使桩机夹持钳口中心(可挂中心线陀)与地面上的样桩基本对准，调平压桩机，再次校核无误，将长步履(长船)落地受力。

b. 吊桩喂桩：静压预制管桩桩节长度一般不超过12m，可直接用压桩机上的工作吊机自行吊桩喂桩。管桩运到桩位附近后，一般采用一点起吊，采用双千斤顶加小扁担的起吊法使桩身竖直进入夹桩的钳口中。

c. 桩身对中调直：当桩被吊入夹桩钳口后，由指挥员指挥吊机司机将桩徐徐下降至桩尖离地面10cm左右为止，然后夹紧桩身，微调压桩机使桩尖对准桩位，并将桩压入土中0.5～1m，暂停下压，从两个正交侧面摆设吊线锤校正桩身垂直度，待其偏差小于0.5%时方可正式压桩。

d. 压桩：压桩是通过主机的压桩油缸伸程之力将桩压入土中，然后夹松，上升；再夹，再压。如此反复进行，将一节桩压下。当一节桩压到离地面80～100cm时可进行接桩。

e. 接桩：采用焊接法。焊条选用E43。焊接时应先点焊固定，然后对称焊接。

f. 送桩：施压管桩最后一节桩时，当桩顶面到达地面以上1.5m左右时，应吊另一节桩放在被压桩顶面代替送桩器(但不要将接头连接)，一直下压，将被压桩的桩顶压入土层中直至符合终压控制条件为止，然后将最上这一节桩拔出来即可。

g. 当压力表读数达到两倍设计荷载或桩端已达到持力层时，便可停止压桩。

h. 终止压桩：对于长度小于15m时的短静压桩，应稳压不少于5次，每次1min，并记录最后3次稳压时的贯入度。特别是对于计划长度小于8m的短桩，连续满载复压的次数应适当增多。

③ 劳动力组织。本工程考虑一台桩机作业时间为12小时，现场以计件方式承包。具体劳动力计划见表8-41。

表8-41 静力压桩施工劳动力计划表

机长	机手	电工	钳工	起重工	熟练工	普工	电焊工	合计
1人	1人	1人	1人	2人	3人	2人	2人	13人

④ 静力压桩质量检验标准。

a. 垂直度：允许偏差≤0.5%。

b. 桩顶标高：允许偏差－50mm～＋50mm。

c. 焊接质量：按钢结构焊接及验收规程执行。

d. 静载试验：随机抽取一根工程桩做试验，检验单桩承载力是否达到设计要求。

e. 预制桩桩位允许偏差见表8-42。

表8-42 预制桩桩位的允许偏差

序　号	项　目	允许偏差
1	盖有基础梁的桩： (1) 垂直基础梁的中心线 (2) 沿基础梁的中心线	 100＋0.01H 150＋0.01H
2	桩数为1～3根桩基中的桩	100
3	桩数为4～16根桩基中的桩	1/2桩径或边长
4	桩数大于16根桩基中的桩： (1) 最外边的桩 (2) 中间桩	 1/3桩径或边长 1/2桩径或边长

(3) 桩基础、基础梁施工。

① 基础土方开挖。选用 HD700 反铲挖土机挖土，配备 T－815 自卸汽车运土。开挖顺序为从东向西分层开挖，坑底宽度应比基础宽度宽 50cm，边坡放坡系数为 1:0.3，挖土机挖至管桩顶标高＋20～30cm 为止；剩余土方采用人工开挖及人工清理，以避免挖土机挖斗碰撞桩顶。

② 截桩头。要使用截桩器截桩头，严禁用大锤横向水平敲击管桩头。

③ 基础、基础梁模板。桩承台基础侧模用 M5 砂浆砌 MU7.5 砖 240 厚，内批 1:2.5 水泥砂浆。基础梁模板采用七夹板。

④ 桩承台、基础梁混凝土浇筑。桩承台、基础梁支模、绑钢筋后，即可浇筑混凝土。本工程采用商品混凝土，混凝土用汽车泵泵送至浇捣点。振捣时应呈梅花状，每振点之间距离不大于 500mm。

(4) 土方回填施工。

① 工艺流程：基坑底清理→检验土质→分层铺土、耙平→夯打密实→检验密实度→修整、找平验收。

② 回填土料。优先利用基槽中挖出的优质土，若回填土数量不足，可购石粉、粗砂头或就近挖取粘性土。

③ 土方回填施工。

a. 回填土应分层铺摊。每层铺土厚度为 200～250mm；每层铺摊后，随之耙平，再用蛙式打夯机夯实。回填土应分段进行，交接处应填成阶梯形，每层互相搭接。

b. 打夯时应一夯压半夯，夯夯相接，行行相接，纵横交叉。墙角、边角应用人工夯实。严禁用浇水方法使土下沉，代替夯实。雨天不许进行回填施工。

c. 回填土每层填土夯实后，应按规范规定进行环刀取样，取样部位在每层厚度的 2/3 处，测出干土的质量密度；达到要求后，再进行上一层的铺土。

(5) 土方外运。多余土方应外运到指定的弃土场。运土汽车顶部需设有篷布遮盖，泥土不能外泄污染街道。

2) 主体工程施工方案

(1) 主体结构工程的施工顺序如图 8.3 所示。

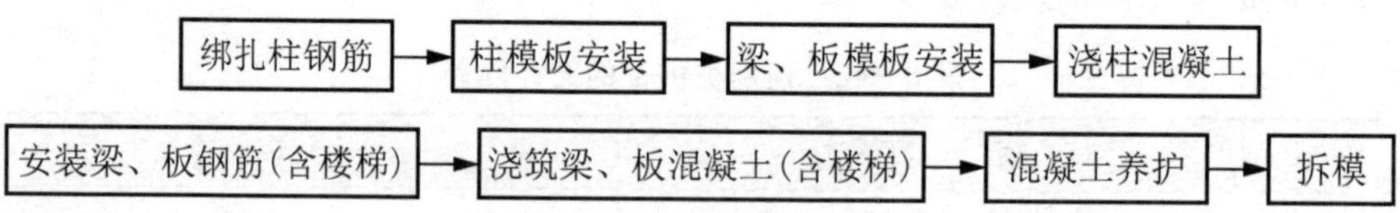

图 8.3 主体结构施工流程

(2) 施工方法。

① 模板工程。

A. 柱模板。

a. 柱采用 18mm 厚七夹板或竹胶合板模板，每面配成一块。合模后用 Φ48 钢管配合螺栓加固。模板背龙骨用 50mm×100mm 枋木，龙骨间距≤300mm。柱箍间距为 500mm。(如图 8.4 所示)柱沿竖直方向每 1500mm 高与满堂脚手架通过扣件横向连接加固，以增加柱模稳定性。

b. 模板安装工艺流程：弹柱位置线→抹找平层作定位墩→绑扎柱钢筋→安装柱模板→按柱箍→按拉杆或斜撑→办预检。

c. 模板的安装：在已浇筑好的楼面上弹出柱的四周边线及轴线后，在柱底钉一小木框，用以固定模板和调节柱模板的标高。每根柱子底部开一清扫孔，清扫孔的宽为柱子的宽度，高300mm。在模板支设好之后将建筑杂物清扫干净，然后将盖板封好。模板初步固定之后，先在柱子高出地面或楼面300mm的位置加一道柱箍对模板进行临时固定，然后在柱顶吊下铅锤线，校正柱子的垂直度，确定柱子垂直度达到要求之后，箍紧柱箍。再往上每隔500mm加设一道柱箍，每加设一道柱箍都要对柱模板进行垂直度的校正。

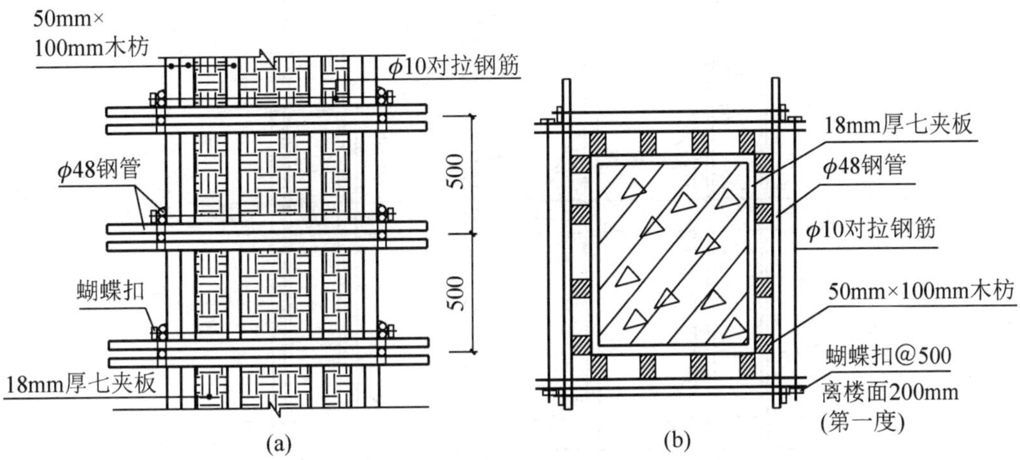

图 8.4 柱模板安装示意图

B. 梁模板。

a. 梁模板采用18mm厚七夹板或竹胶合板，侧模及底模均用整片板，加固肋采用50mm×100mm木枋。梁、板采用ϕ48×3.5钢管搭设满堂脚手架作为支撑系统，各钢管通过扣件相连。梁底模支撑采用双排钢管架，双排钢管架横向间距根据梁宽而定，主梁纵向立杆间距为0.8m，竖向步距为1.5m，沿横向每挡与满堂脚手架相连以加强其稳定性和整体刚度。

b. 梁模板安装。

搭设排架：依照图纸，在梁下面搭设双排钢管，间距根据梁的宽度而定。立杆之间设立水平拉杆，互相拉撑成一整体，离楼地面200mm处设一道，以上每隔1200mm(底层)设一道，二层及以上每隔1200mm设一道。在底层搭设排架时，应先将地基夯实，并在地面上垫通长的垫板。

梁底板的固定：将制作好的梁底板刷好脱模剂后，运至操作点，在柱顶的梁缺口的两边沿底板表面拉线，调直底板，底板伸入柱模板中。调直后在底板两侧用扣件固定。

侧模板的安装：为了使钢筋绑扎方便，在安装侧模板前先放好钢筋笼，也可以先支好一侧模板后，绑扎钢筋笼，然后再安装另一侧模板。

将制作好的模板刷好脱模剂，运至操作点；侧模的下边放在底板的承托上，并包住底板，侧模不得伸入柱模，与柱模的外表面连接，用铁钉将连接处拼缝钉严，但决不允许影响柱模顶部的垂直度，即要保证柱顶的尺寸。在底板承托钢管上架立管固顶侧板，再在立管上架设斜撑。立管顶部与侧模平齐，然后在立管上架设横档钢管，使横档钢管的上表面到侧模顶部的高度刚好等于一根钢管的直径(主要用于板模板支撑)。梁板模板的安装如图 8.5所示。

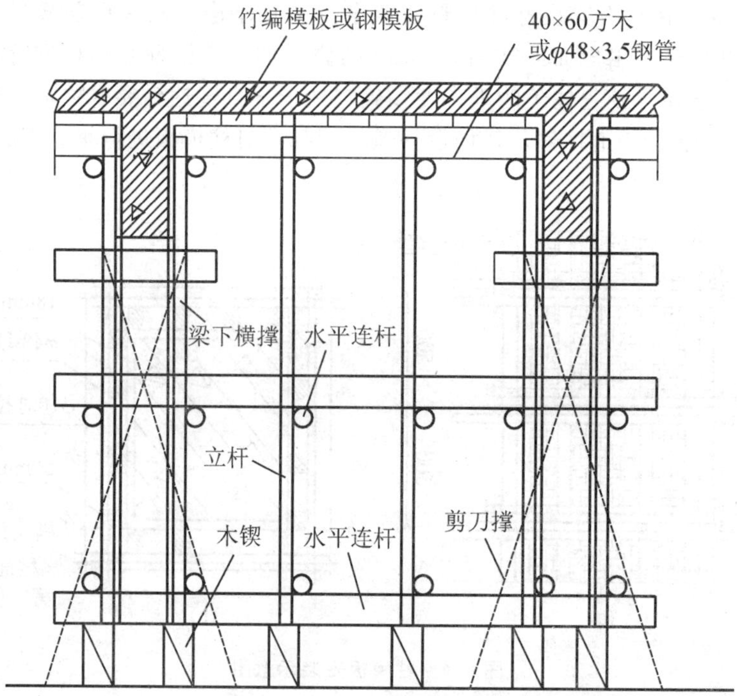

图 8.5 梁板模板安装示意图

C. 楼板模板。

a. 楼板模板采用 18mm 厚七夹板或竹胶合板，宽等于板底净尺寸，整块铺装。板模搁置在梁侧枋木上。支撑选用 $\phi48\times3.5$ 钢管搭设满堂脚手架，立杆纵横向间距为 1200mm×1200mm，底部设扫地杆，距地小于 200mm，竖向步距为 1200～1500mm，与梁支架相配合。

b. 沿板长跨方向，在小横档钢管上满铺承托板模板的钢管，钢管平行于板的短跨。对于长跨较长的板，如果一块标准板铺不到位，应在中间加一根木横档用于固定模板。在板与柱交接的地方，应在板上弹出柱的边线，弹线要垂直、清晰，尺寸要准确，做到一次到位。在支板模板的过程当中，要时时校正梁上部的尺寸，二人配合工作，一个人控制梁上部的尺寸，另一人将板模板钉在四周梁侧模板上，使板的边沿与梁侧模的内表面在同一平面内，钉子间距为 300～500mm。在板与柱交接处，将板模板钉在柱的模板上，要保证柱的尺寸，并做到接缝严密。

c. 模板上拼缝、接头处应封堵严密，不得漏浆；将模板上小的孔洞以及两块模板之间的拼缝用胶布贴好。模板支好后，清扫一遍，然后涂刷脱模剂。

D. 支架的搭设。依照图纸，在框架梁侧面搭设双排立管，间距按梁宽而定，设水平拉杆，间距为1200mm。离楼地面200mm处设一道。在底层搭设排架时，在地面上垫300×1200mm垫板。纵横两方向的竖管均布置连续的剪刀撑。

楼板模板支架搭设高度为3m，搭设尺寸为：立杆的纵距b=1.2m，立杆的横距l=1.2m，立杆的步距h=1.2～1.50m。

E. 模板拆除。

a. 模板拆除的一般顺序。

先支后拆，后支先拆；先拆除非承重部分，后拆除承重部分。框架结构模板的拆除顺序，首先是柱模板，然后是楼板底模，梁侧模板，最后是梁底模板。多层楼板模板支架的拆除，应按下列要求进行：上层楼板正在浇筑混凝土时，下一层楼板支柱不得拆除，再下一层楼板的支柱仅可拆除一部分；跨度4m及4m以上的梁下均应保留支柱，其间距不得大于3m。

b. 模板拆除的规定。非承重模板(如侧板)，应在混凝土强度能保证其表面及棱角不因拆除模板而受损坏时，方可拆除。承重模板应在与结构同条件养护的试块达到表8-43规定的强度，方可拆除。

表8-43 拆模时所需的混凝土强度

项次	结构类型	结构跨度/m	按设计混凝土强度的标准值百分率计/%
1	板	≤2， >2，≤8 >8	50 75 100
2	梁、拱、壳	≤8 >8	75 100
3	悬臂梁构件		100

② 钢筋工程。

A. 钢筋原材料要求。

a. 进场钢筋必须具有出厂合格证明、原材料质量证明书和试验报告单，并分批量进行机械性能试验。试验鉴定的抗拉强度必须大于设计强度，抗弯强度应符合相关规范要求。

b. 钢筋进场后，应及时将验收合格的钢材运进堆场，堆放整齐，挂上标签，并采取有效措施，避免钢筋锈蚀或油污。

B. 钢筋加工(统一在场内加工厂加工)。

a. 钢筋加工工艺流程：材质复验及焊接试验→配料→调直→除锈→断料→焊接→弯曲成型→成品堆放。

b. 钢筋调直：采用卷扬机拉直设备，调直时要控制冷拉率；HPB冷拉率不大于4%；HRB335和HRB400冷拉率不大于1%。

c. 钢筋切断采用钢筋切断机。钢筋弯曲成型采用钢筋弯曲机。

d. 钢筋加工应根据图纸及规范要求进行钢筋下料，钢筋加工按钢筋下料单加工，钢筋的形状和尺寸必须符合设计及现场施工规范要求。

C. 钢筋的连接。

a. 框架柱纵向钢筋采用电渣压力焊连接，两个接头间的距离大于500mm且大于35d；对于其他部位纵向钢筋，d＜16mm时采用绑扎连接，d＞16mm时采用电弧焊。

b. 在统一连接区段内，纵向钢筋搭接接头面积百分率应符合设计要求，当设计无具体要求时，应符合下列规定：对于梁类、板类构件，不宜大于25%；对于柱类构件，不宜大于50%。

c. 电渣压力焊。焊机使用BX3－1－500型，每台焊机配备两副夹具。焊剂采用J431，使用前经250℃烘焙2h。

工艺流程：检查设备、电源→钢筋端头制备→选择焊接参数→安装焊接夹具和钢筋→安放铁丝球→安放焊剂罐、填装焊剂→试焊、作试片→确定焊接参数→施焊→回收焊剂→卸下夹具→质量检查。

电渣压力焊操作要点：用夹具夹紧钢筋，使上、下钢筋同心，轴线偏差不大于2mm；在接头处放10mm左右的铁丝圈，作为引弧材料；将已烘烤合格的焊药装满在焊剂盒内，装填前应用缠绕的石棉绳封焊剂盒的下口，以防焊药泄漏。试焊时应按照可靠的"引弧过程"、充分的"电弧过程"、短而稳的"电渣过程"和适当的"挤压过程"进行，即借助铁丝圈引弧，使电弧顺利引燃，形成"电弧过程"，随着电弧的稳定燃烧，电弧周围的焊剂逐渐熔化，上部钢筋加速熔化，上部钢筋端部逐渐熔入渣池，此时电弧熄灭，转入"电渣过程"，由于高温渣池具有一定导电性，所以产生大量电阻热能，促使钢筋端部继续熔化，当钢筋熔化到一定程度时，在切断电源的同时，迅速顶压钢筋，并持续一定时间，使钢筋接头稳固接合。电渣压力焊接头必须检查其外观质量，焊包突出表面高度应满足规范要求。

D. 钢筋绑扎。

a. 柱子钢筋绑扎。按设计要求的箍筋间距和数量，先将箍筋按弯钩错开要求套进柱子主筋，在主筋上用粉笔标出箍筋间距，然后将套好的箍筋向上移动，由上往下用铅丝绑扎。箍筋应与主筋垂直，箍筋转角与主筋交点均要绑扎。

b. 梁、板钢筋绑扎。梁钢筋在底模上绑扎，先按设计要求的箍筋间距在模板上或梁的纵向钢筋上划线，然后按次序进行绑扎。框架梁钢筋应放在柱的纵向钢筋内侧，梁的上部贯通筋采用机械连接或焊接；板、次梁与主梁交叉处，板的钢筋在上，次梁的钢筋居中，主梁的钢筋在下。

c. 梁、柱节点钢筋绑扎。现浇钢筋混凝土框架梁，柱节点的钢筋绑扎质量将直接影响结构的抗震性能，而且该部位又是钢筋加密区，因此应严格控制该部位的施工程序，即设有梁底模→穿梁底钢筋→套节点处柱箍筋→穿梁面筋。

柱、梁板钢筋的接头位置、锚固长度和搭接长度应满足设计和施工规范要求，钢筋绑扎完成后应固定好垫块或撑铁，以防止出现露钢筋现象，同时要控制内外排钢筋之间的间距，防止钢筋保护层过大或过小。

E. 钢筋保护层施工。钢筋保护层水平方向采用水泥砂浆垫块；垂直方向采用塑料环圈。水泥砂浆垫块的厚度等于保护层的厚度，其平面尺寸为50mm×50mm，间距为1000mm。

③ 混凝土工程。本工程主体结构采用商品混凝土。

A. 混凝土选用：采用商品混凝土。

B. 混凝土的运输：地面运输采用混凝土搅拌运输车；用汽车泵泵送楼面混凝土。

C. 混凝土浇筑。

a. 柱混凝土浇筑。柱混凝土在楼面模板安装后，楼面钢筋绑扎前进行。浇筑前先在柱根部浇筑50mm厚的与混凝土同配合比的水泥砂浆。浇筑时要分层浇筑，且每层厚度不大于500mm，待混凝土沉积、收缩完成后，再进行第二次混凝土浇筑，但应在前层混凝土初凝之前，将次层混凝土浇筑完毕。振捣时振动棒不能触动钢筋，一直浇筑到梁底面下20～30mm处，中间不留施工缝。

每层柱混凝土浇筑时，采用串筒下料，防止离析和漏振。

使用插入式振动器振捣，振捣时应快插慢拔，插点要均匀排列，逐点移动，按顺序进行，不得漏振，做到均匀振实。

b. 梁、板混凝土浇筑。

准备工作：浇筑前在板的四周模板上弹出板厚度水平线钉上标记，在板跨中每距1500mm焊接水平标志筋，并在钢筋端头刷上红漆，作为衡量板厚和水平的标尺。浇筑楼面混凝土采用A字凳搭设水平走桥，严禁施工人员踩压钢筋。

浇筑方法：梁混凝土应分层浇筑，厚度控制在300～400mm之间，后一层混凝土应在前一层混凝土浇筑后2h以内进行。采用插入式振动棒振实。混凝土浇筑到达楼板位置时，再与板混凝土一起浇筑，随着阶梯的不断延伸，梁板混凝土连续向前推进直至完成浇筑。浇筑板混凝土的虚铺厚度应略大于板厚，用平板振捣器垂直于浇筑方向来回振捣。振捣完毕后要用长木抹子压实抹平。

楼梯混凝土应沿梯段自下而上进行浇筑，先振实底板混凝土，达到踏步位置时再与踏步混凝土一起浇筑，连续向上推进，并用木抹子将踏步上表面抹平。

浇筑柱梁交叉处的混凝土时，因此处钢筋较密，宜采用小直径的Φ35振动棒，必要时可以辅助用同强度等级的细石混凝土浇筑，并用人工配合捣固。

浇筑悬臂板时应注意不使上部负弯矩筋下移，当铺完底层混凝土后应随即将钢筋提到设计位置，再继续浇筑。

施工缝留置：每层柱顶梁下留置一道水平施工缝；其余主次梁和楼板均不留施工缝。梁板混凝土浇筑前柱头表面要凿毛，并用水冲洗干净，之后浇一层水泥素浆，然后再浇筑混凝土并振捣密实，使之结合良好。

D. 混凝土养护。采用保温保湿养护法。混凝土浇筑完毕后，12h以内应在混凝土表面覆盖农用塑料薄膜和浇水，浇水次数应能保持混凝土有足够湿润状态。养护时间不少于7昼夜。

E. 拆模。模板的拆除应在混凝土强度超过设计强度等级的70%以后进行。悬臂构件应在达到100%后拆模。模板拆除后，应设专人对模板进行清理，铲出粘带的混凝土残渣，刷好隔离剂，按规格堆放整齐。

F. 质量标准。混凝土原材料合格，强度达到设计要求；构件尺寸允许偏差如下。

柱、梁轴线允许偏差：≤8mm；柱梁截面尺寸允许偏差：+8mm、-5mm；柱垂直度允许偏差：全高≤10mm；板表面平整度允许偏差：≤8mm。

3）屋面工程施工方案

(1) 屋面工程施工顺序为：20mm 1:2 水泥砂浆掺 5%防水粉找平层→40mm 现浇水泥珍珠岩→80mm 粘土陶粒混凝土保温层→1:3 水泥砂浆找平层→30mm 厚水泥聚苯板保温→40mm 厚 C30 细石混凝土找平层→改性沥青填缝。

(2) 屋面工程主要项目施工方法。

① 水泥砂浆找平层。先将屋面板清理干净，刷素水泥浆一遍，然后，做 1:2 水泥砂浆(掺 5%防水粉)找平层，同时，进行女儿墙内抹灰。

② 珍珠岩保温层。按水泥膨胀珍珠岩为 1:2 左右的比例加适当的水配制而成，稠度以外观松散，手捏成团不散，只能挤出少量水泥浆为宜。施工时，以人工抹灰法进行。

③ 聚苯乙烯塑料保温板铺贴。保温板缺棱掉角时，可用同类材料的粉末加适量的水泥填缝隙。保温板应紧贴基层铺设，铺平垫稳，找坡正确，上下两层板块缝应错开，表面两块相邻的板边厚度应一致，下层应错缝并填密实。铺设后的保温层不得直接推车行走或堆积重物。

④ 细石混凝土找平层施工。按设计要求留好分隔缝，钢筋网铺设按设计要求，其位置以居中偏上为宜，保护层不小于 10mm。分格缝处钢丝要断开。

浇筑混凝土前，应将表面浮渣、杂物清理干净；支好分格缝模板，标出混凝土浇筑厚度。浇筑混凝土时，按“先远后近、先高后低”的原则进行，一个分格缝内的混凝土应一次浇捣完成，不得留施工缝。

混凝土初凝后，及时取出分格条隔板，用铁抹子第二次压实抹光，并及时修补分格缝的缺损部分，做到平直整齐。待混凝土终凝前，进行第三次压实抹光。终凝后，立即进行养护。

4）砌筑工程施工方案

填充墙施工顺序为：楼层清理→楼层放线→红砖垫底→加气混凝土块砌筑。

砌墙应遵守混凝土砌块规范的各项规定，同时应注意以下几点。

(1) 砌筑前应立好皮数杆，根据砌块尺寸和灰缝厚度计算砌块皮数和排数。砌筑时应底面朝上砌筑，横竖灰缝砂浆饱满，上下错缝搭砌，搭接长度不小于 150mm。灰缝宽(厚)度为 8～12mm。

(2) 框架柱的拉筋，应埋入砌体内不小于 600mm。沿砌体高度每隔 2～3 皮砌块，在墙体内埋放 2 根 $\Phi 6$ 钢筋(通长)，钢筋应平直不弯曲，与主体结构中预埋铁件焊接牢固以免因砌筑过高而影响砌体质量。

(3) 应按设计规定或施工所需要的孔洞大管道井沟槽和预埋件或脚手眼等，应在砌筑时预留、预埋或将砌块孔洞朝内侧砌。不得在砌筑好的砌体上打洞、凿槽。

(4) 在门窗洞口两侧应采用预制素混凝土砌块砌筑，并在素混凝土砌块中预埋木砖，以便于固定门窗框。

(5) 每天砌筑高度不宜超过一步架或 1.5m。当砌筑到梁底或板底时，应留出 200mm 空隙，并且应间隔 7d 以上，再用红砖斜砌塞紧，保证墙体顶部与梁紧密结合。

(6) 所有不同墙体材料连接处，抹灰前加铺宽度不小于 300mm 的钢丝网，以减少抹灰层裂缝。

5）装饰装修工程施工方案

(1) 装修工程工艺流程。

① 外部装修的工艺流程：屋面工程→外墙面砖、外墙抹灰→拆外脚手架→室外台阶、散水。

② 室内装修的工艺流程：立门窗框→天棚、内墙面抹灰→墙面釉面砖→楼地面抹灰→门窗扇安装→油漆→玻璃安装。

(2) 装修工程主要项目施工方法。

① 内墙抹灰施工(略)。

② 瓷砖饰面施工。本工程卫生间墙面采用瓷砖饰面。其工艺流程为：基层处理→吊垂直套方→找规矩→贴灰饼→抹底层砂浆→排砖→浸砖→镶贴面砖→面砖勾缝与擦缝。

施工前墙面基层清理干净，脚手眼、窗台和窗套等应事先砌堵好，按面砖尺寸和颜色进行选砖，并分类存放备用。

瓷砖使用前应在清水中浸泡2～3h后(以瓷砖吸足水不冒泡为止)，阴干备用。镶贴釉面砖时，先浇水湿润墙面。采用掺108胶水泥浆做黏结层，贴时一般从阳角开始，由上往下逐层粘贴。

③ 陶瓷地砖地面施工的工艺流程：基层处理→找标高、弹线→抹找平层砂浆→弹铺砖控制线→铺砖→勾缝、擦缝→养护→踢脚板安装。

a. 基层处理：将混凝土基层上的杂物清理掉，并用錾子刮掉砂浆落地灰，用钢丝刷刷净浮浆层。如基层有油污时，应用10%火碱水刷净，并用清水及时将其上的碱液冲净。

b. 找标高、弹线：根据墙上的+50cm水平标高线，往下量测出面层标高，并弹在墙上。

c. 抹灰饼和标筋：在已弹好的面层水平线复量至找平层上皮的标高(面层标高减去砖厚及黏结层的厚度)，抹灰饼间距1.5m，灰饼上平就是水泥砂浆找平层的标高，然后从房间一侧开始抹标筋(又称为冲筋)。有地漏的房间，应由四周向地漏方向放射形抹标筋，并找好坡度。抹灰饼和标筋应使用干硬性砂浆，厚度不宜小于2cm。

d. 装档(即在标筋间装铺水泥砂浆)：清净抹标筋的剩余浆渣，涂一遍水泥浆(水灰比为0.4～0.5)黏结层，要随涂刷随铺砂浆。然后根据标筋的标高，用小平铁锹或木槎子将已拌和的水泥砂浆(配合比为1:3～1:4)铺装在标筋之间，用木抹子摊平、拍实，小木杆刮平，再用木抹子槎平，使用铺设的砂浆与标筋找平，并用大木杆横竖检查其平整度，同时检查其标高和泛水坡度是否正确，24h后浇水养护。

e. 弹铺砖控制线：在找平层砂浆抗压强度达到1.2MPa时，开始上人弹砖的控制线。预先根据设计要求和砖板块规格尺寸，确定板块铺砌的缝隙宽度，当设计无规定时，紧密铺贴缝隙宽度不宜大于1mm，虚缝铺贴缝隙宽度宜为5～10mm。在房间中分纵、横两个方面配尺寸，但尺寸不足整砖倍数时，将非整砖用于边角处。根据已确定的砖数和缝宽，在地面上弹纵、横控制线(每隔4块砖弹一根控制线)。

f. 铺砖：为了找好位置和标高，应从门口开始，纵向先铺2～3行砖，以此为标筋拉纵横水平标高，铺时应从里向外退着操作，人不得踏在刚铺好的砖面上，每块砖应跟线，操作程序是：铺砌前将砖板块放入半截水桶中浸水湿润，晾干后表面无明水时，方可使用。找平层上洒水湿润，均匀涂刷素水泥浆(水灰比为0～0.5)，涂刷面积不要过大，铺多少刷多少。

g. 勾缝：面层铺贴应在24h内进行擦缝和勾缝工作，并应采用同品种、同标号、同颜色的水泥。勾缝用1:1水泥细砂浆，缝内深度以为砖厚的1/3，要求缝内砂浆密实、平整和光滑。随后将剩余水泥砂浆清走、擦净。

④ 门窗框扇安装(略)。

⑤ 油漆、涂料施工(略)。

⑥ 外墙面砖施工的工艺流程：基层处理→吊垂直套方→找规矩→贴灰饼→抹底层砂浆→排砖→浸砖→镶贴面砖→面砖勾缝与擦缝。

外墙砖施工应分隔控制均匀，纵横通顺，整齐清晰。其具体施工方法为以下几个步骤。

a. 基层处理施工时墙面应提前清扫干净，洒水湿润。

b. 吊垂直、套方、找规矩、贴灰饼：大墙面、四角及门窗口边，必须由顶层到底一次弹出垂直线，并确定面砖出墙尺寸，分层设点，做灰饼。横线以楼层为水平线交圈控制，竖向线则以四周大角和柱子为基线控制。每层打底时以此灰饼为基准点进行冲筋，使底层灰横平竖直。同时要注意找好突出檐口、窗台和雨篷等饰面的流水坡度。

c. 抹底层浆：先将墙面浇水湿润，然后用6mm厚1:3水泥砂浆刮一道，接着用相同标号的砂浆与所冲的筋抹平，随即用木杆刮平，木抹槎毛，终凝后浇水养护。

d. 弹线分格：待基层灰达到六七成干时，即可按图纸要求进行分段、分格弹线，同时进行面层贴标准点的工作，以控制面层出墙尺寸及面层的垂直度、平整度。

e. 排砖：根据大样图及墙面尺寸进行横竖向排砖，以保证面砖缝隙均匀，符合设计图纸要求，注意大墙面、垛子要排整砖，以及在同一墙面上的横竖排列，均不得有一行以上的非整砖。非整砖行应排在次要部位，如窗间墙或阴角处等。但亦要注意一致和对称。如遇有突出的卡件，应用整砖套割吻合，不得用非整砖随意拼凑镶贴。

f. 浸砖：釉面砖镶贴前，首先要将面砖清扫干净，放入净水中浸泡2h以上，取出待表面晾干或擦干后方可使用。

g. 镶贴釉面砖：镶贴应自上而下进行，墙较高时，可分段进行。在每一分段或分块内的面砖，均为自下而上相贴。从最下一层砖下皮的位置线先稳好靠尺，以此托住第一批釉面砖。在面砖外皮上口拉水平通线，作为镶贴的标准。

h. 面砖勾缝：勾缝用1:1水泥砂浆掺3%的铁黑(掺量根据需要确定)。勾完缝后，将砖表面的砂浆用棉纱擦干净后，用10%的盐酸溶液擦洗，用净水冲洗干净。

6）脚手架工程施工方案

(1) 主要材料。

① 钢管：直径为48mm、壁厚为3.5mm的焊接钢管，用做立杆、大横杆、小横杆、斜撑和防护栏杆等。

② 扣件：主要有旋转扣、直角扣、对接扣；材料采用铸铁扣件。

③ 底座：用钢管与钢板焊成，用于立杆的垫脚，也可用不小于5cm×20cm×300cm的坚实木板做垫板。

④ 脚手板：选用竹串脚手板。竹串脚手板宜用直径 8～10mm 螺栓、间距 500～600mm 穿过并列竹片拧紧而成，板的厚度一般不小于 50mm。

(2) 搭设顺序。放线定位→摆放扫地杆→逐根竖立立杆并与扫地杆扣牢→安第 1 步大横杆与立杆扣紧→安第 1 步小横杆与大横杆扣紧→安第 2 步大横杆→安第 2 步小横杆→加设斜撑杆与上端立杆或大横杆扣紧(在装设两道连墙杆后可拆除)→安第 3 步及以上立杆、大横杆、小横杆→安连墙杆→加设剪刀撑。架高 2m 以上逐层加设防护栏杆、挡脚板或围网。

(3) 搭设要求。

① 双排架的内外立杆的间距(横距)：1.05m，纵距为 1.5m，内排立杆距墙面为 0.25～0.45m。立杆底部应垂直套在底座或竖立在长垫板上，刚搭一步架子时，为防止架子倾斜，搭设时可设临时支撑固定。立杆的接长，应采取端部用对接扣件扣牢，并与相邻立杆错开一个步距，其接头距大横杆不大于步距的 1/3。大横杆与用直角扣件与立杆扣牢，保持平直。里外排大横杆的接长应使用对接扣件，错开一个立杆纵距，并与相邻立杆的距离不大于纵距 1/3；扣接不得遗漏或隔步设置。

② 大横杆的垂直步距：用于砌筑为 1.2～1.4m，用于装饰为 1.6～1.8m。当架高超过 30m 时，要从底部开始将相邻两步架的大横杆错开布置在立杆的内外侧，以减少立杆偏心受载情况。小横杆应尽量贴近立杆布置，用直角扣件扣在大横杆的上部。

③ 小横杆水平间距：砌筑用不大于 1m，装修(装饰)用不大于 1.5m。双排架的小横杆挑向墙面的悬臂长度应不大于 0.4m(上面可铺一块架板)，但其端部应距离墙面 50～150mm。单排架的小横杆伸入墙体部分不得小于 240mm，通过门窗洞口或过道或不允许入墙处，如小横杆的间距大于 1.5m 时，应绑扣吊杆，紧贴于洞口墙体内侧的墙面，吊杆中部并应加设顶撑，保持垂直扣牢。

④ 剪刀撑(斜撑)：当架高不超过 7m 时，可用斜撑上端支撑于架子外侧的立杆或大横杆处，间距应不大于 6m，用旋转扣件扣牢，下端与地面呈 60°角用木楔或桩头抵牢。当架高超过 7m 时，应在架子外侧绑设剪刀撑，位置设于脚手架的端部及拐角处。中间部位则每隔 12m～15m 加设一道，并用旋转扣件与 3～4 根立杆和小横杆扣牢。

⑤ 搭设剪刀撑，应将其斜杆扣在立杆上或扣在小横杆端部，斜杆两端的扣件与立杆和大横杆交汇点的距离不应大于 20cm，最下面的斜杆端部与立杆扣牢，扣接点与地面高差不大于 30cm。连墙杆应随施工进度设置，而且应设置在框架梁或楼板附近等具有较好抗水平推力作用的结构部位，并与脚手架里外立杆相连接，其垂直间距不大于 4m，水平间距不大于 7m，搭设设计方案另有规定的按其规定设置。连墙杆的设置如从门窗洞穿过时，其杆件端部应用两根短钢管紧靠里外墙体竖向或横向用直角扣件扣牢(或与人架或柱、梁体扣牢)。

⑥ 护身栏杆、安全网：在脚手架的操作层外侧设置的护身栏杆高度为 1～1.2m，并在架子外侧架板上靠立杆设置不低于 18cm 高的挡脚板，如不设挡脚板。则在架体外侧立面用密目安全立网围护，在二层楼口的架子外侧挂设一道固定平网。支设平网应用钢管斜支撑与地面夹角为 45°，与大横杆用扣件扣牢，平网应绑在里外大横杆上，外高里低呈 15°，不得用小横杆支撑平网，平网投影面积的宽度不小于 3m。在有斜坡屋面的外脚手架

设置护栏高度为1.5m的栏杆两道，每道高0.75m。

⑦ 脚手架满铺，端部用铁丝与小横杆绑扎稳固。脚手板错头搭设时，端部超过小横杆不少于20m；对头铺设时，端部、下部各设一根小横杆，两杆相距30cm，但拐角处两个方向的脚手板应重叠放置，避免探头板及空档现象。高度10m以上的脚手架，除操作层铺满架板外，下面的一架也应满铺一层手板，其他处则每间隔不超过12m保留一层满铺脚手板。

6. 施工进度计划

1）控制工期

根据施工经验，初步确定各分部工程控制工期，见表8-44。

表8-44 各分部工程控制工期表

合同工期	土建工期/天				水电安装收尾工程/天	施工准备
	计划工期	基础工期	主体工程	装饰工程		
160	150	18	70	62	10	不占用工期

2）分部工程进度计划的编制

本单位工程分为4个分部工程组织流水施工。

(1) 基础工程

① 根据施工方案，基础工程按每栋划为一个流水段，3栋为3个流水段，压桩施工选用“送桩”方案。施工过程为：压桩施工→土方开挖→桩承台、基础梁→回填土。选用固定节拍流水施工。

② 确定工作队人数和流水节拍。施工过程持续时间计算(表8-45)。

③ 工期计算。根据表8-45，组织固定节拍流水施工。$m=3$，$n=6$，$k=t=2$，养护和拆模 $t_i=2$；$t_p=(3+6-1)\times2+2=18d$(与控制计划工期相符)。

④ 编制基础工程施工进度表(表8-46)。

表8-45 基础工程各施工过程持续时间计算表

施工过程	名称 内容	工程量	时间定额	劳动量	总劳动量(或台班)	每天工作人数	工种或设备名称	数量	持续时间/d
A	Φ400管桩施工	384m	5.8台班/1000m	(2.23)	(2台班)	13人	静压桩机	1台	2
B	挖土机挖土	208.75m^3	2.17台班/1000m^3	(0.45)	(2台班)	5人	单斗挖土机	1台	2
	自卸汽车运余土(5km)	59.02m^3	0.44台班/10m^3	(1.3)			自卸汽车	2台	
C	平整场地	184.6m^2	2.86工日/100m^2	5.3	10.57	5人	普工	5人	2
	人工挖土方	23.2m^3	0.227工日/m^3	5.27					

续表

<table>
<tr><th>施工过程</th><th>名称</th><th>内容</th><th>工程量</th><th>时间定额</th><th>劳动量</th><th>总劳动量(或台班)</th><th>每天工作人数</th><th>工种或设备名称</th><th>数量</th><th>持续时间/d</th></tr>
<tr><td rowspan="2">D</td><td colspan="2">截桩头</td><td>32个</td><td>0.143工日/个</td><td>4.6</td><td rowspan="2">8.41</td><td rowspan="2">4人</td><td rowspan="2">普工</td><td rowspan="2">4人</td><td rowspan="2">2</td></tr>
<tr><td colspan="2">桩头插钢筋</td><td>0.6t</td><td>6.35工日/t</td><td>3.81</td></tr>
<tr><td rowspan="7">E</td><td colspan="2">桩承台垫层混凝土C25</td><td>$3.52m^3$</td><td>0.357工日/m^3</td><td>1.26</td><td rowspan="7">94.13</td><td rowspan="7">47人</td><td rowspan="7">木工
钢筋
混凝土工</td><td rowspan="7">28人
15人
4人</td><td rowspan="7">2</td></tr>
<tr><td rowspan="3">桩承台混凝土C25</td><td>支模板</td><td>$130m^2$</td><td>2.56工日/$10m^2$</td><td rowspan="3">50.42</td></tr>
<tr><td>绑钢筋</td><td>1.15t</td><td>6.352工日/t</td></tr>
<tr><td>浇混凝土</td><td>$36.32m^3$</td><td>0.271工日/m^3</td></tr>
<tr><td rowspan="3">基础梁混凝土C25</td><td>支模板</td><td>$133.2m^2$</td><td>1.762工日/$100m^2$</td><td rowspan="3">42.45</td></tr>
<tr><td>绑钢筋</td><td>1.3t</td><td>6.352工日/t</td></tr>
<tr><td>浇混凝土</td><td>$13.22m^3$</td><td>0.813工日/m^3</td></tr>
<tr><td>F</td><td colspan="2">回填土</td><td>$172.9m^3$</td><td>20.58工日/m^3</td><td>35.58</td><td>35.58</td><td>18人</td><td>普工</td><td>18人</td><td>2</td></tr>
</table>

(2) 主体工程施工进度计划的编制。

① 划分施工过程。

a. 本工程框架结构采用以下施工顺序：绑扎柱钢筋→支柱模板→支主梁模板→支次梁模板→支楼板模板→绑扎梁钢筋→绑扎板钢筋→浇柱混凝土→浇梁、板混凝土。

根据施工顺序和劳动组织，划分以下4个施工工程：绑扎柱钢筋、支模板、绑扎梁板钢筋和浇筑混凝土。

各施工过程中均包括楼梯间部分。

b. 在主体结构施工工程中，除上述工序外，还有搭脚手架、拆模板、混凝土养护和砌筑填充墙等施工过程，考虑到这些施工过程均属于平行穿插施工过程，只根据施工工艺要求，尽量搭接施工即可，因此，不纳入流水施工。

② 划分施工段。考虑结构的整体性和工程量的大小，本工程以每栋为一个流水施工段，$m=3$，但施工过程数$n=4$，此时，$m<n$，专业工作队会出现窝工现象。考虑到工地上尚有在建工程，因此，拟针对主导施工过程连续施工。在该工程各施工过程中，支模板比较复杂，且劳动量较大，所以，支模板为主导施工过程。

表 8-46 基础工程横道图施工进度计划

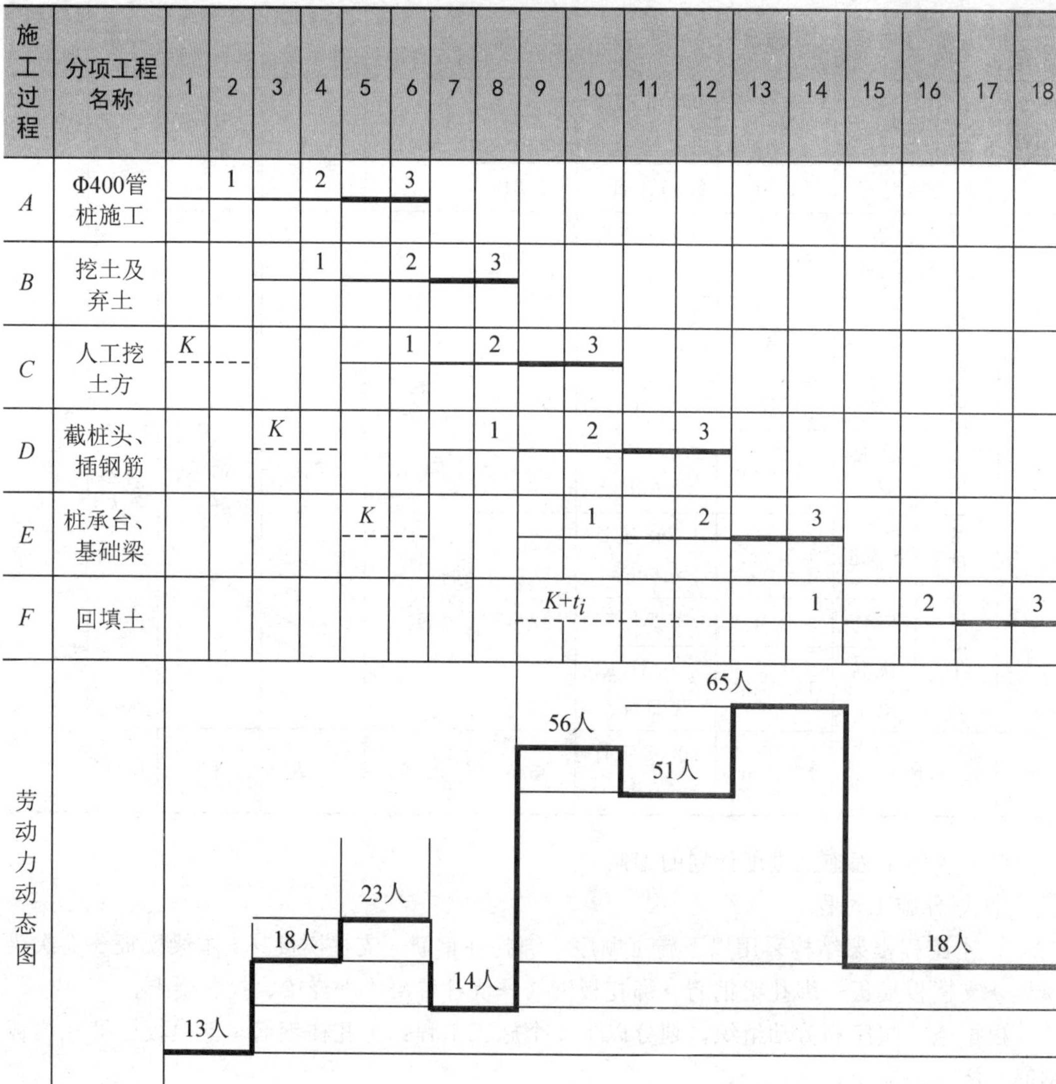

施工过程
分项工程名称
1 2 3 4 5 6 7 8 9 10 11 12 13 14 15 16 17 18
A Φ400管桩施工
B 挖土及弃土
C 人工挖土方
D 截桩头、插钢筋
E 桩承台、基础梁
F 回填土
K
K+t_i
劳动力动态图
13人
18人
23人
14人
56人
51人
65人
18人

③ 确定主体工程各工作队人数和流水节拍。表 8-47 是主体结构工程各施工过程持续时间计算表，表 8-48 是综合时间计算表。

表 8-47 主体结构(框架混凝土)工程各施工过程持续时间计算表

序号	施工过程	工程名称	工程量 Q	时间定额	总劳动量/工日	每层劳动量/工日	每班人数	持续时间/d	工种	备注
1	A	绑柱筋	1.15	4.98 工日/t	5.73	5.73	6	1	钢筋工	
2	B	支模板	310.657 m^2	0.225 工日/m^2	69.78	69.78	23	3	木工	

续表

序号	施工过程	工程名称	工程量Q	时间定额	总劳动量/工日	每层劳动量/工日	每班人数	持续时间/d	工种	备注
3	*C*	绑梁板钢筋	3.77t	4.98 工日/t	18.8	18.8	10	2	钢筋工	
4	*D*	浇混凝土	41.98m³	0.522 工日/m³	21.91	21.9	22	1	混凝土工	
5	*E*	砌砖	246.42m³	1.43 工日/m³	352.4	58.7	20	3	瓦工	一层和天面梯间合计一层

表 8-48 综合时间计算表

序号	分项工程名称	内容	工程量	时间定额	劳动量 P_i	综合时间定额 $\overline{H}$
1	模板工程（一层）	矩形柱模板	108m²	2.54 工日/10m²	27.432	$\sum P_i = 69.782$ 工日 $\sum Q_i = 310.657\ \text{m}^2$ $\overline{H} = \dfrac{\sum P_i}{\sum Q_i} = \dfrac{69.78}{310.657}$ $= 0.225$ 工日/m²
2		矩形梁模板	12.287m²	2.6 工日/10m²	3.195	
3		圈梁模板及水池（按 10%计）	18.9m²	2.55 工日/10m²	4.82	
4		楼板模板	159.51m²	1.98 工日/10m²	31.58	
5		楼梯模板	11.96m²	2.3 工日/10m²	2.75	
6	混凝土工程(6 层)	矩形柱混凝土(C30)	62.66m³	0.823 工日/m³	51.57	$\sum P_i = 131.382$ 工日 $\sum Q_i = 251.85\ \text{m}^3$ $\overline{H} = \dfrac{\sum P_i}{\sum Q_i} = \dfrac{131.382}{251.85}$ $= 0.522$ 工日/m³
7		矩形梁混凝土(C25)	75.58m³	0.33 工日/m³	24.94	
8		圈梁混凝土(C25)	9.11m³	0.712 工日/m³	6.49	
9		楼板混凝土(C25)	81.96m³	0.211 工日/m³	17.3	
10		楼梯混凝土(C25)	11.14m³	1.03 工日/m³	11.47	
11		水池混凝土	11.4m³	1.72 工日/m³	19.61	
12	砌筑工程	零星砌筑	16.8m³	1.81 工日/m³	30.41	$\sum P_i = 352.4$ 工日 $\sum Q_i = 246.42\ \text{m}^3$ $\overline{H} = \dfrac{\sum P_i}{\sum Q_i} = \dfrac{352.4}{246.42}$ $=1.43$ 工日/m³
13		外墙(190)实心砖墙	113.24m³	1.44 工日/m³	163.07	
14		内墙(120)实心砖墙	73.54m³	1.38 工日/m³	101.05	
15		内墙(180)实心砖墙	42.84m³	1.34 工日/m³	57.41	

④ 资源供应校核。

a. 浇筑混凝土的校核。

混凝土日最大浇筑量为 41.98m³，采用商品混凝土，供应不存在问题。

b. 支模板的校核。

框架结构支模板包括柱、梁、板模板，根据经验一般需要 2～3 天，本工程选取木工 23 人，流水节拍 3 天；由劳动定额知，支模板要求工人小组一般为 5～6 人，本方案木工工作队取 23 人，分 4 个小组进行作业，可以满足规定的木工人数条件。

c. 绑扎钢筋的校核。

绑扎钢筋按定额计算需 10 人，流水节拍 2 天。由劳动定额知，绑扎梁、板钢筋工作要求工人小组一般为 3～4 人，本案钢筋工专业工作队 10 人，可分为 3 个小组进行施工。

d. 工作面校核。

本工程各施工过程的工人队伍在楼层面上工作，不会发生人员过分拥挤的现象，因此，不再校核工作面。但是，如砌砖流水节拍改为 2 天，工作队变为 30 人，那么工作面人员过多，而且也不满足砌砖工作队一般为 15～20 人的组合要求。

⑤ 确定施工工期。本工程采用间断式流水施工，因此，无法利用公式计算工期，必须采用分析计算法或作图法来确定施工工期，本工程拟用作图法来复核工期。

本工程考虑广东天气热，混凝土初凝时间快，一层混凝土浇筑完后，养护 1d，即可上人作业。因此，混凝土养护间歇时间为 1d；同时，考虑“赶工期”，因此，在 3 层框架柱、梁、楼面施工后，开始插入填充墙砌筑。根据上述条件，编制主体结构施工进度表(草图)。

查图上，T=77 天＞控制工期 75 天，考虑工期相差较小，不再进行调整。

⑥ 编制主体工程施工进度表(横道图)。见训练 8.2 附图(1)：主体工程施工进度表。

(3) 屋面工程施工进度计划的编制。因本工程规模较小，屋面工程不组织流水施工，直接确定屋面工程的工期如下。

各施工过程持续时间计算表见表 8-49。

表 8-49 各施工过程持续时间计算表

分项工程名称	工程量/m^2	时间定额	劳动量/工日	每天人数/人	持续时间/d
屋面防水	166.33	0.2 工日/10m^3	3.33	3	1
保温隔热屋面	166.33	7.54 工日/m^2	125.41	10	13

考虑屋面工程尚有零星细部防水的工程量未计入，因此，可将总工日增加 5%。因此，工期 $T=(1+13)\times1.05=14.7$(天)，取 15 天。

屋面工程在天面混凝土浇筑后，可以安排施工，本工程安排屋面防水工程与结构砌砖平行作业，因此，不占用绝对工期。

(4) 装饰工程施工进度计划的编制。本装饰工程划分室内装饰和室外装饰工程，根据工期要求及本工程的特点，采取室外装饰和室内装饰平行施工的方案。

① 室外装饰工程进度计划的编制。主要分项工程的工程量及根据劳动定额查得的各分项工程的时间定额见表 8-50。

表 8-50 主要分项工程的工程量及时间定额

序 号	名 称	工程量/m^3	时间定额/工日/m^2
1	外墙 45×95 条砖饰面	1005.63m^2	0.247 工日/m^2
2	柱墙 45×95 条砖饰面	101.2m^2	0.476 工日/m^2
3	零星项目 45×95 条砖饰面	54m^2	0.512 工日/m^2

考虑到室外散水、台阶以及窗台等处工程量均未计算，故将总用工量提高10%。

总劳动量 $R=(1005.63\times0.247+101.2\times0.476+54\times0.51)\times1.10=(248.39+48.17+27.54)\times1.10=356.51$(工日)。

若安排20人施工，则室外装饰工期每栋为 $T=356.51/20=17.83$(天)，取18天。

3栋外装饰总工期 $\sum T=18\times3=54$ 天<控制工期62天，符合要求。外装饰工程缩短工期8天，正好填补主体工程增加的工期，$\sum T=149$ 天 $< T_{控制}=150$ 天。

② 室内装饰工程进度计划的编制。

a. 以一层为一个流水施工段，从顶层向底层流水施工，拟组织成倍节拍流水施工。

b. 天棚面、墙面刷乳胶漆，油漆栏杆、扶手以及安装玻璃等工作，必须等待楼梯抹灰和饰面砖全部完成后，才能开始。同时，需等天棚、墙面抹灰层干燥后，才能刷乳胶漆，因此上述各工序不参与流水施工。

c. 内装饰各施工过程持续时间见表8-51。

表8-51 内装饰各施工过程持续时间

施工过程	名称	工程量 Q	时间定额 H	劳动量 P_i/工日	总劳动量 P/工日	每天工作人数	持续时间	备注
A	顶棚抹灰	1445.99m²	0.802工日/10m²	115.97	645.14	28	4d	考虑门窗套处等零星位置抹灰量未计，将总用工增加5%
	内墙抹灰	2061.2m²	0.893工日/10m²	180				
	铝合金门窗、防盗门	500.7m²	0.636工日/m²	318.45				
B	首层地面	146.31m²	0.22工日/m²	28.97	495.46	20	4d	
	300mm×300mm地砖楼地面	100.6m²	0.228工日/m²	23				
	500mm×500mm地砖楼地面	658.96m²	0.203工日/m²	133.77				
	踢脚线100高	932.3m	0.74工日/10m	68.99				
	厨、卫瓷片内墙面	472.02m²	0.51工日/m²	240.73				
C	楼梯耐磨砖	56.16m²	4.76工日/10m²	26.73	26.73	3	2d	

续表

施工过程	名称	工程量 Q	时间定额 H	劳动量 P_i/工日	总劳动量 P/工日	每天工作人数	持续时间	备注
D	天棚刷乳胶漆	1445.99m^2	0.41 工日/10m^2	59.28	230.34	19	2d	
	内墙刷乳胶漆	2061.2 m^2	0.32 工日/10m^2	66.16				
	30×30 方钢栏杆	98.8t	0.5 工日/t	49.42				
	镀锌钢管楼梯栏杆	35.01t	0.5 工日/t	17.51				
	安装玻璃	342.34m^2	1.11 工日/10m^2	37.99				

d. 施工过程 A、B、C 的流水节拍之间存在最大公约数 2，因此，可以组成成倍节拍流水，加快施工进度。

e. 工作队数计算。通过以上分析可知：施工段 $m=6$，施工过程数 $n=3$，流水步距 $k=2$，A 工作队数$=4/2=2$，B 工作队数$=4/2=2$，C 工作队数$=2/2=1$，总工作队数 $n'=2+2+1=5$。

f. 工期计算。由于施工过程 D 的持续时间是 12 天；施工过程 C 是 6 个施工段，即一二层间楼梯段看成是 1 层的梯段；2、3 层间楼梯段看成是 2 层的梯段；……6 层和天面梯间楼梯段作为 6 层的梯段，则施工过程 C 的持续时间是 12 天。

本工程内装饰工程总工期为：$T=(m+n'-1)\times k+\sum t_j=(6+5-1)\times 2+12=32$(天)(满足控制工期要求)。

g. 内装饰横道图进度计划见表 8-52。

3）单位工程施工进度计划表的编制

(1) 将基础工程、主体工程、装修工程 3 部分施工进度计划进行合理搭接，并在基础工程与主体工程之间，加上搭脚手架的工序。在主体工程与装修工程之间，以围护工程作为过渡连接。最后把室外工程和其他扫尾工程考虑进去，形成单位工程的施工进度计划。

(2) 单位工程施工进度计划表(横道图)见表 8-53。

(3) 劳动力均衡测算：

① 查进度计划表 $R_{max}=99$ 人$+4$ 人(架工)$+2$ 人(水电)$=105$ 人。

② 总工日数$=184.69$(基础)$+1051.58$(主体)$+128.74$(屋面)$+356.51$(外装修)$+1397.67$(内装饰)$+4\times131$(架工)$+2\times150$(水电)$=3943.19$ 工日；

土建总工期：155 天；

平均人数 $R_m=3943.19\times3/155=76.32$ 人≈76 人。

③ $K=R_{max}/R_m=105/76=1.38<2$，符合要求。

表 8－52　内装饰横道图进度计划(一栋)

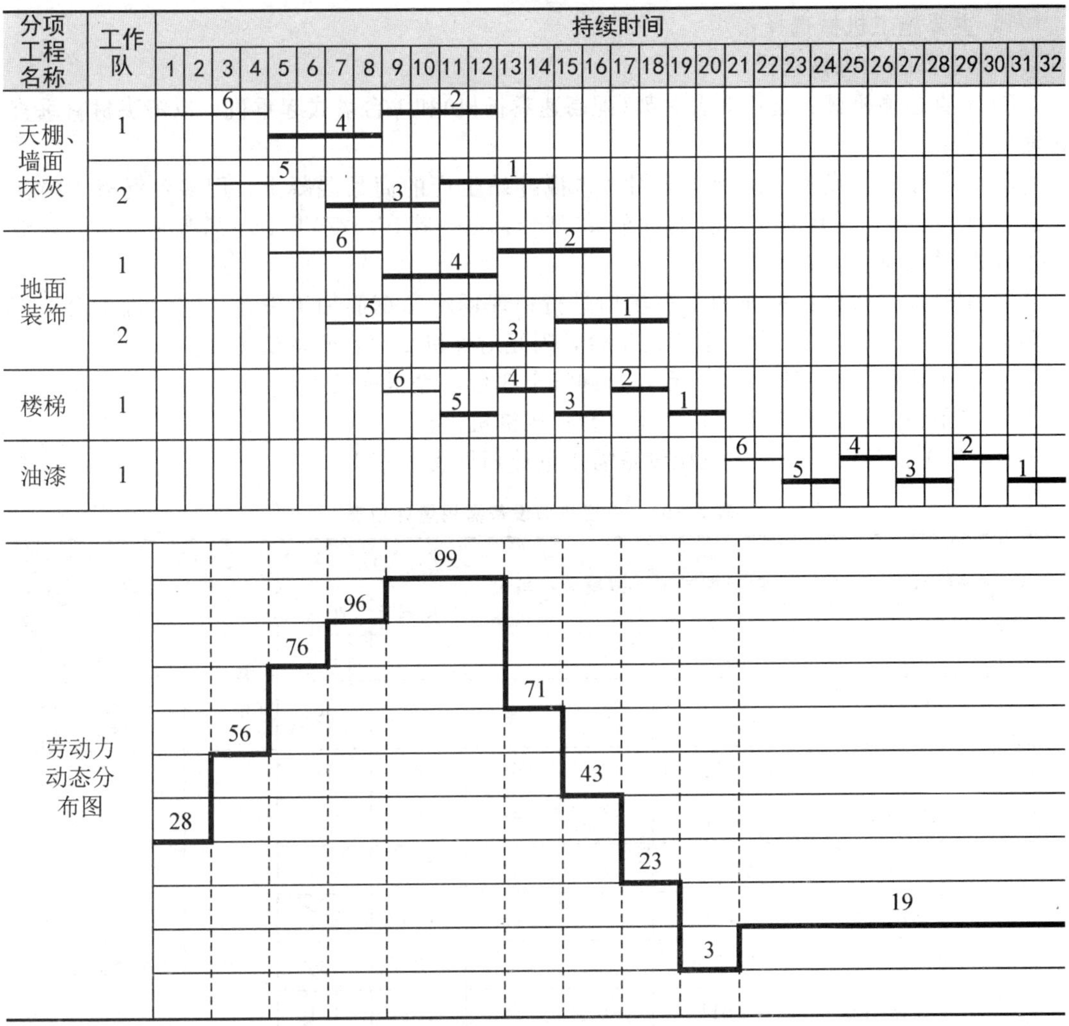

表 8－53 单位工程施工进度计划表(横道图)

序号	分部（分项）工程名称	施工总进度计划持续时间																															
		施工天数	5	10	15	20	25	30	35	40	45	50	55	60	65	70	75	80	85	90	95	100	105	110	115	120	125	130	135	140	145	150	155	160
1	基础工程	18																																
2	主体框架工程	51																																
3	砌砖工程	54																																
4	搭（拆）脚手架																																	
5	屋面防水工程	45																																
6	外墙装饰工程	54																																
7	内墙装饰工程（含楼地面工程）	20																																
8	天棚墙面刷乳胶漆	12																																
9	水电安装工程																																	
10	室外及收尾工程	10																																
11	竣工交工																																	

7. 资源配置计划

1）主要施工机械选择

(1) 主要施工机械选择。

① 垂直运输机械：选用3台井架(配高速卷扬机)和1台塔式起重机，以解决材料垂直运输问题。

② 混凝土输送设备：混凝土选用××搅拌站生产的商品混凝土，用多台混凝土搅拌车运至施工工地。采用带布料杆的汽车泵(型号：三一牌SY5270THB。臂架形式：四段液压折叠式)直接泵送混凝土。

③ 钢筋加工机械：钢筋加工在场内进行；现场配套钢筋加工设备：弯钩机1台，钢筋调直机1台，切断机1台，电焊机1台，闪光对焊机1台，套丝机1台。

④ 其他机械：反铲挖土机1台，自卸汽车3台，静压桩机1台。

⑤ 其他设备：挖掘机1台；汽车3台；压桩机1台。

(2) 施工设备计划，主要机械设备需用量计划见表8-54。

表8-54 主要机械设备需用量计划表

<table>
<tr><th rowspan="2">序号</th><th rowspan="2">机械设备名称</th><th rowspan="2">规格型号</th><th rowspan="2">数量</th><th rowspan="2">单位</th><th colspan="2">功率</th><th colspan="2" rowspan="2">备注</th></tr>
<tr><th>每台</th><th>小计</th></tr>
<tr><td>1</td><td>塔吊</td><td>德国PEINE</td><td>1</td><td>台</td><td>150</td><td>150</td><td rowspan="2">自有(租赁)</td><td>臂长60m</td></tr>
<tr><td>2</td><td>钢井架</td><td></td><td>3</td><td>座</td><td>13</td><td>39</td><td>主体施工及装修施工用</td></tr>
<tr><td>3</td><td>电焊机</td><td>BX3－120－1</td><td>2</td><td>台</td><td>9</td><td>18</td><td rowspan="15">自有设备</td><td rowspan="9">主体施工用</td></tr>
<tr><td>4</td><td>钢筋弯曲机</td><td>GW40</td><td>1</td><td>台</td><td>3</td><td>3</td></tr>
<tr><td>5</td><td>钢筋切断机</td><td>QJ40－1</td><td>1</td><td>台</td><td>5.5</td><td>5.5</td></tr>
<tr><td>6</td><td>钢筋调直机</td><td>GT3/9</td><td>1</td><td>台</td><td>7.5</td><td>7.5</td></tr>
<tr><td>7</td><td>电渣压力焊</td><td>17kVA</td><td>1</td><td>台</td><td>3</td><td>3</td></tr>
<tr><td>8</td><td>平板振动器</td><td>ZB11</td><td>1</td><td>台</td><td>1.1</td><td>1.1</td></tr>
<tr><td>9</td><td>插入式振动器</td><td>ZX50</td><td>2</td><td>套</td><td>1.1</td><td>2.2</td></tr>
<tr><td>10</td><td>木工圆盘锯</td><td>MJ114</td><td>1</td><td>台</td><td>3</td><td>3</td></tr>
<tr><td>11</td><td>卷扬机</td><td>JJ1K</td><td>3</td><td>台</td><td>7</td><td>21</td></tr>
<tr><td>12</td><td>打夯机</td><td>1.5kW</td><td>2</td><td>台</td><td>1.5</td><td>3</td><td>基础回填土用</td></tr>
<tr><td>13</td><td>自落式混凝土搅拌机</td><td>JD350</td><td>1</td><td>台</td><td>15</td><td>15</td><td></td></tr>
<tr><td>14</td><td>经纬仪</td><td>J2</td><td>1</td><td>台</td><td></td><td></td><td rowspan="3">测量放线用</td></tr>
<tr><td>15</td><td>水准仪</td><td>DS3</td><td>1</td><td>台</td><td></td><td></td></tr>
<tr><td>16</td><td>套丝机</td><td></td><td>1</td><td>台</td><td></td><td></td></tr>
<tr><td>17</td><td>自卸汽车</td><td></td><td>3</td><td>台</td><td></td><td></td><td>土方工程施工用</td></tr>
<tr><td>18</td><td>静压桩机</td><td></td><td>1</td><td>台</td><td></td><td></td><td>租赁</td><td>基础工程用</td></tr>
<tr><td>19</td><td>挖土机</td><td>反铲</td><td>1</td><td>台</td><td></td><td></td><td>租赁</td><td>基础工程用</td></tr>
</table>

2）劳动力需要量计划(见表8－55)

表8－55　劳动力需要量计划表

工种	木工	钢筋工	混凝土工	瓦工	抹灰工	油漆工	电焊工	电工	架工
最高人数	23	16	22	20	38	19	2	2	6

3）主要材料需用量(略)

4）预制构件需用量(略)

8. 施工总平面图

1）施工平面图说明

(1) 本工程划分为4个区：宿舍生活区、施工区、水电区和办公区。

(2) 办公区设施：1栋建筑面积为175m^2，活动板房(二层)，具体安排见表8－56。

表8－56　办公区设施具体安排表

办公区间	面积/m^2	备　注
项目经理办公室	20	一间
技术负责人办公室	15	一间
资料员兼档案室	20	一间
财务室	15	一间
施工管理人员宿舍	105	若干

(3) 施工区设施：具体安排见表8－57。

表8－57　施工区设施具体安排表

设施名称	设备房名称	面积/m^2
生产辅助设施	木工房	46
	钢筋加工棚	48
	仓库	70
	水泥库	30
堆场	钢筋堆场	50
	模板堆场	30
	砂石堆场	42.66

说明：生产辅助设施采用单层轻钢结构、压型钢板屋面。

(4) 宿舍区设施。

① 宿舍为200m^2，食堂为60m^2，冲凉房为10m^2。

② 采用活动板房(二层)作工人宿舍；食堂、冲凉房选用单层轻钢结构、压型板屋面。

(5) 水电区设施包括变压器和水源。

(6) 临时道路：宽度为3.5m，做法如下。

① 碾压土路，用18t压路机碾压(铺粗砂头或石碴)。

② 排水沟，采用300mm×300mm坡度为5‰土明沟。

(7) 围墙。

① 材料采用单层压型彩板。

② 高度 $h=1.8$m。

(8) 大门是宽度为6m的密闭钢板门。

(9) 五牌一图布置在办公室旁，采用七夹板制作。

2) 施工用水

(1) 施工现场临时用水。

① 现场施工用水：$q_1 = K_1 \sum \frac{Q_1 N_1}{T_1 t} \times \frac{K_2}{8 \times 3600}$。

框架结构工程施工最大用水量应选在混凝土浇筑与砌体工程同时施工之日。本工程由于采用商品混凝土，因此施工中混凝土工程用水主要考虑模板冲洗和混凝土养护用水。现场取混凝土自然养护的全部用水定额 $N_1=400(\mathrm{L/m^3})$，冲洗模板为 $5\mathrm{L/m^2}$，砌筑全部用水为 $200\mathrm{L/m^2}$，日最大浇筑混凝土量为 $42\mathrm{m^3}$，标准层面积为 $160.1\mathrm{m^2}$，砌砖工程量为 $229.62\mathrm{m^2}$，故取：$Q_1=42\mathrm{m^3}$，$Q_2=229.62m^2$；$K_1=1.05$，$K_2=1.5$，$T_1=1$ 天，$t=1$，则

$$q_1=1.05\times\frac{(42\times400+160.1\times5+229.62\times200)\times1.5}{8\times3600}=3.47(\mathrm{L/s})$$

② 施工机械用水：$q_2 = K_1 \sum Q_1 N_2 \times \frac{K_3}{8 \times 3600}$。

施工现场机械用水在结构施工高峰期内只有自卸汽车3台，查用水定额 $N_2=400\sim700$L/台昼夜，取 $N_2=500$L/台昼夜，查表知 $K_3=2$，则

$$q_2 = K_1 \sum Q_1 N_2 \times \frac{K_3}{8 \times 3600} = \frac{1.05 \times 3 \times 500 \times 2}{8 \times 3600} = 0.11\ (\mathrm{L/s})$$

③ 施工现场生活用水：$q_3=\frac{P_1 N_3 K_4}{z\times8\times3600}$。

取 $K_4=1.5$，施工现场高峰昼夜人数 $P_1=93$ 人，N_3 一般为20～60L/(人班)，取 $N_3=40$L/(人班)，每天工作班数 $z=1$，则

$$q_3=\frac{P_1 N_3 K_4}{z\times8\times3600}=\frac{93\times40\times1.5}{1\times8\times3600}=0.2(\mathrm{L/s})$$

(2) 居民区用水计算。取 $K_5=1.5$，生活区居民人数 $P_2=110$ 人(管理人员17人，工人93人)，生活区全部用水定额 N_4 为120L/(人天)。

$$\text{生活区用水量}\ q_4=\frac{P_2 N_4 K_5}{24\times3600}=\frac{110\times120\times1.5}{24\times3600}=0.23(\mathrm{L/s})$$

(3) 消防用水。查居民区消防用水 $q_5=10(\mathrm{L/s})$。

(4) 总用水量计算。因 $q_1+q_2+q_3+q_4\leqslant q_5$，且工地面积小于 $5\mathrm{hm^2}$，因此 $Q=q_5=10$L/s；考虑管路漏水损失，应增加10%水量，所以总用水量 $Q=10\times1.1=11(\mathrm{L/s})$。

(5) 供水管路管径的计算。$D=\sqrt{\frac{4000Q}{\pi v}}=\sqrt{\frac{4\times1000\times11}{3.14\times1.5}}=96.65$mm，查表知 $v=$

1.5m/s。

所以选总管直径为100mm(铸铁管)；支管选用50mm(钢管)；按支状管网布置，埋设在地下。

(6) 室外消火栓的布置给水管直径为100mm，沿道路边布置2个消火栓，位置详见书后附图。

3) 施工用电

(1) 施工用电设备见表8-58。

表8-58 施工用电设备

序号	机械设备名称	规格型号	数量	单位	功率		备注
					每台	小计	
1	塔吊	德国PEINE	1	台	150	150	臂长60m
2	钢井架		3	座	13	39	主体施工及装修施工用
3	电焊机	BX3-120-1	2	台	9	18	基础及主体施工用
4	钢筋弯曲机	GW40	1	台	3	3	
5	钢筋切断机	QJ40-1	1	台	5.5	5.5	
6	钢筋调直机	GT3/9	1	台	7.5	7.5	
7	电渣压力焊	17kVA	1	台	3	3	
8	平板振动器	ZB11	1	台	1.1	1.1	
9	插入式振动器	ZX50	2	套	1.1	2.2	
10	木工圆盘锯	MJ114	1	台	3	3	
11	卷扬机	JJ1K	3	台	7	21	
12	打夯机	1.5kW	2	台	1.5	3	
13	自落式混凝土搅拌机	JD350	1	台	15	15	

(2) 用电量的计算。

电动机额定功率 $p_1=(150+39+3+5.5+7.5+1.1+2.2+3+21+3+15)\text{kW}=250.3\text{kW}$

电焊机额定容量 $p_2=(18+3)\text{kW}=21\text{kW}$

室内照明容量 $p_3=(0.44+0.3+2.24+0.08)\text{kW}=3.06\text{kW}$

室外照明容量 $p_4=0.36\text{kW}$

$$p=\Phi(K_1\frac{\sum p_1}{\cos\varphi}+K_2\sum p_2+K_3\sum p_3+K_4\sum p_4)$$

$$=1.1\times(\frac{0.6\times250.3}{0.7}+0.6\times21+0.8\times3.06+0.36)$$

$$=253\ \text{kW}$$

(3) 变压器功率的计算。$W=\frac{KP}{\cos\varphi}=\frac{1.05\times253}{0.75}=354.2\text{kW}$

通过查表可知，选用 SL7－400/10 型号的变压器。

(4) 施工区导线截面的选择。

① 按机械强度选择。查表得，选用铝线户外方式敷设，导线截面为 $10mm^2$。

② 按允许电流选择。三相四线制线路上的电流计算：

$$I=\frac{1000P}{V\cos\varphi\sqrt{3}}=\frac{253\times1000}{1.732\times380\times0.75}=0.513(A)$$

通过查配电导线持续允许电流表，选用 BLX 型铝芯橡皮线，截面为 $2.5mm^2$。

③ 按允许电压降选择。以钢筋加工场导线截面为例说明如下。

$$S=\frac{\sum PL}{C\varepsilon}\%=\frac{20746}{46.3\times7\%}\%=6.4\%$$

综上所述，满足要求，选用的导线截面为 $10mm^2$。

(5) 居民区导线截面的选择：同施工区为 $10mm^2$。

9. 主要施工管理计划

1. 质量管理计划：(1) 质量方针

创一流业绩，开拓市场；建精品工程，回报社会。

(2) 工程质量等级：符合国家强制性标准和达到施工验收规范，确保合格，力争达市优工程。

(3) 项目质量管理的组织机构及职责范围(略)。

(4) 质量管理措施。

① 保证工程质量的组织措施(略)。

② 保证工程质量的技术措施(略)。

(5) 搞好质量预控工作(略)。

(6) 项目质量通病防治办法(略)。

2) 安全管理计划

(1) 安全管理组织机构及职责(略)。

(2) 安全管理及安全教育培训制度(略)。

(3) 安全技术措施(略)。

3) 文明施工管理措施(略)

4) 环境管理计划(略)

5) 进度管理计划(略)

6) 成本管理计划(略)

10. 雨季施工措施

1) 雨季施工准备工作(略)

2) 雨季施工技术措施(略)

11. 图纸

1) 书后附图某职工宿舍主体工程施工进度表(横道图)

2) 施工总平面布置图

实训小结

本节以职工宿舍(JB型)工程为案例，系统讲解了单位工程施工组织设计的编制内容和编制方法，学生(读者)通过学习和实训后，应能独立进行单位工程施工组织设计。

实训考核

考核评定方式	评定内容	分值	得分
自评	学习态度及表现	5	
	单位工程施工组织设计编制方法掌握情况	10	
	单位工程施工组织设计	10	
	封面装订、文本版式风格	5	
学生互评	学习态度及表现	5	
	单位工程施工组织设计编制方法掌握情况	10	
	单位工程施工组织设计	10	
	封面装订、文本版式风格	5	
教师评定	学习态度及表现	5	
	单位工程施工组织设计编制方法掌握情况	10	
	单位工程施工组织设计	20	
	封面装订、文本版式风格	5	

【实训综合训练】

某住宅楼工程施工组织设计实训任务书

一、设计题目：某住宅楼工程施工组织设计

二、设计条件

1. 工程概况

本工程为某学院教师住宅楼，位于广州市郊区某学院内。本工程拟建3栋，每栋占地面积257.22m^2；建筑面积为488.5m^2，平面形状为矩形，标准层长25.5m，宽16.5m。该建筑物为6层，高21.83m(屋脊)；18.7m(檐口)；其总平面图、立面图和平面图详见附录7。

本工程为现浇钢筋混凝土框架结构，基础采用预应力钢筋混凝土管桩基础，桩承台、地梁；钢筋混凝土柱、梁及现浇钢筋混凝土楼板，蒸压加气混凝土砌块填充墙。

屋面工程采用聚合物防水层，刚性上人屋面。

外装饰采用釉面砖；内墙面采用石灰砂浆打底，乳胶漆面；地面铺耐磨砖。散水为无

筋混凝土一次抹光。

水电安装工程配合土建施工。

2. 地质条件

根据勘测报告，表层为耕植土厚2m；其下为：细沙层厚2m；粘土层厚10～13m；最下层为岩石。

3. 施工工期

本工程定于2011年4月1日开工，要求3栋工程必须在本年11月30日竣工。总工期为8个月，日历工期为244天。

4. 气象条件

施工期间主导风向偏东，雨季为7～9月，冬季最低气温为+5°C。

5. 施工技术经济条件

(1) 施工任务由市建某公司承担，该公司分派一施工队负责。该队现有瓦工、木工、钢筋工、混凝土工均可以按计划满足工程需要，如有不足可从其他施工队调入。根据工程实际需要，有部分民工协助工作。职工及民工中午在工地吃饭，晚上不住宿。附近有已建家属宿舍可提供中午休息场所。

(2) 水从城市供水网中接引。供电可从工地附近高压线10kV引下，供电容量满足施工用电要求，现场需配备变压器。

(3) 建筑材料及预制构件可用汽车运入工地。预应力混凝土管桩由预制厂制作(运距30km)；建成混凝土搅拌站负责商品混凝土供应(运距为10km)。蒸压加气混凝土砌块、砂、石、水泥等建筑材料均从附近采购，可用汽车直接运入工地。基坑开挖余土外运至指定弃土场，运距为5km。

(4) 可供施工选用的塔式起重机(臂长40m～60m)3台、井架起重机5～6台、自卸汽车3台、反铲挖土机1台、卷扬机、混凝土搅拌机、砂浆搅拌机、木工机械、混凝土振动器、扣件式钢管脚手架、门式钢管脚手架、竹脚手板、手推车、七夹板、测量设备以及活动板房等，均可根据计划需要供应。

(5) 其他施工需要的大型施工机械可向市建机械租赁站租赁。

三、设计核心内容及要求

1. 施工方案的选择

(1) 划分施工段，确定施工中流水的方向。

(2) 选择施工用起重机械的类型及台数，并校核其技术性能。

(3) 选择脚手架的类型并安排其位置。

(4) 确定施工顺序、施工方法和保证质量的技术措施。

2. 施工进度计划的编制

按所确定的施工顺序和可提供的各项资源，分工种分段组织流水施工，编制出单位工程施工进度计划。

3. 施工平面图设计

(1) 垂直运输设施的布置。

(2) 临时设施(仓库、办公室、宿舍、食堂、门卫和围墙等)以及材料堆场的布置。

(3) 施工用水、用电的设计计算及布置。

(4) 临时道路的布置。

四、课程设计成果

某住宅楼施工组织设计1份。

五、实训指导

见附录4：单位工程施工组织设计实训指导书。

六、图纸

见附录7：住宅楼工程建筑图、结构图和总平面图。

附录 1

建筑施工组织设计规范 (GB/T 50502—2009)

2009 年 5 月 13 日发布　　2009 年 10 月 1 日实行

目　录

1 总则

1.0.1 为规范建筑施工组织设计的编制与管理，提高建筑工程施工管理水平，制定本规范。

1.0.2 本规范适用于新建、扩建和改建等建筑工程的施工组织设计的编制与管理。

1.0.3 建筑施工组织设计应结合地区条件和工程特点进行编制。

1.0.4 建筑施工组织设计的编制与管理，除应符合本规范规定外，尚应符合国家现行有关标准的规定。

2 术语

2.0.1 施工组织设计 construction organization plan

以施工项目为对象编制的，用以指导施工的技术、经济和管理的综合性文件。

2.0.2 施工组织总设计 general construction organization plan

以若干单位工程组成的群体工程或特大型项目为主要对象编制的施工组织设计，对整个项目的施工过程起统筹规划、重点控制的作用。

2.0.3 单位工程施工组织设计 construction organization plan for unit project

以单位(子单位)工程为主要对象编制的施工组织设计，对单位(子单位)工程的施工过程起指导和制约作用。

2.0.4 施工方案 construction scheme

以分部(分项)工程或专项工程为主要对象编制的施工技术与组织方案，用以具体指导其施工过程。

2.0.5 施工组织设计的动态管理 dynamic management of construction organization plan

在项目实施过程中，对施工组织设计的执行、检查和修改的适时管理活动。

2.0.6 施工部署 construction arrangement

对项目实施过程做出的统筹规划和全面安排，包括项目施工主要目标、施工顺序及空间组织、施工组织安排等。

2.0.7 项目管理组织机构 project management organization

施工单位为完成施工项目建立的项目施工管理机构。

2.0.8 施工进度计划 construction schedule

为实现项目设定的工期目标，对各项施工过程的施工顺序、起止时间和相互衔接关系所作的统筹策划和安排。

2.0.9 施工资源 construction resources

为完成施工项目所需要的人力、物资等生产要素。

2.0.10 施工现场平面布置 construction site layout plan

在施工用地范围内，对各项生产、生活设施及其他辅助设施等进行规划和布置。

2.0.11 进度管理计划 schedule management plan

保证实现项目施工进度目标的管理计划。包括对进度及其偏差进行测量、分析、采取的必要措施和计划变更等。

2.0.12 质量管理计划 quality management plan

保证实现项目施工质量目标的管理计划。包括制定、实施、评价所需的组织机构、职责、程序以及采取的措施和资源配置等。

2.0.13 安全管理计划 safety management plan

保证实现项目施工职业健康安全目标的管理计划。包括制定、实施所需的组织机构、职责、程序以及采取的措施和资源配置等。

2.0.14 环境管理计划 environment management plan

保证实现项目施工环境目标的管理计划。包括制定、实施所需的组织机构、职责、程序以及采取的措施和资源配置等。

2.0.15 成本管理计划 cost management plan

保证实现项目施工成本目标的管理计划。包括成本预测、实施、分析、采取的必要措施和计划变更等。

3 基本规定

3.0.1 施工组织设计按编制对象，可分为施工组织总设计、单位工程施工组织设计和施工方案。

3.0.2 施工组织设计的编制必须遵循工程建设程序，并应符合下列原则：

1 符合施工合同或招标文件中有关工程进度、质量、安全、环境保护、造价等方面的要求；

2 积极开发、使用新技术和新工艺，推广应用新材料和新设备；

3 坚持科学的施工程序和合理的施工顺序，采用流水施工和网络计划等方法，科学配置资源，合理布置现场，采取季节性施工措施，实现均衡施工，达到合理的经济技术指标；

4 采取技术和管理措施，推广建筑节能和绿色施工；

5 与质量、环境和职业健康安全3个管理体系有效结合。

3.0.3 施工组织设计应以下列内容作为编制依据：

1 与工程建设有关的法律、法规和文件；

2 国家现行有关标准和技术经济指标；

3 工程所在地区行政主管部门的批准文件，建设单位对施工的要求；

4 工程施工合同或招标投标文件；

5 工程设计文件；

6 工程施工范围内的现场条件，工程地质及水文地质、气象等自然条件；

7 与工程有关的资源供应情况；

8 施工企业的生产能力、机具设备状况、技术水平等。

3.0.4 施工组织设计应包括编制依据、工程概况、施工部署、施工进度计划、施工准备与资源配置计划、主要施工方法、施工现场平面布置及主要施工管理计划等基本内容。

3.0.5 施工组织设计的编制和审批应符合下列规定：

1 施工组织设计应由项目负责人主持编制，可根据需要分阶段编制和审批；

2 施工组织总设计应由总承包单位技术负责人审批；单位工程施工组织设计应由施工

单位技术负责人或技术负责人授权的技术人员审批；施工方案应由项目技术负责人审批；重点、难点分部(分项)工程和专项工程施工方案应由施工单位技术部门组织相关专家评审，施工单位技术负责人批准；

3 由专业承包单位施工的分部(分项)工程或专项工程的施工方案，应由专业承包单位技术负责人或技术负责人授权的技术人员审批；有总承包单位时，应由总承包单位项目技术负责人核准备案；

4 规模较大的分部(分项)工程和专项工程的施工方案应按单位工程施工组织设计进行编制和审批。

3.0.6 施工组织设计应实行动态管理，并符合下列规定：

1 项目施工过程中，发生以下情况之一时，施工组织设计应及时进行修改或补充：

1）工程设计有重大修改；

2）有关法律、法规、规范和标准实施、修订和废止；

3）主要施工方法有重大调整；

4）主要施工资源配置有重大调整；

5）施工环境有重大改变。

2 经修改或补充的施工组织设计应重新审批后实施；

3 项目施工前，应进行施工组织设计逐级交底；项目施工过程中，应对施工组织设计的执行情况进行检查、分析并适时调整。

3.0.7 施工组织设计应在工程竣工验收后归档。

4 施工组织总设计

4.1 工程概况

4.1.1 工程概况应包括项目主要情况和项目主要施工条件等。

4.1.2 项目主要情况应包括下列内容：

1 项目名称、性质、地理位置和建设规模；

2 项目的建设、勘察、设计和监理等相关单位的情况；

3 项目设计概况；

4 项目承包范围及主要分包工程范围；

5 施工合同或招标文件对项目施工的重点要求；

6 其他应说明的情况。

4.1.3 项目主要施工条件应包括下列内容：

1 项目建设地点气象状况；

2 项目施工区域地形和工程水文地质状况；

3 项目施工区域地上、地下管线及相邻的地上、地下建(构)筑物情况；

4 与项目施工有关的道路、河流等状况；

5 当地建筑材料、设备供应和交通运输等服务能力状况；

6 当地供电、供水、供热和通信能力状况；

7 其他与施工有关的主要因素。

4.2 总体施工部署

4.2.1 施工组织总设计应对项目总体施工做出下列宏观部署：

1 确定项目施工总目标，包括进度、质量、安全、环境和成本等目标；

2 根据项目施工总目标的要求，确定项目分阶段(期)交付的计划；

3 明确项目分阶段(期)施工的合理顺序及空间组织。

4.2.2 对于项目施工的重点和难点应进行简要分析。

4.2.3 总承包单位应明确项目管理组织机构形式，并宜采用框图的形式表示。

4.2.4 对于项目施工中开发和使用的新技术、新工艺应做出部署。

4.2.5 对主要分包项目施工单位的资质和能力应提出明确要求。

4.3 施工总进度计划

4.3.1 施工总进度计划应按照项目总体施工部署的安排进度编制。

4.3.2 施工总进度计划可采用网络图或横道图表示，并附必要说明。

4.4 总体施工准备与主要资源配置计划

4.4.1 总体施工准备应包括技术准备、现场准备和资金准备等。

4.4.2 技术准备、现场准备和资金准备应满足项目分阶段(期)施工的需要。

4.4.3 主要资源配置计划应包括劳动力配置计划和物资配置计划等。

4.4.4 劳动力配置计划应包括下列内容：

1 确定各施工阶段(期)的总用工量；

2 根据施工总进度计划确定各施工阶段(期)的劳动力配置计划。

4.4.5 物资配置计划应包括下列内容：

1 根据施工总进度计划确定主要工程材料和设备的配置计划；

2 根据总体施工部署和施工总进度计划确定主要周转材料和施工机具的配置计划。

4.5 主要施工方法

4.5.1 施工组织总设计应对项目涉及的单位(子单位)工程和主要分部(分项)工程所采用的施工方法进行简要说明。

4.5.2 对脚手架工程、起重吊装工程、临时用水用电工程、季节性施工等专项工程所采用的施工方法进行简要说明。

4.6 施工总平面布置

4.6.1 施工总平面布置应符合下列原则：

1 平面布置科学合理，施工场地占用面积少；

2 合理组织运输，减少二次搬运；

3 施工区域的划分和场地的临时占用应符合总体施工部署和施工流程的要求，减少相互干扰；

4 充分利用既有建(构)筑物和既有设施为项目施工服务，降低临时设施的建造费用；

5 临时设施应方便生产和生活，办公区、生活区和生产区宜分开设置；

6 符合节能、环保、安全和消防等要求；

7 遵守当地主管部门和建设单位关于施工现场安全文明施工的相关规定。

4.6.2 施工总平面布置应符合下列要求：

1 根据项目总体施工部署，绘制现场不同阶段(期)的总平面布置图；

2 施工总平面布置图的绘制应符合国家相关标准要求并附必要说明。

4.6.3 施工总平面布置应包括下列内容：

1 项目施工用地范围内的地形状况；

2 全部拟建的建(构)筑物和其他设施的位置；

3 项目施工用地范围内的加工设施、运输设施、存贮设施、供电设施、供水供热设施、排水排污设施、临时施工道路和办公、生活用房等；

4 施工现场必备的安全、消防、保卫和环境保护等设施；

5 相邻的地上、地下既有建(构)筑物及相关环境。

5 单位工程施工组织设计

5.1 工程概况

5.1.1 工程概况应包括工程主要情况、各专业设计简介和工程施工条件等。

5.1.2 工程主要情况应包括下列内容：

1 工程名称、性质和地理位置；

2 工程的建设、勘察、设计、监理和总承包等相关单位的情况；

3 工程承包范围和分包工程范围；

4 施工合同、招标文件或总承包单位对工程施工的重点要求；

5 其他应说明的情况。

5.1.3 各专业设计简介应包括下列内容：

1 建筑设计简介应依据建设单位提供的建筑设计文件进行描述，包括建筑规模、建筑功能、建筑特点、建筑耐火、防水及节能要求等，并应简单描述工程的主要装修做法；

2 结构设计简介应依据建设单位提供的结构设计文件进行描述，包括结构形式、地基基础形式、结构安全等级、抗震设防类别、主要结构构件类型及要求等；

3 机电及设备安装专业设计简介应依据建设单位提供的各相关专业设计文件进行描述，包括给水、排水及采暖系统、通风与空调系统、电气系统、智能化系统、电梯等各个专业系统的做法要求。

5.1.4 工程施工条件应参照本规范第 4.1.3 条所列主要内容进行说明。

5.2 施工部署

5.2.1 工程施工目标应根据施工合同、招标文件以及本单位对工程管理目标的要求确定，包括进度、质量、安全、环境和成本等目标。各项目标应满足施工组织总设计中确定的总体目标。

5.2.2 施工部署中的进度安排和空间组织应符合下列规定：

1 工程主要施工内容及其进度安排应明确说明，施工顺序应符合工序逻辑关系；

2 施工流水段应结合工程具体情况分阶段进行划分；单位工程施工阶段的划分一般包括地基基础、主体结构、装修装饰和机电设备安装 3 个阶段。

5.2.3 对于工程施工的重点和难点应进行分析，包括组织管理和施工技术两个方面。

5.2.4 工程管理的组织机构形式应按照本规范第 4.2.3 条的规定执行，并确定项目经理部的工作岗位设置及其职责划分。

5.2.5 对于工程施工中开发和使用的新技术、新工艺应做出部署，对新材料和新设备的使用应提出技术及管理要求。

5.2.6 对主要分包工程施工单位的选择要求及管理方式应进行简要说明。

5.3 施工进度计划

5.3.1 单位工程施工进度计划应按照施工部署的安排进行编制。

5.3.2 施工进度计划可采用网络图或横道图表示，并附必要说明；对于工程规模较大或较复杂的工程，宜采用网络图表示。

5.4 施工准备与资源配置计划

5.4.1 施工准备应包括技术准备、现场准备和资金准备等。

1 技术准备应包括施工所需技术资料的准备、施工方案编制计划、试验检验及设备调试工作计划、样板制作计划等；

1)主要分部(分项)工程和专项工程在施工前应单独编制施工方案，施工方案可根据工程进展情况，分阶段编制完成；对需要编制的主要施工方案应制定编制计划；

2) 试验检验及设备调试工作计划应根据现行规范、标准中的有关要求及工程规模、进度等实际情况制定；

3) 样板制作计划应根据施工合同或招标文件的要求并结合工程特点制定。

2 现场准备应根据现场施工条件和工程实际需要，准备现场生产、生活等临时设施。资金准备应根据施工进度计划编制资金使用计划。

5.4.2 资源配置计划应包括劳动力配置计划和物资配置计划等。

1 劳动力配置计划应包括下列内容：

1)确定各施工阶段用工量；

2) 根据施工进度计划确定各施工阶段劳动力配置计划。

2 物资配置计划应包括下列内容：

1)主要工程材料和设备的配置计划应根据施工进度计划确定，包括各施工阶段所需主要工程材料、设备的种类和数量；

2) 工程施工主要周转材料和施工机具的配置计划应根据施工部署和施工进度计划确定，包括各施工阶段所需主要周转材料、施工机具的种类和数量。

5.5 主要施工方案

5.5.1 单位工程应按照《建筑工程施工质量验收统一标准》GB 50300 中分部、分项工程的划分原则，对主要分部、分项工程制定施工方案。

5.5.2 对脚手架工程、起重吊装工程、临时用水用电工程、季节性施工等专项工程所采用的施工方案应进行必要的验算和说明。

5.6 施工现场平面布置

5.6.1 施工现场平面布置图应参照本规范第 4.6.1 条和第 4.6.2 条的规定并结合施工组织总设计，按不同施工阶段分别绘制。

5.6.2 施工现场平面布置图应包括下列内容：

1 工程施工场地状况；

2 拟建建(构)筑物的位置、轮廓尺寸、层数等；

3 工程施工现场的加工设施、存贮设施、办公和生活用房等的位置和面积；

4 布置在工程施工现场的垂直运输设施、供电设施、供水供热设施、排水排污设施和临时施工道路等；

5 施工现场必备的安全、消防、保卫和环境保护等设施；

6 相邻的地上、地下既有建(构)筑物及相关环境。

6 施工方案

6.1 工程概况

6.1.1 工程概况应包括工程主要情况、设计简介和工程施工条件等。

6.1.2 工程主要情况应包括：分部(分项)工程或专项工程名称，工程参建单位的相关情况，工程的施工范围，施工合同、招标文件或总承包单位对工程施工的重点要求等。

6.1.3 设计简介应主要介绍施工范围内的工程设计内容和相关要求。

6.1.4 工程施工条件应重点说明与分部(分项)工程或专项工程相关的内容。

6.2 施工安排

6.2.1 工程施工目标包括进度、质量、安全、环境和成本等目标，各项目标应满足施工合同、招标文件和总承包单位对工程施工的要求。

6.2.2 工程施工顺序及施工流水段应在施工安排中确定。

6.2.3 针对工程的重点和难点，进行施工安排并简述主要管理和技术措施。

6.2.4 工程管理的组织机构及岗位职责应在施工安排中确定，并应符合总承包单位的要求。

6.3 施工进度计划

6.3.1 分部(分项)工程或专项工程施工进度计划应按照施工安排，并结合总承包单位的施工进度计划进行编制。

6.3.2 施工进度计划可采用网络图或横道图表示，并附必要说明。

6.4 施工准备与资源配置计划

6.4.1 施工准备应包括下列内容：

1 技术准备：包括施工所需技术资料的准备、图纸深化和技术交底的要求、试验检验及测试工作计划、样板制作计划以及相关单位的技术交接计划等；

2 现场准备：包括生产、生活等临时设施的准备以及与相关单位进行现场交接的计划等；

3 资金准备：编制资金使用计划等。

6.4.2 资源配置计划应包括下列内容：

1 劳动力配置计划：确定工程用工量并编制专业工种劳动力计划表；

2 物资配置计划：包括工程材料和设备配置计划、周转材料和施工机具配置计划以及计量、测量和检验仪器配置计划等。

6.5 施工方法及工艺要求

6.5.1 明确分部(分项)工程或专项工程施工方法并进行必要的技术核算，对主要分项工程(工序)明确施工工艺要求。

6.5.2 对易发生质量通病、易出现安全问题、施工难度大、技术含量高的分项工程(工序)等应做出重点说明。

6.5.3 对开发和使用的新技术、新工艺以及采用的新材料、新设备应通过必要的试验或论证并制订计划。

6.5.4 对季节性施工应提出具体要求。

7 主要施工管理计划

7.1 一般规定

7.1.1 施工管理计划应包括进度管理计划、质量管理计划、安全管理计划、环境管理计划、成本管理计划以及其他管理计划等内容。

7.1.2 各项管理计划的制订，应根据项目的特点有所侧重。

7.2 进度管理计划

7.2.1 项目施工进度管理应按照项目施工的技术规律和合理的施工顺序，保证各工序在时间上和空间上顺利衔接。

7.2.2 进度管理计划应包括下列内容：

1 对项目施工进度计划进行逐级分解，通过阶段性目标的实现保证最终工期目标的完成；

2 建立施工进度管理的组织机构并明确职责，制定相应管理制度；

3 针对不同施工阶段的特点，制定进度管理的相应措施，包括施工组织措施、技术措施和合同措施等；

4 建立施工进度动态管理机制，及时纠正施工过程中的进度偏差，并制定特殊情况下的赶工措施；

5 根据项目周边环境特点，制定相应的协调措施，减少外部因素对施工进度的影响。

7.3 质量管理计划

7.3.1 质量管理计划可参照《质量管理体系　要求》GB/T 19001，在施工单位质量管理体系的框架内编制。

7.3.2 质量管理计划应包括下列内容：

1 按照项目具体要求确定质量目标并进行目标分解，质量指标应具有可测量性；

2 建立项目质量管理的组织机构并明确职责；

3 制定符合项目特点的技术保障和资源保障措施，通过可靠的预防控制措施，保证质量目标的实现；

4 建立质量过程检查制度，并对质量事故的处理做出相应的规定。

7.4 安全管理计划

7.4.1 安全管理计划可参照《职业健康安全管理体系　规范》GB/T 28001，在施工单位安全管理体系的框架内编制。

7.4.2 安全管理计划应包括下列内容：

1 确定项目重要危险源，制定项目职业健康安全管理目标；

2 建立有管理层次的项目安全管理组织机构并明确职责；

3 根据项目特点，进行职业健康安全方面的资源配置；

4 建立具有针对性的安全生产管理制度和职工安全教育培训制度；

5 针对项目重要危险源，制定相应的安全技术措施；对达到一定规模的危险性较大的分部(分项)工程和特殊工种的作业应制定专项安全技术措施的编制计划；

6 根据季节、气候的变化，制定相应的季节性安全施工措施；

7 建立现场安全检查制度，并对安全事故的处理做出相应规定。

7.4.3 现场安全管理应符合国家和地方政府部门的要求。

7.5 环境管理计划

7.5.1 环境管理计划可参照《环境管理体系　要求及使用指南》GB/T 24001，在施工单位环境管理体系的框架内编制。

7.5.2 环境管理计划应包括下列内容：

1 确定项目重要环境因素，制定项目环境管理目标；

2 建立项目环境管理的组织机构并明确职责；

3 根据项目特点，进行环境保护方面的资源配置；

4 制定现场环境保护的控制措施；

5 建立现场环境检查制度，并对环境事故的处理做出相应规定。

7.5.3 现场环境管理应符合国家和地方政府部门的要求。

7.6 成本管理计划

7.6.1 成本管理计划应以项目施工预算和施工进度计划为依据编制。

7.6.2 成本管理计划应包括下列内容：

1 根据项目施工预算，制定项目施工成本目标；

2 根据施工进度计划，对项目施工成本目标进行阶段分解；

3 建立施工成本管理的组织机构并明确职责，制定相应管理制度；

4 采取合理的技术、组织和合同等措施，控制施工成本；

5 确定科学的成本分析方法，制定必要的纠偏措施和风险控制措施。

7.6.3 必须正确处理成本与进度、质量、安全和环境等之间的关系。

7.7 其他管理计划

7.7.1 其他管理计划宜包括绿色施工管理计划、防火保安管理计划、合同管理计划、组织协调管理计划、创优质工程管理计划、质量保修管理计划以及对施工现场人力资源、施工机具、材料设备等生产要素的管理计划等。

7.7.2 其他管理计划可根据项目的特点和复杂程度加以取舍。

7.7.3 各项管理计划的内容应有目标，有组织机构，有资源配置，有管理制度和技术、组织措施等。

条文说明摘要

施工组织设计在投标阶段通常被称为技术标，但它不仅包含技术方面的内容，同时也涵盖了施工管理和造价控制方面的内容，是一个综合性的文件。

对于已经编制了施工组织总设计的项目，单位工程施工组织设计应是施工组织总设计的进一步具体化，能直接指导单位工程的施工管理和技术经济活动。

2.0.4 施工方案在某些时候也被称为分部(分项)工程或专项工程施工组织设计，但考虑到通常情况下施工方案是施工组织设计的进一步细化，是施工组织设计的补充，施工组织设计的某些内容在施工方案中不需赘述，因而本规范将其定义为施工方案。

2.0.5 建筑工程具有产品的单一性，同时作为一种产品，又具有漫长的生产周期。施工组织设计是工程技术人员运用以往的知识和经验，对建筑工程的施工预先设计的一套运作程序和实施方法，但由于人们知识经验的差异以及客观条件的变化，施工组织设计在实际执行中，难免会遇到不适用的部分，这就需要针对新情况进行修改或补充。同时，作为施工指导书，又必须将其意图贯彻到具体操作人员，使操作人员按指导书进行作业，这是一个动态的管理过程。

2.0.6 施工部署是施工组织设计的纲领性内容，施工进度计划、施工准备与资源配置计划、施工方法、施工现场平面布置和主要施工管理计划等施工组织设计的组成内容都应该围绕施工部署的原则编制。

2.0.7 项目管理组织机构是施工单位内部的管理组织机构，是为某一具体施工项目而设立的，其岗位设置应和项目规模匹配，人员组成应具备相应的上岗资格。

2.0.8 施工进度计划要保证拟建工程在规定的期限内完成，保证施工的连续性和均衡性，节约施工费用。编制施工进度计划需依据建筑工程施工的客观规律和施工条件，参考工期定额，综合考虑资金、材料、设备、劳动力等资源的投入。

2.0.9 施工资源是工程施工过程中所必须投入的各类资源，包括劳动力、建筑材料和设备、周转材料、施工机具等。施工资源具有有用性和可选择性等特征。

2.0.10 施工现场就是建筑产品的组装厂，由于建筑工程和施工场地千差万别，因而施工现场平面布置因人、因地而异。合理布置施工现场，对保证工程施工顺利进行具有重要意义，施工现场平面布置应遵循方便、经济、高效、安全、环保、节能的原则。

2.0.11 施工进度计划的实现离不开管理上和技术上的具体措施。另外，在工程施工进度计划执行过程中，由于各方面条件的变化，经常使实际进度脱离原计划，这就需要施工管理者随时掌握工程施工进度，检查和分析进度计划的实施情况，及时进行必要的调整，保证施工进度总目标的完成。

2.0.12 工程质量目标的实现需要具体的管理和技术措施，根据工程质量形成的时间阶段，可分为事前管理、事中管理和事后管理，质量管理的重点应放在事前管理。

2.0.13 建筑工程施工安全管理应贯彻“安全第一、预防为主”的方针。施工现场的大部分伤亡事故是由于没有安全技术措施、缺乏安全技术知识、不做安全技术交底、安全生产责任制不落实、违章指挥、违章作业造成的。因此，必须建立完善的施工现场安全生产保证体系，才能确保职工的安全和健康。

2.0.14 建筑工程施工过程中不可避免地会产生施工垃圾、粉尘、污水以及噪声等环境污染，制定环境管理计划就是要通过可行的管理和技术措施，使环境污染降到最低。

2.0.15 由于建筑产品生产周期长，造成了施工成本控制的难度。成本管理的基本原理就是把计划成本作为施工成本的目标值，在施工过程中定期地进行实际值与目标值的比较，通过比较找出实际支出额与计划成本之间的差距，分析产生偏差的原因，并采取有效的措施加以控制．以保证目标值的实现或减小差距。

3.0.1 建筑施工组织设计还可以按照编制阶段的不同，分为投标阶段施工组织设计和实施阶段施工组织设计。本规范在施工组织设计的编制与管理上，对这两个阶段的施工组织设计没有分别规定，但在实际操作中，编制投标阶段施工组织设计，强调的是符合招标文件要求，以中标为目的；编制实施阶段施工组织设计，强调的是可操作性，同时鼓励企业技术创新。

3.0.2 我国工程建设程序可归纳为以下 4 个阶段：投资决策阶段、勘察设计阶段、项目施工阶段、竣工验收和交付使用阶段。本条规定了编制施工组织设计应遵循的原则。

1 在目前市场经济条件下，企业应当积极利用工程特点，组织开发、创新施工技术和施工工艺；

2 为持续满足过程能力和质量保证的要求，国家鼓励企业进行质量、环境和职业健康安全管理体系的认证制度，且目前该 3 个管理体系的认证在我国建筑行业中已较普及，并且建立了企业内部管理体系文件，编制施工组织设计时，不应违背上述管理体系文件的要求。

3.0.3 本条规定了施工组织设计的编制依据，其中技术经济指标主要指各地方的建筑工程概预算定额和相关规定。虽然建筑行业目前使用了清单计价的方法，但各地方制定的概预算定额在造价控制、材料和劳动力消耗等方面仍起一定的指导作用。

在《建设工程安全生产管理条例》(国务院第 393 号令)中规定：对下列达到一定规模的危险性较大的分部(分项)工程编制专项施工方案，并附具安全验算结果，经施工单位技术负责人、总监理工程师签字后实施。

(1) 基坑支护与降水工程；

(2) 土方开挖工程；

(3) 模板工程；

(4) 起重吊装工程；

(5) 脚手架工程；

(6) 拆除、爆破工程；

(7) 国务院建设行政主管部门或者其他有关部门规定的其他危险性较大的工程。

对前款所列工程中涉及深基坑、地下暗挖工程、高大模板工程的专项施工方案，施工单位还应当组织专家进行论证、审查。

除上述《建设工程安全生产管理条例》中规定的分部(分项)工程外，施工单位还应根据项目特点和地方政府部门有关规定，对具有一定规模的重点、难点分部(分项)工程进行相关论证。

有些分部(分项)工程或专项工程，如主体结构为钢结构的大型建筑工程，其钢结构分部规模很大且在整个工程中占有重要的地位，需另行分包，遇有这种情况的分部(分项)工程或专项工程，其施工方案应按施工组织设计进行编制和审批。

3.0.6 本条规定了施工组织设计动态管理的内容。

1 施工组织设计动态管理的内容之一，就是对施工组织设计的修改或补充；

1)当工程设计图纸发生重大修改时，如地基基础或主体结构的形式发生变化、装修材料或做法发生重大变化、机电设备系统发生大的调整等，需要对施工组织设计进行修改；对工程设计图纸的一般性修改，视变化情况对施工组织设计进行补充；对工程设计图纸的细微修改或更正，施工组织设计则不需调整；

2) 当有关法律、法规、规范和标准开始实施或发生变更，并涉及工程的实施、检查或验收时，施工组织设计需要进行修改或补充；

3) 由于主客观条件的变化，施工方法有重大变更，原来的施工组织设计已不能正确地指导施工，需对施工组织设计进行修改或补充；

4) 当施工资源的配置有重大变更，并且影响到施工方法的变化或对施工进度、质量、安全、环境、造价等造成潜在的重大影响，需对施工组织设计进行修改或补充；

5) 当施工环境发生重大改变，如施工延期造成季节性施工方法变化，施工场地变化造成现场布置和施工方式改变等，致使原来的施工组织设计已不能正确地指导施工，需对施工组织设计进行修改或补充。

2 经过修改或补充的施工组织设计原则上需经原审批级别重新审批。

4.2.1 施工组织总设计应对项目总体施工做出下列宏观部署。

建设项目通常是由若干个相对独立的投产或交付使用的子系统组成；如大型工业项目有主体生产系统、辅助生产系统和附属生产系统之分，住宅小区有居住建筑、服务性建筑和附属性建筑之分；可以根据项目施工总目标的要求，将建设项目划分为分期(分批)投产或交付使用的独立交工系统；在保证工期的前提下，实行分期分批建设，既可使各具体项目迅速建成，尽早投入使用，又可在全局上实现施工的连续性和均衡性，减少暂设工程数量，降低工程成本。

根据上款确定的项目分阶段(期)交付计划，合理地确定每个单位工程的开竣工时间，划分各参与施工单位的工作任务，明确各单位之间分工与协作的关系，确定综合的和专业化的施工组织，保证先后投产或交付使用的系统都能够正常运行。

4.2.3 项目管理组织机构形式应根据施工项目的规模、复杂程度、专业特点、人员素质和地域范围确定，大中型项目宜设置矩阵式项目管理组织，远离企业管理层的大中型项目宜设置事业部式项目管理组织，小型项目宜设置直线职能式项目管理组织。

4.2.4 根据现有的施工技术水平和管理水平，对项目施工中开发和使用的新技术、新工艺应做出规划，并采取可行的技术、管理措施来满足工期和质量等要求。

4.4.2 技术准备包括施工过程所需技术资料的准备、施工方案编制计划、试验检验及设备调试工作计划等；现场准备包括现场生产、生活等临时设施，如临时生产、生活用房，临时道路、材料堆放场，临时用水、用电和供热、供气等的计划；资金准备应根据施工总进度计划编制资金使用计划。

4.4.4 劳动力配置计划应按照各工程项目工程量，并根据总进度计划，参照概(预)算定额或者有关资料确定。目前施工企业在管理体制上已普遍实行管理层和劳务作业层的分离，合理的劳动力配置计划可减少劳务作业人员不必要的进、退场或避免窝工状况，进而节约施工成本。

4.4.5 物资配置计划应根据总体施工部署和施工总进度计划确定主要物资的计划总量及进、退场时间。物资配置计划是组织建筑工程施工所需各种物资进、退场的依据，科学合理的物资配置计划既可保证工程建设的顺利进行，又可降低工程成本。

4.5 主要施工方法

施工组织总设计要制定一些单位(子单位)工程和主要分部(分项)工程所采用的施工方法，这些工程通常是建筑工程中工程量大、施工难度大、工期长，对整个项目的完成起关键作用的建(构)筑物以及影响全局的主要分部(分项)工程。

制定主要工程项目施工方法的目的是为了进行技术和资源的准备工作，同时也是为了施工进程的顺利开展和现场的合理布置。对施工方法的确定要兼顾技术工艺的先进性和可操作性以及经济上的合理性。

5.2 施工部署

5.2.1 当单位工程施工组织设计作为施工组织总设计的补充时，其各项目标的确立应同时满足施工组织总设计中确立的施工目标。

5.2.2 施工部署中的进度安排和空间组织应符合下列规定：

1 施工部署应对本单位工程的主要分部(分项)工程和专项工程的施工做出统筹安排，对施工过程的里程碑节点进行说明；

2 施工流水段划分应根据工程特点及工程量进行合理划分，并应说明划分依据及流水方向，确保流水施工的均衡。

5.2.3 工程的重点和难点对于不同工程和不同企业具有一定的相对性，某些重点、难点工程的施工方法可能已通过有关专家论证成为企业工法或企业施工工艺标准，此时企业可直接引用。重点、难点工程的施工方法选择应着重考虑影响整个单位工程的分部(分项)工程，如工程量大、施工技术复杂或对工程质量起关键作用的分部(分项)工程。

5.5 主要施工方案

应结合工程的具体情况和施工工艺、工法等按照施工顺序进行描述，施工方案的确定要遵循先进性、可行性和经济性兼顾的原则。

5.6 施工现场平面布置

5.6.1 单位工程施工现场平面布置图一般按地基基础、主体结构、装饰装修和机电设备安装等几个阶段分别绘制。

6.3 施工进度计划

6.3.1 施工进度计划的编制应内容全面、安排合理、科学实用，在进度计划中应反映出各施工区段或各工序之间的搭接关系、施工期限和开始、结束时间。同时，施工进度计划应能体现和落实总体进度计划的目标控制要求；通过编制分部(分项)工程或专项工程进度计划进而体现总进度计划的合理性。

6.5 施工方法及工艺要求

6.5.1 施工方法是工程施工期间所采用的技术方案、工艺流程、组织措施、检验手段等。它直接影响施工进度、质量、安全以及工程成本。本条所规定的内容应比施工组织总设计和单位工程施工组织设计的相关内容更细化。

6.5.3 对于工程中推广应用的新技术、新工艺、新材料和新设备，可以采用目前国家和地方推广的，也可以根据工程具体情况由企业创新；对于企业创新的技术和工艺，要制定理论和试验研究实施方案，并组织鉴定评价。

6.5.4 根据施工地点的实际气候特点，提出具有针对性的施工措施。在施工过程中，还应根据气象部门的预报资料，对具体措施进行细化。

7.3 质量管理计划

7.3.1 施工单位应按照《质量管理体系　要求》GB/T 19001 建立本单位的质量管理体系文件。可以独立编制质量计划，也可以在施工组织设计中合并编制质量计划的内容。质量管理应按照 PDCA 循环模式，加强过程控制，通过持续改进提高工程质量。

7.3.2 本条规定了质量管理计划的一般内容。

1 应制定具体的项目质量目标，质量目标应不低于工程合同明示的要求；质量目标应尽可能地量化和层层分解到最基层，建立阶段性目标；

2 应明确质量管理组织机构中各重要岗位的职责，与质量有关的各岗位人员应具备与职责要求匹配的相应知识、能力和经验；

3 应采取各种有效措施，确保项目质量目标的实现；这些措施包含但不局限于：原材料、构配件、机具的要求和检验，主要的施工工艺、质量标准和检验方法，夏期、冬期和雨期施工的技术措施，关键过程、特殊过程、重点工序的质量保证措施，成品、半成品的保护措施，工作场所环境以及劳动力和资金保障措施等；

4 按质量管理八项原则中的过程方法要求，将各项活动和相关资源作为过程进行管理，建立质量过程检查、验收以及质量责任制等相关制定，对质量检查和验收标准作出规定，采取有效的纠正和预防措施，保障各工序和过程的质量。

7.4 安全管理计划

7.4.1 安全管理计划应在施工单位安全管理体系的框架内，针对项目的实际情况编制。

7.4.2 建筑施工安全事故(危害)通常分为 7 大类：高处坠落、机械伤害、物体打击、坍塌倒塌、火灾爆炸、触电、窒息中毒。安全管理计划应针对项目具体情况，建立安全管理组织，制定相应的管理目标、管理制度、管理控制措施和应急预案等。

附录 2

施工组织设计的版式风格与装帧

(一)施工组织设计的版式风格

1. 纸张大小

采用 A4 幅面纸张，规格为：210mm×297mm。

2. 排版规定

1）页眉

横线左上方打印资料名称；横线右上方打印资料第×章名称。采用仿宋字体、小五号字，印刷在横线上方，详见“附录 2 示例”。

2）页脚

横线左下方打印编制单位全称；横线右下方打印页码。例如：a－b，第一个字母 a 表示每章序号，第二个字母 b 表示本章页码。

0－2　　　　（页脚 0－2 表示“目录”第 2 页）

目录｜　｜第 2 页

采用仿宋字体、小五号字，印刷在横线下方，详见“附录 2 示例”。

3）目录的页码编制

目录——采用仿宋字体，小二号，加黑；每一章的名称(简称章名)——采用仿宋字体、四号字，加黑；每一节的名称(简称节名)——采用仿宋字体、小四号字；章节名的页码——采用仿宋字体、小四号字；页码与章节名用细点划线相连接。详见本附录示例“目录”。

4）排版要求

① 排版印刷规格为153.3mm×247mm；② 页边距：左边31.5mm、上下和右边均为25mm；③ 实例：具体要求如图2.1排版规格所示。

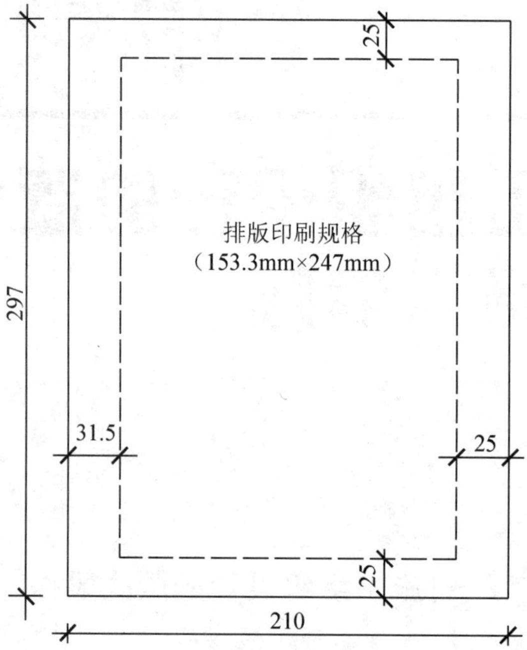

图2.1 排版规格

5）字体、字号和行距

资料正文页的编制按如下规定执行。

(1) 每一章名——采用隶书体、小二号字，加黑；

(2) 每一节名：①字体选用仿宋体；②字号选用四号字，加黑；③行距选用1.5倍行距。

(3) 每页正文内容：①字体选用仿宋体；②字号选用小四号字体；③行距选用1.5倍行距。

详见本附录示例“第四章”。

6）篇、章、节间的安排

施工组织设计资料一般分为篇、章、节和附录，每篇之间和附录与章之间(特殊情况下，每章之间)可用不同的彩页来分开，打上该“篇”或“附录”名称，这样可以给人一种变化和一张一弛的节奏感。

7）章节内的层次

一般来讲，篇、章、节题要居中。文章中的各种小标题应该醒目。常用的标题层次和格式见表2-1。

8）插图

建筑资料编制时，正文编号如遇有插图，按以下规定办理。

表 2-1 建筑资料常用标题层次及格式

第 1 种	第 2 种
第一章××××(居中) 第一节××××(居中) 一、×××××(占一行) (一)××××(占一行) 1、××××(接排或不接排) (1) ××××(接排或不接排) 1) ××××(接排或不接排)	一、××××(居中) (一)××××(占一行) 1、×××××(接排或不接排) (1) ××××(接排或不接排) 1) ××××(接排或不接排) A××××××(接排)
第 3 种	**第 4 种**
第 1 章××××(居中) 1.1×××××(占一行) 1.1.1××××(占一行) 1.1.1.1××××(占一行或接排) (1) ×××××(接排) 1) ×××××(接排)	1、××××(居中) 1.1××××(占一行) 1.1.1××××(占一行) 1××××(占一行或接排) (1) ××××(接排) 1) ×××××(接排)

(1) 插图应放在靠近相关正文的地方。

(2) 插图应有图题和图号，图号和图题写在图下居中，字号可比正文小一号。图号可全篇统一编号，也可按篇、章、节编号。

(3) 字体、字号要求如下。

① 编号：图 A－B

第 A 章　图 B 号

② 图名选用仿宋体，小四号字；

③ 附注或说明：仿宋体，小五号字；

④ 示例如下。

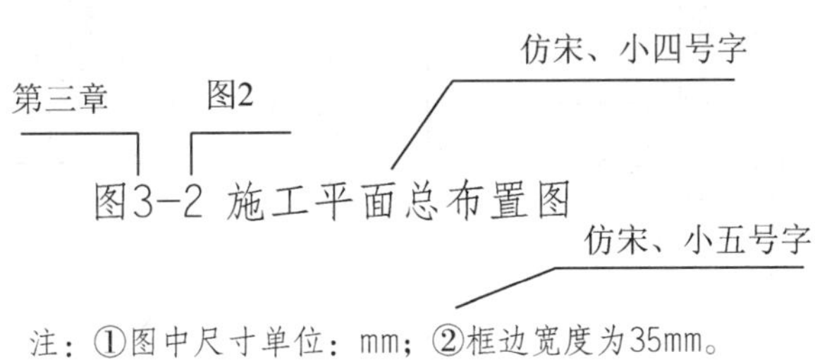

(4) 插图的画法和尺寸符号的标注，应符合制图规定。

(5) 同一份资料的插图风格、题例、名词、术语、字母、符号要前后统一，并且要与正文呼应。

9) 表格

建筑资料编制时，正文编号如插有附表时，按如下规定办理。

(1) 表格应放在靠近相关正文的地方。

(2) 每个表格须有表名和表序号。表名居中填写，表序号写在表右角上。表序号可全篇统一编号，也可按篇、章、节编号。

(3) 表注写在表下。若表注为表中某个特定项目的说明，须采用呼应注。

(4) 表内同一栏或行中的数据为同一单位时，单位应在表头内表示。表内数据对应位要对齐，数据暂缺时，应空出；不填写数据时，应画一短横线。

(5) 表内文字文号可比正文小一号，表内文字末尾不用标点。

(6) 字体、字号要求如下。

① 编号：表 A－B

第 A 章　“表”B 号

② 表格名称选用仿宋体、小四号字；

③ 表内文字选用仿宋体、小四号字。

④ 表格附注或说明：仿宋体、小五号字。

(7) 示例如下。

仿宋、小四号　　第五章　表10

预埋件和预留孔洞的允许偏差　表5-10

序号	项 目	允许偏差(mm)
1	预埋钢板中心线位置	3
2	预埋管、预留孔中心线位置	3

注：本表摘自《混凝土工程施工验收规范》

仿宋、小五号

10) 附页

资料为阅读方便，可以专门设置附页，如需表明“篇”、“附录”时，应采用颜色纸作为分隔页。页面书写要求及字体如图 2.2 所示。

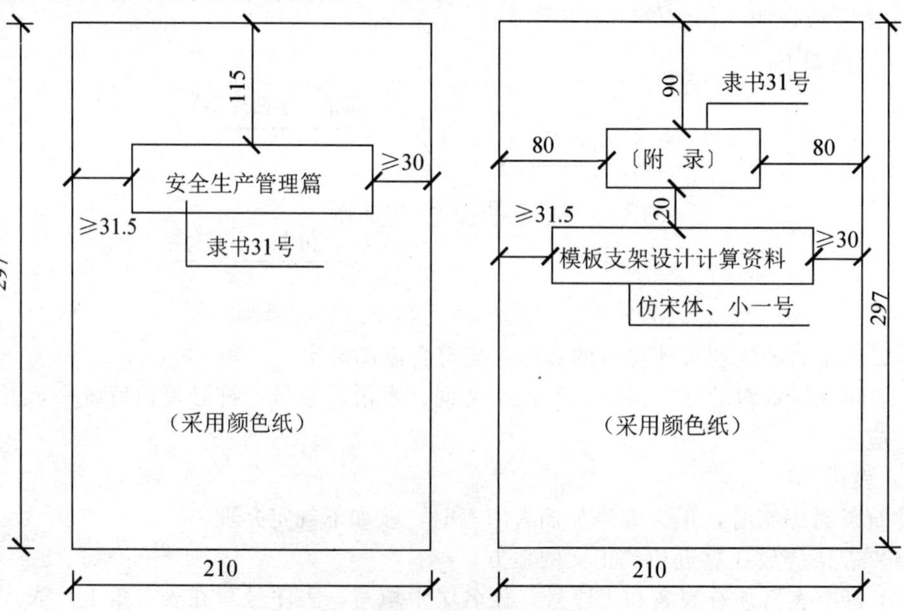

图 2.2　“篇”、“附录”排版图

(二)施工组织设计资料的文稿要求

1. 文字

不要乱用不规范的简化字、自造字、繁体字和别字(如“零件”写为“另件”等)。对于打字时容易出现的错误，要加强检查，防止遗漏。

2. 数字

(1) 统计数字、各种计量(包括分数、倍数、百分数等)及图表编号等各种顺序号，一般均用阿拉伯数字。

(2) 世纪、年代、年、月、日和时刻均用阿拉伯数字并一律用全称。例如：“1999年”不能写作“一九九九年”和“99年”；“1995～1999年”不能写作“1995～99年”；“20世纪90年代”不能写作“二十世纪九十年代”。

3. 外文符号

代表纯数和标量的外文字母，一般写成斜体。用外文缩写表示的一些函数和算符，如三角函数sin、cos等；计量单位符号，如温标℃、K；国标和部标代号、产品型号、零件及产品牌号，如钢筋牌号HRB等；外文人名、书名、地名及机关团体和各种缩写等，一般使用正体字。

全篇采用的符号应前后统一，力求避免两个不同概念采用同一符号或同一概念用不同符号表示。

(三)施工组织设计的装帧

施工组织设计的装帧，体现了一本施工组织设计的整体风格，体现了一个企业的文化传承和审美观，展示着一个企业的素质。因此，对施工组织设计的装帧必须给予重视。一般应考虑以下问题。

1. 封面设计

封面设计应该与企业的CI系统一致，体现自己企业的文化。对于投标施工组织设计有特殊要求必须隐去单位的，也可以在封面颜色、格式及图案等方面给予体现。封面的设计既要吸引人的目光，给人以美感，又不能太花哨，让人觉得华而不实。

2. 印刷

若施工组织设计对图片的要求较高，如装饰施工组织设计或园林施工组织设计，可部分或全部采用彩色印刷。虽然成本会高，但是效果会很好。对于一般施工组织设计，可以把一些特别的图片，如施工总平面图、网络图等采用彩色印刷以增强效果，而其他则采用普通印刷。

3. 装订

对于施工组织设计的装订，有两种途径。第一是采用已经定制好的封面夹，对打印好的施工组织设计打孔或穿线与封面夹结合即可。这种做法简单，成本低，但不是很整齐。另一种方法是直接委托装订厂装订。这样制作出来的施工组织设计装订精美，切边整齐，会给人良好的印象，在投标中将会占有额外的优势。

附录2示例

《高层住宅土建工程施工组织设计编制实例》

隶书、35号（双行排列）

高层住宅土建工程
施工组织设计编制实例

（2011年标准版）

仿宋、三号

隶书、18号

××市××建设有限公司

二〇一一年六月一日

隶书、三号

仿宋、小五号

高层住宅土建工程施工组织设计编制实例 25mm 目录

目　　录
CONTENTS

仿宋、小二号、加黑

31.5mm

25mm

××市××建设有限公司编制 25mm 0-1

仿宋体、小五号

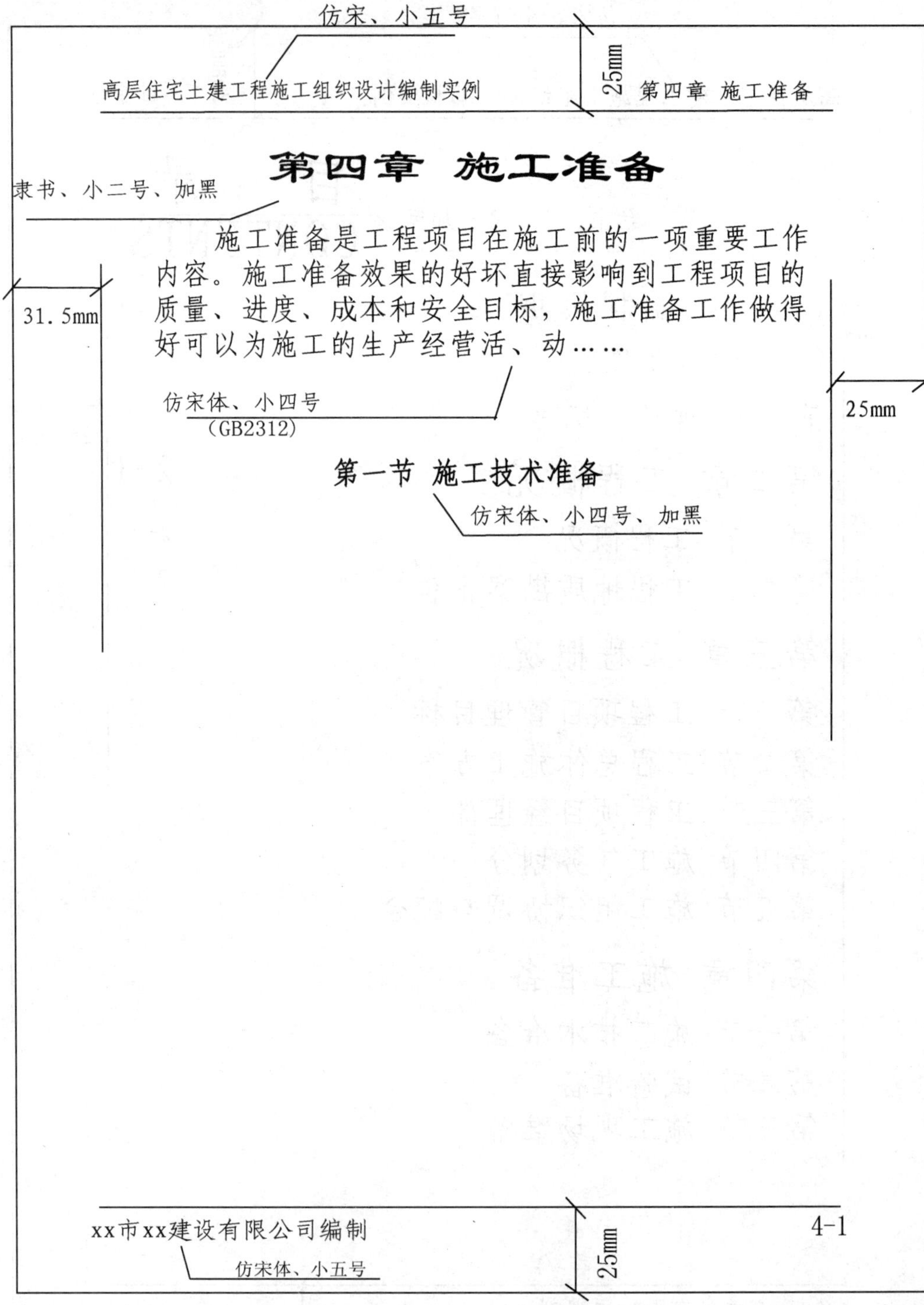
仿宋、小五号
高层住宅土建工程施工组织设计编制实例
25mm
第四章 施工准备
第四章 施工准备
隶书、小二号、加黑
施工准备是工程项目在施工前的一项重要工作内容。施工准备效果的好坏直接影响到工程项目的质量、进度、成本和安全目标，施工准备工作做得好可以为施工的生产经营活、动……
31.5mm
25mm
仿宋体、小四号
（GB2312）
第一节 施工技术准备
仿宋体、小四号、加黑
xx市xx建设有限公司编制
4-1
仿宋体、小五号
25mm

附录 3

施工平面图图例

序号	名　称	图　例
	1. 地形及控制点	
1	三角点	 点名/高程
2	水准点	 点名/高程
3	原有房屋	
4	窑洞：地上、地下	
5	蒙古包	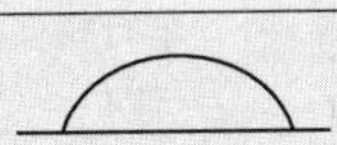
6	坟地、有树坟地	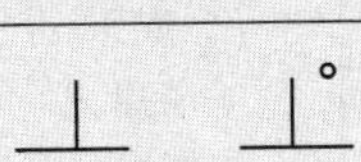
7	石油、盐、天然气井	
8	竖井、矩形、圆形	
9	钻孔	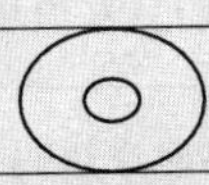 钻
10	浅深井、试坑	
11	等高线：基本的、补助的	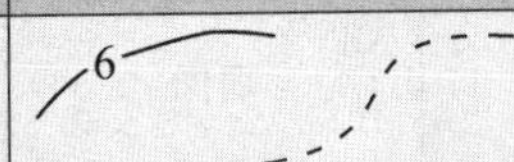
12	土堤、土堆	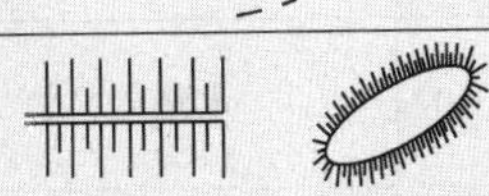
13	坑穴	
14	断崖（2.2 为断崖高度）	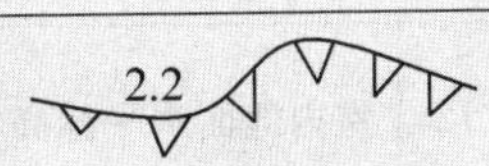
15	滑坡	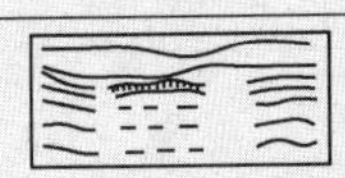
16	树林	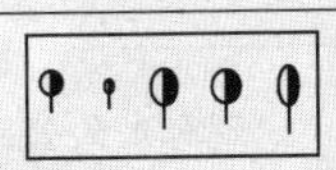
17	竹林	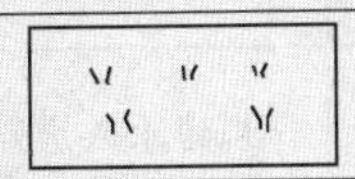
18	耕地：稻田、旱地	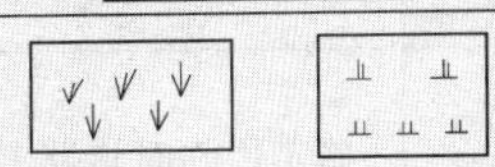
	2. 建筑和构筑物	
1	拟建正式房屋	
2	施工期间利用的拟建正式房屋	

续表

序号	名　　称	图　　例
3	将来拟建正式房屋	
4	临时房屋：密闭式 敞棚式	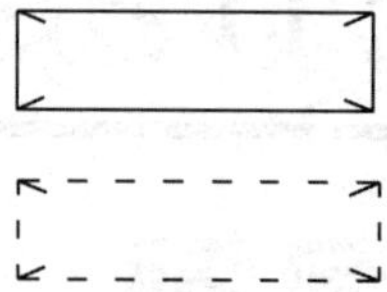
5	拟建的各种 材料围墙	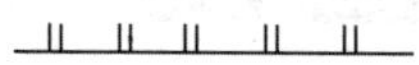
6	临时围墙	
7	建筑工地界线	
8	工地内的分区线	
9	烟囱	
10	水塔	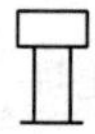
11	房角坐标	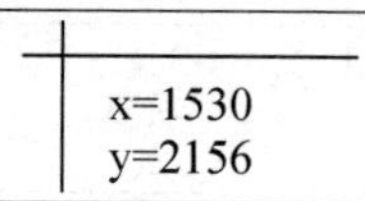
12	室内地面水平标高	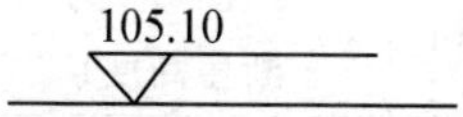
	3. 交通运输	
1	现有永久公路	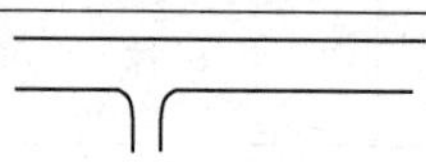
2	拟建永久道路	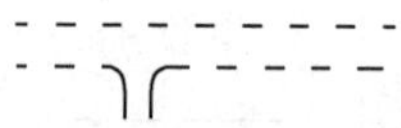
3	施工用临时道路	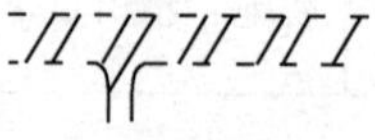
4	现有大车道	
5	现有标准轨铁路	
6	拟建标准轨铁路	
7	施工期间利用的 拟建标准轨铁路	
8	现有的窄轨铁路	
9	施工用临时窄轨铁	
10	转车盘	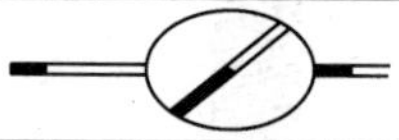
11	道口	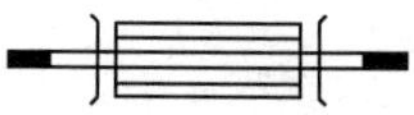
12	涵洞	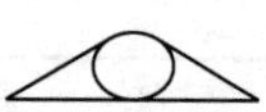
13	桥梁	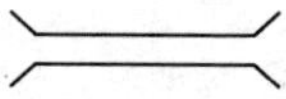
14	铁路车站	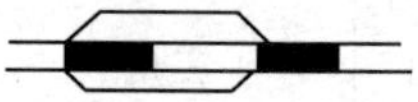
15	索道(走线滑子)	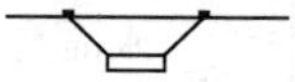
16 17 18 19 20	水系流向 人行桥 车行桥 渡口 码头 顺岸式 趸船式 堤坝式	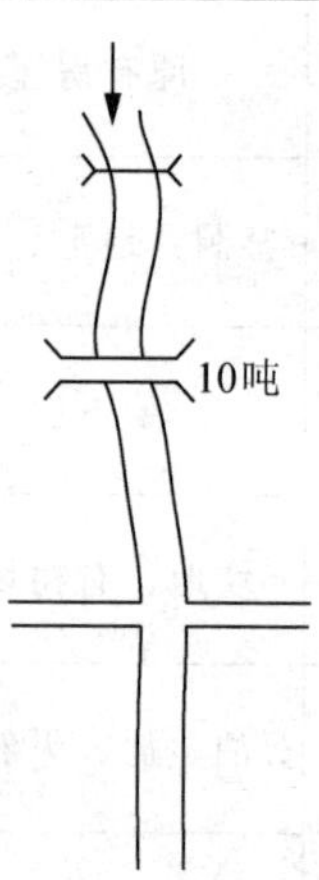
21	船只停泊场	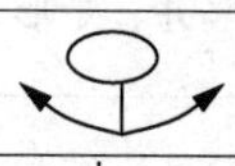
22	临时岸边码头	
23	桩式码头	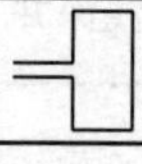

续表

序号	名　称	图　例
24	趸船船头	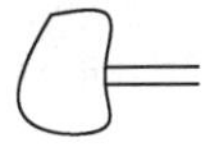
4. 材料和构件堆场		
1	临时露天堆场	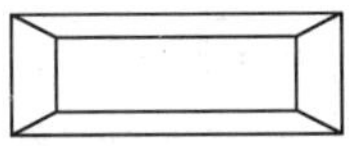
2	施工期间利用的永久堆场	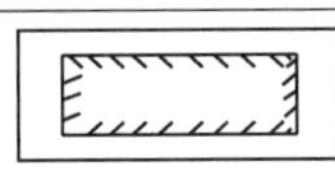
3	土堆	
4	砂堆	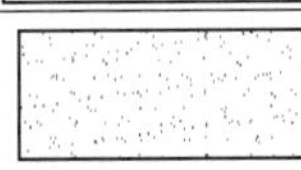
5	砾石、碎石堆	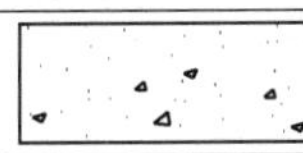
6	块石堆	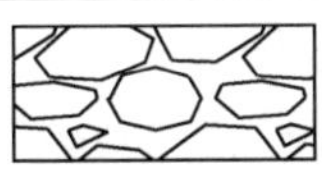
7	砖堆	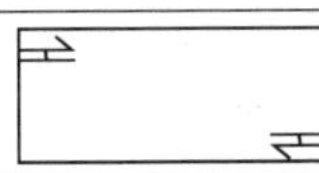
8	钢筋堆场	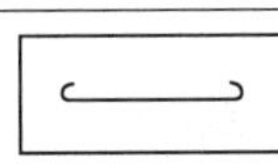
9	型钢堆场	
10	铁管堆场	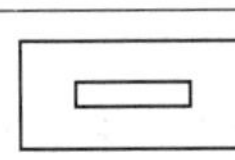
11	钢筋成品场	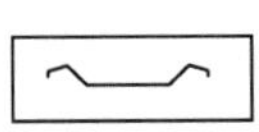
12	钢结构场	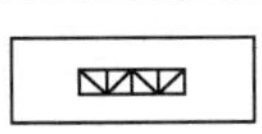
13	屋面板存放场	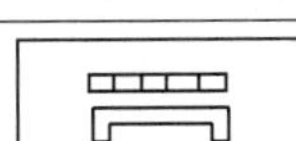
14	砌块存放场	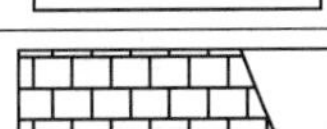
15	墙板存放场	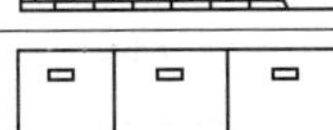
16	一般构件存放场	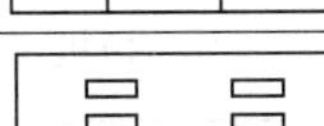
17	原木堆场	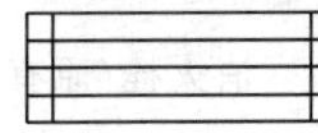
18	锯材堆场	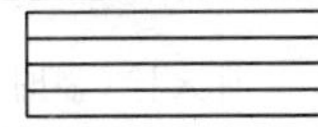
19	细木成品场	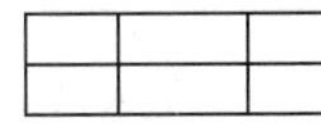
20	粗木成品场	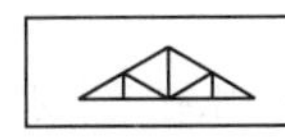
21	矿渣、灰渣堆	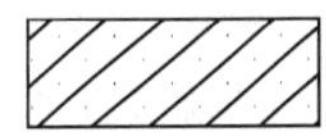
22	废料堆场	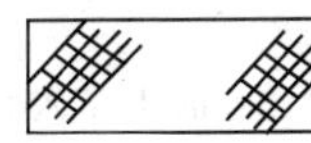
23	脚手、模板堆场	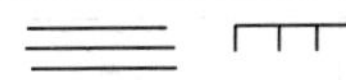
5. 动力设施		
1	临时水塔	
2	临时水池	
3	贮水池	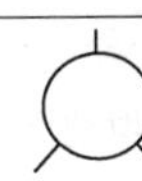
4	永久井	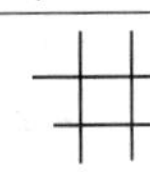
5	临时井	
6	加压井	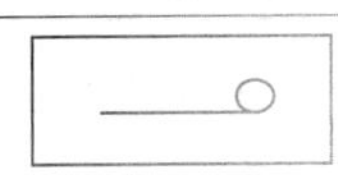
7	原有的上水管线	
8	临时给水管线	
9	给水阀门(水嘴)	
10	支管接管位置	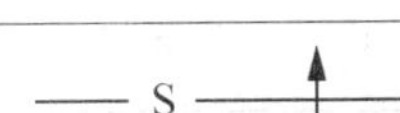

续表

序号	名称	图例	序号	名称	图例
11	消火栓(原有)		29	电杆	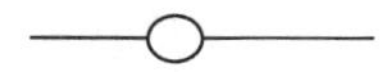
12	消火栓(临时)		30	现有高压 6kV 线路	—WW—WW—
13	消火栓		31	施工期间利用的永久高压 6kV 线路	—LWW—LWW—
14	原有上下水井		32	临时高压 3～5kV 线路	— W. — W. —
15	拟建上下水井	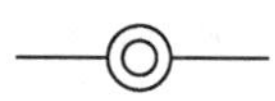	33	现有低压线路	—VV—VV—
16	临时上下水井	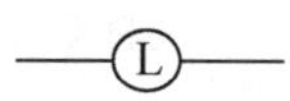	34	施工期间利用的永久低压线路	—LVV—LVV—
17	原有排水管线	—\—\—	35	临时低压线路	— V — V —
18	临时排水管线	—— P ——	36	电话线	—— -o- —— -o- ——
19	临时排水沟		37	现有暖气管道	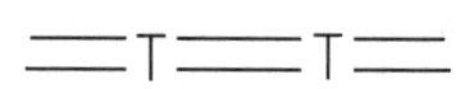
20	原有化粪池		38	临时暖气管道	—— Z ——
21	拟建化粪池		39	空压气站	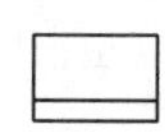
22	水源	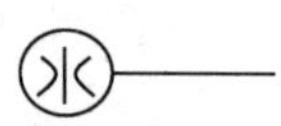	40	临时压缩空气管道	——YS——
23	电源	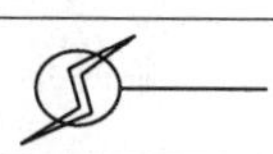	6. 施工机械		
24	总降压变电站	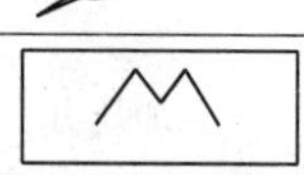	1	塔轨	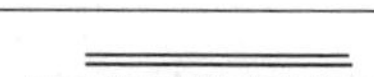
25	发电站	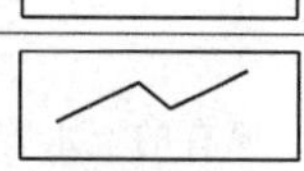	2	塔吊	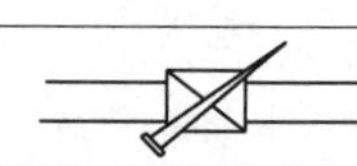
26	变电站	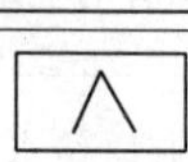	3	井架	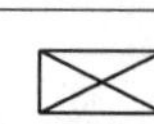
27	变压器	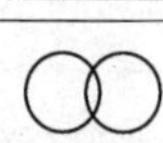	4	门架	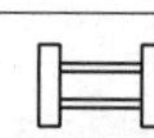
28	投光灯	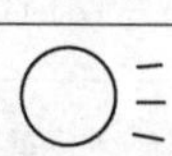	5	卷扬机	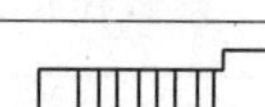

续表

序号	名　　称	图　　例	序号	名　　称	图　　例
6	履带式起重机	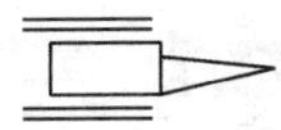	18	灰浆搅拌机	
7	汽车式起重机	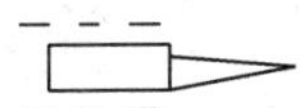	19	洗石机	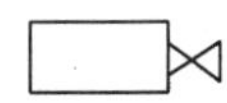
8	缆式起重机		20	打桩机	
9	铁路式起重机	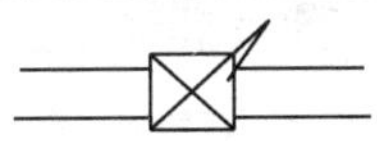	21	水泵	
10	皮带运输机	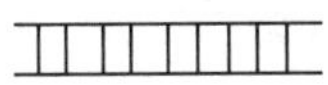	22	圆锯	
11	外用电梯		7. 其他		
12	少先吊	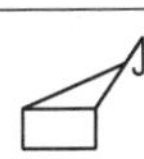	1	脚手架	
13	挖土机：正铲 反铲 抓铲 拉铲	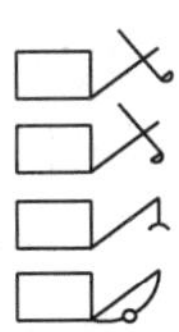	2	壁板插放架	
14	多斗挖土机	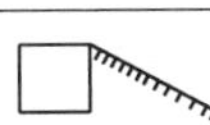	3	淋灰池	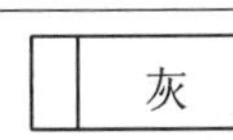
15	推土机	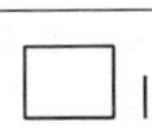	4	沥青锅	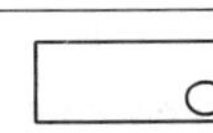
16	铲运机	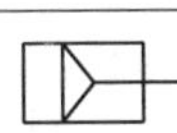	5	避雷针	
17	混凝土搅拌机	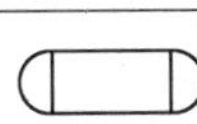			

附录 4

某住宅楼工程施工组织设计实训指导书

一、实训教学的目的

通过对某住宅楼施工组织设计的编制，学生应掌握单位工程施工组织设计的基本原理和编制方法。通过实训，学生应具备能独立进行单位工程施工组织设计的能力。

二、实训指导书

1. 教学方法

采用“能力迁移训练模式”进行实训教学，即教师分章节讲解职工宿舍(JB 型)施工组织设计的编制方法。学生以某住宅楼工程为对象按施工组织设计 8 部分内容，同步进行训练，从而达到能独立进行单位工程施工组织设计的目的。

2. 职工宿舍(JB 型)工程施工组织设计讲授要点

详见课题训练 8.2 职工宿舍(JB 型)工程施工组织设计，应重点讲解施工方案、施工进度计划编制和施工平面图设计等内容。

3. 某住宅楼工程施工组织设计实训指导

1）工程概况的编写

可参考本书项目 8 训练 8.1 的相关表格，结合工程实际情况进行删减，编制成表格。然后根据施工图纸填写表格。用列表方式来说明拟建工程名称、性质、规模、地点特征、建筑面积、建筑及结构特点、施工工期、自然条件和施工条件等。

2）施工部署的编写

(1) 根据施工合同、招标文件以及本单位要求，确定工期目标、质量目标、安全目标及其他管理目标。

(2) 根据本工程的实际情况，确定施工顺序、划分流水施工段。

(3) 根据本工程的实际情况，确定工程管理的组织机构形式及其职责。

(4) 拟定本工程使用的新技术、新工艺。

3) 施工方案的编写

(1) 选择土方工程施工方案包括以下内容。

① 确定土方开挖方案。

② 如选用机械挖土，应选择土方开挖和运输机械类型、型号和数量。

③ 计算土方工程量(包括预留回填土土方量和运出土方量)。

④ 在平面图上标出土方开挖方向，画出土方开口图。

⑤ 本工程地下水位低，因此不必编写降水方案。

(2) 选择基础工程施工方案包括以下内容。

① 选择预应力管桩的施工方法(锤击法还是静压法)。

② 按照选择的施工方法，确定施工机械型号、数量以及施工工艺、质量标准和安全要求。

③ 桩承台、基础梁施工工艺及质量要求。

(3) 选择主体工程施工方案包括以下内容。

① 确定主体结构工程施工顺序和施工方法。其中，应重点阐述模板工程、钢筋工程、混凝土工程的施工顺序和施工方法。

② 选择1根主梁进行模板设计并进行强度和稳定性验算。

③ 填充墙的砌筑应根据不同性质的材料，选择合适的砌筑方法、组砌形式、留槎形式和要求以及与框架柱的拉结措施。

④ 选择装饰工程施工方案。确定装饰工程的施工顺序、施工方法、工艺要求和质量标准。

⑤ 脚手架工程施工方案。外墙脚手架选用扣件式钢管双排落地式脚手架；内墙采用门式脚手架。

在确定以上工程施工方案时，可以采用两种或两种以上可行的施工方案，进行技术经济比较，从中选择技术上可行、经济上合理的最优方案。

4) 编写施工进度计划

(1) 根据施工合同确定甲方给定的工期；根据合同工期、自身的施工实践经验，确定控制性工期，并使控制工期小于合同工期。

(2) 按各流水段的工程量，通过施工定额计算，确定各项施工过程的作业时间。

(3) 在确定的控制工期和开竣工日期条件下，初步编排单位工程施工进度计划(横道图)和标准层主体结构施工进度计划(网络图)。

(4) 对横道图和网络图优化，形成正式的单位工程施工进度计划(横道图)和标准层主体结构施工进度计划(网络图)。

(5) 在横道图上绘制劳动力动态曲线图。

(6) 按拟订的施工进度计划为依据，编制各项资源需要量计划表。(含劳动力需要量计划、主要材料需要量计划、施工机具需要量计划，其中劳动力需要量计划应分工种进行统计汇总。）

5）设计施工平面布置图

(1) 按使用功能划分区域：施工区、办公区和生活区。

(2) 设计围墙、大门，标准如下。

① 围墙选用压型钢板围挡、高度 $h \geqslant 1.8$m；钢管柱、间距 3m；围墙应沿道路周边布置。

② 大门选用钢板大门、宽 6m、双扇密闭门，门头上设企业标志，门上书写企业名称；大门可设 1 处也可设 2 处或 3 处，由设计者自定。但是，从安全角度应尽可能少设大门，同时，可减少门卫人数及设施数量。

③ 设置门卫值班室。门卫、值班室按 6～8m^2/人考虑。

(3) 施工区平面图设计。

① 设计内容：垂直运输设施、混凝土搅拌站、砂浆搅拌站、钢筋加工棚、木工房、仓库、砂石堆放场。

② 垂直运输设施布置

a. 如选用塔吊，位置应尽量靠近墙面，距离不宜超过 6m；塔吊臂长的选择，应覆盖范围大，尽可能减少建筑物“死角”；同时，要能覆盖钢筋加工场和砂浆搅拌站。在选择塔吊臂长和安装位置时，要特别注意与 110kV 高压线保持一定的安全距离；与 10kV 高压线最好能保持安全距离，如有困难时，也可以采取绝缘保护措施。

b. 选用井架时，方位宜与墙面平行并尽量布置在建筑物长边方向；卷扬机棚与井架距离应大于 10m；井架搭设高度以高出屋面 3～5m 为宜。

③ 混凝土搅拌站、砂浆搅拌站

因工程使用商品混凝土，因此，现场混凝土搅拌量较少。据此，可以确定混凝土搅拌站 25m^2；砂浆搅拌站 15m^2；养护室 15m^2。

(4) 临时生产性用房的要求如下。

① 钢筋加工场、木工房等临时生产性用房按《建筑工程施工组织设计》表 8－5、表 8－6计算面积。

② 生产性用房采用敞开式轻钢结构、石棉瓦屋面。

(5) 办公区平面设计的要求如下。

① 设计内容：会议室、办公室、医务室、档案资料室、食堂和厕所。

② 设计标准如下。

根据项目经理部组织机构来进行设计，原则上，项目经理、技术负责人、副经理应设置单间办公室；其他机构以部门为单位来划分办公室，按 3～4m^2/人计算面积；档案资料室、医务室应设置单独房间；会议室应设置单间，且不小于 30m^2，面积视开会人数确定；办公室选用活动板房(二层)；位置宜设在工地出入口附近、远离塔吊的安全范围内选址。办公室附近宜设置“五牌一图”并布置宣传栏，地面应硬地化，同时应适当布置绿化区。

(6) 生活区平面设计要求如下。

① 本工程不设宿舍区，职工及民工中午休息，甲方安排在附近已建的家属宿舍休息。

② 本工程因不设生活区，职工及民工均回家居住，仅中午在工地吃饭，因此，工地应设置食堂。食堂面积按 0.5～0.8m^2/人乘以工地高峰期职工及民工人数计算。采用轻钢结构、压型瓦屋面，跨度按 4～9m 选用。食堂选址宜在下风侧，且距厕所、垃圾站最少 15m。

③ 本工程设男女厕所，标准为：男厕每 50 人设 1 个蹲位，设 1m 长小便槽；女厕每 25 人设 1 个蹲位；厕所内设置简易自动冲便器，以保证清洁。

④ 小卖部可附设在食堂一侧，宜单间布置。

(7) 道路的标准如下。

① 干道 5～6m，支线≥3.5m

② 采用碾压砂土的简易做法，修简易土明沟排水。

(8) 施工用水及污水排放标准如下。

① 水源：选用城市供水，现场已有水源接驳点。

② 用水量：按施工用水、施工机械用水、工地生活用水和工地消防用水，计算总用水量并选择管径。

③ 管线：统一采用干管从水源接驳并安装水表，然后，按枝状管网布置管线；选用钢管暗敷方式。

④ 消防用水及消火栓应按规范要求布置。其中，木工房附近应设置 1 个消火栓。

⑤ 污水应引入污水井，再排入市污水管网。厕所应设置化粪池，处理后再排入污水井。

(9) 施工用电

① 电源：从 10kV 高压线引入，设变压器。

② 用电量计算：根据施工需用设备，查表计算。

③ 变压器及导线截面选择：根据用电量经计算确定。

④ 按枝状布置线路，25m 设置一根木杆。

⑤ 按 TN－S 系统布置导线，设置 3 级配电系统(变电所总配电箱——分配电箱——开关箱)，按每台设备配备 1 台开关箱设置，开关箱内设置闸刀开关和漏电开关。

(10) 施工平面图设计参考资料

① 常用施工机械台班产量。塔吊：120 次/台班(综合)；井架：84 次/台班；混凝土搅拌机：J－250—20m^3/台班；J－350—36m^3/台班；砂浆搅拌机：10m^3/台班。

② 一次提升材料数量。红砖：0.5m^3；砂浆：0.325m^3；混凝土：0.5m^3。

③ 材料数量计算数据为：每 m^3 砌体需要红砖 535 块，砂浆 0.23m^3；每 100m^2 抹灰面积需要砂浆 2.2m^3。

④ 建筑工地道路与构筑物最小距离见表 4－1。

表 4-1 建筑工地道路与构筑物最小距离

构筑物名称	至行车道边最小距离(m)
建筑物墙壁(无汽车入口)外墙表面	1.5
建筑物墙壁(有汽车入口)外墙表面	7.0
围墙	1.5
铁路轨道外侧缘	3.0

6）主要施工管理计划的编写

(1) 编写内容应包括以下几项：进度管理计划、质量管理计划、安全管理计划、环境管理计划、文明施工管理计划。

(2) 编写要求有以下 4 条。

① 进度管理计划包括两部分。

a. 总进度计划逐级分解的阶段性目标(含桩基工程、±0.000 以下基础工程、主体结构封顶日期、外架拆除日期、装饰工程完成日期以及工程竣工验收日期)。

b. 针对不同施工阶段的特点，制定进度管理的相应措施(包括施工组织措施、技术措施和合同措施)。

② 安全管理计划有以下 4 部分。

a. 确定项目重要危险源，制定安全管理目标。

b. 建立安全管理组织机构并明确职责。

c. 针对项目重要危险源，制定安全技术措施。

d. 制定雨季施工安全措施。

③ 环境管理计划包括两方面内容。

a. 制定环境管理目标。

b. 制定现场环境保护的控制措施。

④ 文明施工管理计划包括以下两方面。

a. 制定文明施工管理目标。

b. 制定文明施工管理措施。

7）技术经济指标的计算

单位工程施工组织设计技术经济指标主要包括：施工场地占地面积、施工工期、劳动量、劳动力不均衡系数，采用合理施工方案和先进技术的成本节约指标等。

三、实施性施工组织设计的设计成果

(1) 施工组织设计说明书 1 份(包括封面、会签评语页、设计任务书、目录、正文)。

(2) 单位工程施工进度计划(横道图)。

(3) 标准层主体结构进度计划(网络图)。

(4) 施工现场平面布置图(主体工程施工阶段)。

四、实施性施工组织设计的书写要求

(1) 施工组织设计说明书要求文字表达清楚，章节安排合理，排版规范；文本的具体格式、字体、排版应符合《施工组织设计的版式风格与装帧》的要求打印并装订。

（2）设计说明书要求 3000～5000 字，其中必须有施工方案选择的理由、模板设计分析计算过程，单位工程施工进度表和施工平面图的说明，并附有必要的简图。

（3）图纸必须按国家制图标准绘制，且图面整洁、比例合适、尺寸正确、图框、图标、字体应符合要求，线条粗细分明，并附有必要的图注和说明。图标位于图纸右下角，图标中应有图纸名称、签名。其中施工进度表采用 $2^{\#}$ 或 $2^{\#}$ 加长图纸；施工平面图采用 $2^{\#}$ 图纸，比例 1:300。

（4）装订顺序为：封面、设计任务书、目录、施工组织设计正文部分、附图表；装订时，图纸按标准方式折叠装订后放入课程设计资料中。

五、设计参考资料

（1）《建筑施工组织设计规范》（GB/T 50502—2009）；

（2）《施工现场临时建筑物技术规范》（JGJ/T 188—2009）；

（3）现行《施工及验收规范》；

（4）《建筑施工手册》；

（5）《广东省建筑工程预算定额》；

（6）《全国建筑安装统一劳动定额》；

（7）《建筑施工工程师手册》；

（8）《建筑工程施工组织设计》；

（9）《建筑工程施工组织实训》。

六、课程设计时间分配表

总课时：40 课时。具体分配表见表 4－2。

表 4－2 课时分配表

序 号		工作内容	学 时
1		布置设计任务书，熟悉和审核施工图纸、编写工程概况	2
		学生编写某住宅楼工程概况	(2)
2	A	基础工程施工方案	4
		教师讲述职工宿舍土方及桩基施工方案	(2)
		学生编写某住宅楼土方及桩基施工方案	(2)
	B	主体工程施工方案	6
		教师讲述职工宿舍主体工程施工方案	(2)
		学生编写某住宅楼主体工程施工方案	(4)
	C	屋面工程施工方案及脚手架工程施工方案	4
		教师讲述屋面工程防水施工方法及扣件式脚手架方案	(2)
		学生编写某住宅楼屋面工程施工方案	(2)
	D	装饰工程施工方案	4
		教师讲述职工宿舍装饰工程施工方案	(1)
		学生编写某住宅楼装饰工程施工方案	(3)

续表

序 号	工作内容	学 时
3	施工进度计划的编写	4
	教师讲解施工定额及施工进度计划编写方法	(2)
	学生编写某住宅楼施工进度计划	(2)
4	设计布置施工平面图	6
	教师讲解施工平面图设计要点	(2)
	学生进行某住宅楼施工平面图设计	(4)
5	主要管理计划编写、计算技术经济指标	4
	学生编写主要管理计划及计算技术经济指标	(4)
6	整理施工组织设计文稿、打印、装订并提交	2
7	答辩	4

七、投标施工组织设计实训的组织与实施建议

为了提高学生学习的兴趣，建议采用模拟企业“技术标”竞标方式组织实训，具体办法如下。

(1) 教师代表建设单位发布招标书。招标文件包括招标书及附件，可将实训任务书修改为附件。

(2) 学生以每5～8人为一组分别代表××公司参与投标。

① 按实训内容编制“技术标”；

②“技术标”以学生为主编制，教师指导“技术标”的编制。

(3) 评标答辩过程如下。

① 要求每组参与竞标单位采用PPT简单做汇报(时间不超过10分钟；重点内容为施工方案选择、施工进度安排、施工平面图设计、单位工程施工组织设计技术经济指标)。

② 答辩：由建设方(教师)和评委进行提问。

③ 评委由5名随机抽取的学生组长代表组成。(有条件时，可聘请企业专家和非任课老师)

④ 答辩评分以百分制记分。(评分标准由教师制定)去掉最高分、最低分，取平均分记分。

(4) 实训总结：由教师宣布中标单位并针对实训情况总结经验。

八、施工组织设计实训评分标准

(1) 施工组织设计卷面评分占50%，教师负责评定；设计答辩评分占30%，以学生评分为准；实训期间学习态度及表现占20%；最后，将综合评分百分制，再折算为“5级记分”。

(2) 教师根据学生的实训考勤、实训表现、实训分数作出评语。

附录 5

某职工宿舍 JB 型工程施工图

注：混凝土框架结构设计总说明和钢筋混凝土结构平面整体表示法梁构造通用说明见书后折页。

桩　表　注：管桩类别按桩身混凝土强度等级分为PC桩及PHC桩；桩型按抗裂弯矩及极限弯矩的大小分为A型 B型及AB型。

单桩规格及设计要求										桩顶配筋			锤击法				静压法	
桩号	管桩类别	桩型	桩外径 D(mm)	壁厚 (mm)	单桩竖向承载力特征值(KN)	单桩竖向抗拔力特征值(KN)	有效桩长 H(m)	桩顶设计标高(m)	桩靴类型	插筋 ①	桩顶水平筋 ②	箍筋 ③	柴油锤型号	桩锤重量 (t)	冲程(mm)	最后贯入度 (mm/10)击	终压力值 (KN)	复压次数 (次)
JA型	PHC	A	400	95	900				B	4Φ16	4Φ12	Φ8@200					2700	5
JB型	PHC	A	400	95	1000				B	4Φ16	4Φ12	Φ8@200					3000	5

预应力混凝土管桩设计说明

一、一般说明

☑ 1. 本说明为通用说明，条文中凡有"✓"符号者为本工程所用。

☑ 2. 全部尺寸除说明外，均以毫米（mm）为单位，标高和桩长(H)以米（m）为单位。

☑ 3. 本工程±0.000为室内地面标高，相当于黄海高程标高30.85m。

二、管桩类型

☑ 1. 本工程采用的管桩桩径详见桩表。

□ 2. 根据工程地质勘察资料，本工程采用的管桩为摩擦型桩，施工时必须满足图纸中要求的设计桩长（有效长度）。桩侧土层为□____土层□砂层□全风化岩层□强风化岩层。桩周土总摩阻力特征值qsa=____KN。

☑ 3. 根据工程地质勘察资料，本工程采用的管桩为端承型桩，桩端持力层为□____土层□砂层□全风化岩层☑强风化岩层。桩端持力层端阻力特征值qpa=3500 KPa（标贯击数50击），持力层入岩(土)层不小于1米。

□ 4. 桩表中桩编号为____的桩为抗拔桩，施工时必须满足设计要求的有效桩长。抗拔桩施工完成后，应进行成桩质量检测。检测数量根据具体情况由设计确定。按相关现行规范及当地建设主管部门颁发的相关文件执行。

三、施工方式及终桩控制标准

□ 1. 本工程管桩采用柴油锤施打方式施工，有关柴油锤型号、桩锤重量及冲程等要求详见桩表。

☑ 2. 本工程管桩采用静压力压桩方式施工，终压力值为单桩竖向承载力特征值的 3 倍。详见桩表及其附注。

□ 3. 本工程采用的管桩为摩擦型桩，停打（压）以桩长满足设计要求为控制标准。

☑ 4. 本工程采用的管桩为端承型桩，停打以桩端到达或进入持力层（对照地质资料）。最后贯入度（见桩表）和最后m沉桩锤击数为主要控制收锤标准。

□ 5. 任一单桩的总锤击数：PHC桩、Pc桩、及PTc桩分别不宜超过2500、2000、1500，最后1m的锤击数分别不宜超过300、250、200。

☑ 6. 本工程采用的管桩为端承型桩，终压控制标准为终压力值达到设计要求，并按本图桩表要求进行复压，复压时每次稳压时间不超过10s。

四、施工要求

□ 1. 试桩：工程桩施工前应根据地质情况选取 根桩作试打（压）桩，以取得正式施打（压）所需要的有关控制数据，尤其是需要送桩时的贯入度控制值。

□ 2. 跳打：凡桩距等于或小于2.5D及承台下桩数多于9根的，均应采取跳打方式施工。

☑ 3. 接桩：下节桩施打后露出地面约0.5m~1.0m(机械接头为1.0~1.5m)时即可接桩。任一单桩的接头数量不超过4个，应避免桩尖接近硬持力层或桩尖处于硬持力层时接桩。每根桩须对照地质钻探资料预计总长，选用合理的桩节组合，尽可能减少接桩次数。

□ 1)接桩采用机械齿合接头法：桩端端头板和接头连接槽及连接销，按现行企业产品标准选用，机械接桩的接头端板、桩套箍，材质为碳素结构钢Q235；连接销、钢销板材料经热处理及镀锌处理，材质为优质碳素钢45；接头盒的材料经镀锌处理，材质为优质碳素钢08；弹簧的材料经热处理及镀锌处理，材质为优质弹簧钢65Mn或82B。

各种钢材执行标准：

GB/T699-1999、GB/T700-1988和GB/T9799-1997。

□ 2)管桩为抗拔桩时，宜优先采用机械啮合接头连接。

☑ 3)接桩采用焊接接桩法：管桩的接长可采用桩端头板沿圆周坡口槽焊接，下节桩桩头须设导向箍上下节桩段偏差不宜大于2mm。焊接前应先确认管桩接头是否合格，上下端板应清理干净坡口处应刷至露出金属光泽，油污铁锈清除干净。焊接前先在坡口圆周对称点焊4~6点，待上

接头的焊缝宜为三层每层焊缝的接头应错开，焊缝厚度6mm（抗拔桩焊缝厚度8mm）焊缝须饱满，不得出现夹渣或气孔等缺陷，焊条选用压弧焊 焊枝。施焊完毕须自然冷却8分钟后方可后方可继续施打（压）。严禁用水冷却或焊好后立即沉桩。

☑ 4. 送桩或复打(压)：本工程采用的管桩允许送桩，送桩须使用专用的送桩器，送桩深度不超过2m当需要送桩或复打时，应先检查桩内是否充满水，若充满水，应抽去部分水后才能施打(压)。

☑ 5. 截桩头：最后一节桩之桩顶须高出设计桩顶标高 倍桩径长度以供截桩，截桩须用专用截桩机，严禁采用大锤横向敲击截桩或强行扳拉截桩被截的桩头则须用手工凿去其中的混凝土，留下的预应力钢筋锚入承台，桩顶与承台之连接详见P15页桩顶构造大样。

☑ 6. 每一根桩应一次性连续打（压）到底，接桩、送桩应连续进行，尽量较少中间停歇时间。

☑ 7. 引孔：当设计要求或施工需要用引孔法打（压）桩时，应在打（压）桩施工前于该桩位处预先钻孔，钻孔孔径不大于D-50mm，采用螺旋钻机成孔，孔深不得超过桩端所处深度。

☑ 8. 桩端底部填灌混凝土：桩端持力层为易受地下水浸湿软化土层或非饱和状态的强风化岩层时，在第一节桩施灌灌微膨胀砼，砼强度等级为C25，灌注高度不小度等级为C25，灌注高度不小于2m。（详图大样②）

☑ 9. 基坑开挖：基坑开挖需在全部工程桩完成并相隔若干天后进行，严禁边打桩边开挖基坑，挖土需分层均匀进行，挖土过程中桩周土体高差不宜大于 ，严禁集中一处开挖。饱和粘性土、粉土地区的基坑，开挖宜在打桩全部完成15天后进行。

☑ 10. 桩顶内填芯混凝土浇灌前，应先将管内壁浮浆清除干净；可根据设计要求，采用内壁涂刷水泥净浆、混凝土界面剂或采用微膨胀混凝土等措施，以提高填芯混凝土与管桩桩身混凝土的整体性。

五、施工允许误差及质量检查

□ 1. 斜桩倾斜度的偏差不得大于倾斜角正切值的15%。

☑ 2. 桩位允许偏差值：柱下桩数≤3根：允许偏差100mm；柱下桩数4~16根：允许偏差为1/2桩径或边长；桩数多于16根：最外边的桩，允许偏差1/3桩径或边长，中间桩，允许偏差1/2桩径或边长。

☑ 3. 截桩后的桩顶标高允许偏差为±10mm。

☑ 4. 施工单位必须对每根桩做好一切施工记录，记录内容包括：桩的节数、每节长度、总锤击数、最后一米锤击数、最后三阵每阵（10锤）时的贯入度；或静压终压值、复压次数、每次时间等，并将有关资料整理成册，提交有关部门检查及验收。

□ 5. 本工程的单桩竖向承载力检测采用静载试验法，检测的桩数为__根。具体桩位由设计单位、施工单位、监理单位及质检部门等根据现场具体情况共同商议确定。

□ 6. 本工程的单桩竖向承载力检测采用高应变动测法，检测的桩数为__根。

☑ 7. 静载试验具体操作按国家相关部门标准和现行规范执行；高应变动测法应符合行业标准的有关规定。

六、注意事项

☑ 1. 预应力管桩的桩身质量应符合国家标准《混凝土质量控制标准》GB50164-1992、《先张法预应力混凝土管桩》、《先张法预应力混凝土薄壁管桩》的规定，并应按上述标准进行检验。施工质量应按《建筑基桩检测技术规范》JGJ106-2003及《建筑地基基础工程施工质量验收规范》GB50202-2002执行。

□ 2. 处于地质不利地段的桩及抗拔桩不应采用A型桩。

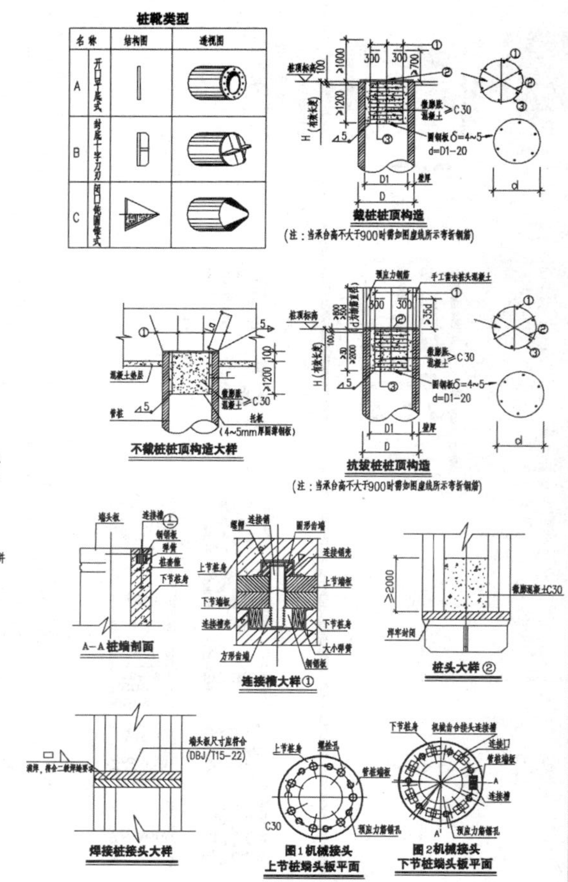

	专业负责人	建设单位		业务号	
设计	项目负责人	工程名称	职工宿舍JB型	设计阶段	结施图
制图	审核	图纸名称	预应力混凝土管桩大样及表	图号	G-03
校对	审定			比例	1:100
				出图日期	
				第 张	共 张

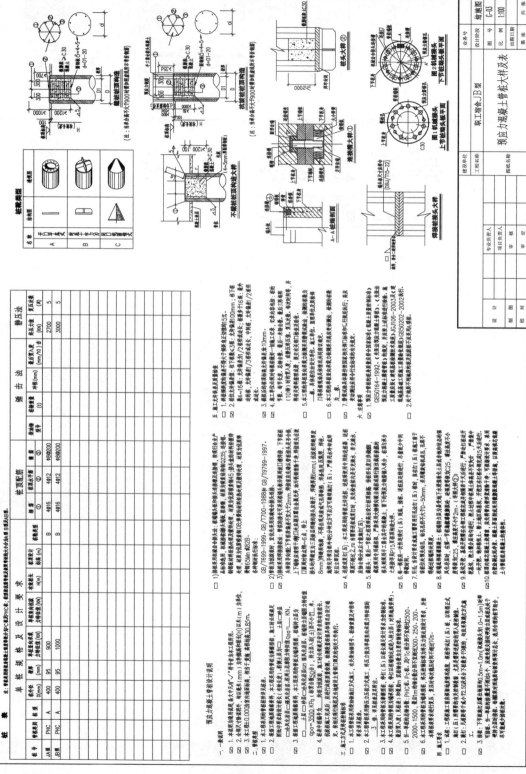

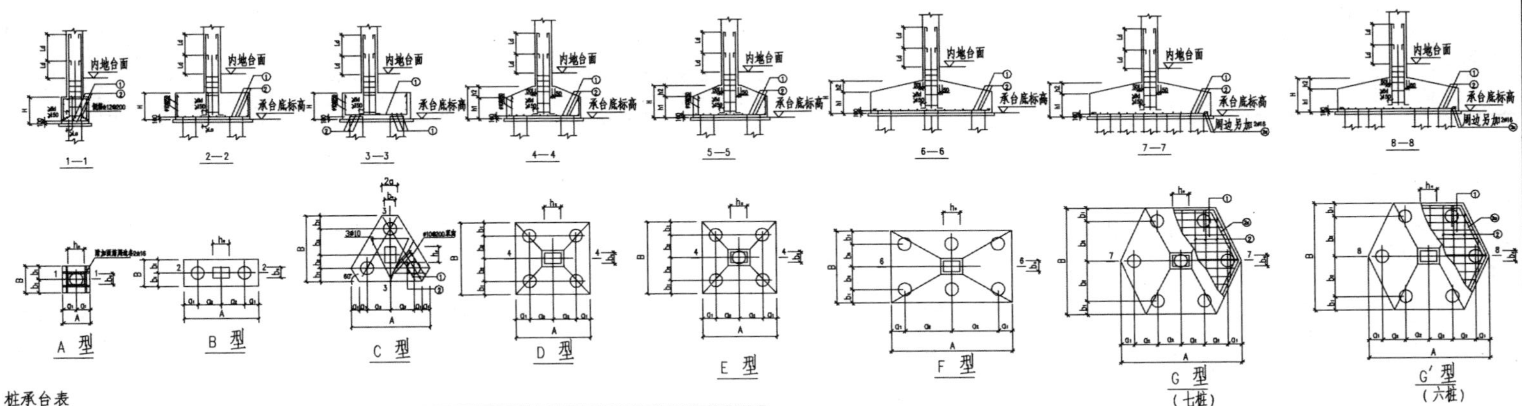

桩承台表

基础编号	类型	柱编号	桩径 (mm)	承台面标高 (m)	承台尺寸(mm) A	a1	a2	a3	B	b1	b2	b3	b4	b5	H	h1	h2	承台底筋 ①	②	⑩	承台面筋 ③	④	侧筋 ⑤	备注
ZJ1-400	A		400	详平面图	1000	500			1000	500					900			Φ12@200	Φ12@200					
ZJ2-400	B		400	详平面图	2200	500	600		1000	500					1300			7Φ18	Φ10@200					
ZJ3-400	C		400	详平面图	2355	289	600		2039	500	346	693			1200			7Φ18	7Φ18					

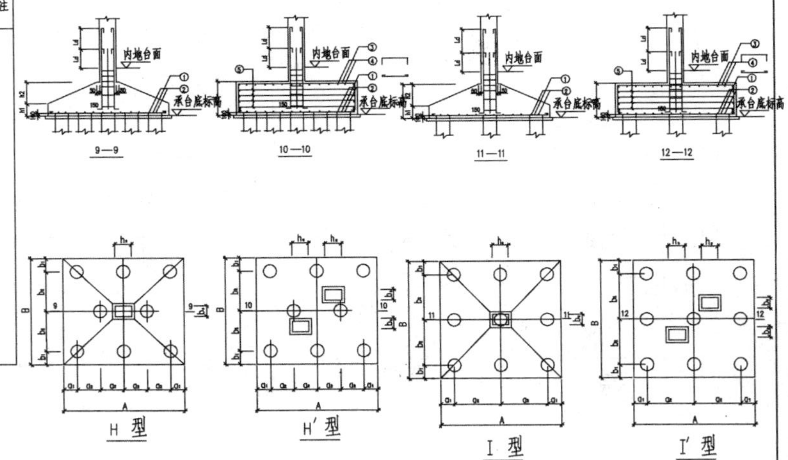

说明：

1. 本图尺寸以毫米为单位，标高以米为单位。
2. 本图表适用于混凝土灌注桩及预应力混凝土管桩二类桩型的低桩承台。
3. 桩承台混凝土强度等级C30，垫层混凝土C10，垫层厚100mm，周边各伸出100mm。
4. Φ(HPB235)，fy=210N/mm²；Φ(HRB335)，fy=300N/mm² 钢筋的混凝土保护层厚度：承台为40mm，柱为30mm。
5. 桩顶嵌入承台内100mm，桩内钢筋锚入承台的长度另详见预应力管桩施工说明。
6. 柱箍筋在桩台内可上中下三道设置。
7. 除本图注明外，柱截面类型、尺寸、柱插筋同底层柱，详见柱施工图大样。柱插筋锚入承台的长度应≥La（本工程La=42d），端脚直钩长≥8d且≥150。
8. 当承台面低于基础梁底时，其间采用素混凝土填充（如右图）。
9. 除注明外，承台中心与柱中心重合。
10. 本表仅适用于单桩承载力特征值为：Ra(400)=900KN/1000KN的预应力管桩基础。

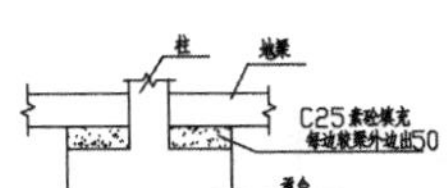

				建设单位		业务号	
				工程名称	职工宿舍JB型	设计阶段	施工图
设计		专业负责人		图纸名称	桩基承台大样	图号	G-04
		项目负责人				比例	1:100
制图		审核				出图日期	
校对		审定				第 张	共 张

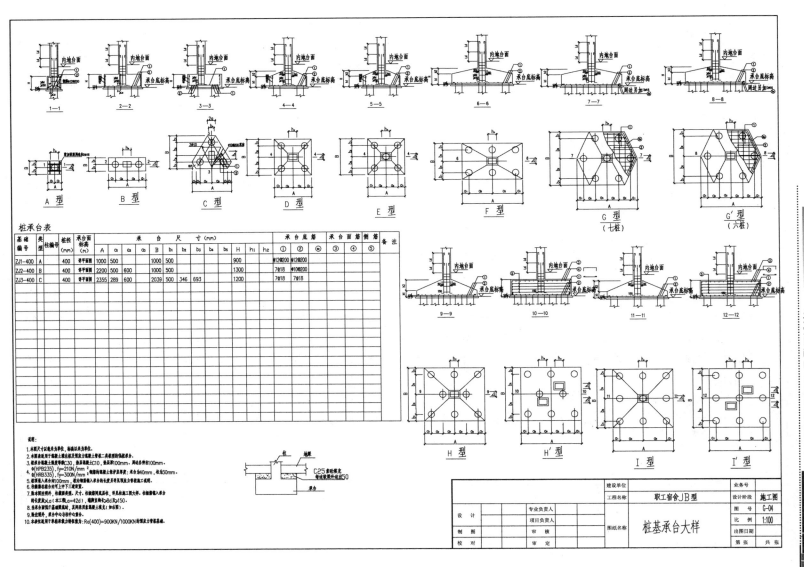

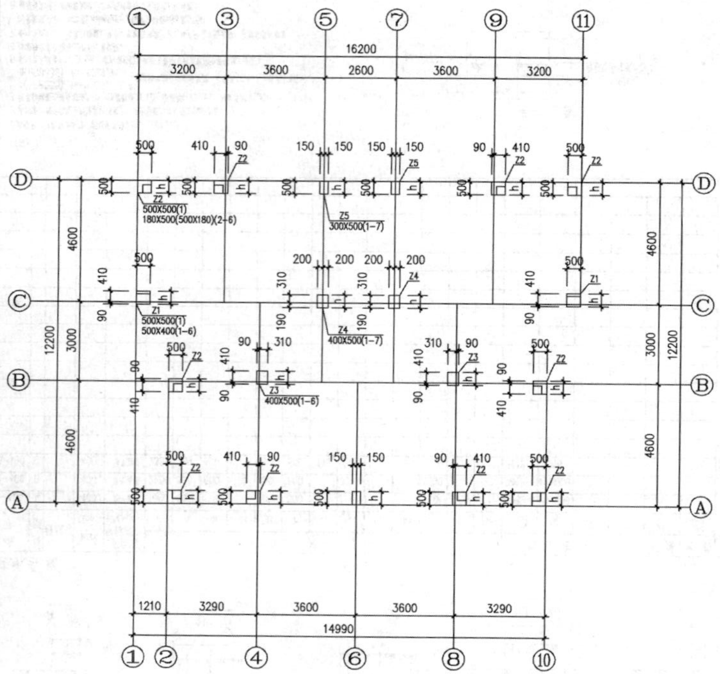

柱定位图 1:100

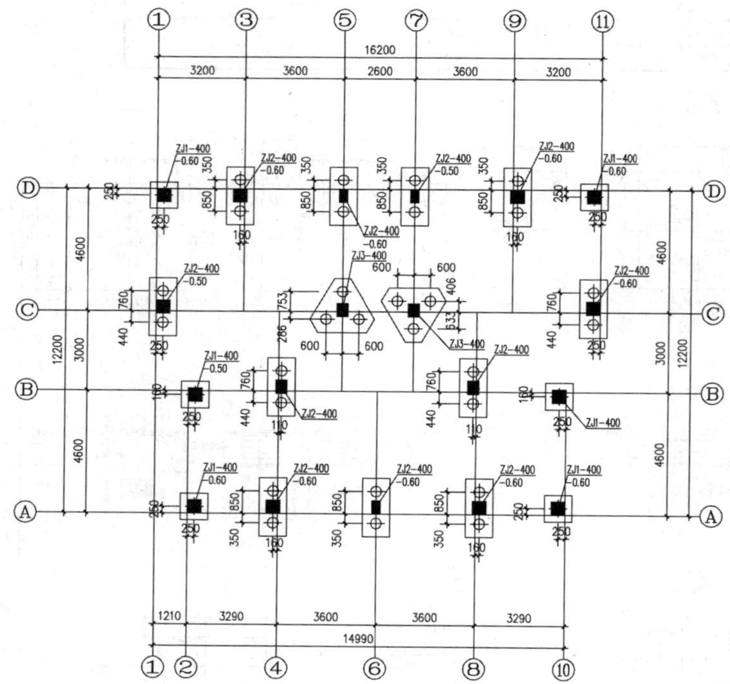

基础平面图 1:100

说明:

1. 本工程采用静压高强砼预应力管桩PHC-400A。
2. 桩台面标高除注明外，均为为平基础梁面。
3. 桩长8.5~24m，桩尖入强风化岩层1m。
4. 单桩承载力设计值 R(400)=1000kN。施工压力为3000kN。
5. 桩基础设计等级为丙级。
6. 桩基础施工应符合广东省标准DBJ/T15-22-98《预应力混凝土管桩基础技术规程》的相关要求。
7. 承台中心与柱中心重合。

			建设单位		业务号	
			工程名称	职工宿舍JB型	设计阶段	结施图
设计		专业负责人	图纸名称	柱定位图 基础平面图	图号	G-05
		项目负责人			比例	1:100
制图		审核			出图日期	
校对		审定			第张	共张

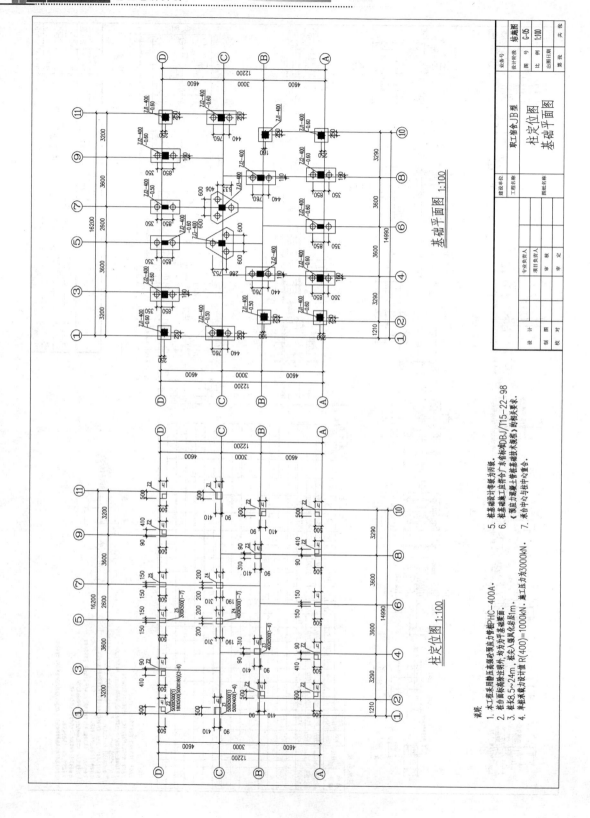

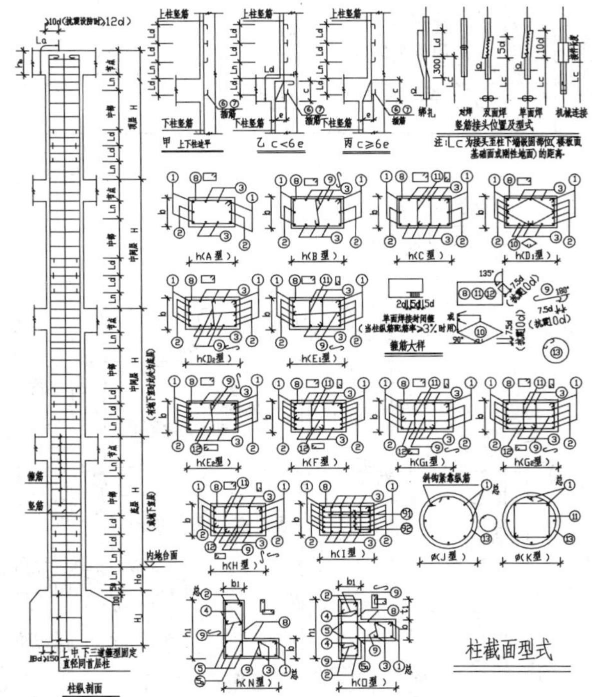

柱截面型式

说明:

1. 表中竖筋数量为柱截面单侧(翼)配量,另一侧(翼)为对称配量,当竖筋编号旁注有"总"字者为总配量.
2. 表中注有(二)字样的竖筋表示配置在第二排,与一排钢筋之净距为50.
3. 表中钢筋(φ)HPB235 (Φ)HRB400,钢筋强度设计值fy详结构总说明.
4. 柱竖筋当直径d不大于28时采用焊接接头;d大于等于28时采用挤压套筒连接.
5. 上下柱竖筋或上柱竖筋与下柱预插筋的接头应在两个水平面上按甲、乙、丙大样施工,当每侧竖筋少于四根时,该侧接头可在一个水平截面上.在竖筋搭接接头Ld范围内其箍筋间距为100,当为抗震设防时,竖筋接头位置应在柱端箍筋加密区Ln范围以外,且应满足Ln>750的要求,并宜Ln>h.
6. A到型截面中,插筋⑥号与①②号对应,⑦号与③号对应;J至N型截面中,⑥号筋与①号对应,⑦号筋与②号对应.当首层所填写的插筋,是当首层柱顶伸入上层的预留插筋,插入柱顶锚固长度La____.
7. 图中⑨号拉结筋的安放应紧靠竖筋并勾住封闭箍筋.
8. 柱与砌体的连接面沿高度每隔500预埋2φ6钢筋,埋入柱内200,其外伸长度:抗震设防时为1000或等于墙垛长,非抗震设防时为500,预埋筋两端均弯成直钩.
9. 当梁柱混凝土强度等级相差大于5MPa时,梁柱节点区的混凝土须按柱的强度等级施工.
10. 顶层柱竖筋上端锚入节点长度La不小于__d且不小于(h-30),当为抗震设防时还应有不少于10d的水平段(如纵剖面图所示),当为边柱时,两侧竖筋均弯入有梁的一侧.
11. 当本说明第4.10条未填写Ld、La值时,则详结构总说明.
12. I型截面中⑨1为平行b边的肢数,⑨2为平行h边的肢数,每两肢箍筋组成一封闭箍⑪或⑫,当肢数为奇数时,中间一肢为⌐筋,⑨1⑨2箍筋直径及间距相应同⑧号筋.
13. 本图尺寸均以毫米为单位,标高以米为单位.
14. 楼层混凝土强度等级另详结构总说明.

柱编号	层号	高度或Hj/Ho	混凝土强度等级	截面型式	截面尺寸 bxh或直径	截面尺寸 b1xh1	t1	t2	竖筋 ①	竖筋 ②	竖筋 ③	竖筋 ④	竖筋 ⑤a+⑤b	插筋 ⑥	插筋 ⑦	中部 ⑧⑨	箍筋 端部 ⑩⑪	Ln ⑫⑬	节点内 号箍筋	⑨1 b边短肢	⑨2 h边长肢	备注
Z5 □	7	3700	C30	E1	300X500				2Φ18	1Φ16	2Φ16					Φ8@100	Φ8@100	全长	Φ8@100			
	2-6	3000	C30	E1	300X500				2Φ18	1Φ16	2Φ16					Φ8@100	Φ8@100	全长	Φ8@100			
	1	3000	C30	E1	300X500				2Φ18	1Φ16	2Φ16					Φ8@100	Φ8@100	全长	Φ8@100			
	Ho		C30	E1	300X500				2Φ18	1Φ16	2Φ16					Φ8@100	Φ8@100		Φ8@100			
	Hj		C30						2Φ18	1Φ16	2Φ16					上	中下	各	1Φ8			
Z4 □	7	3700	C30	E1	400X500				2Φ16	1Φ16	2Φ16					Φ8@100	Φ8@100	全长	Φ8@100			
	2-6	3000	C30	E1	400X500				2Φ16	1Φ16	2Φ16					Φ8@200	Φ8@100	700	Φ8@100			
	1	3000	C30	E1	400X500				2Φ16	1Φ16	2Φ16					Φ8@200	Φ8@100	700/1000	Φ8@100			
	Ho		C30	E1	400X500				2Φ16	1Φ16	2Φ16					Φ8@100	Φ8@100		Φ8@100			
	Hj		C30						2Φ16	1Φ16	2Φ16					上	中下	各	1Φ8			
Z3 □	2-6	3000	C30	E1	400X500				2Φ16	1Φ16	2Φ16					Φ8@200	Φ8@100	700	Φ8@100			
	1	3000	C30	E1	400X500				2Φ16	1Φ16	2Φ16					Φ8@200	Φ8@100	700/1000	Φ8@100			
	Ho		C30	E1	400X500				2Φ16	1Φ16	2Φ16					Φ8@100	Φ8@100		Φ8@100			
	Hj		C30						2Φ16	1Φ16	2Φ16					上	中下	各	1Φ8			
Z2	3-6	3000	C30	N	180X500	500X180			2Φ16	2Φ16	2Φ12	2Φ12	4Φ16			Φ8@150	Φ8@100	700	Φ8@100			
	2	3000	C30	N	180X500	500X180			2Φ16	2Φ16	2Φ12	2Φ12	4Φ16			Φ8@150	Φ8@100	700	Φ8@100			
	1	3000	C30	F	500X500				2Φ16	2Φ16	2Φ16			2Φ16	2Φ16	Φ8@150	Φ8@100	700/1000	Φ8@100			
	Ho		C30	F	500X500				2Φ16	2Φ16	2Φ16					Φ8@100	Φ8@100		Φ8@100			
	Hj		C30						2Φ16	2Φ16	2Φ16					上	中下	各	1Φ8			
Z1 □	2-6	3000	C30	F	500X400				2Φ16	2Φ16	2Φ16					Φ8@200	Φ8@100	700	Φ8@100			
	1	3000	C30	F	500X500				2Φ16	2Φ16	2Φ16					Φ8@200	Φ8@100	700/1000	Φ8@100			
	Ho		C30	F	500X500				2Φ16	2Φ16	2Φ16					Φ8@100	Φ8@100		Φ8@100			
	Hj		C30						2Φ16	2Φ16	2Φ16					上	中下	各	1Φ8			

设计		专业负责人		建设单位		业务号	
		项目负责人		工程名称	职工宿舍JB型	设计阶段	施工图
制图		审核		图纸名称	柱表	图号	G-06
校对		审定				比例	1:100
						出图日期	
						第 张	共 张

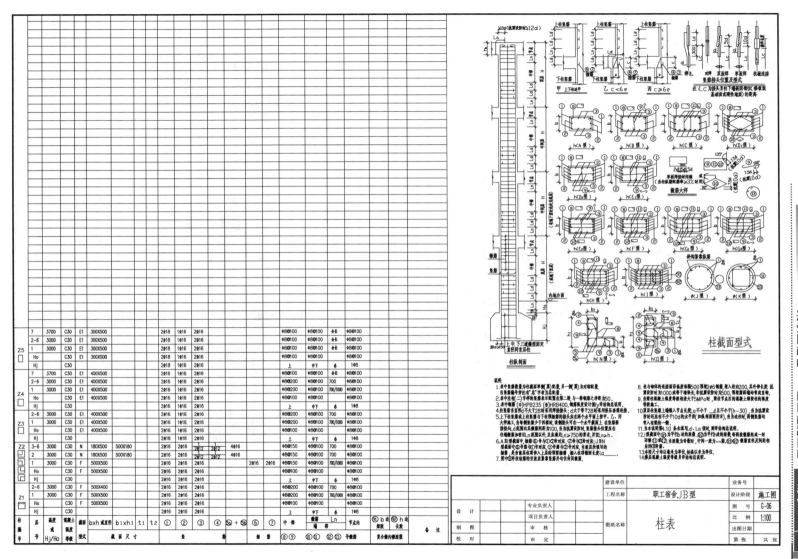

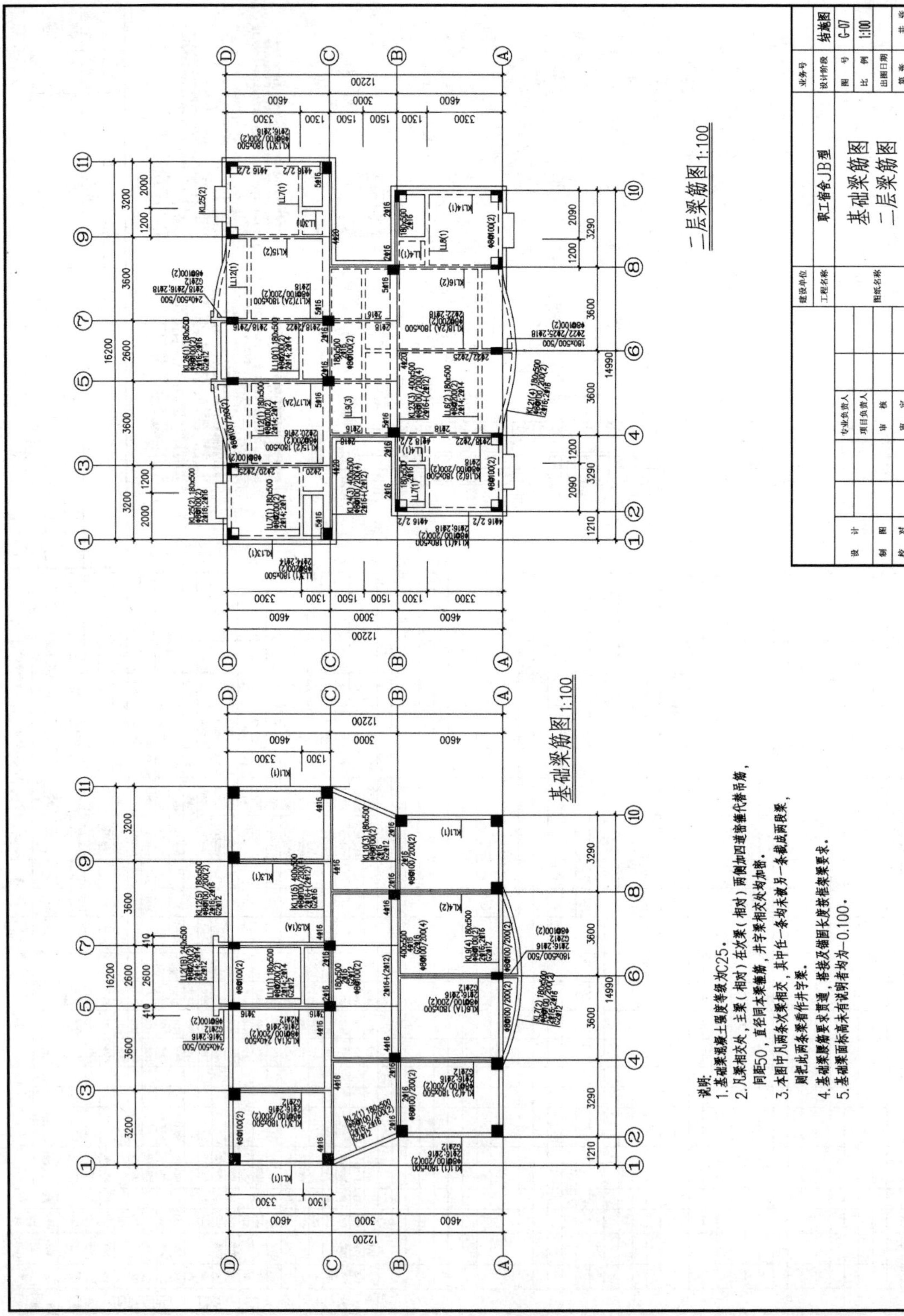
二层梁筋图 1:100
基础梁筋图 1:100
说明：
1.基础梁混凝土强度等级为C25。
2.凡梁相交处，主梁（相对）在次梁（相对）两侧加四道密箍代替吊筋，间距50，直径同本梁箍筋，井字梁相交处均加密。
3.本图中凡两条次梁相交，其中任一条均未被另一条截成两段梁，则把此两条梁看作井字梁。
4.基础梁腰筋要求贯通，搭接及锚固长度按框架梁要求。
5.基础梁面标高未有说明者均为-0.100。
建设单位
工程名称
职工宿舍JB型
业务号
设计阶段
结施图
图号
G-07
比例
1:100
出图日期
第 张
共 张
图纸名称
基础梁筋图
二层梁筋图
设计
制图
校对
专业负责人
项目负责人
审核
审定
A
B
C
D
1
2
3
4
5
6
7
8
9
10
11

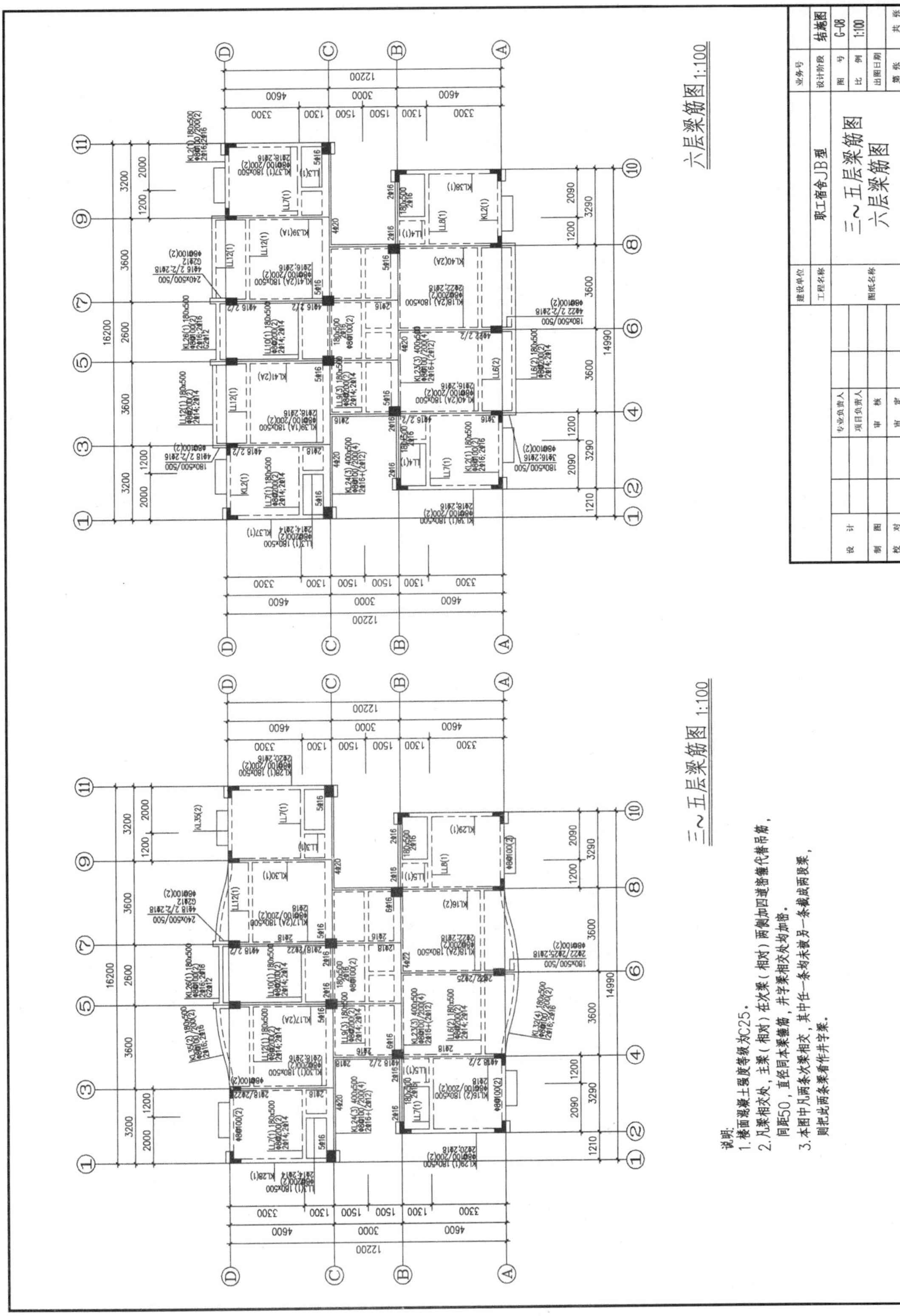
六层梁筋图 1:100
二~五层梁筋图 1:100
说明:
1.楼面混凝土强度等级为C25。
2.凡梁相交处，主梁（相对）在次梁（相对）两侧加四道密箍代替吊筋，
间距50，直径同本梁箍筋，井字梁相交处均加密。
3.本图中凡两条次梁相交，其中任一条均未被另一条截成两段梁，
则把此两条梁看作井字梁。
建设单位
业务号
工程名称
职工宿舍JB型
设计阶段
结施图
图号
G-08
比例
1:100
出图日期
图纸名称
二~五层梁筋图
六层梁筋图
第 张
共 张
设计
专业负责人
制图
项目负责人
审核
校对
审定

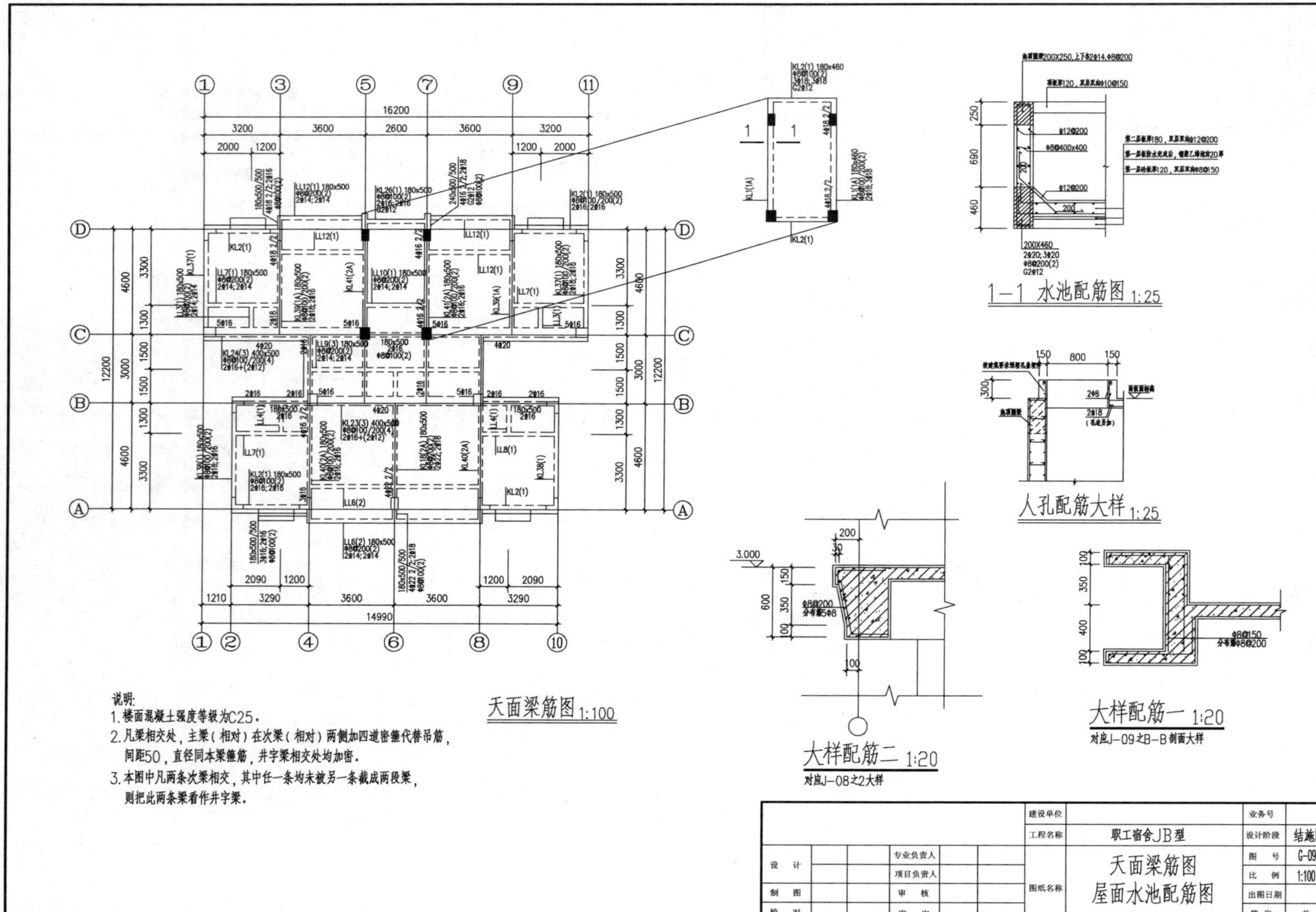
天面梁筋图 1:100
说明:
1.楼面混凝土强度等级为C25。
2.凡梁相交处，主梁（相对）在次梁（相对）两侧加四道密箍代替吊筋，间距50，直径同本梁箍筋，井字梁相交处均加密。
3.本图中凡两条次梁相交，其中任一条均未被另一条截成两段梁，则把此两条梁看作井字梁。
1—1 水池配筋图 1:25
人孔配筋大样 1:25
大样配筋一 1:20
对应J-09之B-B剖面大样
大样配筋二 1:20
对应J-08之2大样
建设单位
工程名称
职工宿舍JB型
业务号
设计阶段
结施图
图号
G-09
比例
1:100
出图日期
第 张
共 张
图纸名称
天面梁筋图
屋面水池配筋图
设计
制图
校对
专业负责人
项目负责人
审核
审定

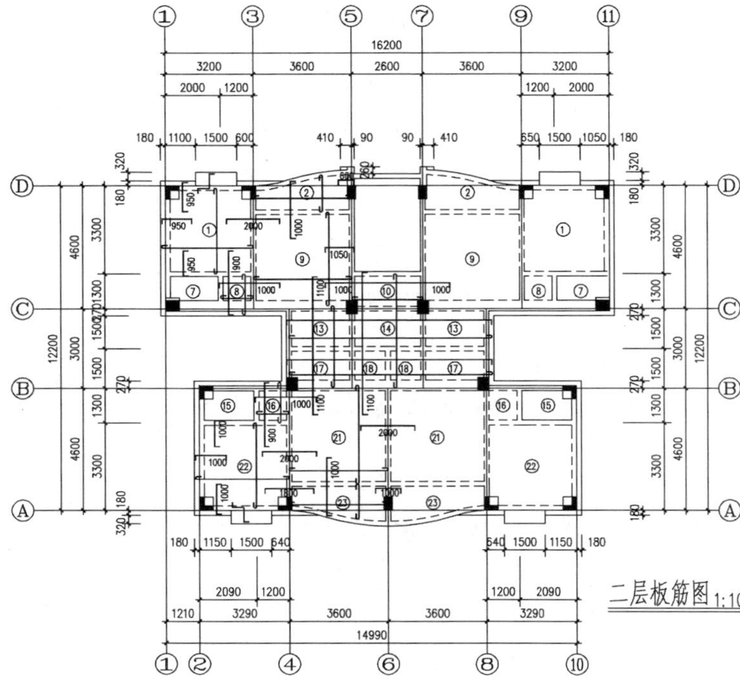

二层板筋图 1:100

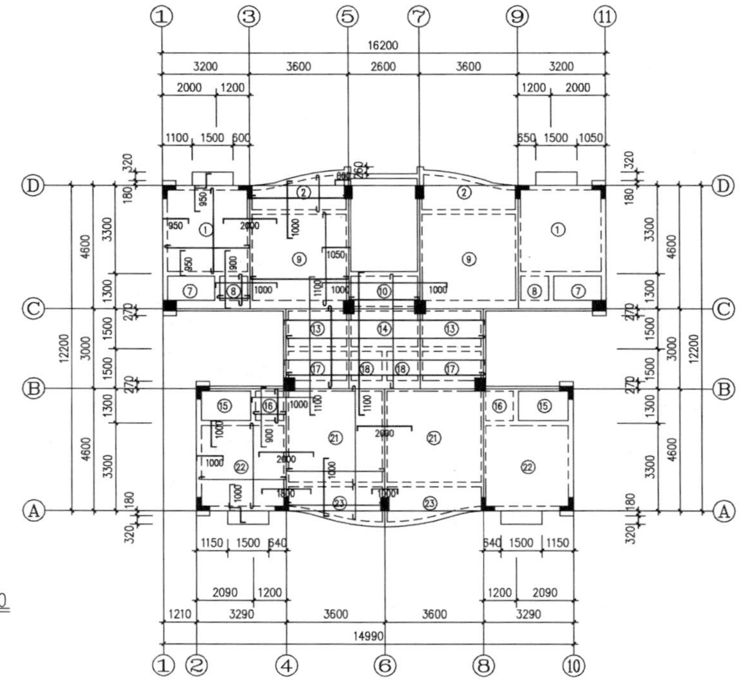

三～五层板筋图 1:100

说明:
1. 楼面混凝土强度等级为C25。
2. 图中未注明者板厚为100mm，板筋未标注者为Φ8@180。
3. 底筋相同的相邻跨板施工时其底筋可以连通。
4. 板面标高相差不超过30mm时其间面筋连通设置
   但施工时需做成
5. 图中未注明者板面和梁顶标高为Hm, Hm=H－装修层厚度；
   二～五层楼板面建筑标高H分别为: 3.000、6.000、9.000、12.000m；
   阳台、厕所板面建筑标高为: H－0.030；
   图中卫生间部位沉板400，板厚100，双层双向Φ8@180，
   回填轻质材料，密度不大于800kg/m³。

		建设单位		业务号	
		工程名称	职工宿舍JB型	设计阶段	结施图
设计	专业负责人	图纸名称	二层板筋图 三～五层板筋图	图号	G-10
	项目负责人			比例	1:100
制图	审核			出图日期	
校对	审定			第 张	共 张

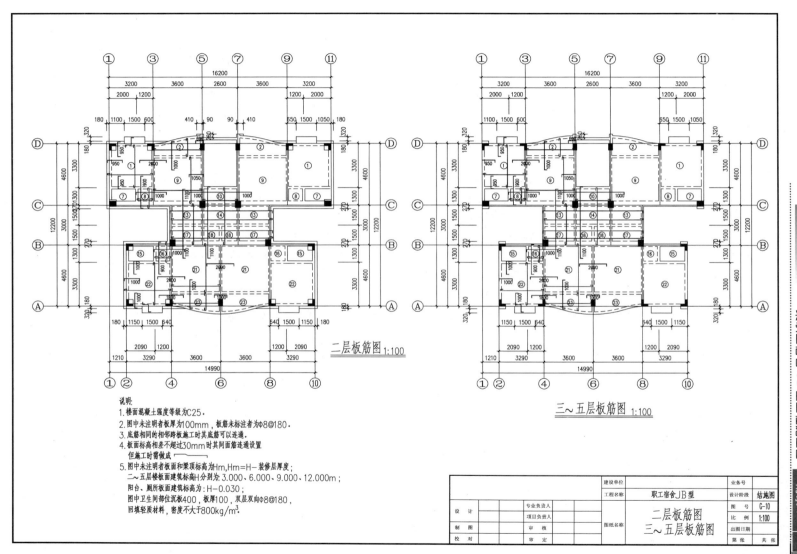

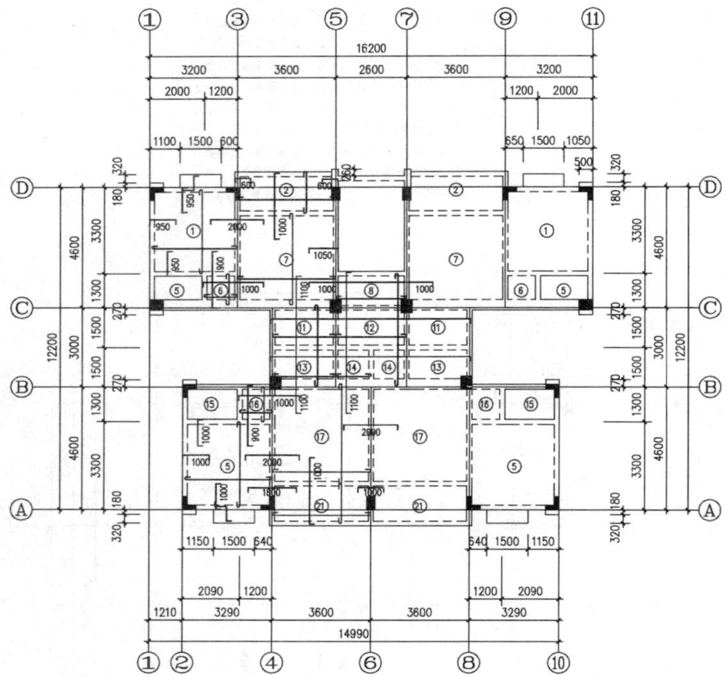

六层板筋图 1:100

说明:
1. 楼面混凝土强度等级为C25。
2. 图中未注明者板厚为100mm，板筋未标注者为Φ8@180。
3. 底筋相同的相邻跨板施工时其底筋可以连通。
4. 板面标高相差不超过30mm时其间面筋连通设置，但施工时需做成 ⌐‾‾‾‾
5. 图中未注明者板面和梁顶标高为Hm，Hm=H－装修层厚度；
六层楼板面建筑标高H为:15.000m；
阳台、厕所板面建筑标高为：H－0.030；
图中卫生间部位沉板400，板厚100，双层双向Φ8@180，
回填轻质材料，密度不大于800kg/m³。

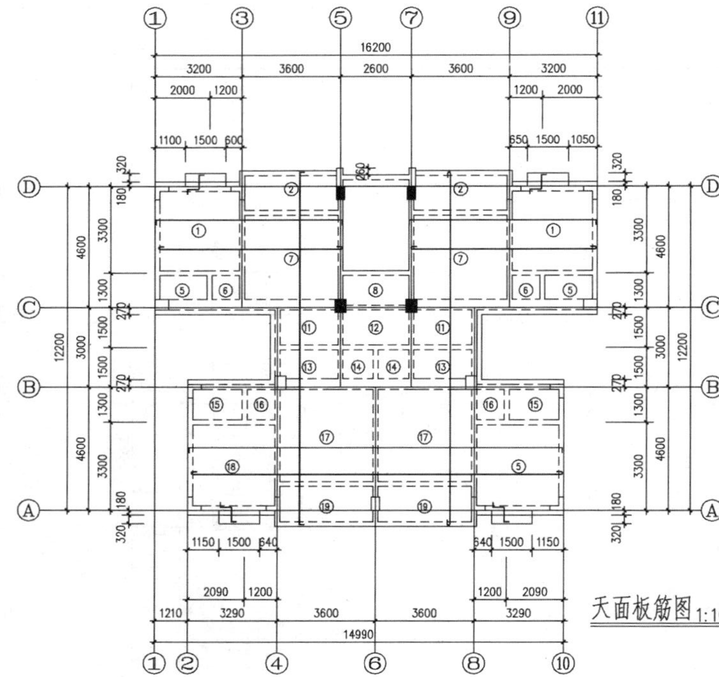

天面板筋图 1:100

说明:
1. 楼面混凝土强度等级为C25。
2. 图中未注明者板厚为100mm，板筋双层双向Φ8@180。
3. 天面层楼板面建筑标高H为:18.000m。
4. 天面层结构找坡，坡度及坡向详建施图。

			建设单位		业务号	
			工程名称	职工宿舍JB型	设计阶段	结施图
设计		专业负责人	图纸名称	六层板筋图 天面板筋图	图号	G-11
		项目负责人			比例	1:100
制图		审核			出图日期	
校对		审定			第 张	共 张

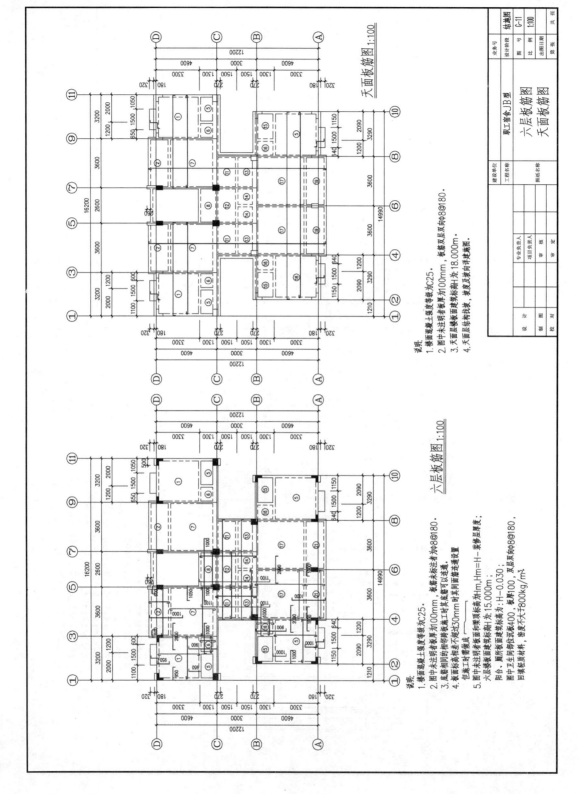

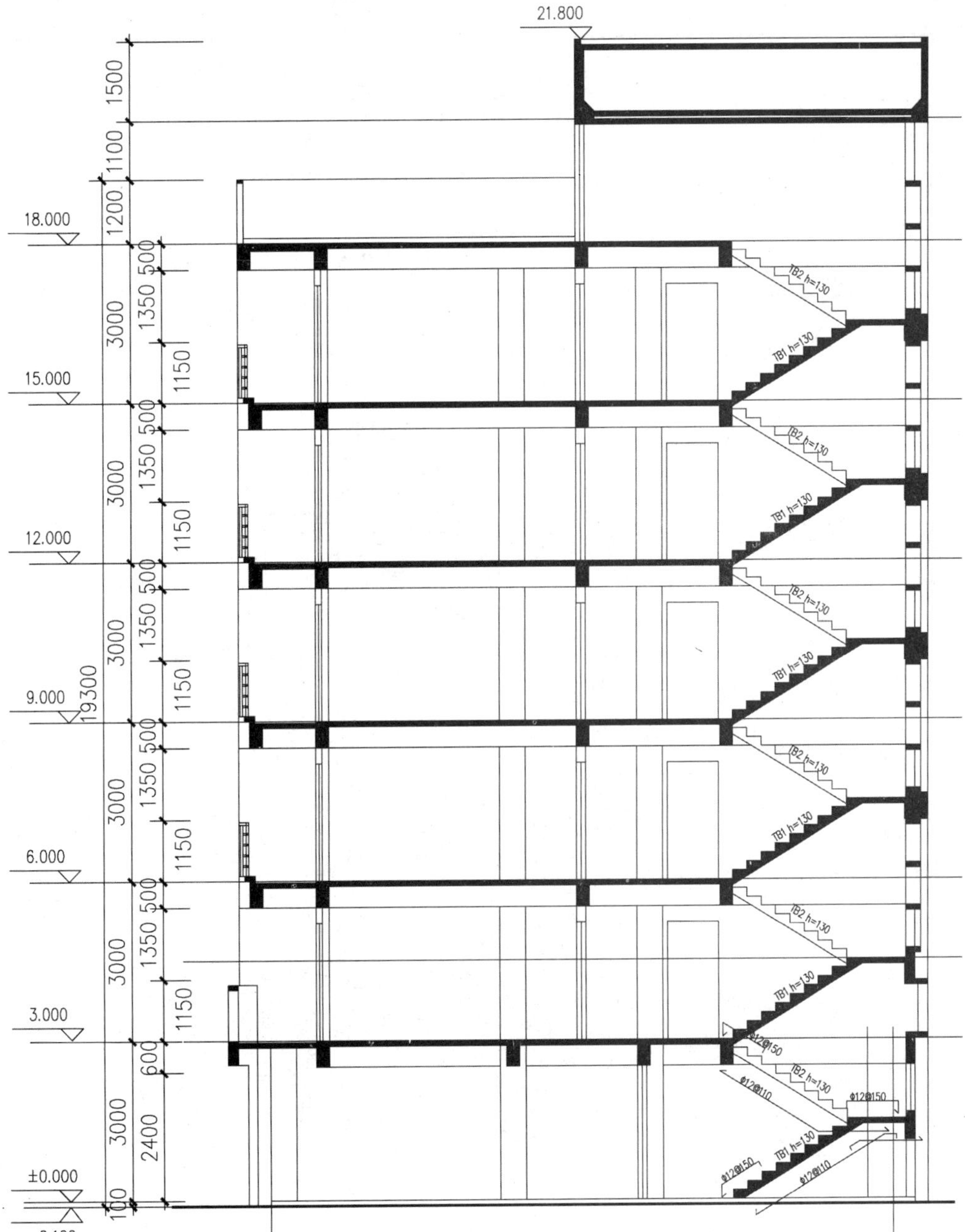

楼梯配筋图 1:100

			建设单位		业务号	
			工程名称	职工宿舍JB型	设计阶段	结施图
设　计		专业负责人		图纸名称	楼梯配筋图	图　号	G-12
		项目负责人				比　例	1:100
制　图		审　核				出图日期	
校　对		审　定				第　张	共　张

建　筑			暖　通		
结　构					
电　气					
给排水					

用地指标

总用地面积	7759.5 m²	绿地总面积		2896.9 m²
总建筑面积	7711.1 m²	其中	绿地面积	2734.9 m²
建筑基底占地面积	1318.9 m²		硬地绿化	162.0
建筑密度	17.0%	绿地率		37.3%
容积率	0.99	机动车停车位		20(个)

建筑单体说明表

序号	建筑单体用途	建筑占地(m²)	建筑面积(m²)	建筑高度(m)	建筑层数	备注
①—②	JA型职工宿舍	445.4x2=890.8	2824.2x2=5648.4	20	6	首层架空
③—④	JB型职工宿舍	167.7x2=335.4	985.0X2=1970	20	6	
⑤	电　房	92.7	92.7			
总占地面积	1318.9 m²	总建筑面积 7711.1 m²				

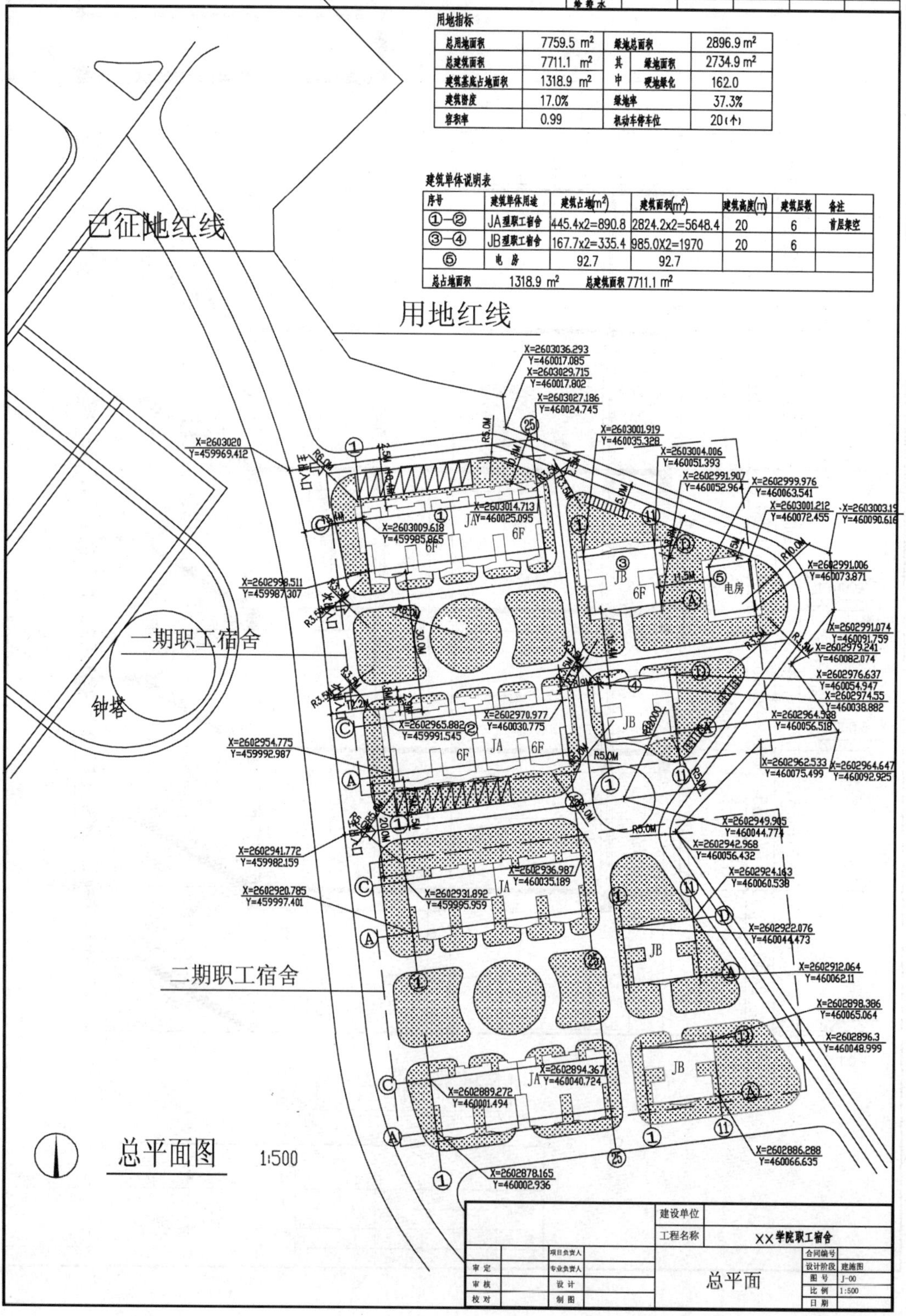

				建设单位		
				工程名称	XX学院职工宿舍	
		项目负责人		总平面	合同编号	
审　定		专业负责人			设计阶段	建施图
审　核		设　计			图　号	J-00
校　对		制　图			比　例	1:500
					日　期	

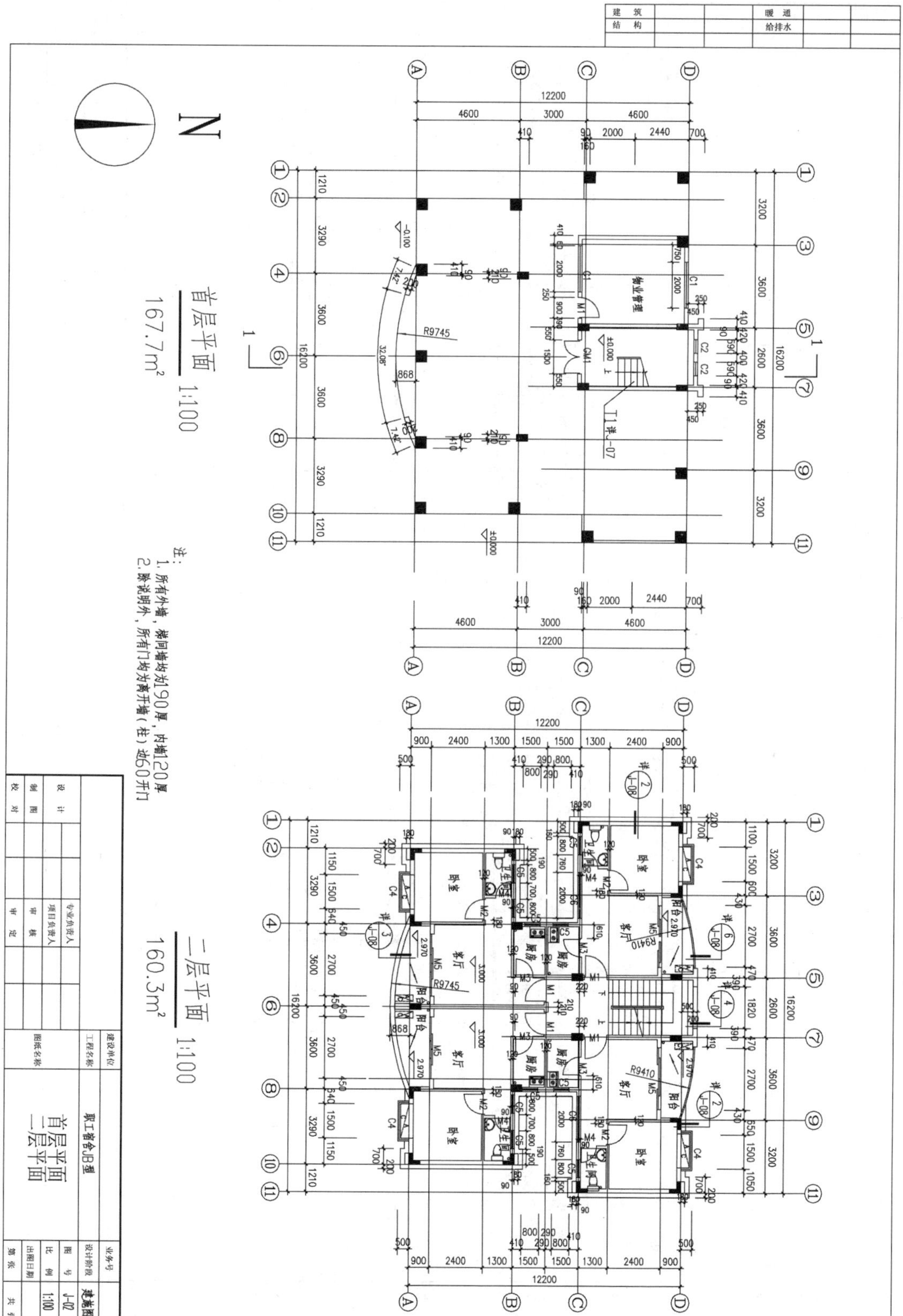
建筑
结构
暖通
给排水
N
首层平面 1:100
167.7m²
二层平面 1:100
160.3m²
注：
1.所有外墙，梯间墙均为190厚，内墙120厚
2.除说明外，所有门均为离开墙（柱）边60开门
建设单位
工程名称 职工宿舍JB型
图纸名称 首层平面 二层平面
设计阶段 建施图
图号 J-02
比例 1:100

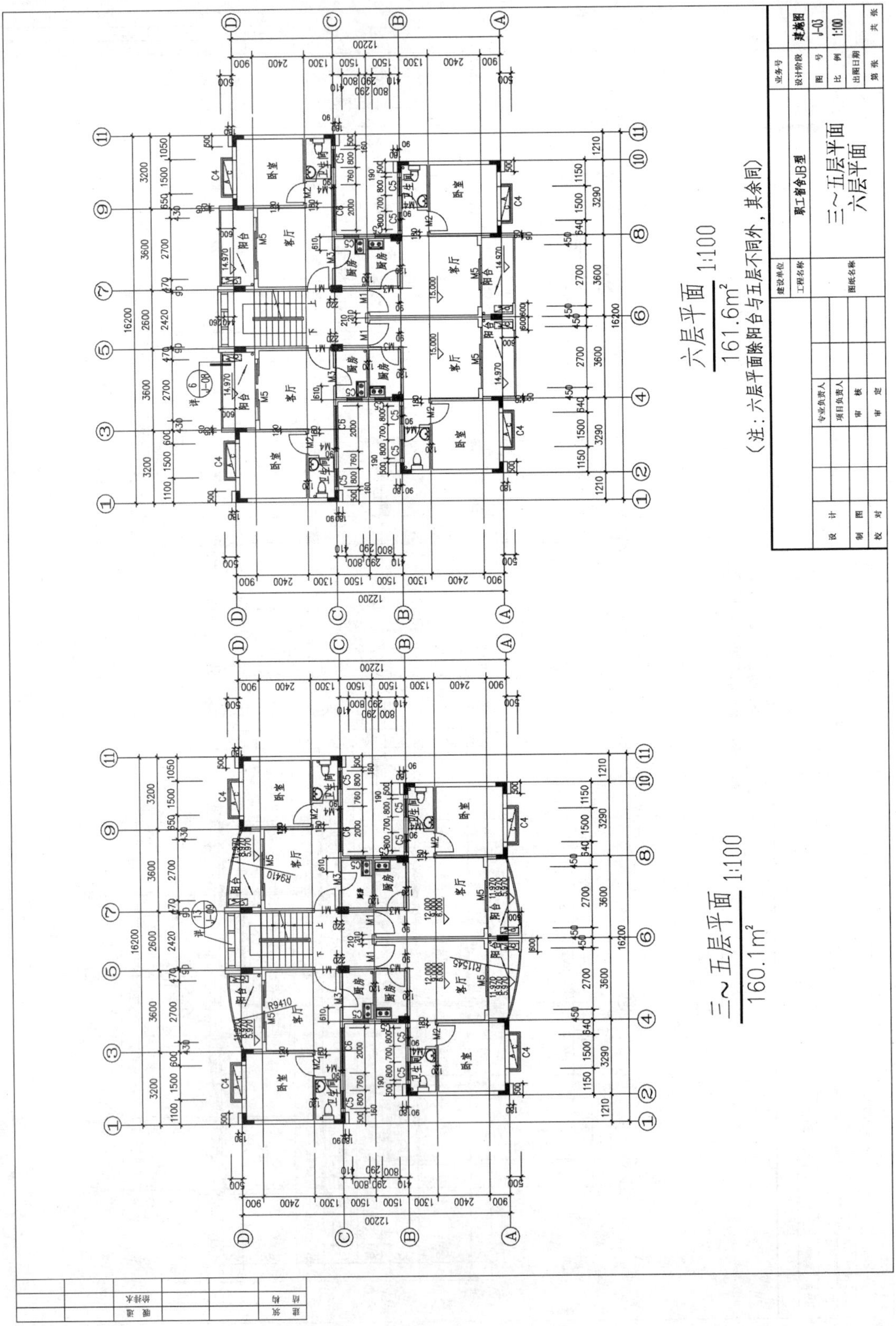
六层平面 1:100
161.6m²
（注：六层平面除阳台与五层不同外，其余同）
二～五层平面 1:100
160.1m²
职工宿舍JB型
二～五层平面
六层平面
建施图
J-03
1:100

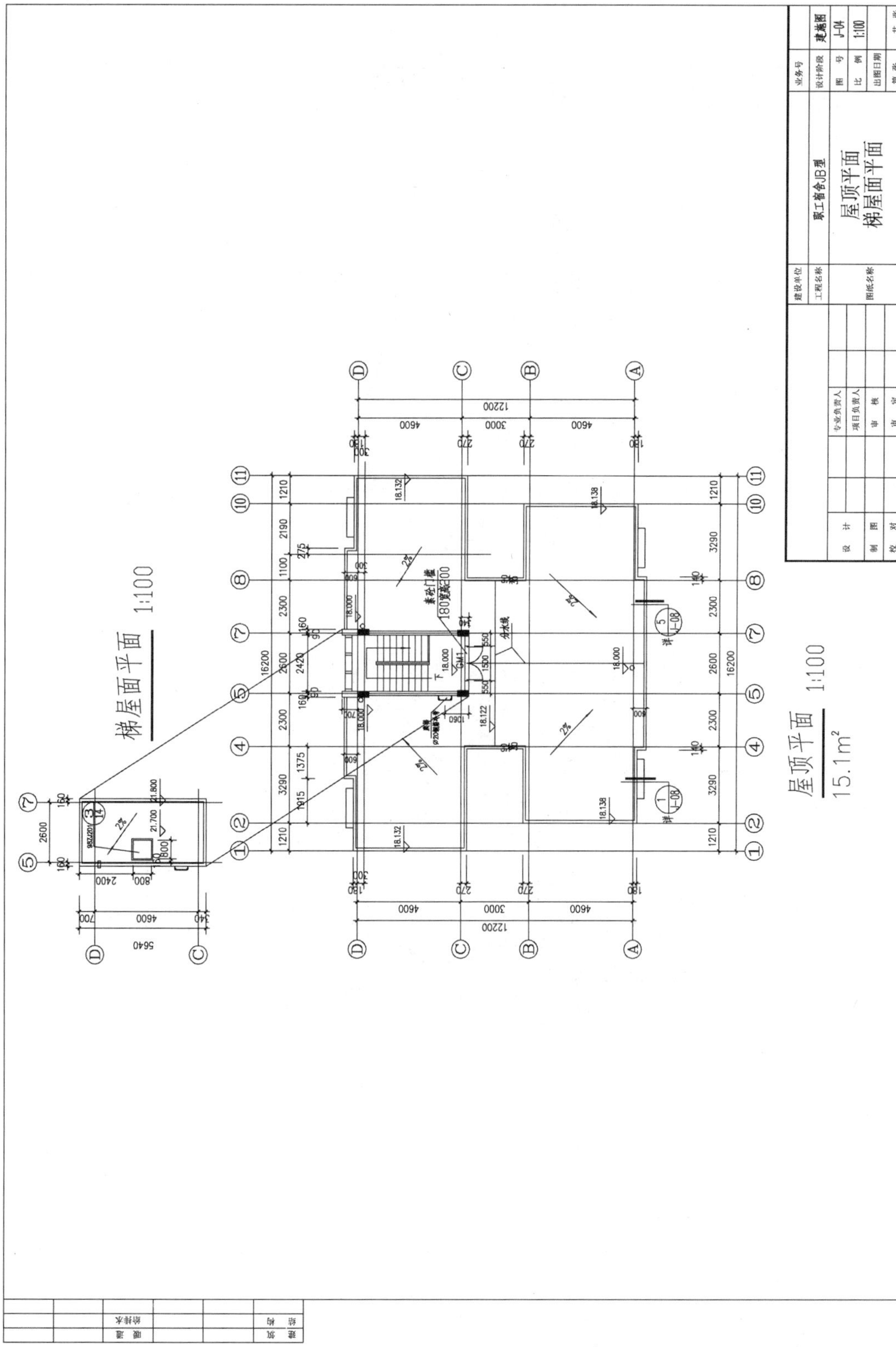
梯屋面平面 1:100
屋顶平面 1:100
15.1m²
职工宿舍JB型
屋顶平面
梯屋面平面
建施图
J-04
1:100

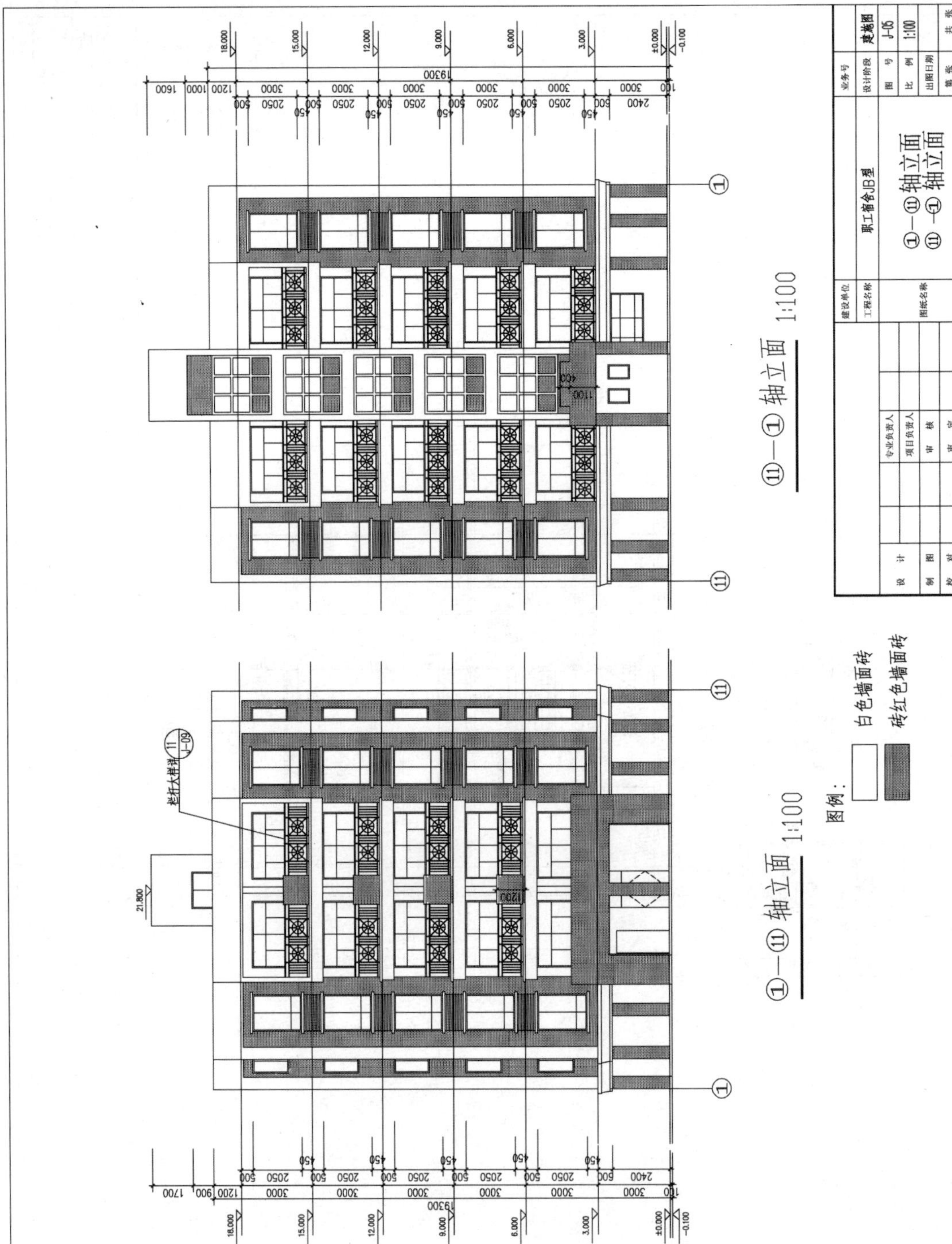
⑪—① 轴立面 1:100
①—⑪ 轴立面 1:100
图例：
白色墙面砖
砖红色墙面砖
栏杆大样详 11 J-09
19300
18.000
15.000
12.000
9.000
6.000
3.000
±0.000
-0.100
21.800
建设单位
工程名称
职工宿舍JB型
图纸名称
①—⑪ 轴立面
⑪—① 轴立面
业务号
设计阶段 建施图
图号 J-05
比例 1:100
出图日期
第 张 共 张
设计
制图
校对
专业负责人
项目负责人
审核
审定

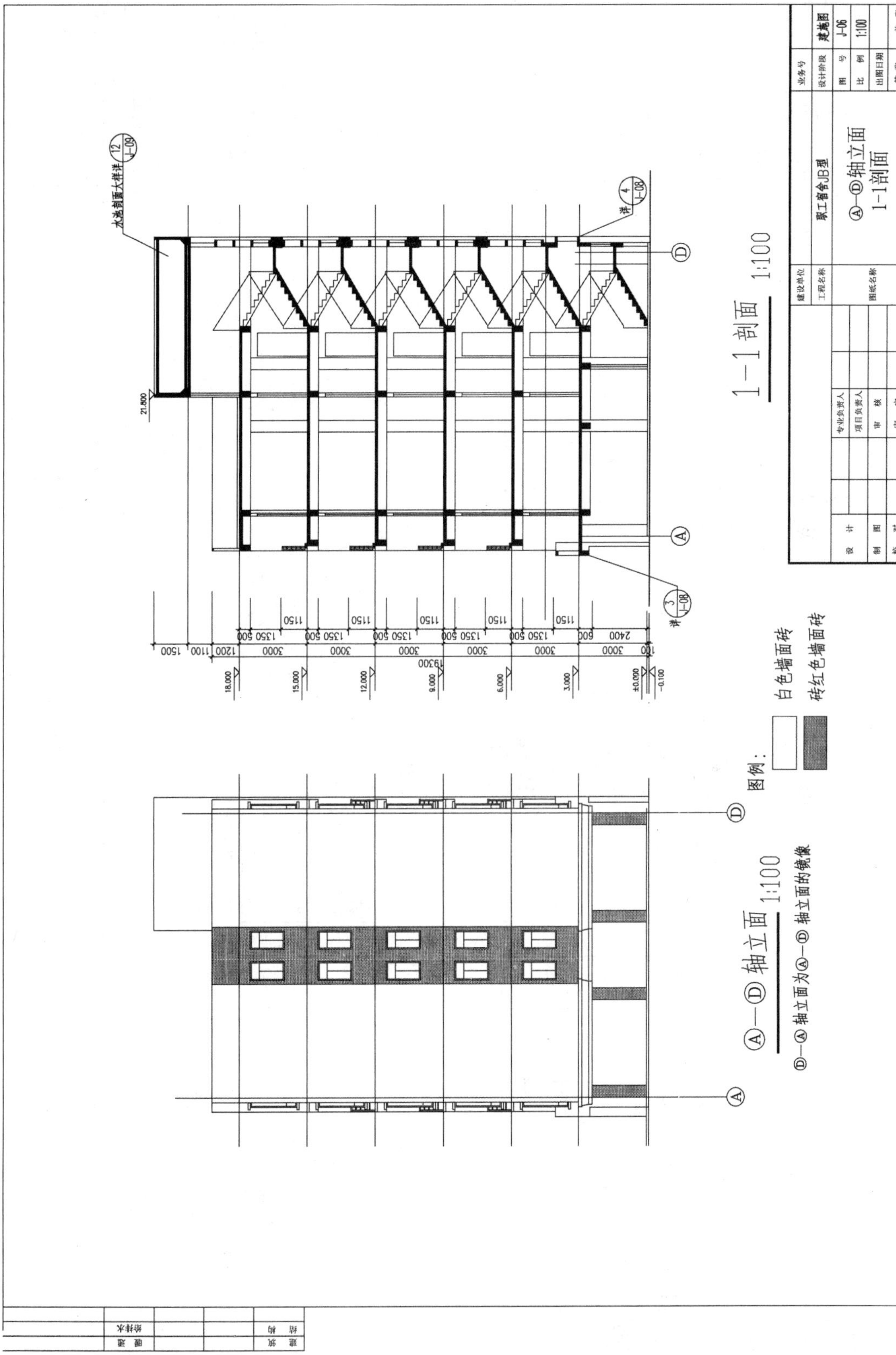
1—1 剖面 1:100
Ⓐ—Ⓓ 轴立面 1:100
Ⓓ—Ⓐ 轴立面为Ⓐ—Ⓓ 轴立面的镜像
图例：
白色墙面砖
砖红色墙面砖
职工宿舍JB型
Ⓐ—Ⓓ轴立面
1-1剖面
建施图
J-06
1:100

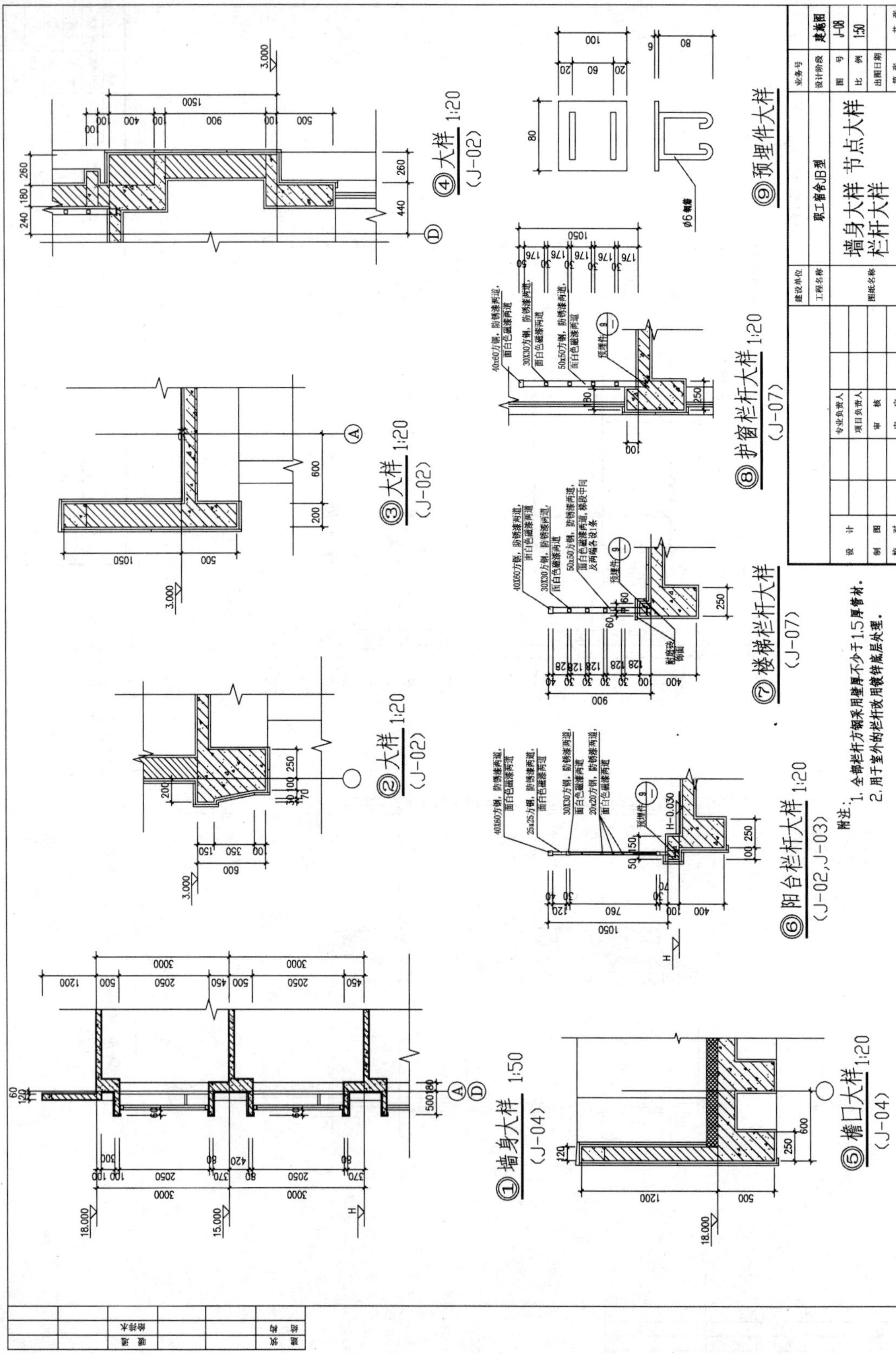
④大样 1:20
（J-02）
③大样 1:20
（J-02）
②大样 1:20
（J-02）
①墙身大样 1:50
（J-04）
⑤檐口大样 1:20
（J-04）
⑥阳台栏杆大样 1:20
（J-02,J-03）
⑦楼梯栏杆大样
（J-07）
⑧护窗栏杆大样 1:20
（J-07）
⑨预埋件大样
附注：1. 全部栏杆方钢采用壁厚不少于1.5厚管材。
2. 用于室外的栏杆改用镀锌底层处理。
职工宿舍JB型
墙身大样 节点大样
栏杆大样
建施图
J-08
1:50

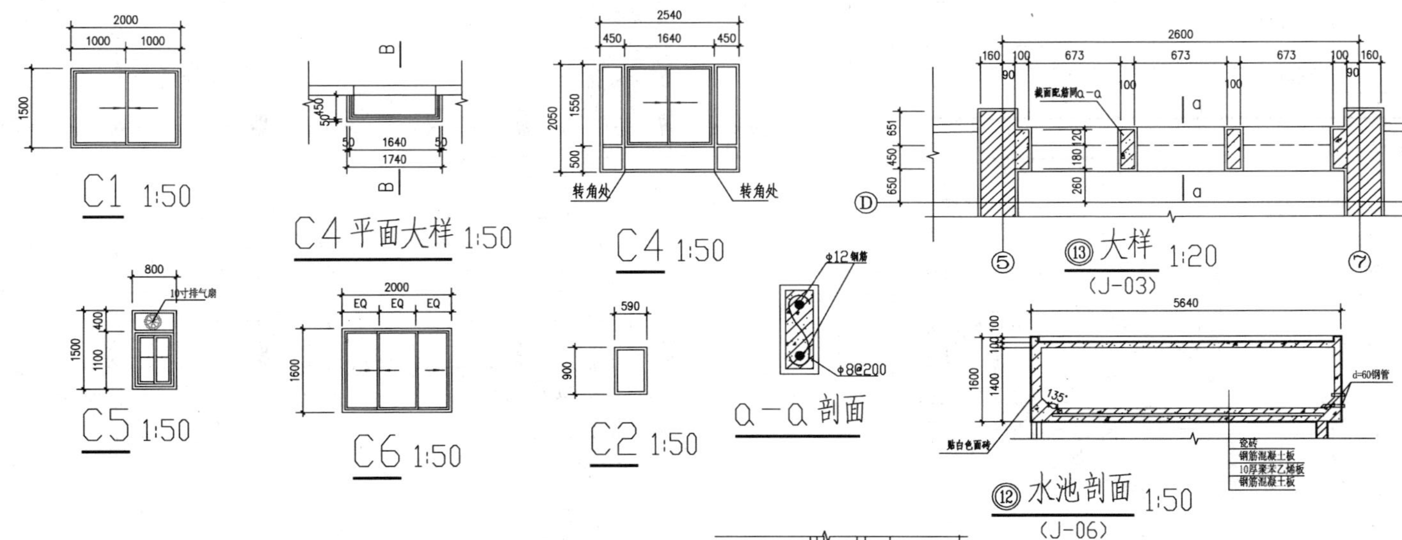

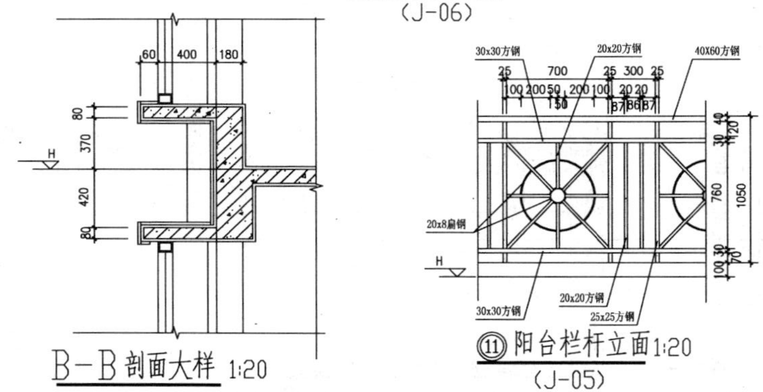

编号	门窗名称	洞口尺寸(宽X高)(单位：mm)	数量					备注
			首层	二层	三～六层	天面	小计	
C1	铝合金玻璃推拉窗	2000X1500	2				2	90系列
C2	铝合金玻璃窗	590x900	2				2	70系列
C4	铝合金玻璃窗	2540x2050		4	4X4		20	70系列
C5	铝合金玻璃窗	800x1500		10	10X4		50	70系列
C6	铝合金玻璃推拉窗	2000x1600		2	2X4		10	70系列
M1	实心木门	1000X2200	1	4	4X4		21	
M2	实心木门	900x2200		4	4X4		20	
M3	铝合金玻璃门	800X2200		4	4X4		20	
M4	铝合金玻璃门	700X2200		4	4X4		20	
M5	铝合金玻璃推拉门	2700X2500		4	4X4		20	
GM1	不锈钢防盗门	1500X2200	1			1	2	

说明：
1. 表中尺寸为设计洞口尺寸；
2. 所有窗均为铝合金玻璃窗，做法参见建筑材料说明中关于门窗一节之说明；
3. 本图只表示门窗立面分格，同一编号的门分格相同，其门扇开启方向详平面图，节点做法详供货厂家图纸，并由本设计单位认可；
4. 图中尺寸标注中的(EQx)表示总尺寸等分分格；
5. 夹板门作饰面板装饰；
6. 图中尺寸标注中的H表示各层楼面结构标高；
7. 卫生间门选用霉着样订货。

建设单位		业务号	
工程名称	职工宿舍JB型	设计阶段	建施图
图纸名称	门窗表及门窗大样 节点大样 水池剖面	图号	J-09
		比例	1:50
		出图日期	
		第张	共张

设计 专业负责人 项目负责人 制图 审核 校对 审定

建筑 结构 暖通 给排水

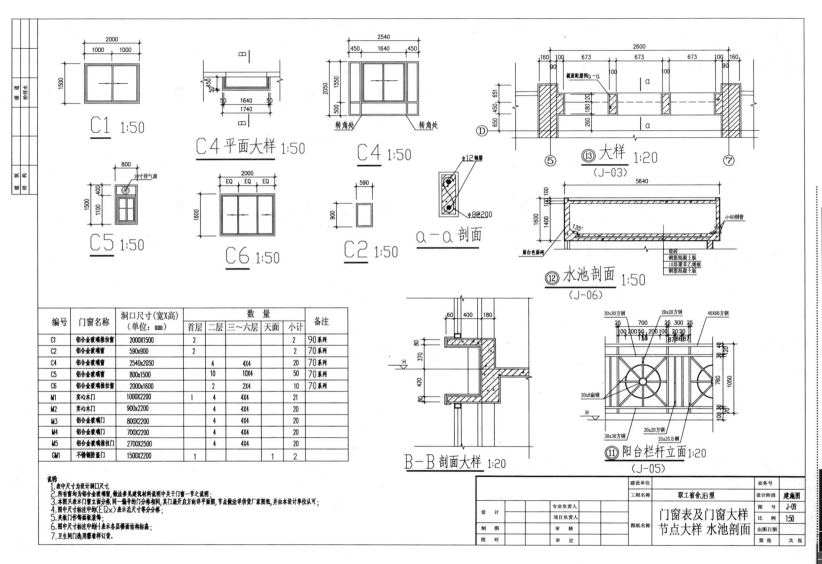

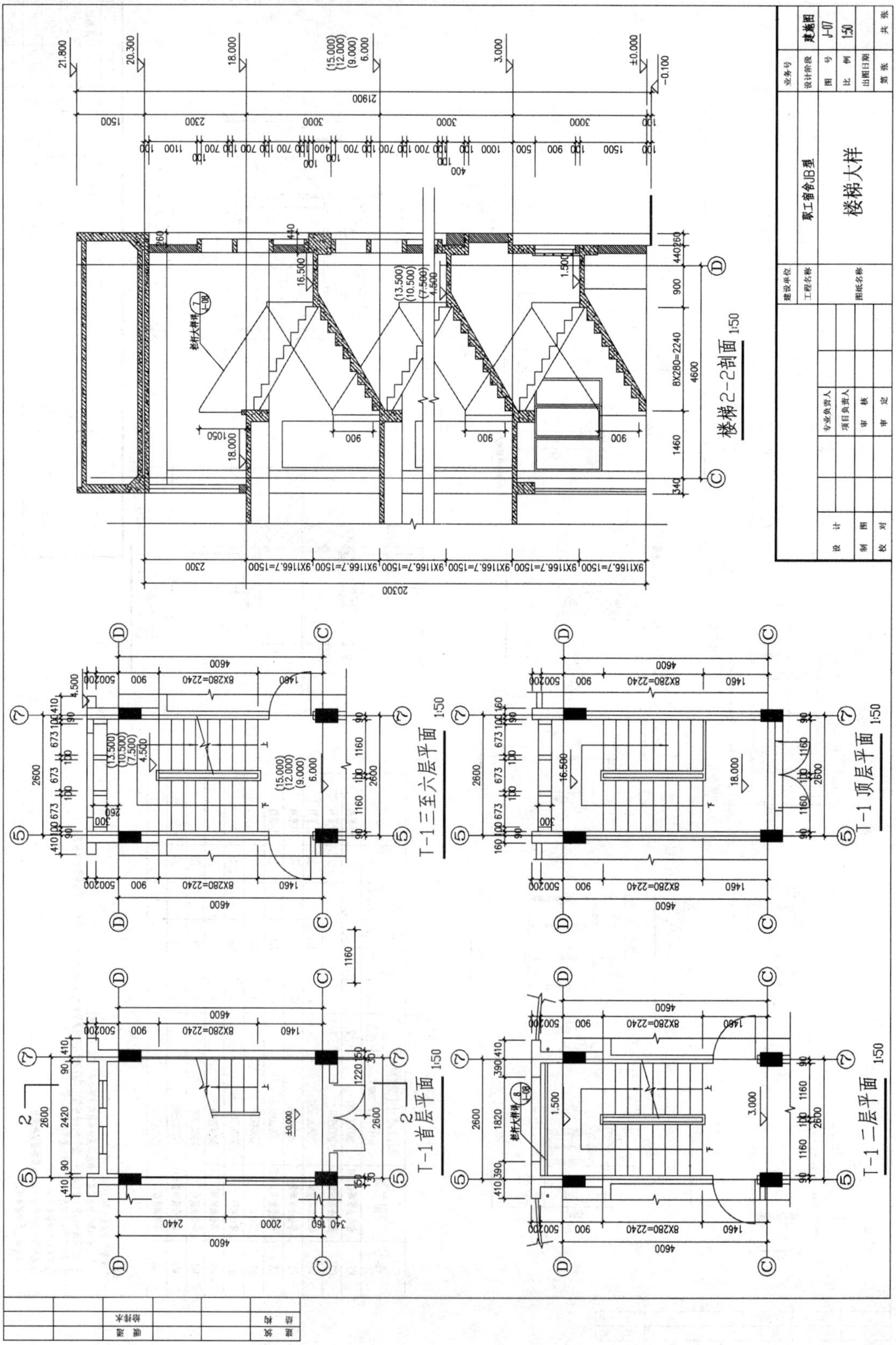
楼梯2-2剖面 1:50
T-1首层平面 1:50
T-1二层平面 1:50
T-1三至六层平面 1:50
T-1顶层平面 1:50
职工宿舍JB型
楼梯大样

建筑统一说明

一、除本工程图纸内特别注明者外，均按本建筑说明执行。
二、本工程设计标高±0.000为绝对标高现场定

三、本工程施工图所注尺寸，除总平面及标高以米（m）为单位外，其余均以毫米(mm)为单位。建筑图所注之标高为建筑完成面标高。
四、小型钢筋混凝土及混凝土结构用C20混凝土，I级钢筋。
五、墙体
1、钢筋混凝土墙柱与墙体连接处之构造，详结构统一说明。
2、墙体的做法另详结构统一说明。
3、本工程所选用的经政府部门确认的新型墙体材料（□粘土空心砖、☑蒸压加气混凝土块、□灰砂砖、□免烧砖、□煤矸石砌块、□油页岩渣砌块、□陶粒混凝土砌块、□泡沫混凝土砌块、□混凝土空心砌块、□埃墨板、□泰柏板、□石膏板、□____________，其砌筑用料及锚固方法应严格按产品说明及有关技术规程规定执行。
六、墙身防潮层 ☑在-0.06m标高处设20厚1:2水泥沙浆（加5%防水剂）防潮层。
七、外墙装修
1、外墙粉刷及贴面材料按立面所示分格，外墙粉刷分格凹缝宽10，深5，
2、□轻质砖外墙抹灰，在砌体与梁柱结合处和门窗洞边框处，可加挂钢丝网，钢丝规格[1孔格10×10或[2孔格20×20，宽度不小于200，（用射钉中距600×600锚固），钢丝网固定牢固后再抹灰。
3、□采用轻质砖外墙或外墙高度超过30m实墙面粉刷，可加挂钢丝网，钢丝规格[1孔格10×10或[2孔格20×20，（用射钉中距600×600锚固），1:2.5水泥砂浆分层大面找平。严禁在砌块墙体上吊挂石材饰面。
4、外墙门窗洞口之门窗框外侧面的做法与外墙身同。所有受风雨之构造（如飘板、梁、檐门、雨蓬、阳台底、外走廊底等）均应设滴水线，用1:2.5水泥砂浆抹30×10滴水线。

八、室内装修
1、室内墙、柱面及门窗口的阳角应用1:2水泥沙浆做护角，高2000，每侧宽不小于50。
2、所有埋入墙、柱内的木制构件，均须刷耐腐蚀涂料。
3、墙面油漆须待抹灰基层干燥后方可进行。
4、门隔头之宽度除图中特别注明者外，均为120宽。
5、受雨水飘入之外走廊、阳台、梯平台及厕、厨、浴、卫生间等房间其楼面标高均比同层楼面标高低20，并应设向排水地漏方向的排水坡，坡度不小于1%。
6、图中所示之排水管及地漏位置仅为示意，具体位置及做法详给排水专业图。所有排水坡度均应尽量由结构标高解决。
7、内墙与梁、板、柱结合处的抹灰层中，宜沿缝长方向加贴不少于200宽纤维网布作防裂处理。
8、厨房、卫生间的内墙应采用防水砂浆抹灰，采用轻质砌块时，当有较多的吊挂设备时，应加设钢网水泥砂浆抹灰防裂防渗漏。
九、屋面
1、凡女儿墙与坐砌面砖交接处，均应做柔性嵌缝，缝宽30，高度平面砖，嵌缝油膏可选用聚氯乙烯胶泥或建筑防水油膏，其技术指标应符合规范之规定。
2、基层与突出屋面结构（女儿墙、墙、天窗侧壁、变形缝、烟囱、管道等）的连接处，以及在基层的转角处（檐口、天沟、水落口、屋脊等水泥砂浆粉刷应做成圆弧或钝角，柔性防水应向上翻起200高。
3、屋面水泥砂浆粉刷及刚性防水层应设温度分割缝，缝宽10，加填防水嵌缝油膏，分割缝位置按约6000×6000进行分缝
十、门窗
1、铝合金门窗应按立面图或门窗分位示意图及有关技术规范，按中南地区通用建筑标准设计图集，98ZJ641《铝合金门》、98ZJ721《铝合金窗》，由生产厂家按该厂铝型材实际情况绘制加工图纸经我院设计人会同使用单位，认可后方能施工。
2、7层以上（含7层）所有外向窗，单块大于$1m^2$的玻璃及幕墙玻璃应采用不小于5厚的安全玻璃。
3、铝合金门窗框与墙体相接处应按规范要求作防腐处理。接触处用密闭胶嵌缝。
4、钢门窗应按立面图或门窗分位图，按全国通用标准图集J647（一）《平开实腹钢门》，J736（一）、（二）《实腹钢侧窗》或中南标88ZJ631《实腹钢门》，88ZJ711《实腹钢侧窗》，并配合J736（三）《实腹钢侧窗五金零件》图集制作及安装。
5、立樘位置
a、铝合金门窗、钢门窗位置除图中注明者外，均居墙中安装。
b、木制门、塑料门、除图中注明者外，均平开启方向的墙体粉刷面立框，木制窗及塑料窗应平室内墙体粉刷面立樘，木制弹簧居墙中设置。
c、☑木制门窗均设40×10斜角形盖缝贴面。
6、油漆
a、□胶合板门窗润腻子打底，油_________色调和漆，底油一道，面油二道。
b、☑硬木门、胶合板门按指定颜色先刷底色粉料，再用漆片打底，聚氨脂清漆罩面。
c、☑金属装饰构件先用防锈漆打底，油白色调和漆___二道罩面。
d、☑门窗预埋件应作防腐（木）防锈（铁）处理。
7、门窗小五金：凡选用标准门窗均应按标准图配置齐全，非标准门窗按设计指定品种规格配置（铝合金门窗由生产厂配套，并经设计人认可）。
8、卷闸门、防火门、防盗门、人防门等的做法及预埋件，由厂家要求进行预埋，图中仅示洞口尺寸。
9、突出墙面的腰线、檐板、窗台上部应做不小于3%的向外排水坡，下部应做滴水，与墙面交角处应做成直径100mm的圆角。（窗台之外面应比内面低10）。
十一、其它
1、本工程所有铸铁雨水管、排污管接头处，均须用油麻填塞，然后用麻丝水泥密封，安装完毕后必须作灌水实验。如果采用PVC管，应按有关技术规定施工。
2、室外雨水管的油漆颜色若设计图中没有注明时，则由施工单位选用与建筑物外墙一致的颜色，涂一道底二道面调和漆。
3、所有外露铁面（含铁铸管）均刷防锈底漆一道，调和漆二道罩面。
4、本工程所有装饰材料的颜色及墙身、楼地面粉刷、油漆等均应先取样板（或色板）会同设计人，使用单位商定后方可订货。
5、凡贴墙、柱面的大理石、花岗石的颜色及纹理须经试排确定后方可铺贴。
6、散水与墙身交接处设10宽伸缩缝，散水整体面层纵向距离每6000~10000长做10宽伸缩缝，用沥青麻刀灌面。
7、凡大面积的混凝土地面工程，纵、横向每6000~12000须设10宽伸缩缝，用沥青麻刀填缝。
8、工程中所有橱窗、货架、货柜、家具及橱具等一律由建设单位自理，图中仅作位置示意。
9、凡食用水池内壁所有的防水材料及屋面材料必须经检验鉴定认为无毒方可施工，并须经普水化验水质符合卫生标准后方能使用。
10、阳台、露台、通长窗台、外走廊栏板、女儿墙栏板（除注明外）转角和<3000处设120×180构造柱，C20混凝土浇筑，4φ6@200，压顶C20混凝土100高，内配2φ10，箍筋φ6@200。
11、未详尽之处，均应严格按照国家现行施工操作规程，施工规范及验收规范执行。
十二、住宅部分的特殊说明
1、☑厅、房、餐厅的中央部分设[14风扇吊钩。
2、□住宅的窗洞均设防护铁窗花。
3、☑每梯间入口设铁制信报箱（每户一个）。
4、☑每梯间入口设防盗钢门（带对讲器）。
5、□阳台加设方钢10×10防盗网。
6、□高级木制防盗门。
7、□夹板门。
8、□厨房、卫生间采用防潮夹板门。

建筑装修做法表

项目	各部份构造做法	使用部位
屋面	结构层： ☑（1）现浇钢筋混凝土板。	
屋面	防水层： 各种做法均需将混凝土板面清洗干净，纵横各扫水泥浆一道。 □（1）25厚1:2水泥砂浆找平，随加水泥粉抹光。 □（2）现浇水泥珍珠岩最薄处4cm。 ☑（3）20厚1:2水泥砂浆找平。（加5%防水粉） □（4）上述（　）项上做乳化沥青。 ☑（5）上述（3）项上做防水材料（2）厚聚合物防水材料四周反高200） ☑（6）上述(3)(5)项上用80厚（粘土陶粒混凝土保温层 1:3水泥砂浆找平，上做柔性防水材料（　）。 □（7）上述(3)(5)项上做20厚1:2水泥砂浆保护层。	所有屋面 所有屋面
屋面	复盖层： □（1）15厚M5水泥砂浆坐砌（珍珠岩隔热砖），1:2.5水泥砂浆灌缝，纯水泥浆抹缝。 □（2）M2.5水泥石灰砂浆砌120×120×180砖墩（或五点支承），上铺寸半方大阶砖（或C20细石混凝土预制块），1:2.5水泥沙浆填缝，纯水泥浆抹平缝。 □（3）15厚1:2.5水泥砂浆坐砌　色防滑砖，纯水泥浆抹平缝（每2000×2000设10宽分隔凹缝）并用玻璃胶填缝。 ☑（4）干铺30厚聚苯乙烯泡沫塑料板，面捣40厚C30 UEA细石混凝土φ4钢筋双向中距150，3×3m分缝，缝宽20mm改性沥青填缝。 □（5）100厚陶粒隔水层，尼龙网布过滤层（搭接宽度不小于200）300厚种植土（耕土、沙土、林区腐质土、泥炭土、蛭石、珍珠岩、锯木、灰渣混合物）。 □（6）1:2水泥砂浆座砌浅灰色防水型隔热板 □（7）25厚（最薄处）1:1:4水泥砂浆坐铺西班牙瓦	
勒脚	□（1）15厚1:3水泥砂浆底，5厚1:2.5水泥砂浆面高_______。 □（2）水刷石勒脚做法与外墙同，高_______。	
楼地面	基层 ☑（1）素土分层淋水夯实，每层夯实厚度不大于200。	
楼地面	垫层 □（1）C10素混凝土120厚。 ☑（2）C20素混凝土120厚。	
楼地面	结构层 □（1）C20素混凝土　厚。 □（2）现浇钢筋混凝土板。 ☑（3）按结构图	
楼地面	复盖层 □（1）素水泥浆结合层一道。 □（2）20厚1:2.水泥砂浆找平，下做1.5厚合成高分子防水涂料。墙角处翻起200。 □（3）20厚1:2.5水泥砂浆面，随加水泥粉抹光。 ☑（4）15厚1:2.5水泥砂浆找平，3厚1:1水泥细砂浆贴块料面层，白水泥浆抹平缝。 a、_黄_色防滑耐磨砖300×300。 ☑b、_待定_色耐磨砖500×500。 c、____色玻化砖。 ☑d、_待定_色防滑砖300×300。 □（5）15厚1:2.5水泥砂浆找平，10厚1:1.5水泥石子浆　色水磨石，用　厚玻璃（铜条）分格缝，方格尺寸___×___。 □（6）20厚1:2.5水泥砂浆找平，随铺25厚，　色花岗岩块，缝擦。 □（7）上述（　）项面贴 a、____色地毯。 b、____色___木地板。	其余地面 卫生间，厨房
楼梯	顶板粉刷做法在天花栏内标注 □（1）10厚1:2.5水泥砂浆抹底5厚1:2.5水泥砂浆面，步级铺砌水泥砂浆级嘴砖。 ☑（2）10厚1:2.5水泥砂浆底，面铺防滑砖，消防梯步级用水泥砂浆铺砌级嘴砖。 □（3）15厚1:2.5水泥砂浆底，3厚1:1水泥细砂浆贴___色防滑砖，纯水泥浆填缝，边贴50宽___色级嘴瓦，水泥砂浆铺砌级嘴砖。	
外墙面	□（1）7厚聚合物水泥砂浆打底防水层。 □（2）15厚1:1:6水泥石灰砂浆底，5厚1:1:4水泥石灰砂浆面，扫进口涂料 □（3）15厚1:1:4水泥石灰砂浆底10厚1:1.5水泥石子浆（加15%福粉）水刷石，分隔凹缝10×10，颜色与分缝详立面图。 ☑（4）15厚1:3水泥砂浆打底扫毛，3厚1:1水泥砂浆加水重20%107胶镶贴 a、25×25玻璃马赛克，白色水泥浆填缝。 ☑b、45×95　色条形面砖，纯水泥浆勾缝。 □（5）砖墙面（15厚1:1:6水泥石灰砂浆面抹平），混凝土墙柱外面扫乌烟，面做玻璃幕墙（做法另详装修设计）。 □（6）25厚1:2.5水泥砂浆挂贴_黄砂岩_墙面。 □（7）不锈钢扣件吊挂______色花岗岩墙面（做法另详装修设计）。 □（8）不锈钢扣件吊挂______色组合外墙面铝扣板（做法另详装修设计）。 □（9）装饰线做法见产品厂家说明。	走廊，梯间内墙所有外墙及首层柱面颜色见立面
内墙面	基层 ☑（1）15厚1:1:6水泥石灰砂浆底，5厚1:0.5:3水泥石灰砂浆面。 □（2）10厚1:1:6水泥石灰砂浆底，5厚1:0.5:3水泥石灰砂浆面。 □（3）15厚1:2.5水泥砂浆底，5厚1:2.5水泥砂浆找平，5厚1:0.5:3水泥石灰砂浆面。 ☑（4）15厚1:2水泥砂浆加5%防水剂打底。	其余部分 厨房、卫生间
内墙面	面层 □（1）批____双飞粉两遍。 □（2）扫____色内墙涂料二道。 ☑（3）刮_白_色乳胶腻子，扫_白_色乳胶漆二道。 □（4）刮____色乳胶腻子，____色多彩喷涂面。 □（5）刮____色___厚"双飞粉"面。 □（6）面贴____色墙纸。 ☑（7）15厚1:1:6水泥石灰砂浆底，3厚纯水泥砂浆结合层贴米白色色瓷片全高，规格为300×300。白水泥浆擦缝。 □（8）20厚1:2.5水泥砂浆挂贴20厚____色镜面花岗岩（大理石）板，缝擦。	其余部分 厨房、卫生间
墙裙	□（1）10厚1:2.5水泥石灰砂浆底，5厚1:2.5水泥砂浆面。贴_白_色瓷片到顶。 □（2）15厚1:2.5水泥砂浆两次粉刷，1:1水泥细砂浆贴_______色瓷片_______高。 □（3）20厚1:2.5水泥砂浆挂贴20厚_____色镜面花岗岩（大理石）板，缝擦，高_______。 □（4）木龙骨，面钉9厚木夹板，面扫_____色漆，高_____。 □（5）10厚1:2.5水泥砂浆底，10厚1:1.5____水泥石子浆水磨石，高_____。	
踢脚线	☑（1）15厚1:1:6水泥石灰砂浆底，3厚纯水泥浆结合层贴与同室地面同色耐磨砖100高，白水泥砂浆抹缝。 □（2）10厚1:2.5水泥砂浆底，水泥细砂浆贴_待定_色彩釉砖，高150。白水泥浆抹平缝。 □（3）10厚1:2.5水泥砂浆底，1:1水泥细砂浆贴____厚色镜面花岗岩（大理石）板，缝擦，高______。 □（4）15厚1:2.5水泥砂浆底，5厚1:2水泥砂浆面，高_______。	除厨房卫生间外所有墙面
天花板	□（1）9厚1:1:6水泥石灰砂浆打底扫毛6厚1:2水泥砂浆抹面压光。面扫白色内墙涂料两遍。 ☑（2）10厚1:1:4水泥石灰砂浆底，a、3厚木质纤维灰浆罩面，☑b、3厚纸筋石灰浆。面涂（白）色内墙乳胶漆。 □（3）钢筋混凝土板脱模后，去"鸡钉"，用1:1:4水泥石灰砂浆抹平扫白灰水两遍。 □（4）钢筋混凝土板脱模后，去"鸡钉"，下吊天花（铝角矿棉板，铝角石膏纸板）。 □（5）钢筋混凝土板脱模后，去"鸡钉"，下吊"艺术"天花（做法另详装修设计）。 □（6）轻钢龙骨天花用石膏板吊顶。	

注：
1、在图中小方框内打"√"，为本设计所选用的做法。
2、本设计提供的是普通装修标准，最终的装修标准由甲方确定。
3、本工程所选用的建筑材料及装饰材料必须符合《民用建筑室内环境控制规范》(GB50325-2001)的要求。
4、统一图例。

图例：
- 钢筋混凝土结构墙体
- 180厚墙
- 120厚墙
- ○ 排水立管位
- ● 粪立管位
- ⊙ 排水地漏

工程概况说明
1、建筑耐久年限：50年
2、建筑物类别：居住建筑
3、建筑物抗震设防等级：6度四级
4、建筑物高度：19.3米
5、建筑占地面：167.7平方米
6、建筑面积：985平方米
7、建筑层数：6
8、屋面防水等级：Ⅲ级
9、设计依据：
a、设计合同：
b、建设单位提供的规划部门用地红线图和使用要求：
c、政府职能部门审批的初步设计文件：
d、有关规范、标准：
10、消防设计：
11、其它说明：

					建设单位		业务号	
					工程名称	职工宿舍JB型	设计阶段	建施图
设计			专业负责人		图纸名称	建筑统一说明 及建筑装修做法表	图号	J-01
			项目负责人				比例	1:100
制图			审核				出图日期	
校对			审定				第 张	共 张

附录6

职工宿舍JB型工程土建工程量清单

序号	项目编码	项目名称	计量单位	工程量	备注
	A. 1	土石方工程			
1	010101001002	平整场地 场地填挖高度在±30cm内的找平	m^2	184.690	
2	010101003003	机械切割预制桩的桩头 1. 截桩头，2. 场内外运输	个	32.000	
3	010101003004	挖基础土方 1. 土方开挖，2. 场内外运输	m^3	231.940	
4	010103001003	土石方回填　回填	m^3	172.920	
5	010103001004	余土外运	m^3	59.020	
	A. 2	桩与桩基础工程			
1	010201001002	静压预应力管桩 400mm　1. 压桩，2. 送桩，3. 钢桩尖，4. 管桩填充材料，5. 桩运输，6. 混凝土制、运、灌、捣	m	384.000	
	A. 3	砌筑工程			
1	010302006003	厨房内大理石灶台 1. 零星砌砖，2. 勾缝	m	16.800	
2	010302001004	外墙实心 3/4 砖墙　1 砖墙	m^3	113.240	
3	010302001005	内墙实心 3/4 砖墙　1 砖墙	m^3	42.840	

续表

序号	项目编码	项目名称	计量单位	工程量	备注
4	010302001006	内墙实心1/2砖墙　1砖墙	m^3	73.540	
	A.4	混凝土及钢筋混凝土工程			
1	010401005002	桩承台基础C25混凝土 1. 混凝土浇筑，2. 垫层C10，3. 混凝土制作	m^3	36.320	
2	010402001003	矩形柱C30混凝土　1. 混凝土浇筑，2. 混凝土制作	m^3	62.660	
3	010403002002	矩形梁C25混凝土　1. 混凝土浇筑，2. 混凝土制作	m^3	75.580	
4	010403004002	圈梁C25混凝土　1. 混凝土浇筑，2. 混凝土制作	m^3	9.110	
5	010403001002	基础梁C25混凝土　1. 混凝土浇筑，2. 混凝土制作	m^3	13.220	
6	010405001002	有梁板C25混凝土　1. 混凝土浇筑，2. 混凝土制作	m^3	81.960	
7	010406001002	直形楼梯C25混凝土1. 混凝土浇筑，2. 混凝土制作	m^3	11.140	
8	010407001003	房上水池防水C25混凝土 1. 混凝土浇筑，2. 混凝土制作	m^3	11.400	
9	010407001004	小型构件C25混凝土1. 混凝土浇筑，2. 混凝土制作	m^3	6.280	
10	粤010407004002	首层120mm地坪C20混凝土 1. 混凝土浇筑，2. 混凝土制作，3. 其他	m^2	175.830	
11	010416001003	现浇混凝土钢筋　1. 钢筋制作安装	t	31.944	
12	010416001004	桩头插筋　1. 钢筋制作安装	t	0.603	
	A.6	金属结构工程			
1	010606012001	钢梯爬式制作安装 1. 制作，2. 刷油漆，3. 安装	t	0.030	
	A.7	屋面及防水工程			
1	010702002002	屋面防水 1. 聚合物防水材料，2. 嵌缝、盖缝，3. 找平层	m^2	166.330	
	A.8	防腐、隔热、保温			
1	010803001002	保温隔热屋面 1. 干铺25mm厚苯乙烯泡沫板	m^2	166.330	

续表

序号	项目编码	项目名称	计量单位	工程量	备注
	B. 1	楼地面工程			
1	020101001002	首层地面(20mm 厚 1:2 水泥砂浆抹光后压花纹)1. 面层铺设，2. 加浆抹光	m^2	146.310	
2	020102002003	楼地面 300mm×300mm 防滑砖 1. 面层铺设，2. 抹找平层 15mm 厚 1:2.5 水泥砂浆找平	m^2	100.600	
3	020102002004	楼地面 500mm×500mm 防滑砖 1. 面层铺设，2. 抹找平层 15mm 厚 1:2.5 水泥砂浆找平	m^2	658.960	
4	020105003002	耐磨脚线砖 100mm 高 1. 面层铺贴，2. 底层抹灰 15mm 厚 1:1:6 水泥石灰砂浆底	m^2	93.230	
5	020106002002	楼梯面层 300mm×600mm 抛光耐磨砖 1. 面层铺贴，2. 抹找平层 10mm 厚 1:2.5 水泥砂浆打底	m^2	56.160	
6	020107001003	30mm×30mm 方钢(防锈漆)造型栏杆 1050mm 高　1. 栏杆、栏板制作安装，2. 油漆	m	98.800	
7	020107001004	楼梯镀锌钢管栏杆 900mm 高 1. 栏杆、栏板制作安装，2. 油漆	m	35.010	
	B. 2	墙柱面工程			
1	020201001002	内墙面一般抹灰　1. 抹灰	m^2	2061.200	
2	020204003003	厨卫墙面米黄色瓷片 200mm×300mm 1. 块料面层，2. 底层抹灰 15mm 厚 1:2 防水水泥砂浆打底 15mm 厚，3. 防水砂浆	m^2	440.820	
3	020204003004	外墙 45mm×95mm 条形砖 1. 块料面层，2. 底层抹灰 1:3 水泥砂浆打底 15mm 厚	m^2	1005.630	
4	020205003002	柱面 45mm×95mm 条形砖 1. 块料面层，2. 底层抹灰 1:3 水泥砂浆打底 15mm 厚	m^2	101.210	
5	020206003002	零星项目 45mm×95mm 条形砖 1. 块料面层，2. 底层抹灰 1:3 水泥砂浆打底 15mm 厚	m^2	54.400	
	B. 3	天棚工程			

续表

序号	项目编码	项目名称	计量单位	工程量	备注
1	020301001002	天棚抹灰 1. 1:1:4 水泥石灰打底 15mm 厚，纸筋石灰浆批面 3mm 厚天棚抹灰	m^2	1445.990	
	B. 4				
1	020401003001	实心防盗门 M1(1000mm×2200mm) 1. 制作，2. 安装，3. 装门锁，4. 油漆	樘	21.000	
2	020401003002	实心装饰门 M2(900mm×2200mm) 1. 制作，2. 安装，3. 装门锁，4. 油漆，5. 其他	樘	20.000	
3	020402001001	铝合金玻璃门 M3(800mm×2200mm) 1. 制作，2. 安装，3. 其他	樘	20.000	
4	020402001002	铝合金玻璃门 M4(700mm×2200mm) 1. 制作，2. 安装，3. 其他	樘	20.000	
5	020402002001	铝合金玻璃推拉门 M5(2700mm×2500mm) 1. 制作，2. 安装	樘	20.000	
6	020406001001	铝合金玻璃推拉窗 C1(2000mm×1500mm) 1. 制作，2. 安装	樘	2.000	
7	020406001002	铝合金玻璃推拉窗 C2(590mm×900mm) 1. 制作，2. 安装	樘	2.000	
8	020406001003	铝合金玻璃推拉窗 C4(2640mm×2050mm) 1. 制作，2. 安装	樘	20.000	
9	020406001004	铝合金玻璃推拉窗 C5(800mm×1500mm) 1. 制作，2. 安装	樘	50.000	
10	020406001005	铝合金玻璃推拉窗 C6(2000mm×1600mm) 1. 制作，2. 安装	樘	10.000	
11	020402006001	不锈钢防盗门 GM1(1500mm×2200mm) 1. 制作，2. 运输，3. 安装	樘	2.000	
	B5	油漆、涂料、裱糊工程			
1	020505001003	天棚抹灰面白色乳胶漆两遍 天棚面	m^2	1445.990	
2	020506001004	内墙抹灰面白色乳胶漆两遍 墙柱面	m^2	2061.200	
	B6	其他工程			
1	020603009002	卫生间安装无框镜面玻璃 1. 安装，2. 其他	m^2	14.400	

附录 7

某住宅楼施工图

建筑设计说明

1. 工程概况

(1) 本项目为住宅楼。

(2) 建筑层数：6 层。

(3) 建筑耐火等级为二级，屋面防水等级为Ⅱ级。

2. 建筑定位

建筑定位详见工程总图平面图，室内±0.00 标高为绝对标高，见总平面图。

3. 建筑墙体

(1) 本工程为钢筋混凝土框架结构，内墙和外墙及隔墙厚度详见建筑施工图。

(2) 墙体开洞、砖砌体、结构主体拉结、门窗过梁做法、墙体砌筑和砂浆标号等，均详见结构施工图图纸。

(3) 室内墙、柱阳角均设 1500mm 高，两遍各宽 25mm，20mm 厚 1:3 水泥砂浆护角。

(4) 钢筋混凝土柱和砖墙连接处均按构造配置拉结筋，详见结构说明。

(5) 墙身防潮层设于室内地面下 60mm 处(此处若为钢筋混凝土构件时除外)，防潮层为 20mm 厚，1:2 水泥砂浆(内掺 5%防水剂)。

(6) 外墙做法如下。

① 3mm 厚 1:1 水泥砂浆加水重 20%108 胶镶贴 45mm×95mm 色条形面砖，纯水泥浆勾缝。

② 5mm 厚“防渗宝”牌水泥浆抹面(毛面)。

③ 15mm 厚 1:3 水泥砂浆打底，扫毛。

④ 砖墙(或混凝土梁柱刷素水泥浆一遍)。

(7) 内墙面做法如下。

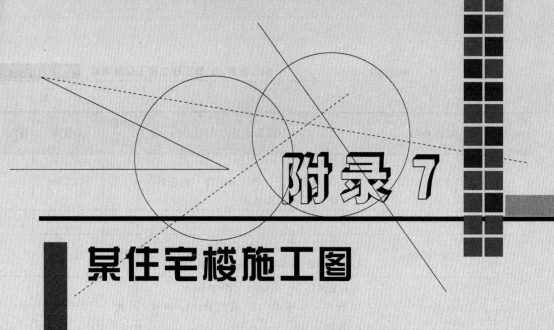

① 刮白色乳胶腻子，扫白色乳胶漆二遍。

② 5mm厚1:0.5:3水泥石灰砂浆面。

③ 15mm厚1:1:6水泥石灰砂浆打底，扫毛。

4. 楼、地面

(1) 卫生间、厨房等宜受水浸房间的楼地面及阳台面比同层相邻房间和部位的楼地面低50mm(厨房和餐厅未作分隔的除外)，并做泛水，坡向地漏，其房间四周(或管井壁)及空调搁板沿立墙处须用素混凝土反高150mm(门洞处除外)。室外踏步，平台面比相邻房间楼地面低30mm。

(2) 当管道穿过有水浸的楼面时，采用预埋套管，具体做法详见设备说明。管道井门栏高150mm，其内有管道穿越就位后，每两层用80mm厚现浇钢筋混凝土板封隔。

(3) 楼面做法如下。

① 3mm厚1:1水泥细砂浆贴500mm×500mm米黄色耐磨砖。

② 20mm厚1:2水泥砂浆找平，毛面。

③ 纯水泥砂浆一道。

④ 现浇钢筋混凝土楼面。

(4) 卫生间、厨房做法如下。

① 3mm厚1:1水泥细砂浆贴300mm×300mm米黄色耐磨砖。

② 20mm厚1:3水泥砂浆找平层。

③ 2mm厚聚氨酯防水涂膜周边上翻300mm。

④ 20～50mm厚C20细石混凝土向地漏找坡。

⑤ 纯水泥砂浆一道。

⑥ 现浇楼板。

(5) 地面做法如下。

① 3mm厚1:1水泥细砂浆贴500mm×500mm米黄色耐磨砖。

② 20mm厚1:3水泥砂浆找平层。

③ 120mm厚C20素混凝土。

④ 素土分层夯实。

5. 屋面

(1) 上人及不上人平屋面，排水坡度均为2%。

(2) 平屋面排水：屋面排水除注明外均采用建筑找坡作出排水沟的排水方式，雨水沟排水纵坡为1%。施工中需严格按照有关规定及时与有关工种协调配合，避免渗漏，确保排水畅通。平屋面构造做法详见99 J201－1有关节点及说明。

(3) 主体建筑均为块瓦坡屋面，构造做法详见00 J202－1坡屋面建筑构造(一)图集，有关做法详见相关节点及说明，要求施工单位仔细核对排气道风帽等出屋面构件，以免错漏。

(4) 凡上人屋面、露台的女儿墙顶或防护栏杆高度为1100mm，起算点为设栏杆处屋面面层临空部位的最高点，其余各点净高均大于1100mm。

(5) 屋面防水做法见图注并按所选标准图集及《屋面工程技术规范》GB 50345—2004有关要求施工。

(6) 屋面做法如下。

屋面1：不上人屋面(保温)。

① 1.5mm 厚氯化聚乙烯橡胶防水卷材。

② 20mm 厚 1:3 水泥砂浆找平。

③ 60mm 厚预制憎水珍珠岩保温层。

④ 2mm 厚聚氨酯防水涂膜。

⑤ 20mm 厚水泥砂浆找平层。

⑥ 1:6 水泥焦砟找坡，最薄处 30mm 厚。

⑦ 现浇钢筋混凝土屋面板。

屋面2：块瓦屋面(建议选用英红瓦)(保温)参考 00J 202—1。

注：保温层为 60mm 厚预制憎水珍珠岩，卷材为氯化聚乙烯橡胶防水卷材。找平层为 20mm 厚 1:3 水泥砂浆。

6. 门窗

(1) 本工程建筑外立面门窗均选用塑钢门窗，分格见门窗立面详图，色彩为墨绿色，窗为 5mm 厚，门为 6mm 厚的白玻璃。施工前需实测洞口尺寸，统一调整后再安装施工。

(2) 外窗窗台距地、楼面低于 0.9m 时，均加护窗栏杆。

(3) 户内门为木门，门洞宽：厨房、卫生间 800mm，其他房间 900mm，门洞高均为 2100mm。

(4) 外墙窗台窗楣、雨篷、压顶及突出墙面的腰线，均需上做流水坡，下做滴水线。

7. 油漆及防腐措施

(1) 所有预埋件均需做防腐防锈处理，预埋木砖、木构件需柏油防腐，露明铁件及金属套管，均刷红丹一度，防锈漆两度，对颜色有特殊要求见设计图。

(2) 木门满刮腻子，分户门采用树脂清漆，一底二面。其余木门采用调和漆，一底二面。

8. 其他

(1) 本设计图除注明外，标高以米(m)为单位，尺寸以毫米(mm)为单位。建筑图所注地面、楼面、楼梯平台、阳台、踏步面等标高均为建筑粉刷面标高，平屋面、露台为结构板面标高，坡屋面为块瓦面标高。

(2) 配电箱、消火栓墙面留洞，洞深为墙厚时，则背面均做钢板网粉刷，并增加 50mm 厚岩棉板防火。钢板网大于孔洞边均为 200mm，粉刷做法均同相邻房间墙面。

(3) 厨房、卫生间排气道必须严格按图施工。排气道及风帽均采用成品，产品标准及施工要求详见建筑标准设计图集及《住宅厨房卫生间变压式Ⅱ型排气道》03ZJ 903。排气道位置，尺寸详见施工标准图集，要求内壁平整、密实、不透风，以利于烟气排放通畅。风帽参照相关节点施工安装。

门　　表

序号	门编号	标准图编号	洞口尺寸(mm) 宽度	高度	数量 架空层	一层	二层	三层	四层	五层	六层	合计	备注
1	M—1		1500	2100	1							1	单元防盗门，（甲方自理）
2	M—2		1500	2000	1							1	架空层防盗门，（甲方自理）
3	M—3		1000	1860	12							12	钢门，（甲方自理）
4	M—4		1000	2100		2	2	2	2	2	2	12	入户保安门，（甲方自理）
5	M—5		1500	2400		2	2	2	2	2	2	12	塑钢推拉门，详本图
6	M—6		2100	2400		2	2	2	2	2	2	12	塑钢推拉门，详本图

窗　　表

序号	窗编号	标准图编号	洞口尺寸(mm) 宽度	高度	数量 架空层	一层	二层	三层	四层	五层	六层	合计	备注
1	C—1		600	500	4							4	塑钢窗，详见本图
2	C—2		1200	500	4							4	塑钢窗，详见本图
3	C—3		1500	500	6							6	塑钢窗，详见本图
4	C—4		1800	500	2							2	塑钢窗，详见本图
5	C—5		800	500		2	2	2	2	2	2	12	塑钢窗，详见本图
6	C—6		600	1500		4	4	4	4	4	4	24	塑钢窗，详见本图
7	C—7		1200	1500		4	4	4	4	4	4	24	塑钢窗，详见本图
8	C—8		1500	1500		4	4	5	5	5	4	27	塑钢窗，详见本图
9	C—9		2400	1500		2	2	2	2		2	10	塑钢窗，详见本图
10	C—10		1500	1200			1					1	塑钢窗，详见本图
11	C—11		1500	2500							1	1	塑钢窗，详见本图
12	C—12		2400	1200						2		2	塑钢窗，详见本图

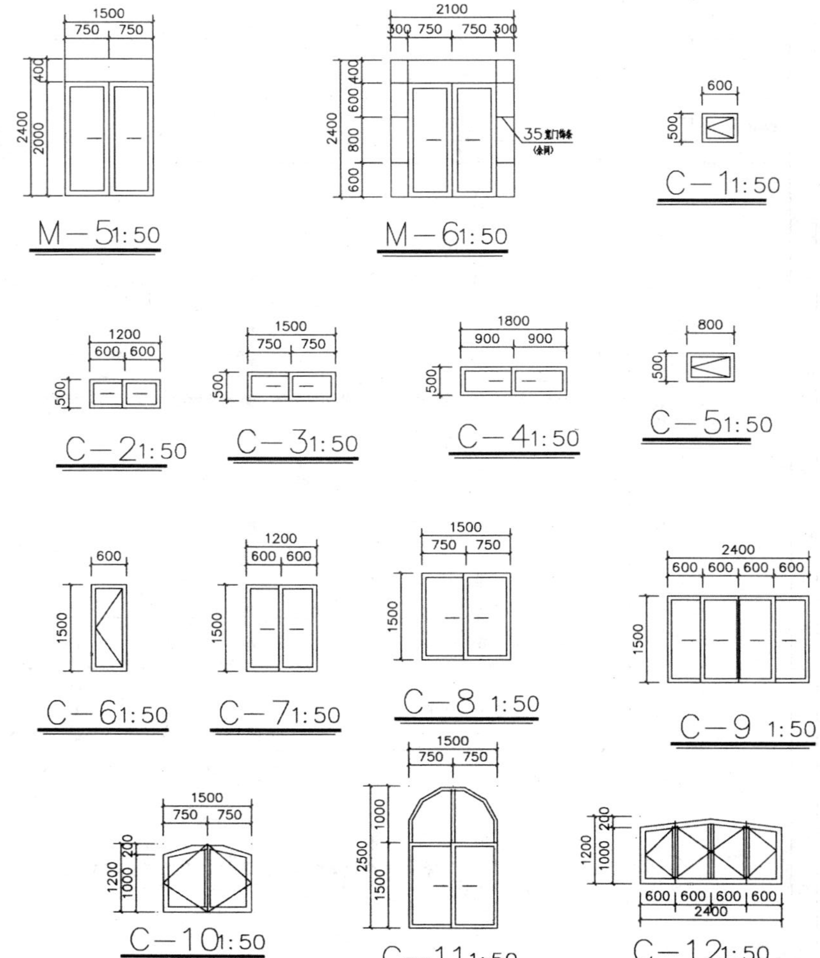

M—5 1:50　M—6 1:50　C—1 1:50　C—2 1:50　C—3 1:50　C—4 1:50　C—5 1:50　C—6 1:50　C—7 1:50　C—8 1:50　C—9 1:50　C—10 1:50　C—11 1:50　C—12 1:50

注：

1. 门窗为洞口尺寸，门窗樘尺寸经实测后则应作相应调整。
2. 所有外（塑钢）门窗框均为墨绿色，内（塑钢）门窗框均为白色，门窗饰条材质、颜色同门窗。
3. 架空层外窗均设护窗栅。

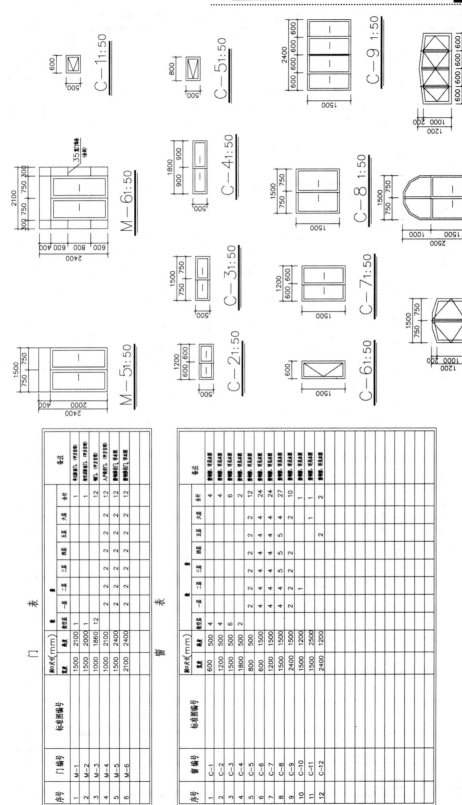

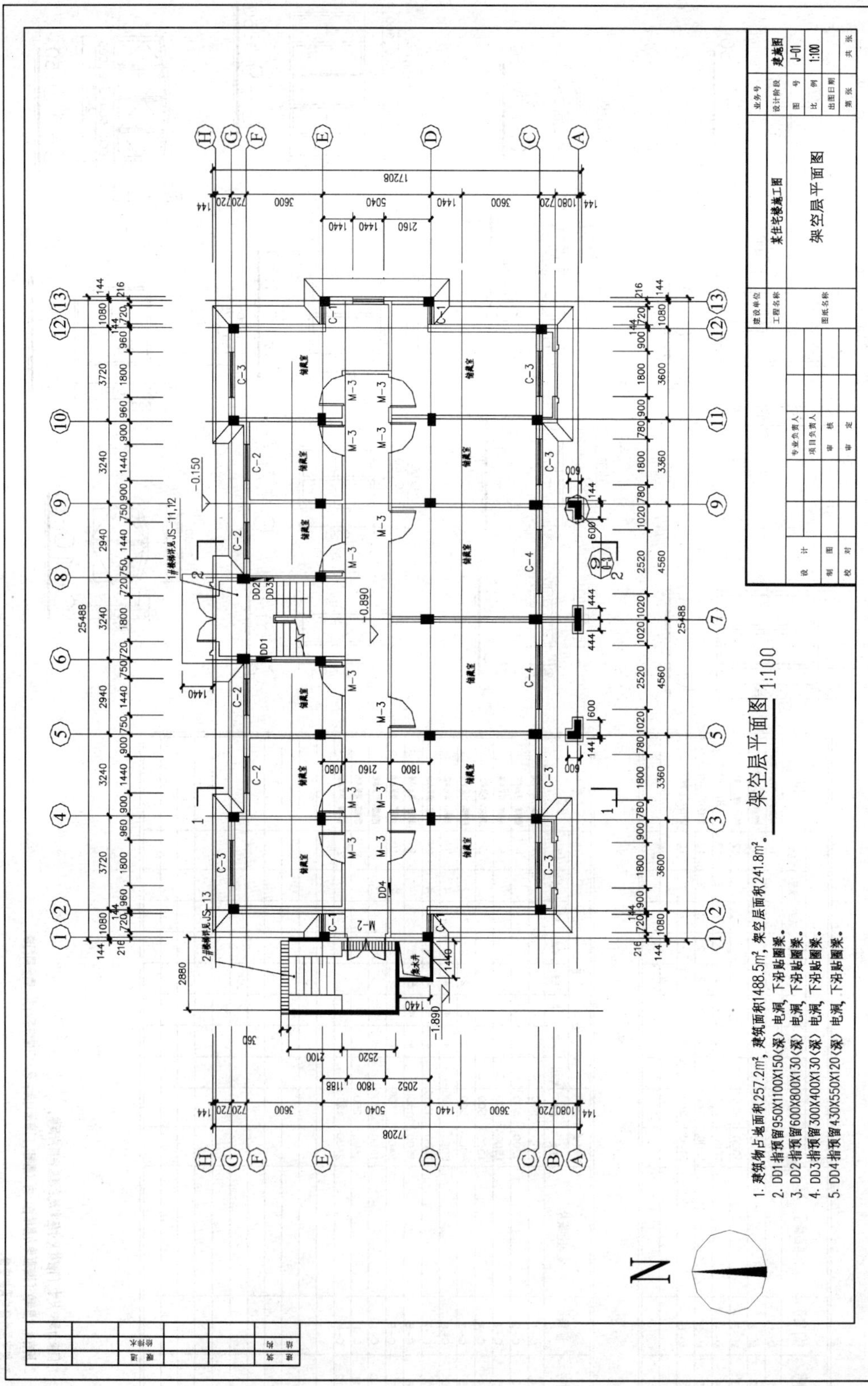
架空层平面图 1:100
1. 建筑物占地面积257.2m²，建筑面积1488.5m²，架空层面积241.8m²。
2. DD1指预留950X1100X150(深)电洞，下沿贴圈梁。
3. DD2指预留600X800X130(深)电洞，下沿贴圈梁。
4. DD3指预留300X400X130(深)电洞，下沿贴圈梁。
5. DD4指预留430X550X120(深)电洞，下沿贴圈梁。
N
建设单位
工程名称 某住宅楼施工图
图纸名称 架空层平面图
设计阶段 建施图
图号 J-01
比例 1:100
储藏室
1#楼梯详见JS-11,12
2#楼梯详见JS-13
25488
17208

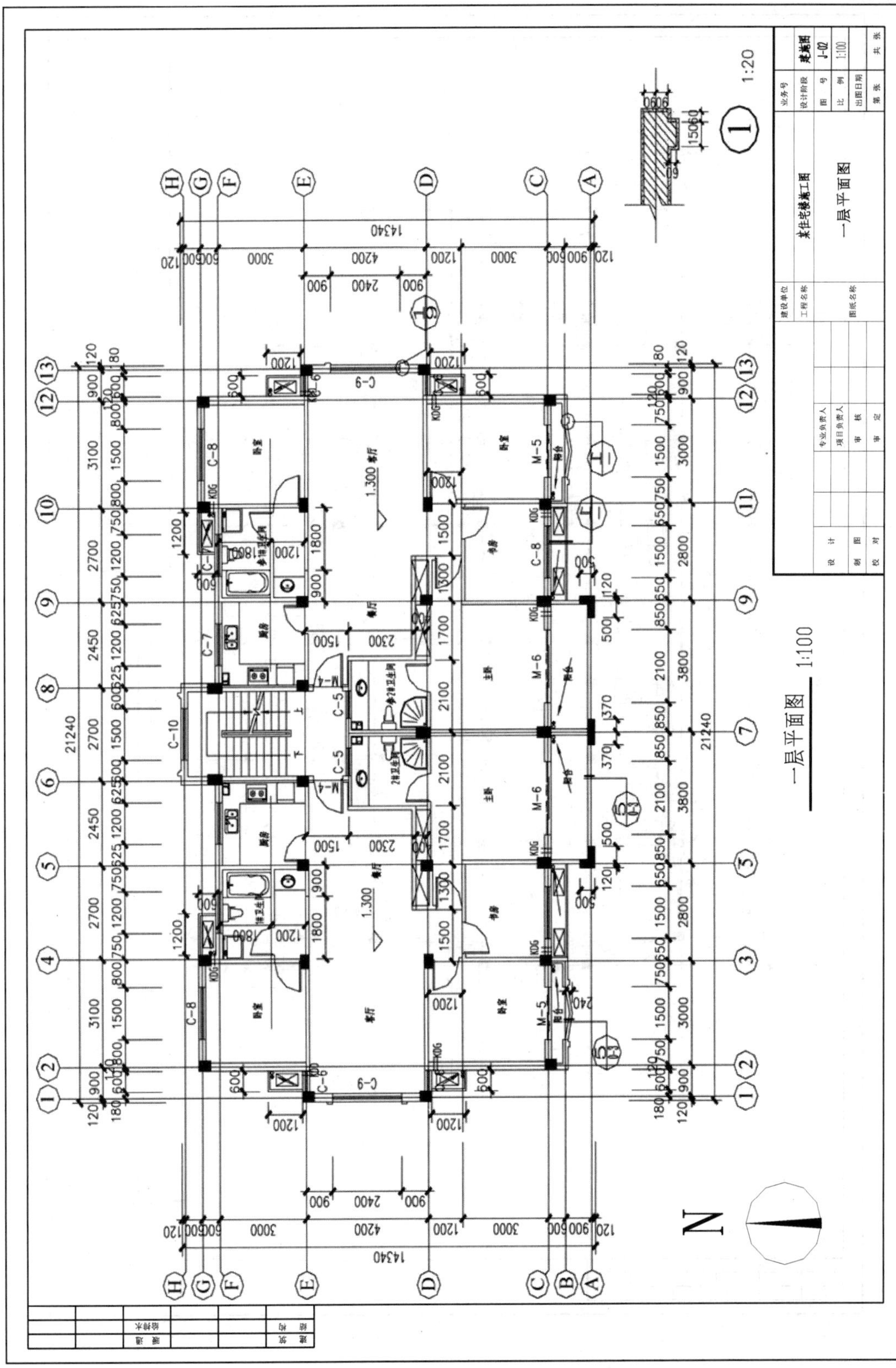

一层平面图 1:100
一层平面图
某住宅楼施工图

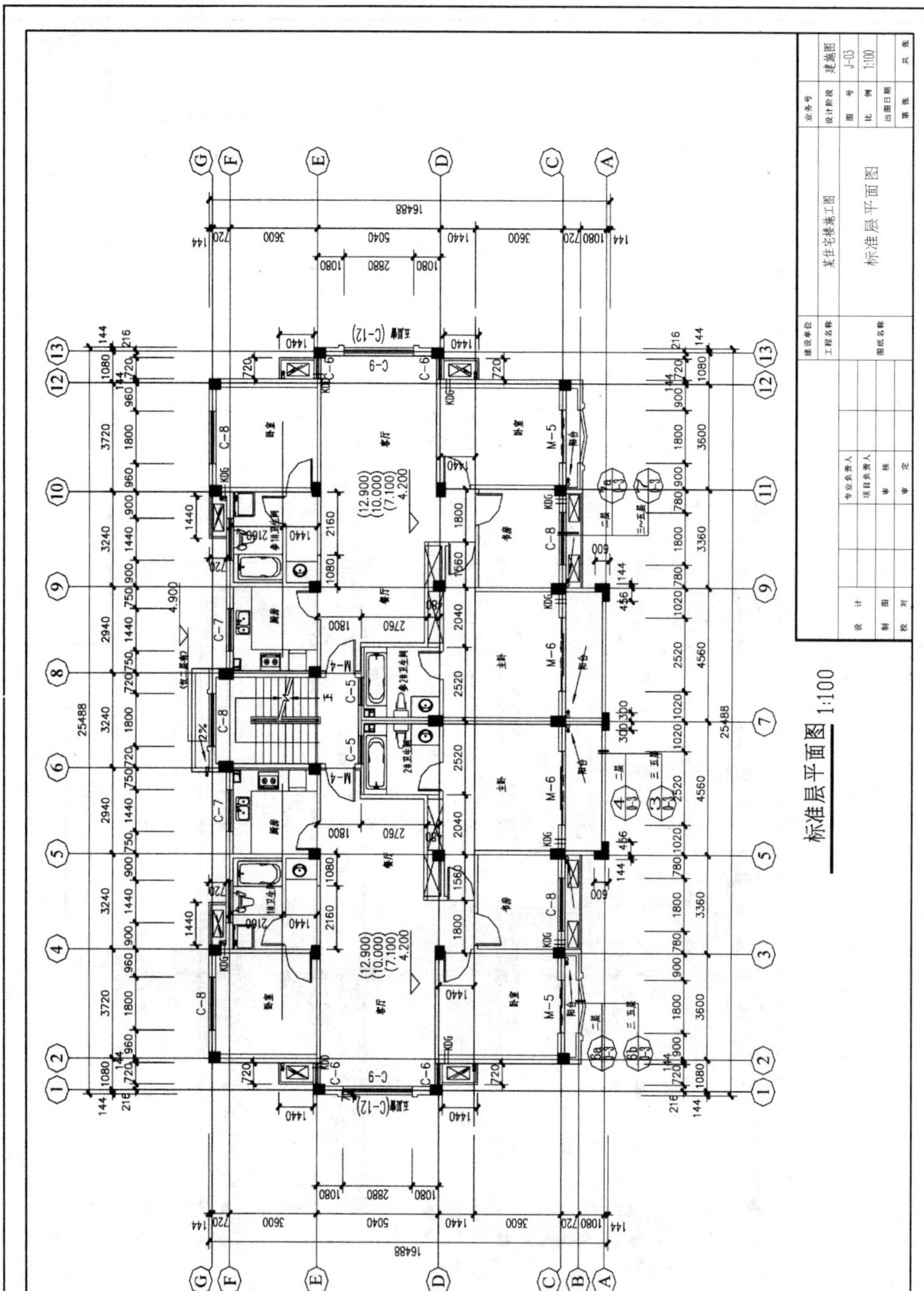
标准层平面图 1:100
某住宅楼施工图
标准层平面图
J-03
1:100
25488
16488

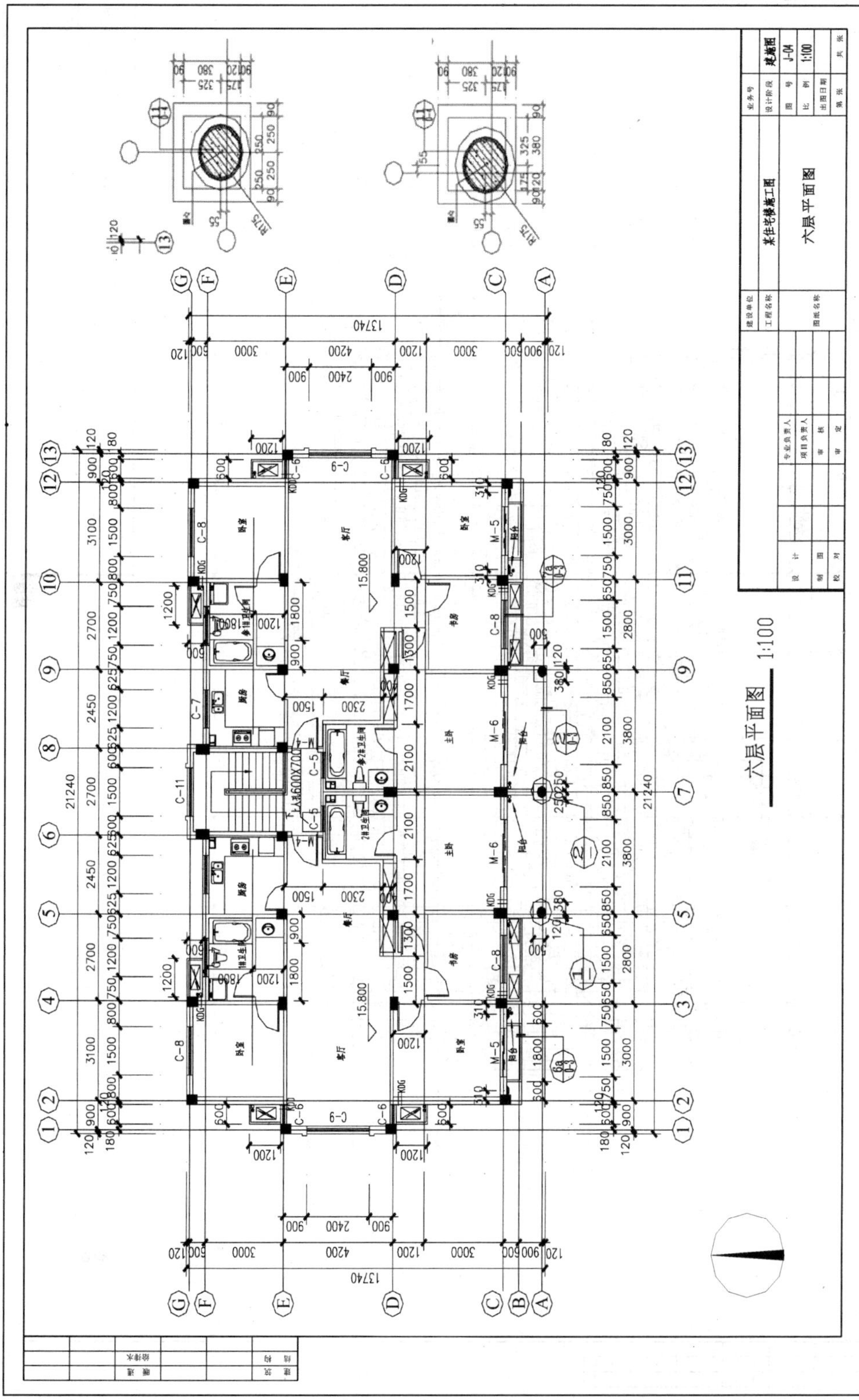
六层平面图 1:100
某住宅楼施工图
六层平面图
建施图
J-04
1:100
13740
21240

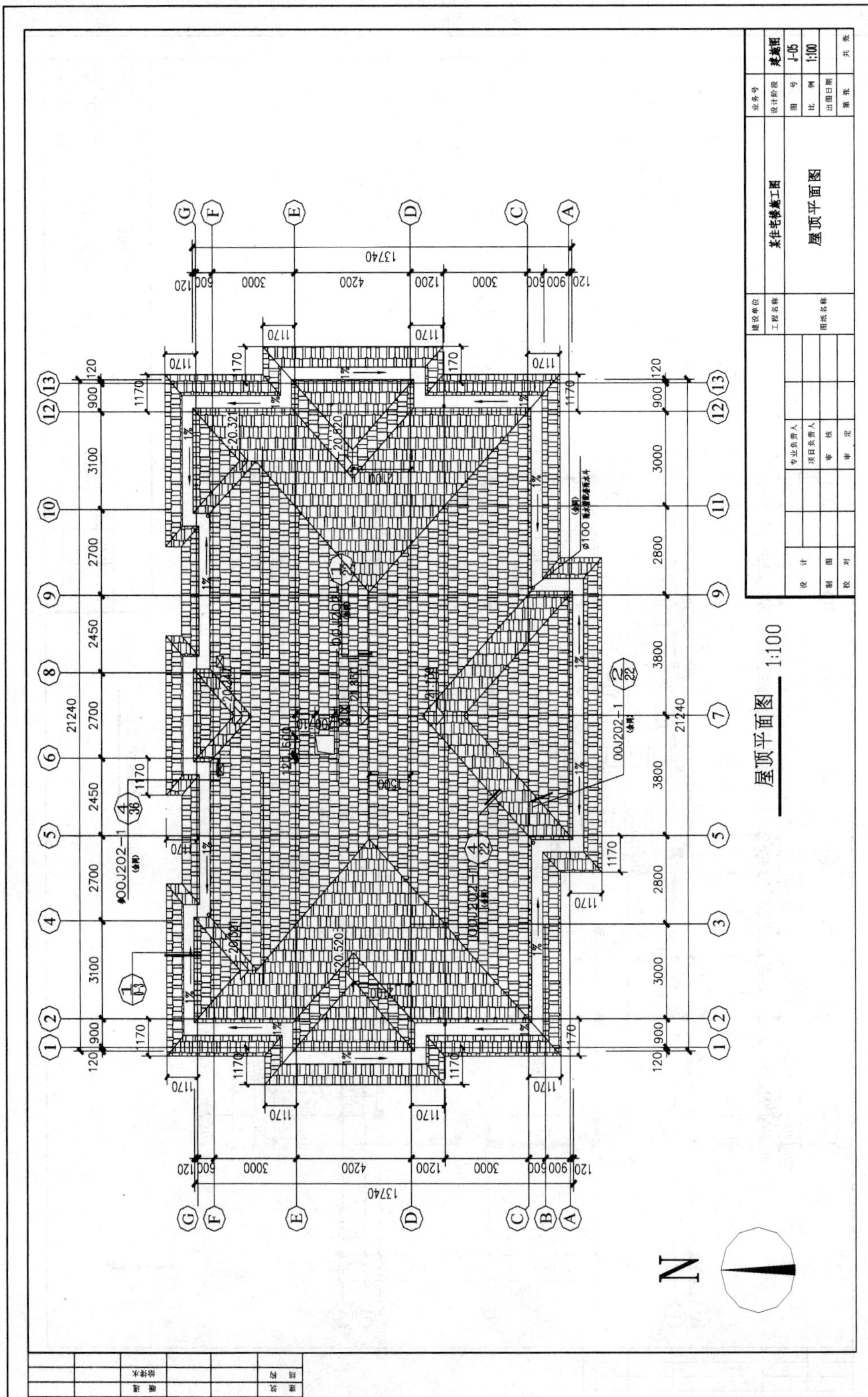
屋顶平面图 1:100
某住宅楼施工图
屋顶平面图
建施图
J-05
1:100
N

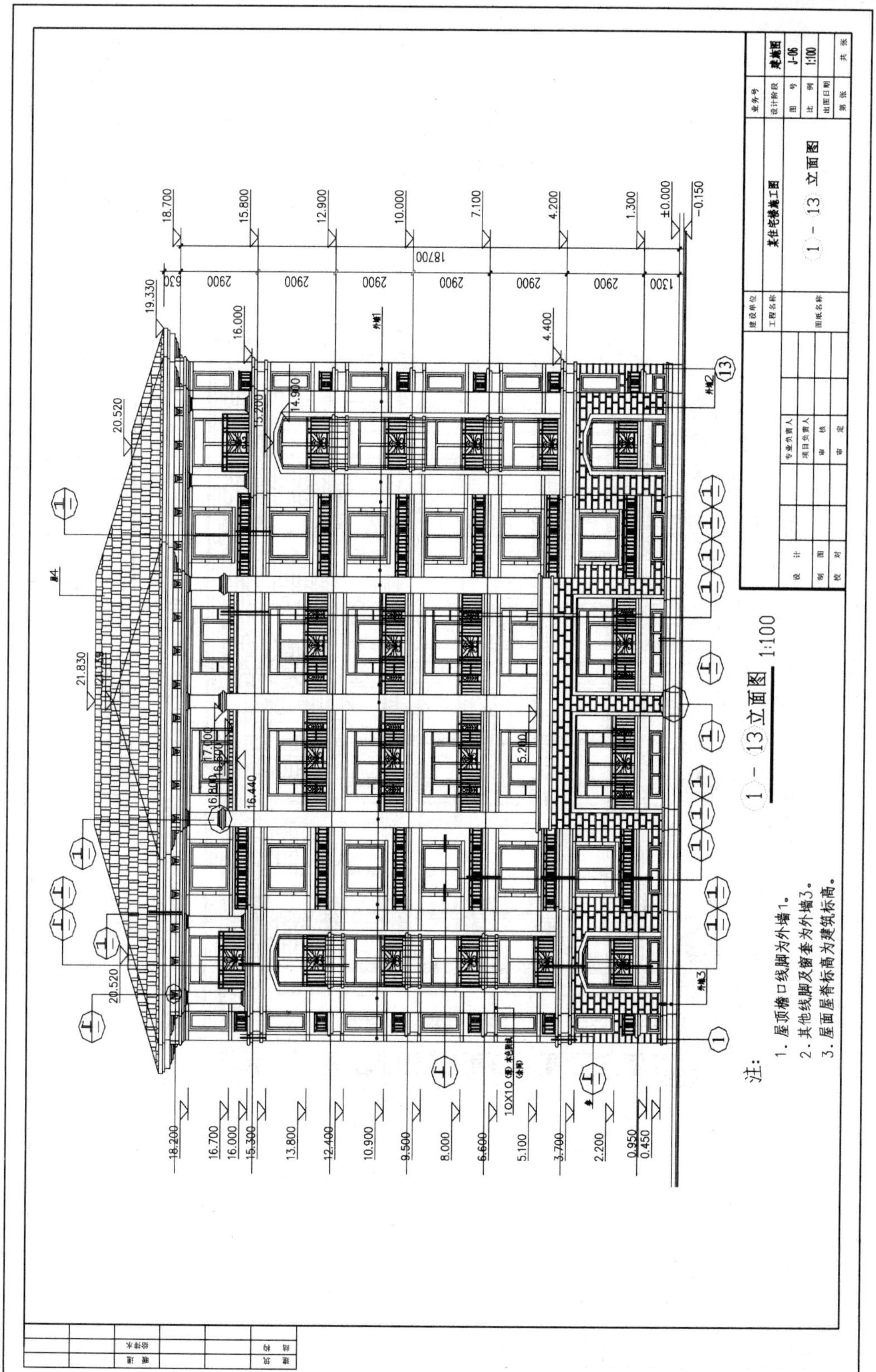

1 - 13 立面图 1:100
注：
1. 屋顶檐口线脚为外墙1。
2. 其他线脚及窗套为外墙3。
3. 屋面屋脊标高为建筑标高。
18.700
15.800
12.900
10.000
7.100
4.200
1.300
±0.000
-0.150
18700
630
2900
1300
19.330
16.000
4.400
20.520
21.830
14.900
15.200
17.000
16.800
16.440
5.200
18.200
16.700
15.300
13.800
12.400
10.900
9.500
8.000
6.600
5.100
3.700
2.200
0.950
0.450
外墙1
外墙2
外墙3
屋4
建设单位
工程名称
某住宅楼施工图
图纸名称
1 - 13 立面图
业务号
设计阶段
建施图
图号
J-06
比例
1:100
出图日期
第 张
共 张
专业负责人
项目负责人
审核
审定
设计
制图
校对

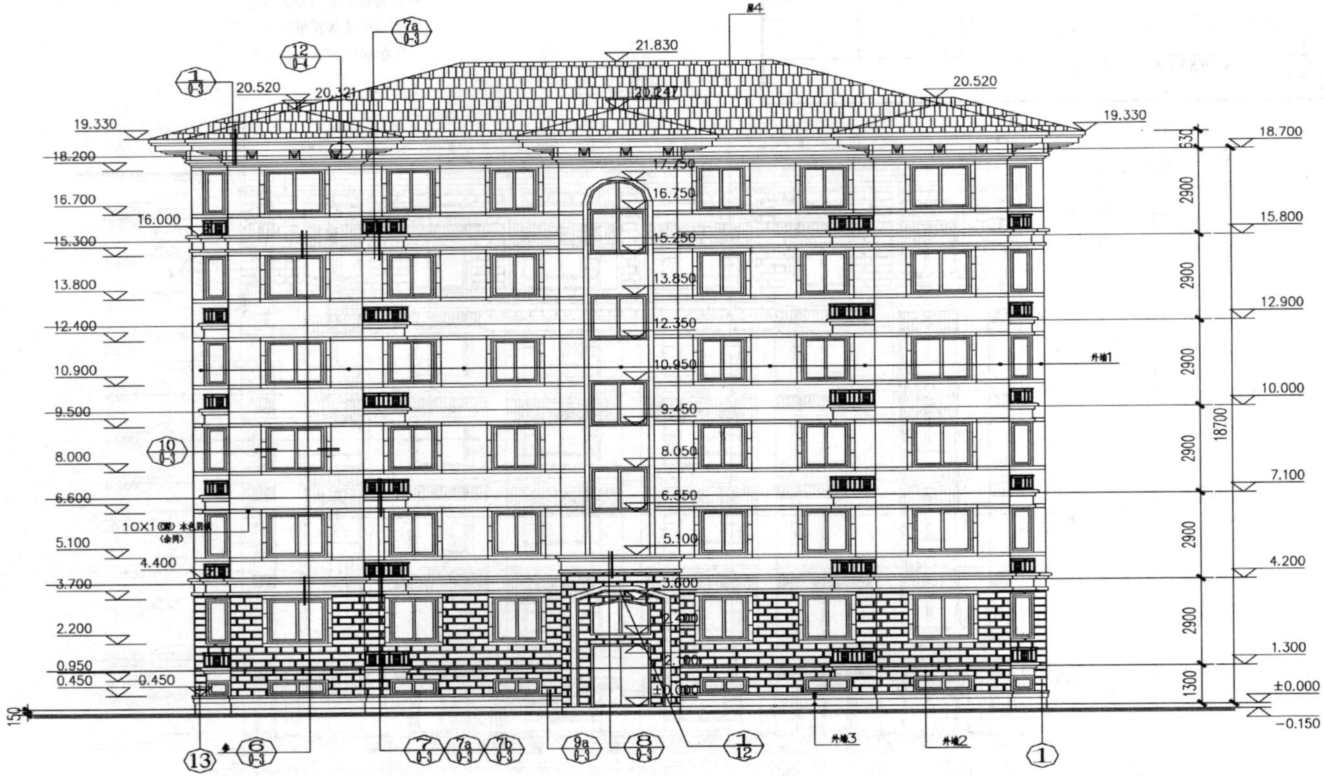

注：

1. 屋顶檐口线脚为外墙1。
2. 其他线脚及窗套为外墙3。
3. 屋面屋脊标高为建筑标高。

13 - 1 立面图 1:100

		建设单位		业务号	
		工程名称	某住宅楼施工图	设计阶段	建施图
设计	专业负责人			图号	J-07
	项目负责人	图纸名称	13 - 1 立面图	比例	1:100
制图	审核			出图日期	
校对	审定			第 张	共 张

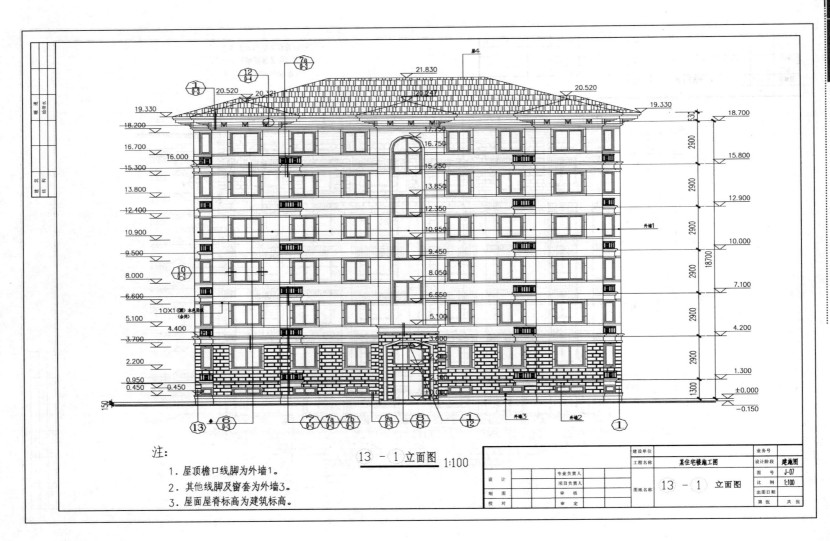

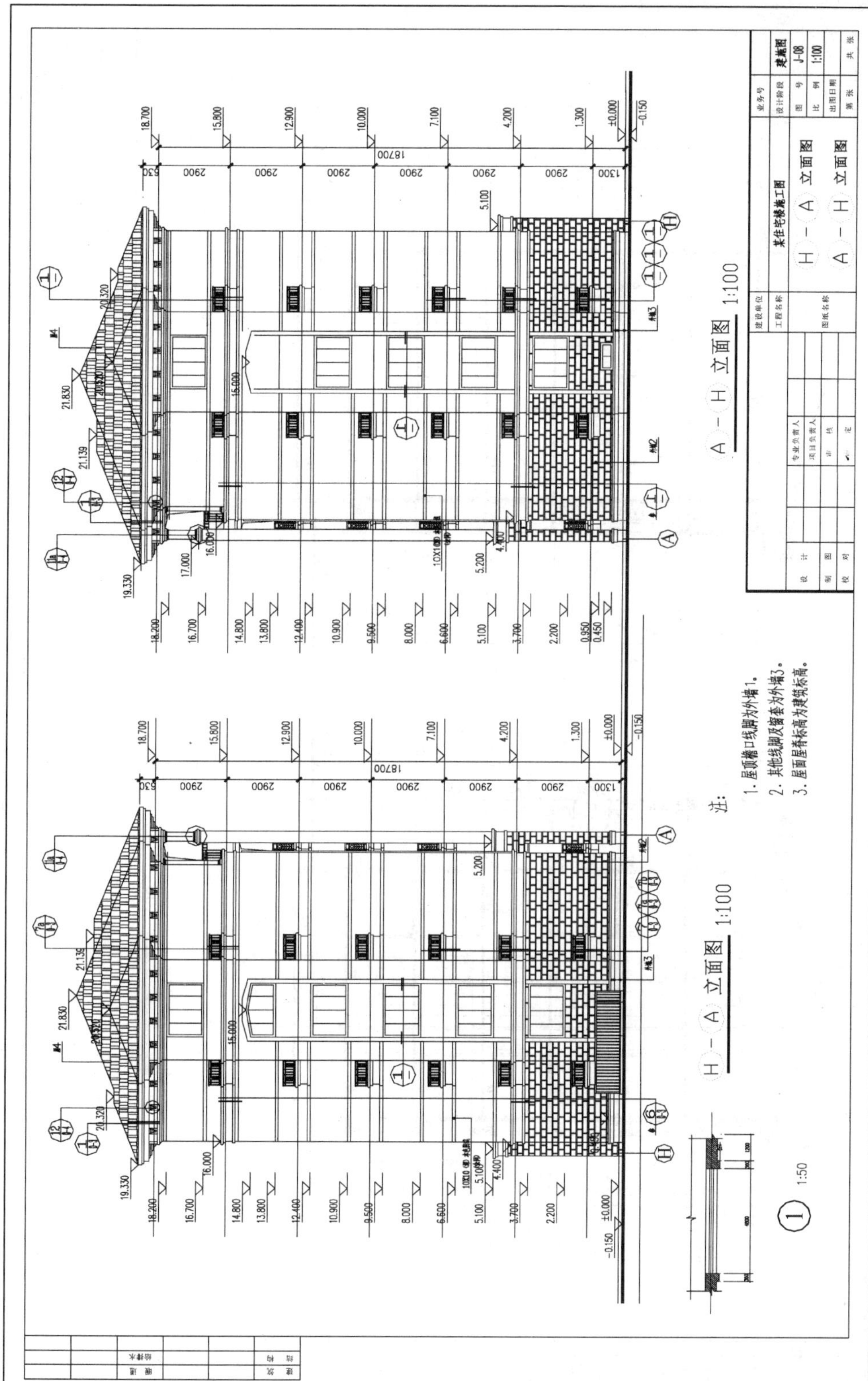
A－H 立面图 1:100
H－A 立面图 1:100
注：
1. 屋顶檐口线脚为外墙1。
2. 其他线脚及窗套为外墙3。
3. 屋面屋脊标高为建筑标高。
① 1:50
工程名称 某住宅楼施工图
图纸名称 H－A 立面图 A－H 立面图
设计阶段 建施图
图号 J-08
比例 1:100
18700
2900
1300
530
18.700
15.800
12.900
10.000
7.100
4.200
1.300
±0.000
-0.150

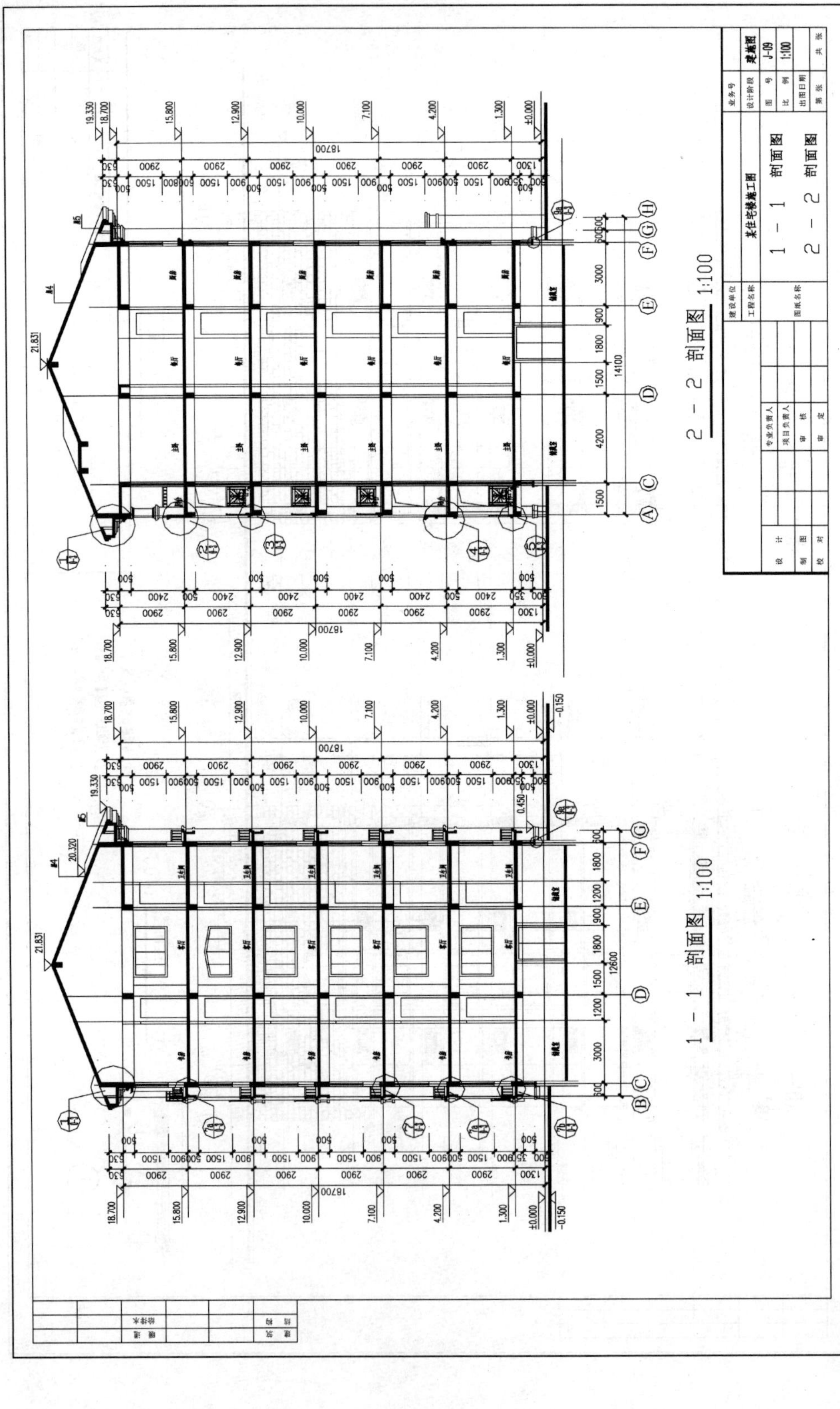
2 - 2 剖面图 1:100
1 - 1 剖面图 1:100
某住宅楼施工图
1 - 1 剖面图
2 - 2 剖面图
建施图
J-09
1:100

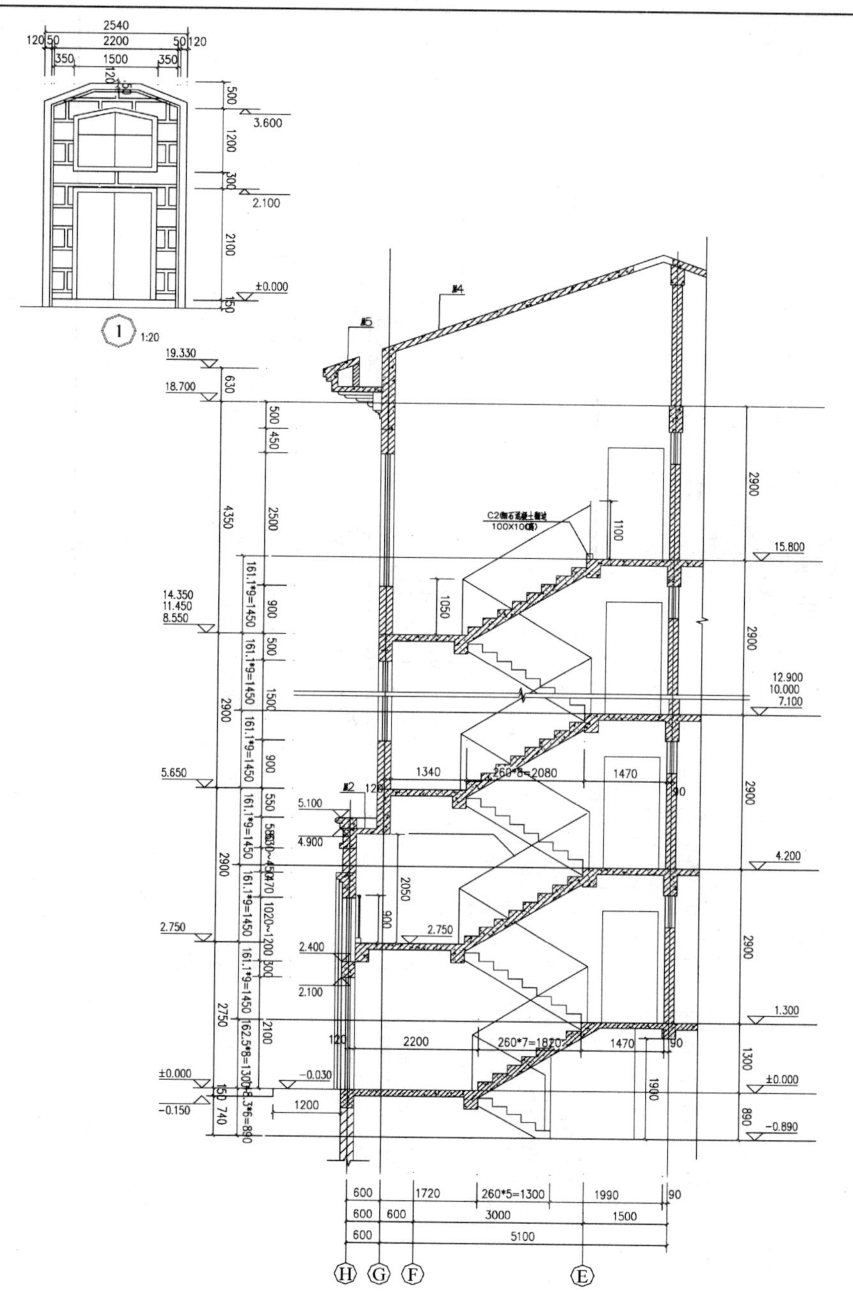

A—A剖面图 1:100

					建设单位		业务号	
					工程名称	某住宅楼施工图	设计阶段	建施图
设计			专业负责人		图纸名称	A—A剖面图	图号	J-10
			项目负责人				比例	1:100
制图			审核				出图日期	
校对			审定				第 张	共 张

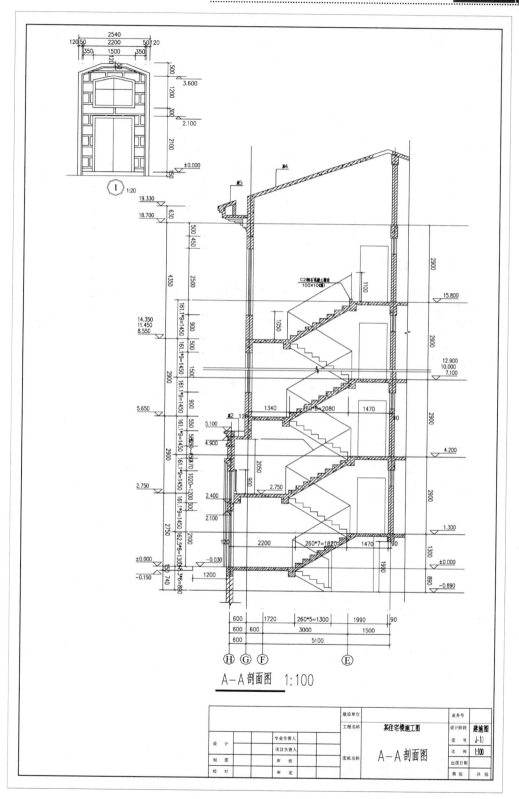

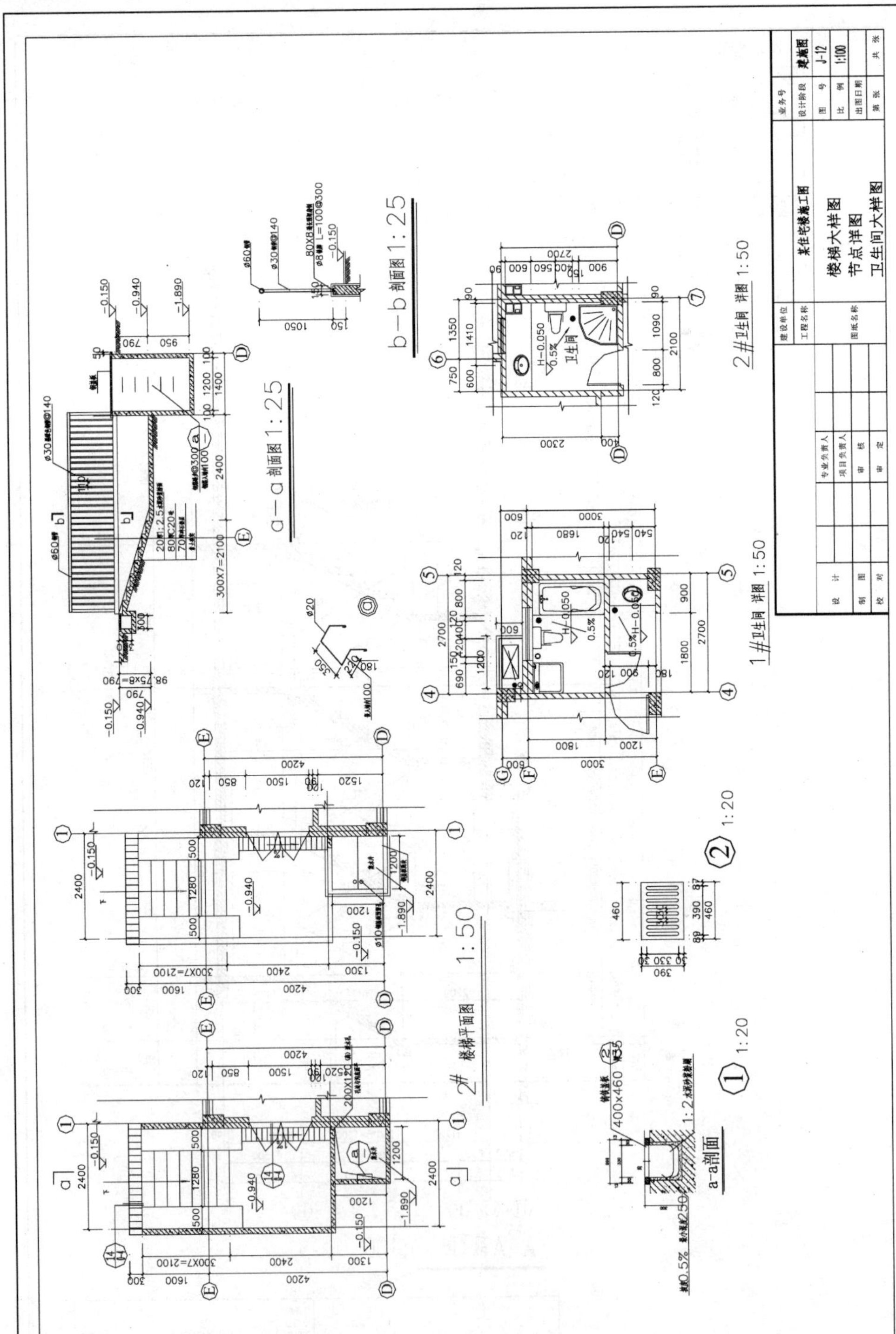
某住宅楼施工图
楼梯大样图
节点详图
卫生间大样图
J-12
1:100
建施图
a—a 剖面图 1:25
b—b 剖面图 1:25
2# 楼梯平面图 1:50
1# 卫生间 详图 1:50
2# 卫生间 详图 1:50
a-a剖面
1:20

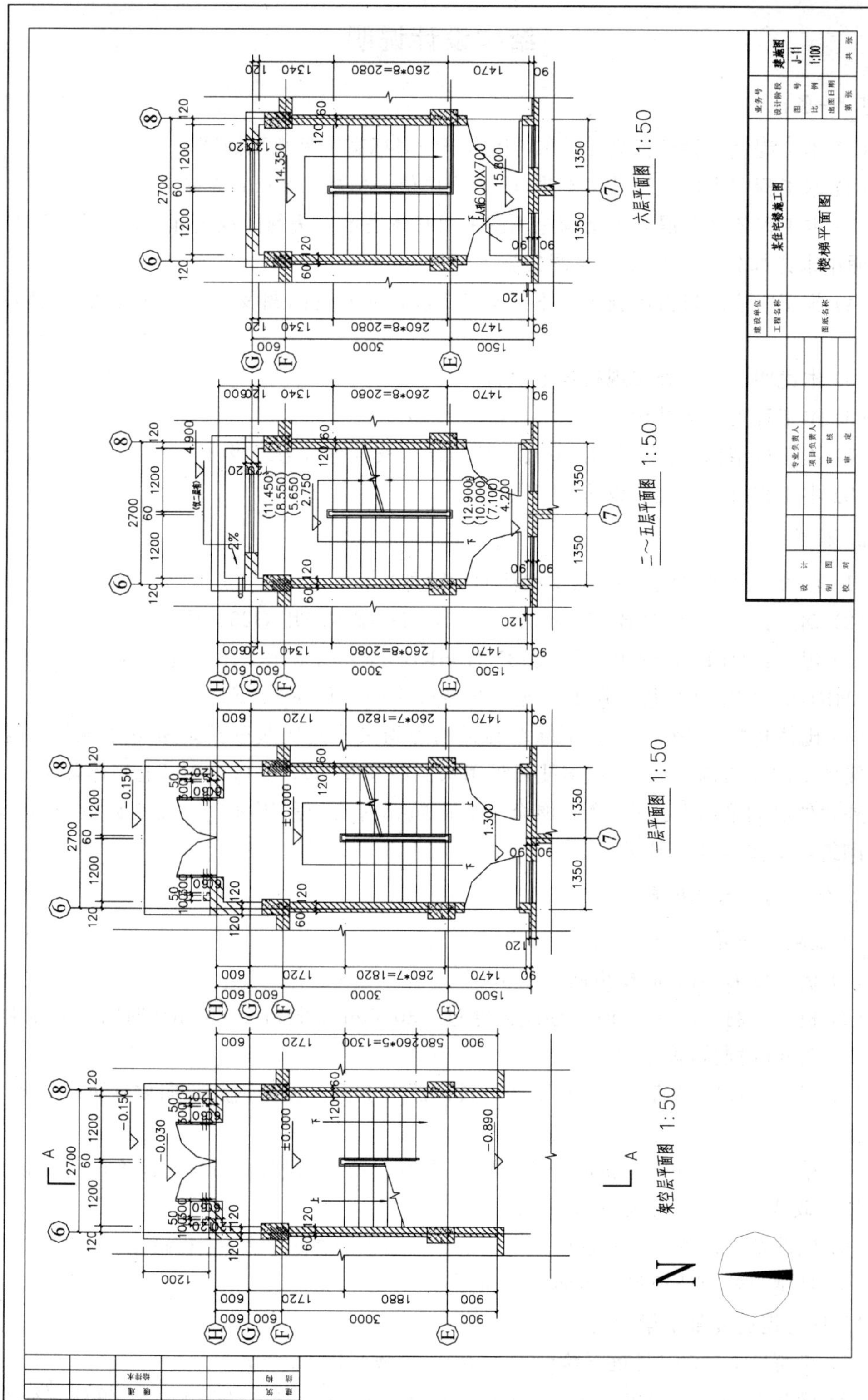

架空层平面图 1:50
一层平面图 1:50
二～五层平面图 1:50
六层平面图 1:50
某住宅楼施工图
楼梯平面图
建施图
J-11
1:100

结构设计说明

1. 一般说明

(1) 本工程室内设计标高±0.000 相当于绝对标高，见总平面图。

(2) 本工程图中所注尺寸以毫米(mm)为单位，标高以米(m)为单位。

(3) 本工程依据《混凝土结构施工图平面整体表示方法制图规则和构造详图 03G101》，总说明中未详部分按 03G101－1 图集施工。

(4) 施工时应严格按图施工，不得擅自更改，如发现问题及时与设计院联系共同商榷解决。

(5) 本说明未尽之处按现行规范执行。

(6) 本工程为框架结构。

(7) 本工程结构设计年限为 50 年，建筑结构安全等级为二级。

(8) 本工程按 6 级抗震设防。

2. 材料

(1) 混凝土强度等级为 C25(文中注明的除外)。

(2) 钢筋：Φ 表示 HPB235，ф表示 HRB335；型钢采用 Q235 钢材。

(3) 焊条：HPB235 之间、HPB235 与 HRB335 之间采用 E43 型电焊条(E4301、4303 等)，HRB335 钢之间焊接采用 E50 型电焊条(E5001、E5003、E5011 等)。

(4) 砌体材料：±0.000 以下除单独说明外均采用蒸压灰砂砖，M10 水泥砂浆砌筑，同等级砂浆双面粉刷 20mm 厚(多孔砖需用水泥砂浆灌实)，±0.000 以上砌体除单独设计标明外，外墙均采用多孔砖，M5 混合砂浆砌筑，内墙均采用加气混凝土砌块，M5 混合砂浆砌筑，砌体等级为 B 级。

3. 结构构件基本规定

1) 现浇钢筋混凝土板构造

(1) 板跨度 $L \geqslant 4$m 时模板起拱 $1/400L$。

(2) 板上开洞≤300mm 时钢筋绕洞穿过，300mm < 洞口 < 800mm 时需配置加强筋，洞口≥800mm 时洞口设边梁。

(3) 双向板板底钢筋短向放在下面，长向放在上面。板面钢筋长向放在下面，短向放在上面。

(4) 单向板的分布筋须满足单位宽度上受力钢筋截面积的 15%及该方向板截面面积 0.15%，取两者较大值并大于 Φ6@250。

(5) 钢筋接头位置：板底钢筋在支座处，板面钢筋在 1/3～1/2 板跨处。

(6) 悬挑板转角处须附加板面放射筋。

2) 现浇钢筋混凝土梁构造

(1) 梁跨度 $L > 6$m(悬挑梁跨度 $L \geqslant 2$m)时模板起拱 $1/500L$。

(2) 梁截面高度 $h \geqslant 800$mm 时，箍筋直径 $d_{min} \geqslant 8$mm；$h < 800$mm 时，箍筋直径 $d_{min} \geqslant$ 6mm(注明者除外)。

(3) 梁腹板高度 $h_w \geqslant 450$mm 时须在梁两侧设置腰筋，除注明外腰筋面积 $A_s \geqslant 0.1\% b \times h_w$ 且≥2Φ12，间距≤200mm。

3) 现浇混凝土柱构造

(1) 柱中纵向受力钢筋除注明外直径 $d_{min} \geqslant 12$mm，净间距≥500mm，中间距非震区≤300mm，抗震区≤200mm。

(2) 箍筋最小直径≥$1/4d_{max}$且≥6mm，柱中全部纵向受力筋的配筋率≥3%，箍筋最小直径≥8mm，间距 $a \leqslant 10d_{min}$且≤200mm。

(3) 柱截面短边尺寸>400mm 且各向纵向钢筋多于 3 根或截面短边尺寸<400mm 且各边纵向钢筋多于 4 根时，应设置复合筋。

(4) 抗震区，抗震等级为一、二级角柱箍筋沿全高加密，当层净高与柱截面最大边之比 $H_0/h_{max} \leqslant 4$ 时箍筋全长加密。

4. 其他规定

(1) 荷载：卧室、客厅、厨房、餐厅、露台 2.0kN/m^2，阳台 2.5kN/m^2，不上人屋面 0.5kN/m^2，上人屋面 2.0kN/m^2。

(2) 施工中如需修改设计，必须经设计单位同意，由设计单位发出修改通知书，然后以此为依据进行施工。

(3) 本设计图应同有关各专业图纸密切配合。施工单位须组织技术交底，按国家有关验收规范进行施工。

(4) 凡本工程说明及图纸未详之处，均按国家有关规程、规范及规定和工程建设标准强制性条文执行。

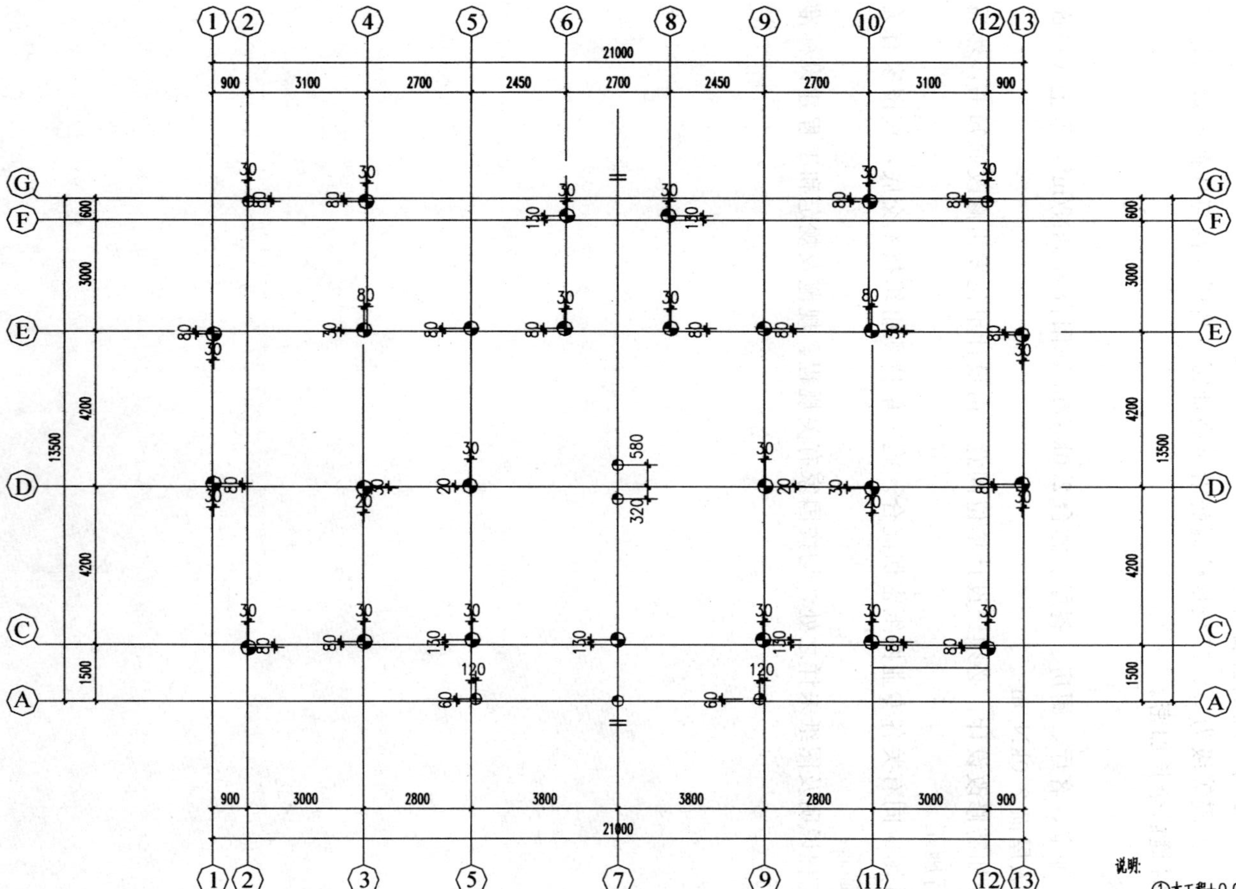

桩位平面布置图

说明:

①本工程±0.000相当于黄海高程(绝对标高)详建筑总图;

②桩采用预应力管桩,图集号为03SG409;

③管桩有效桩长暂定为12m,未注明的桩顶标高为-1.750;

④参考《工程岩土工程勘察报告》(工程代号:06-95)桩承载力预估值;

⑤桩基图纸需有正式地质报告并得到设计院同意后方可生效,施工前应先进行试桩;达到设计要求方可进行大面积桩基施工;

⑥桩动测及静载试验由小区统一确定。

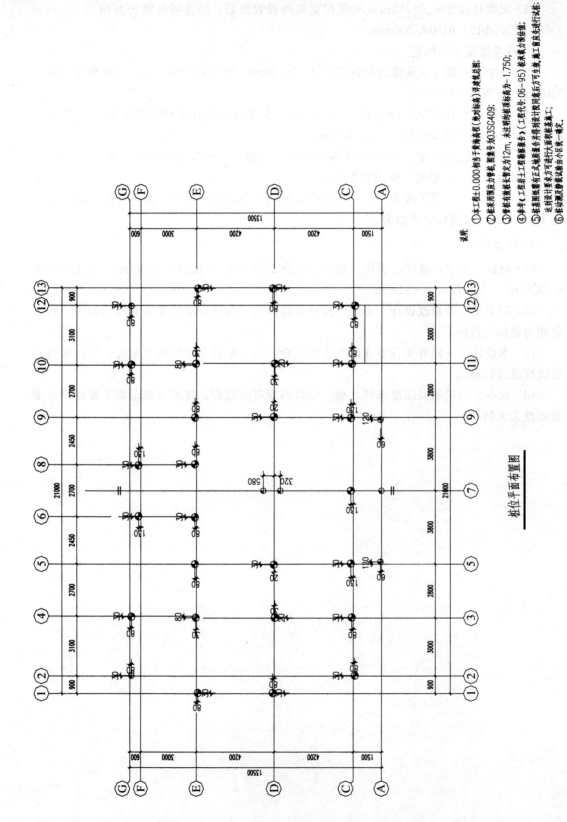

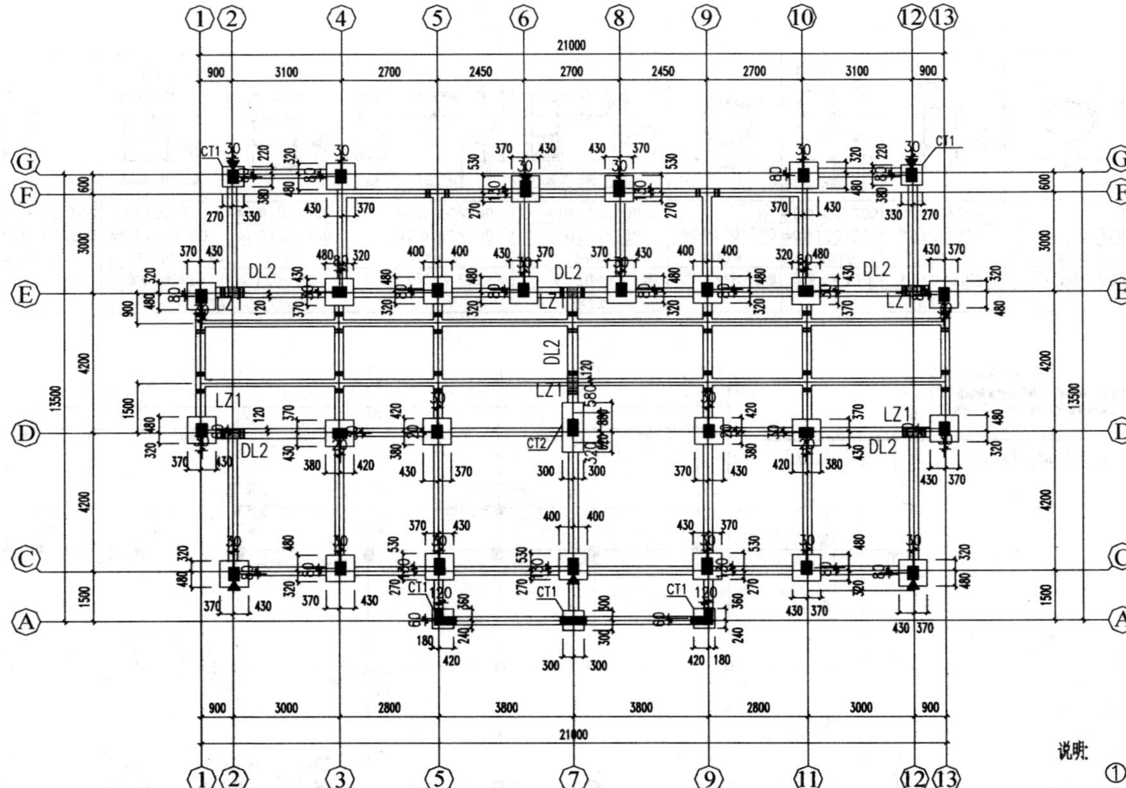

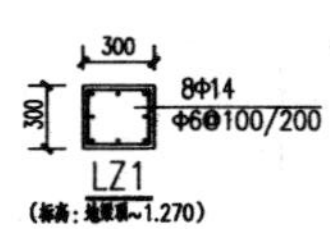

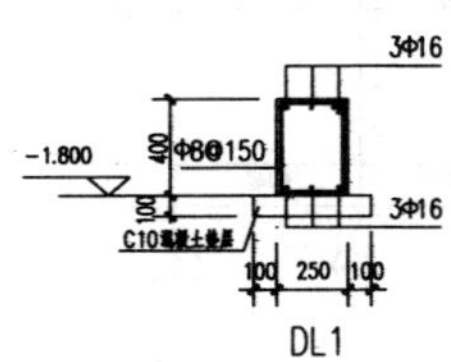

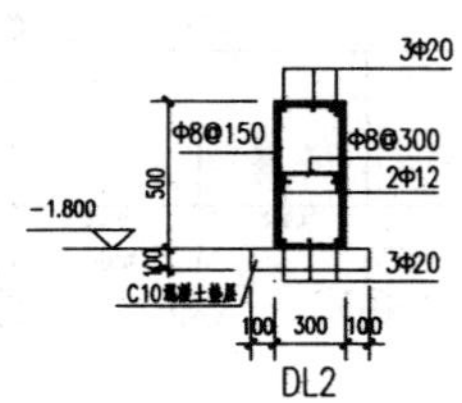

基础平面布置图

说明:

① ±0.000相当于绝对标高详建筑;
② 未注地梁均为DL1,未注承台均为CT1a;
③ 地梁及承台混凝土采用C25;
④ ▼表示沉降观测点,共6点;
⑤ 承台底标高为-1.800,详图见通用图G-2;
⑥ 地梁钢筋在中间承台处拉通,在边承台处锚入柱中;
⑦ 主次梁交接处主梁位置设加密箍筋6个,规格同主梁,间距为50mm。

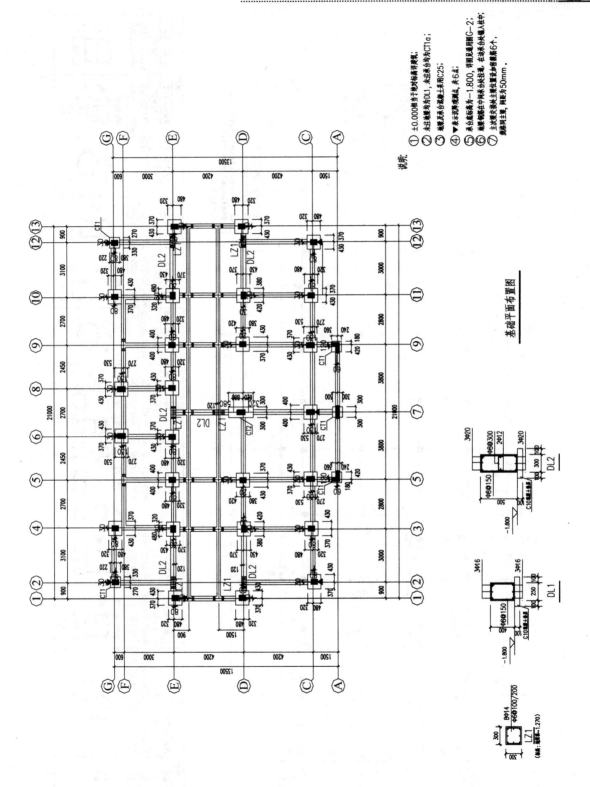

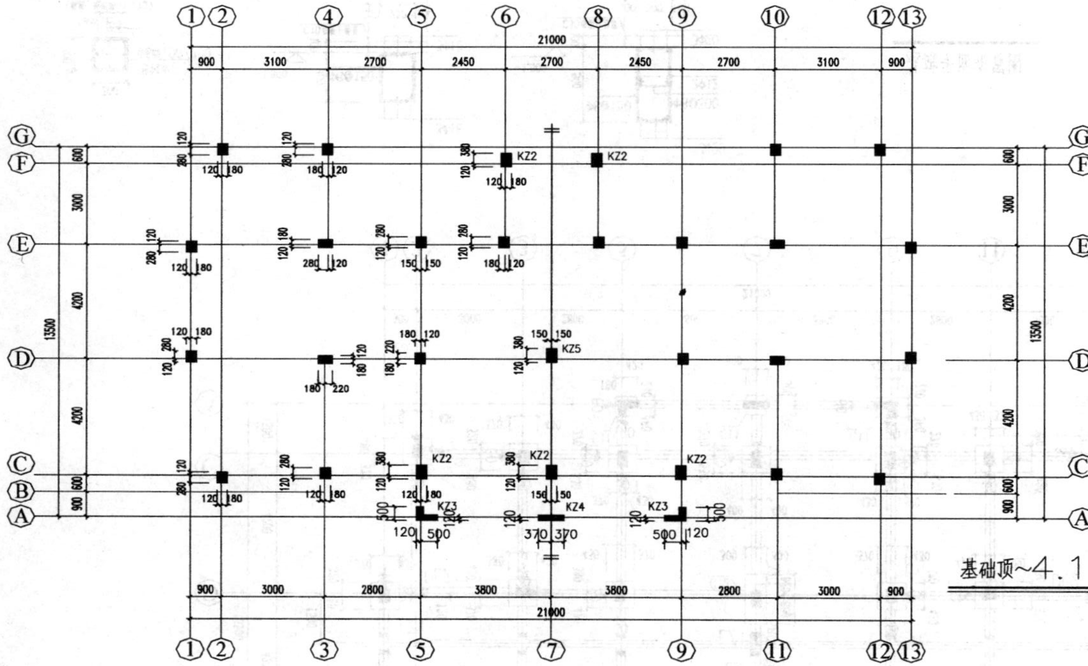

层号	标高	层高 H (m)
屋面		
7	18.670	2.550
6	15.770	2.900
5	12.870	2.900
4	9.970	2.900
3	7.070	2.900
2	4.170	2.900
1	1.270	2.900
−1	−0.920	2.190

基础顶~4.170柱结构平面布置图

注：① 底层1/3层高以下柱内箍筋间距全程加密至100；
② 楼梯间周边柱内箍筋间距全程加密至100；
③ 未注明的柱为KZ1。

柱编号	KZ1		KZ2		KZ3			KZ4			KZ5	
标高	基底~4.170	4.170~屋顶	基底~4.170	4.170~屋顶	基底~4.170	4.170~15.770	15.770~屋顶	基底~4.170	4.170~15.770	15.770~屋顶	基底~4.170	4.170~屋顶
主筋	4Φ16+4Φ18(角)		6Φ16+4Φ18(角)	8Φ16	14Φ16	12Φ16	6Φ14	10Φ16	8Φ16	6Φ14	12Φ20	8Φ20
箍筋	Φ8@100/200	Φ6@100/200	Φ8@100/200	Φ6@100/200	Φ8@100/200	Φ6@100/200	Φ6@100/200	Φ8@100/200	Φ6@100/200	Φ6@100/200	Φ8@100/200	Φ6@100/200
拉筋	Φ8@100/200	Φ6@100/200	Φ8@100/200	Φ6@100/200	Φ8@100/200	Φ6@100/200		Φ8@100/200	Φ6@100/200		Φ8@100/200	Φ6@100/200
截面												

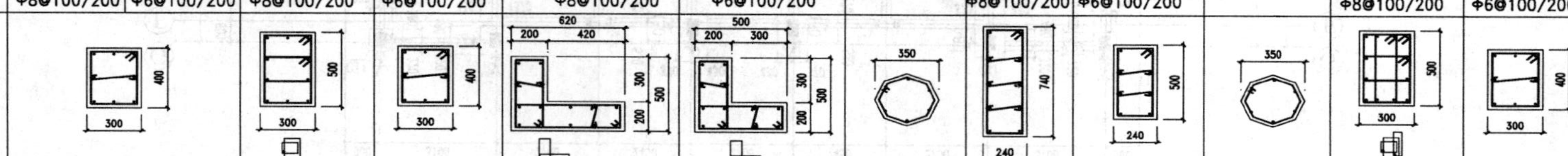

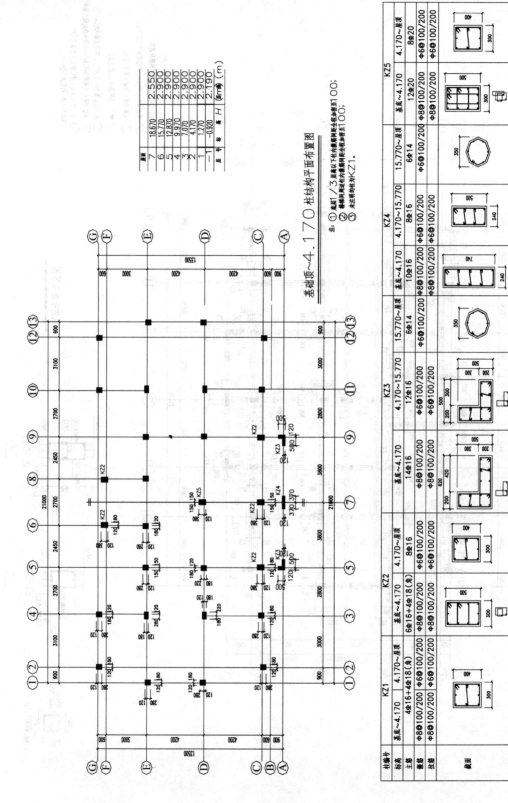

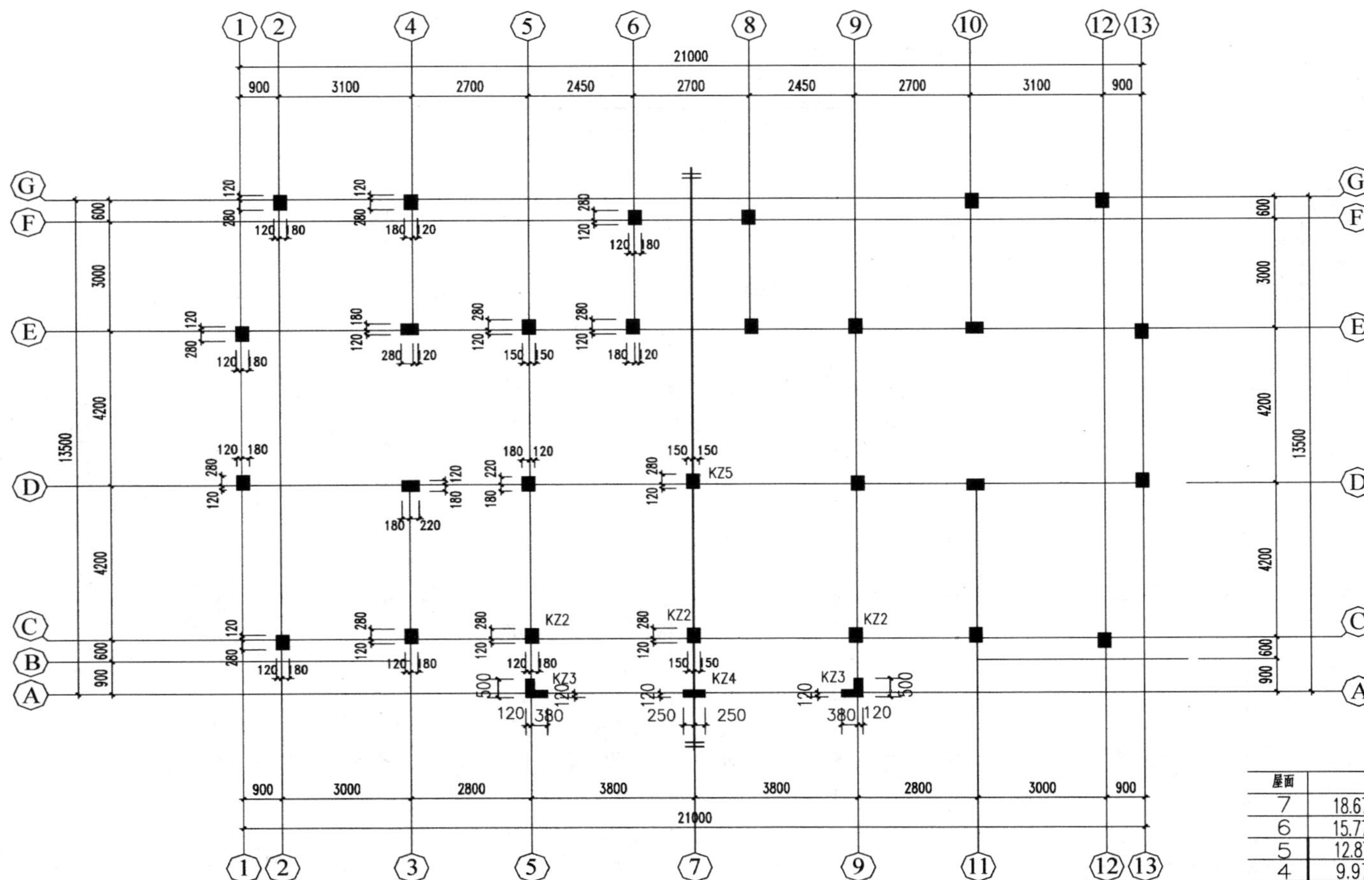

4.170~15.770柱结构平面布置图

层号	标高	H (m)
屋面		
7	18.670	2.550
6	15.770	2.900
5	12.870	2.900
4	9.970	2.900
3	7.070	2.900
2	4.170	2.900
1	1.270	2.900
—1	-0.920	

注：

① 楼梯间周边柱内箍筋间距全程加密至100；

② 未注明的柱为KZ1。

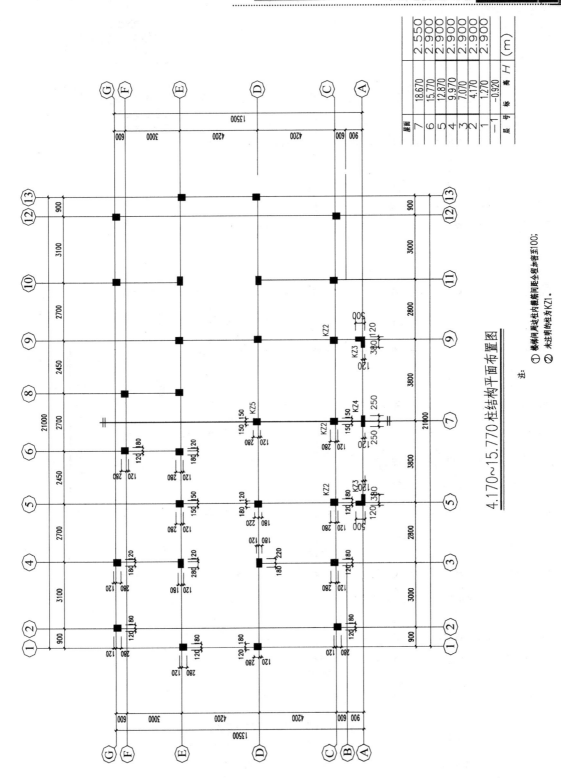

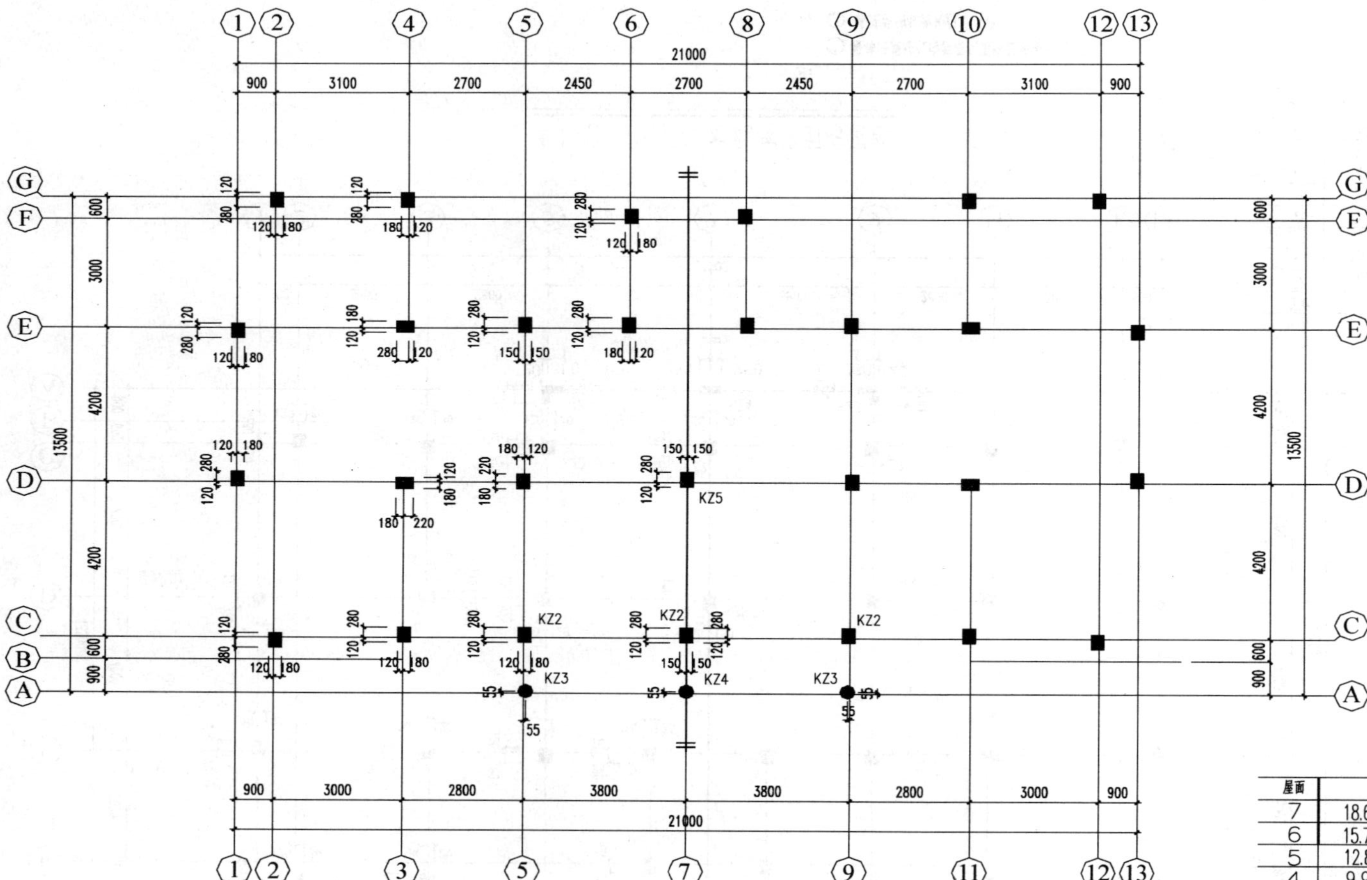

屋面		
7	18.670	2.550
6	15.770	2.900
5	12.870	2.900
4	9.970	2.900
3	7.070	2.900
2	4.170	2.900
1	1.270	2.900
−1	−0.920	
层号	标高 H	(m)

15.770～屋面柱结构平面布置图

注：

① 楼梯间周边柱内箍筋间距全程加密至100;

② 未注明的柱为KZ1。

层号	标高 H	(m)
屋面		
7	18.670	2.550
6	15.770	2.900
5	12.870	2.900
4	9.970	2.900
3	7.070	2.900
2	4.170	2.900
1	1.270	2.900
−1	−0.920	

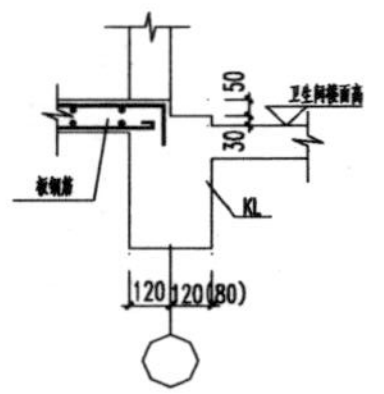

卫生间降梁处理

以上各层同

编号	截面	梁面配筋	梁底配筋	箍筋	备注
L1	240x300	2⌀16	2⌀16	Φ6@200	支座处梁顶附加⌀16
L2	240x300	2⌀16	2⌀16	Φ6@200	
L3	240x300	2⌀14	2⌀14	Φ6@200	

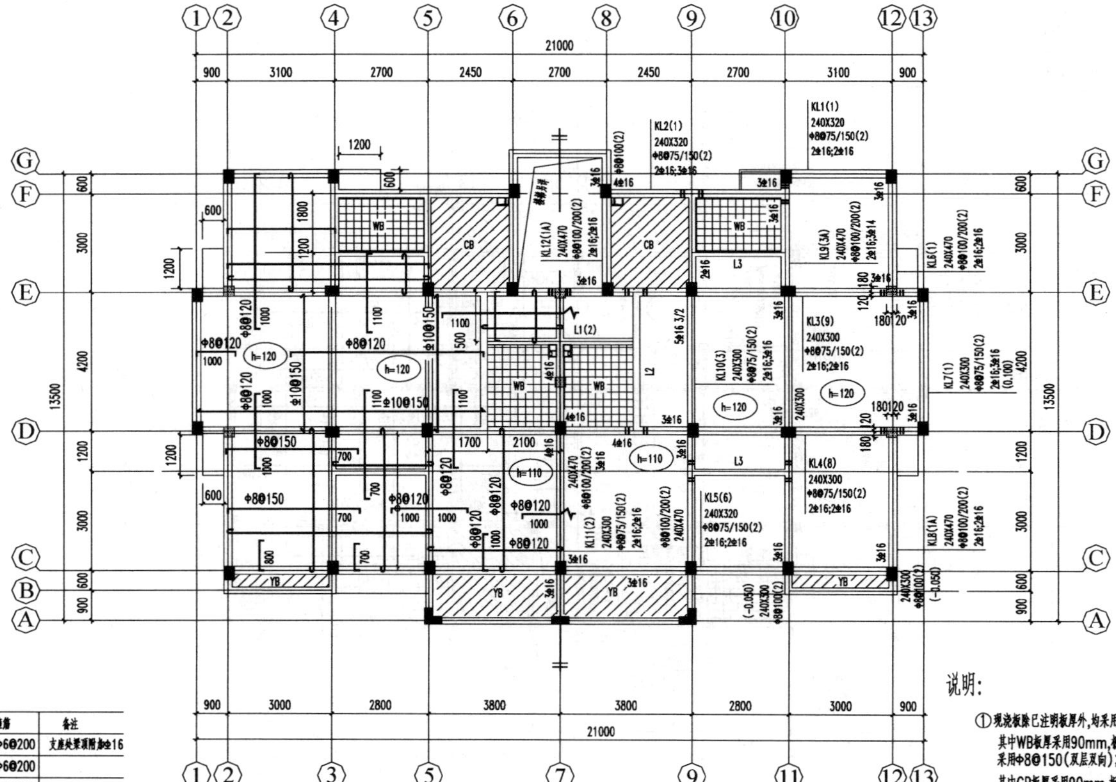

一层结构平面图

说明：

①现浇板除已注明板厚外，均采用100mm，板面标高 H；
其中WB板厚采用90mm，板面标高$H1=H-0.080$板钢筋采用Φ8@150（双层双向）；
其中CB板厚采用90mm，板面标高$H1=H-0.050$板钢筋采用Φ8@150（双层双向）；
其中YB板厚采用90mm，板面标高$H1=H-0.050$板钢筋采用Φ8@150（双层双向）；

②图中钢筋未注明者均为Φ8@180，分布筋Φ6@200。板上部钢筋所注尺寸均从梁近边缘算起；

③主次梁交接处主梁位置设加密箍筋6个，规格同主梁，间距为50mm（各层同）；

④梁未注明偏心均居轴线中布置。

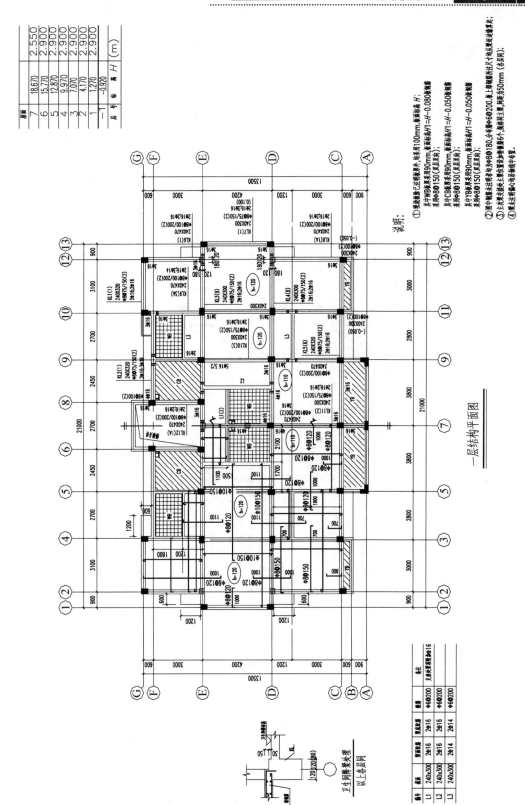

屋面		
7	18.670	2.550
6	15.770	2.900
5	12.870	2.900
4	9.970	2.900
3	7.070	2.900
2	4.170	2.900
1	1.270	2.900
−1	−0.920	
层号	标高H(m)	

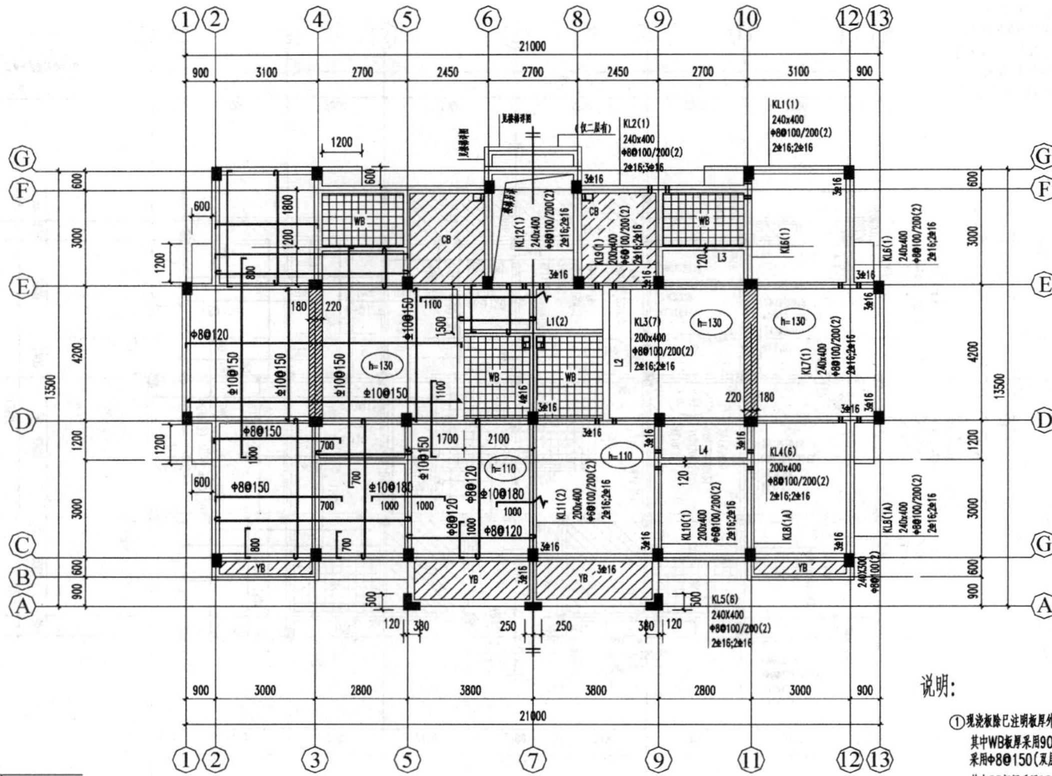

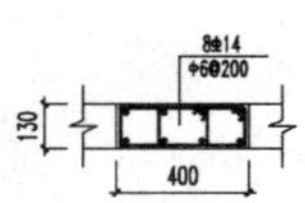

AL

编号	截面	梁面配筋	梁底配筋	箍筋	备注
L1	200x400	2⌀16	2⌀16	Φ6@200	支座处梁顶附加1⌀16
L2	240x400	2⌀16	2⌀16	Φ6@200	
L3	150x350	2⌀14	2⌀14	Φ6@200	
L4	180x350	2⌀14	2⌀14	Φ6@200	

二～五层结构平面图

说明：

①现浇板除已注明板厚外，均采用100mm，板面标高H；
其中WB板厚采用90mm，板面标高$H1=H-0.080$板钢筋采用Φ8@150（双层双向）；
其中CB板厚采用90mm，板面标高$H1=H-0.050$板钢筋采用Φ8@150（双层双向）；
其中YB板厚采用90mm，板面标高$H1=H-0.050$板钢筋采用Φ8@150（双层双向）；

②图中钢筋未注明者均为Φ8@180，分布筋Φ6@200，板上部钢筋所注尺寸均从梁边缘算起；

③主次梁交接处主梁位置设加密箍筋6个，规格同主梁，间距为50mm（各层同）。

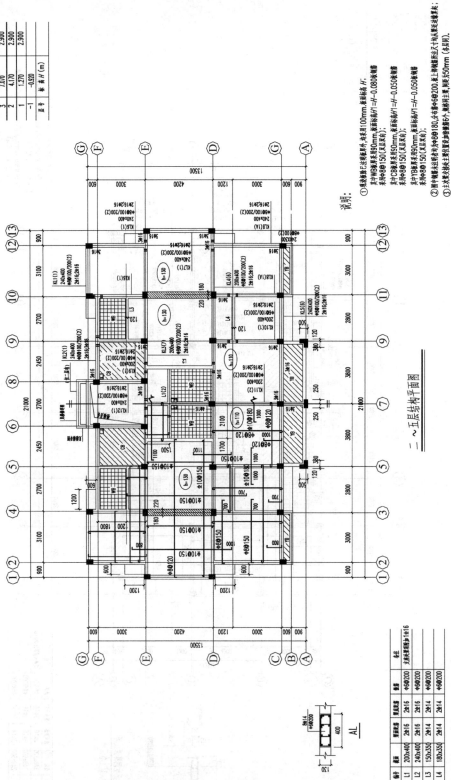

层面		
7	18.670	2.550
6	15.770	2.900
5	12.870	2.900
4	9.970	2.900
3	7.070	2.900
2	4.170	2.900
1	1.270	2.900
−1	-0.920	
层 号	标 高 H	(m)

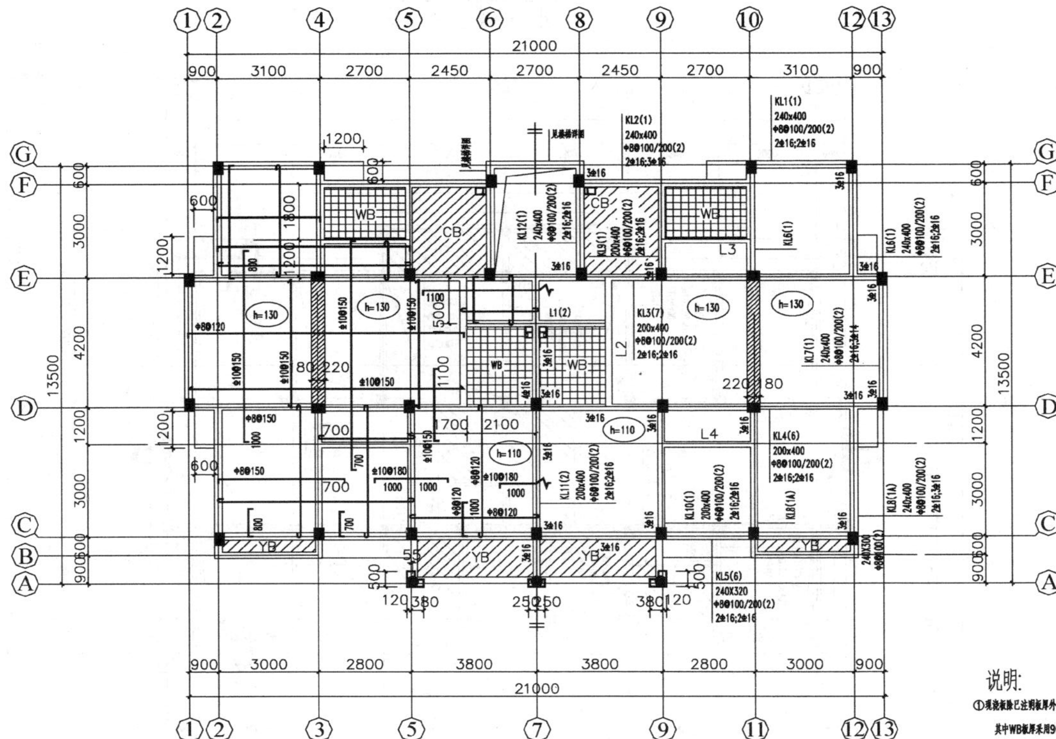

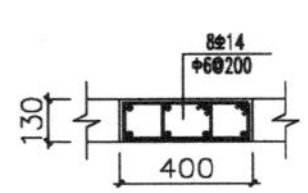

AL

编号	截面	梁面配筋	梁底配筋	箍筋	备注
L1	200x400	2⌀16	2⌀16	Φ6@200	支座处梁顶附加 1⌀16
L2	240x400	2⌀16	2⌀16	Φ6@200	
L3	150x350	2⌀14	2⌀14	Φ6@200	
L4	180x350	2⌀14	2⌀14	Φ6@200	

六层结构平面图

说明:

①现浇板除已注明板厚外,均采用100mm.板面标高 H;

其中WB板厚采用90mm,板面标高$H1=H-0.080$板钢筋采用Φ8@150(双层双向);

其中CB板厚采用90mm,板面标高$H1=H-0.050$板钢筋采用Φ8@150(双层双向);

其中YB板厚采用90mm,板面标高$H1=H-0.050$板钢筋采用Φ8@150(双层双向);

②图中钢筋未注明者均为Φ8@180,分布筋Φ6@200.板上部钢筋所注尺寸均从梁近边缘算起;

③主次梁交接处主梁位置设加密箍筋6个,规格同主梁,间距为50mm(各层同)。

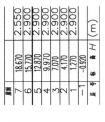

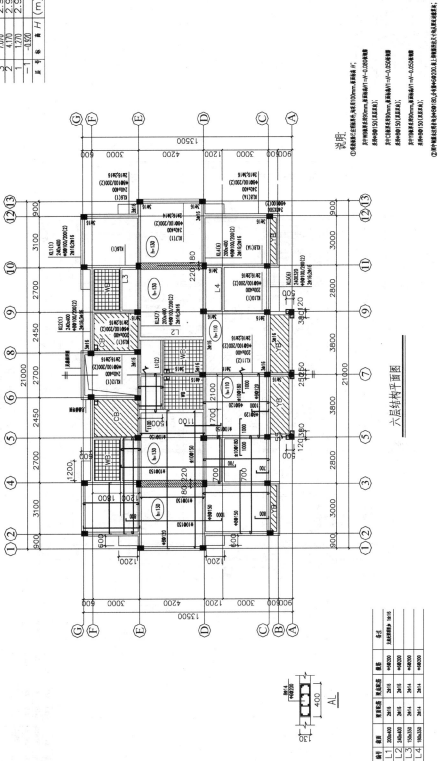

屋面		
7	18.670	2.550
6	15.770	2.900
5	12.870	2.900
4	9.970	2.900
3	7.070	2.900
2	4.170	2.900
1	1.270	2.900
−1	-0.920	
层号	标 高 H	(m)

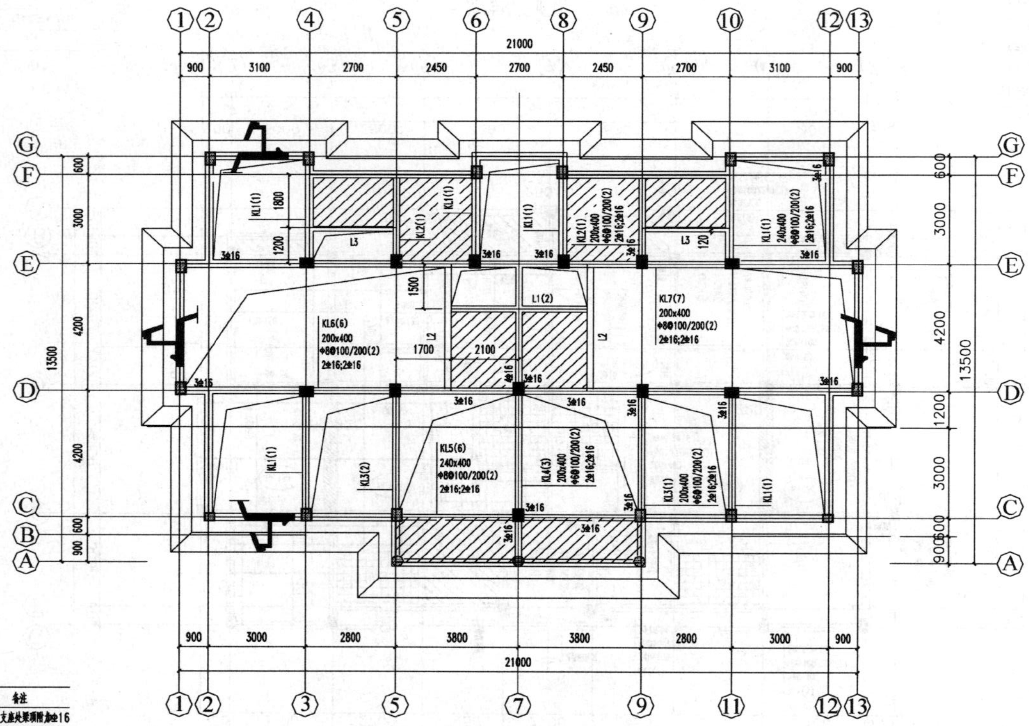

18.670标高层结构平面图

编号	截面	梁面配筋	梁底配筋	箍筋	备注
L1	200x400	2⌀16	2⌀16	Φ6@200	支座处梁顶附加⌀16
L2	240x400	2⌀16	2⌀16	Φ6@200	
L3	150x350	2⌀14	2⌀14	Φ6@200	

说明:

①本层现浇板均采用90mm.配筋Φ8@180(双层双向)，板面标高 H;

②主次梁交接处主梁位置设加密箍筋6个，规格同主梁，间距为50mm(各层同)。

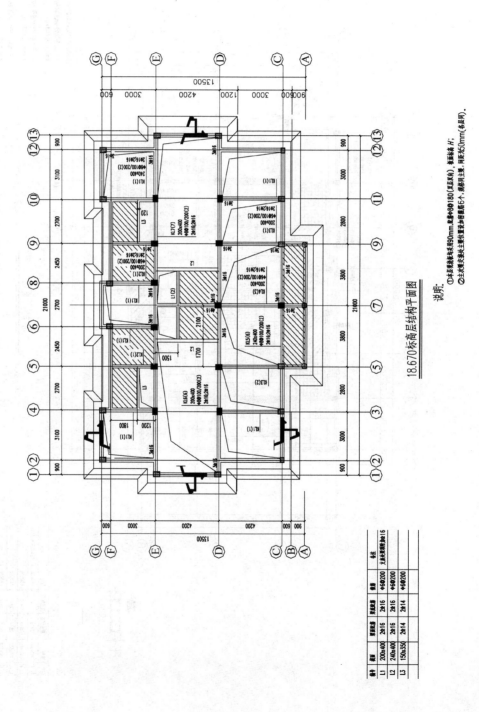

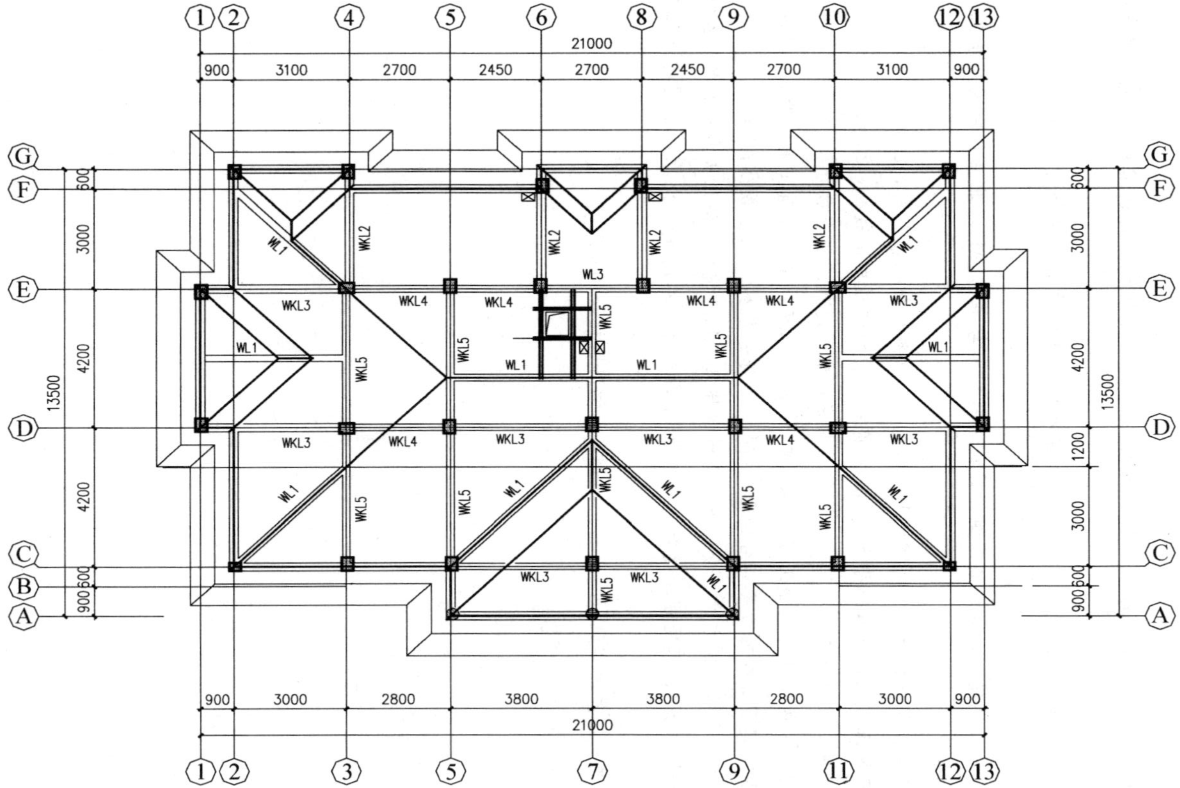

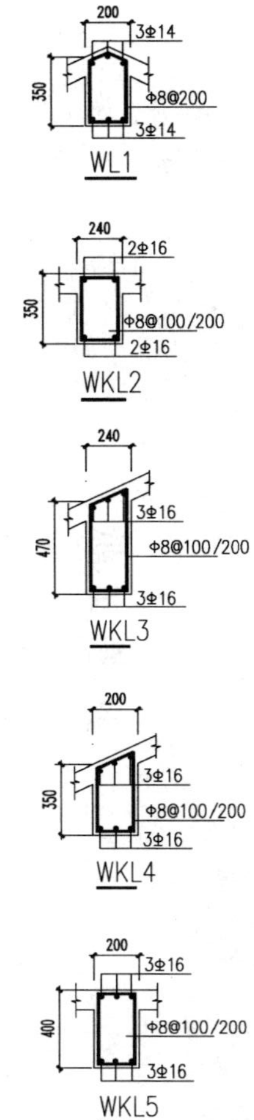

屋面结构平面图

说明：① 现浇板板厚未标明均为110；
② 图中底板钢筋未注明的均为Φ8@150；
③ 板上层钢筋 Φ10@200拉通，注明者为附加钢筋；
④ 洞口边加筋2Φ12；
⑤ 主梁遇次梁时，在次梁两侧各附加3Φd@50(d为主梁箍筋直径)；
⑥ 落水孔及防雷详水电图；
⑦ 混凝土强度等级为C25；
⑧ 屋顶标高见建筑，上人检修孔平面详建筑，洞口每侧附加2Φ14。

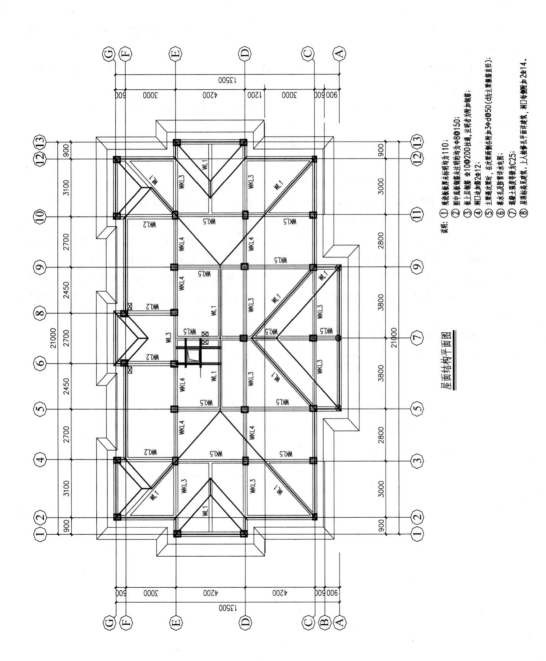

参 考 文 献

[1] 中华人民共和国国家标准. GB/T 50502—2009，建筑施工组织设计规范[S]. 北京：中国建筑工业出版社，2009.

[2] 中华人民共和国行业标准. JGJ/T 188—2009，施工现场临时建筑物技术规范[S]. 北京：中国建筑工业出版社，2009.

[3] 中华人民共和国行业标准. JGJ/T 121—99，工程网络计划技术规程[S]. 北京：中国建筑工业出版社，1999.

[4] 李示新，汪全信，李建中，等. 施工组织设计编制指南与实例[M]. 北京：中国建筑工业出版社，2007.

[5] 梁敦维. 建筑施工组织设计计算手册[M]. 太原：山西科学技术出版社，2006.

[6] 周海涛. 建筑施工组织设计数据手册[M]. 太原：山西科学技术出版社，2006.

[7] 危道军. 建筑施工组织与造价管理实训[M]. 北京：中国建筑工业出版社，2007.

[8] 郁超. 实施性施工组织设计及施工方案编制技巧[M]. 北京：中国建筑工业出版社，2009.

[9] 高群，张素菲. 建设工程招投标与合同管理[M]. 北京：机械工业出版社，2007.

[10] 卓新. 高危工程专项施工方案的设计方法与计算原理[M]. 杭州：浙江大学出版社，2009.

[11] 建筑施工手册(第四版)编写组. 建筑施工手册(第四版缩印本)[G]. 北京：中国建筑工业出版社，2003.

[12] 周晓龙. 建筑施工技术实训[M]. 北京：北京大学出版社，2009.